JN197141

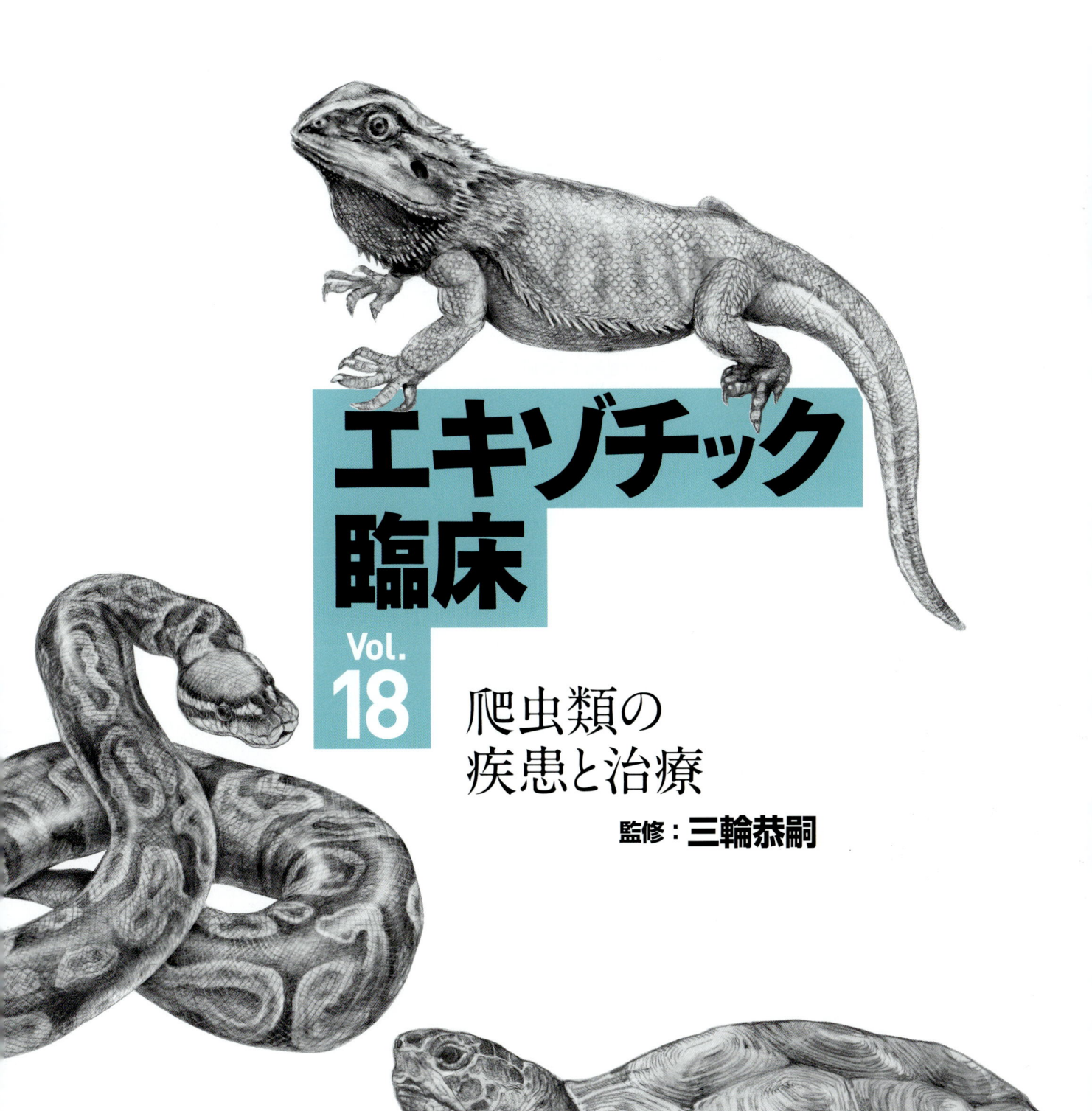

エキゾチック臨床

Vol.
18

爬虫類の
疾患と治療

監修：三輪恭嗣

学窓社

執筆者一覧

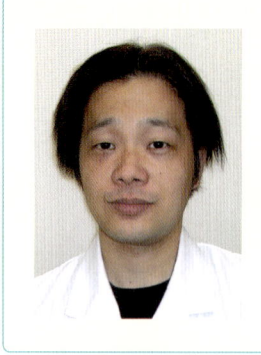

三輪恭嗣（みわ やすつぐ）

みわエキゾチック動物病院院長
東京大学附属動物医療センターエキゾチック動物診療科

2000年3月宮崎大学農学部獣医学科卒業，2000年4月東京大学大学院農学生命科学研究科研究生（獣医外科），2001年4月同研究員（獣医外科），2002年4月同研究員（エキゾチック動物）を経て2005年4月から同大学附属動物医療センターエキゾチック動物診療科教員となり，2006年10月みわエキゾチック動物病院開業．2011年9月東京大学大学院にて獣医学博士号取得

高見義紀（たかみ よしのり）

バーツ動物病院

2004年3月酪農学園大学獣医学部獣医学科卒業，2004年4月から2007年5月まで神奈川県，東京都の動物病院勤務．2007年10月バーツ動物病院開業

松原且季（まつばら かつき）

ヴァンケット動物病院

2004年3月麻布大学獣医学部獣医学科卒業，2004年4月〜2007年3月神奈川県食肉衛生検査所勤務．2007年4月〜2012年1月都内動物病院勤務，2012年3月ヴァンケット動物病院開業．獣医腫瘍科Ⅱ種認定医

西村政晃（にしむら まさあき）

みわエキゾチック動物病院

2008年3月北里大学獣医畜産学部獣医学科卒業，同年4月より埼玉県内動物病院勤務．2012年11月より東京都内外科二次診療施設にて勤務，日本小動物外科専門医に師事．2016年4月よりみわエキゾチック動物病院勤務

岩井　匠（いわい たくみ）

みわエキゾチック動物病院

2011年日本大学生物資源科学部獣医学科卒業，同年より千葉県内動物病院勤務．2019年1月よりみわエキゾチック動物病院勤務

松尾加代子（まつお かよこ）

岐阜県飛騨家畜保健衛生所主任技師，岐阜大学客員准教授，山口大学非常勤講師

1993年岩手大学農学部獣医学科卒業，青年海外協力隊インドネシア派遣，北海道大学大学院獣医学研究科（博士号取得），同先端研究員，弘前大学医学部寄生虫学講座助手，ナイルエキゾチック＆小動物病院勤務医，ペットサン管理研究部長，岐阜県食肉衛生検査所を経て，現職（2019年9月退職予定）

序文

近年，様々な動物がペットとして飼育されるようになってきており，これまではごく一部のマニアが飼育していた爬虫類を愛玩動物として飼育する人が増えてきている．また，全国各地で爬虫類などの展示即売会が開かれ，爬虫類飼育に必要な器具や餌なども充実し，ネット上での情報交換などにより各種爬虫類の繁殖も以前よりもより一般的に行われるようになってきた．特にヒョウモントカゲモドキやフトアゴヒゲトカゲ，ボールパイソンやコーンスネークなどの飼育繁殖が容易な種では様々な品種が固定化され犬猫，ウサギなどと同様に愛玩動物としての地位を確立しつつある．

このような背景のもと，爬虫類が病気になった際に動物病院を訪れる飼い主の数も増加してきており，獣医師に求められる獣医療レベルも年々高度なものになってきている．私がエキゾチック動物の診療を始めた20年程前，爬虫類に関する書籍はDr. MaderのReptile medicine and surgeryなど限られたものしかなく，日本語での情報はさらに限られたものでこれらの限られた情報を頼りに，知り合いの先生と相談し経験を共有しながら診察していた．しかし，この20年の間に海外では爬虫類の獣医学書がいくつか出版され，Dr. Maderの本もすでに3版まで改訂され，より分厚いものになってきている．さらに，毎年，海外では様々なところで爬虫類の獣医学に関する研究発表や症例発表などが活発に行われており，国内でも日本獣医エキゾチック動物医学会などでの症例発表もより専門的で高度なものになってきている．このような状況の中，爬虫類を診察する際，以前のように情報がないから，よくわからないけど，というような診療ではなく，情報はどこかにあることを前提に診察すべき状況に変わってきている．しかし現状，その多くの情報は英語で書かれており，日々の忙しい診療の合間に確認するのは困難である．実際，細かな情報やより詳しいデータなどはすでに英語で書籍化された本がいくつか出版されており，論文の報告数も増加している．これらの書籍を和訳することも日本の獣医療に貢献する一つの方法である．しかし，今回は，必要な情報をできるだけ簡潔に，英語での情報もまとめさらにそれぞれ経験豊富な先生の経験例をもとに各疾患ごと，できるだけ多くの写真とともに紹介することを目的に本シリーズの爬虫類の第2版を出版することになった．

各執筆者にはできるだけ洋書や文献を確認し，新しい情報を取り入れ，さらに自らの経験で得た知見を紹介できるように執筆を依頼した．結果，当初予定していたものよりもより詳細でボリュームのある版に仕上がったと感じている．本書が日々の診療現場で使用され，我が国における爬虫類獣医療の発展に少しでも貢献できれば著者一同望外の喜びである．しかし，この分野は獣医学の中でもまだまだ発展途上の分野であり，日々新しい情報が加えられたり，古い情報の誤りが指摘されたりしている．このため，本書の内容も日々古いものになり，より新しい知見に置き換わっていくものであることを念頭に，新しい知見については読者の先生方も様々な場で情報発信して頂ければ幸いである．

最後に，本書の出版にあたり，色々御足労頂き，御尽力頂いた学窓社の山口勝士様に心より感謝申し上げたい．

2019年7月
みわエキゾチック動物病院院長
東京大学付属動物医療センターエキゾチック動物診療科
三輪恭嗣

エキゾチック臨床 Vol.18

爬虫類の疾患と治療

目次

第3章　トカゲの疾患

第4章　ヘビの疾患

第5章　爬虫類の疾患

第1章　総論

はじめに

　現生の爬虫類はワニ，トカゲ，ヘビ，カメ，ムカシトカゲに分類され，この中でトカゲとヘビはひとまとめに分類され有隣目（Squamata）と呼ばれる．爬虫類の種類は数千種以上あり世界中に分布している．生息域は極地を除き，温帯や熱帯を中心に全世界に広がり，生息環境も陸上だけではなく，海中や砂漠など様々な環境に適応した様々な種が存在する．一部の例外があるものの，すべての爬虫類は変温動物であり，陸上に卵殻に包まれた卵を産卵し，体表面は鱗に覆われ，成長に伴い脱皮するなどの共通した特徴を持つ．一方で，生息環境だけではなく食性や繁殖形態も様々であり，それらに適応するように解剖学的な特徴や生理学的な特徴は種によって大きく異なる．さらに外部環境に応じて窒素代謝産物の排泄方法を変えたり，無性生殖を行ったり，冬眠や夏眠を行い，長期間の絶食に耐えるなど哺乳類とは全く異なる特徴を有する興味深い生き物である．

　生活様式の多様化により犬猫だけではなくウサギやフェレット，ハリネズミなど様々な動物が愛玩動物として飼育されるようになり，近年では爬虫類も愛玩動物として飼育されるようになってきた．特に，近年，ヒョウモントカゲモドキ（Eublepharis macularius）やコーンスネーク（Pantherophis guttatus），ボールパイソン（Python regius）など特定の飼育しやすい種を中心に様々な品種改良がされ，各地でこれらの動物の展示即売会などが催される回数も年々増加してきている．それに伴い飼育設備や餌なども以前に比べると様々なものが非常に容易に入手できるようになってきており，これまで動物を飼育したことがない人が初めての愛玩動物として爬虫類飼育を開始することも珍しいことではなくなってきている．

　このような背景のもと，これまでは一部のマニアな飼い主が趣味の一環として飼育していた爬虫類が愛玩動物として飼育されるようになり，爬虫類が病気になった際に動物病院に来院する頻度が上昇し，飼い主が求める獣医療のレベルも年々上昇してきている．

　本版では爬虫類でみられる主な疾患についてそれぞれの概略を紹介するとともにその疾患の診断と治療法について次章から疾患ごとに紹介する．本章では，以下，総論として筆者の病院に来院する爬虫類の種類を紹介するとともに，爬虫類を診療するうえで最低限必要な情報を紹介する．

爬虫類の分類

　現生の爬虫類はカメ目，有隣目，ムカシトカゲ目，ワニ目の4目からなり，有隣目はさらにトカゲ亜目，ヘビ亜目，ミミズトカゲ亜目に分けられる．爬虫類の種類は非常に多く，カメ目は300種，トカゲ亜目は4,000種，ヘビ亜目は3,000種以上が知られている[1]．この中で一般的に飼育され動物病院に来院する種はカメ目，有隣目のいずれかに属する．分類上，いわゆるトカゲやヤモリとヘビは有隣目に属するが，本書では便宜上，カメ，トカゲ（必要に応じてヤモリ）とヘビ類に分けて記載する．

一般的に飼育されている爬虫類

　前述したように一口に爬虫類と言ってもその種類は非常に多く，それぞれが犬猫だけではなく，哺乳類という大きなくくり以上に様々な生息環境に生存しており，それぞれの生息環境に適応するため多種多様な解剖学的，生理学的特徴を有している．また，その多くは野生下での生態が詳細に調べられておらず，人工環境下（飼育管理下）での適切な飼育環境を再現することが困難な場合が多い．

　一般的に飼育されている爬虫類の種類にはその時代ごとの傾向があり，近年では，種の保存法，外来生物法，動物愛護管理法，文化財保護法など様々な

法律により特殊な動物の飼育や輸出入が制限されている（**図1-1**）．実際，現在でも様々な種類の爬虫類が市販され，飼育されているが，近年ではヒョウモントカゲモドキやボールパイソンなど特定の飼育繁殖しやすい種（**図1-2**）が品種改良され，それらを愛玩や鑑賞目的で飼育する飼育者が増加している．**図1-3**に比較的飼育頭数が多く動物病院に来院する機会の多い種を紹介する（**図1-3**）．

また，近年ではネット環境の発展により以前ではなかなか入手できなかった飼育情報や繁殖情報，本来の生息地に関する情報も入手できるようになってきている．さらに飼育設備の充実や餌の入手しやすさにより，爬虫類飼育初心者でも比較的飼育を開始しやすく，繁殖を目的としている飼育者も増加してきている（**図1-4**）．

図1-1　法律による飼育規制種例
A：ワニガメ（*Macrochelys temminckii*）
B：クモノスガメ（*Pyxis arachnoides*）
C：ホウシャガメ（*Astrochelys radiata*）
動物愛護管理法，種の保存法，文化財保護法などにより多くの爬虫類の飼育は制限もしくは禁止されている．法律は時代により変わり，飼育していた種が規制対象になることもあるため定期的な確認が必要である．

図1-2　一般的に来院する爬虫類
A：ヒョウモントカゲモドキ
　　（A-1：ノーマル，A-2：ブリザード）
B：ボールパイソン
　　（B-1：ノーマル，B-2：ブルーアイリューシュ）
ヒョウモントカゲモドキ（A）やボールパイソン（B）など人気の種では様々な品種（B-2）が固定化されている．

図1-3　動物病院に来院する主要な種（続く）
動物病院へは様々な種が来院するが来院頻度が比較的高い種を紹介する.
A：カメ（A-1：クサガメ *Mauremys reevesii*，A-2：ミシシッピアカミミガメ *Trachemys scripta elegans*，A-3：ミシシッピニオイガメ *Sternotherus odoratus*，A-4：ギリシャリクガメ *Testudo graeca*，A-5：ヘルマンリクガメ *Testudo hermanni*，A-6：ロシアリクガメ *Testudo horsfieldii*）
B：トカゲ：（B-1：フトアゴヒゲトカゲ *Pogona vitticeps*，B-2：エボシカメレオン *Chamaeleo calyptratus*，B-3：ニシアフリカトカゲモドキ *Hemitheconyx caudicinctus*，B-4：クレステッドゲッコー *Correlophus ciliatus*）

図1-3 （続き）動物病院に来院する主要な種
C：ヘビ：コーンスネーク（C-1：*Pantherophis guttatus*，C-2：カリフォルニアキングスネーク *Lampropeltis getula californiae*，C-3：セイブシシバナヘビ *Heterodon nasicus*）

図1-4 飼育下爬虫類の繁殖
A：クレステッドゲッコー（A-1：孵化中の個体，A-2：孵化直後の個体）
B：ローソンアゴヒゲトカゲ（B-1：抱卵個体，B-2：孵化中卵，B-3：孵化中個体）
近年では様々な情報を入手できるようになり，飼育だけではなく繁殖を目的にする飼育者も増加してきている.

動物病院に来院する爬虫類

筆者の経験では、15〜20年程前まで動物病院に来院する爬虫類はカメ類が最も多く、特に子供が飼育しているミシシッピアカミミガメやクサガメなど半水棲種がその大半を占め、その他、ロシアリクガメやギリシャリクガメなどのリクガメが散見される程度であった。トカゲやヘビは比較的稀で、ニホンヤモリやカナヘビ、アオダイショウなど屋外で捕獲され飼育されている種が時折みられる程度であった。その後、10〜15年前にはこれらの種にフトアゴヒゲトカゲ、ヒョウモントカゲモドキをはじめ様々な種のトカゲ、様々な種のニオイガメやドロガメ、リクガメ、コーンスネークやカリフォルニアキングスネーク、ボアやパイソンなどの様々なヘビが販売され飼育され、動物病院にも来院するようになってきた。

その後、前述した法律の整備などから以前に比べると販売されたり、動物病院に来院する爬虫類の種類は雑多なものから特定の種類が多くなるとともに、飼育者もいわゆる爬虫類飼育マニアからハムスターやインコの代わりに爬虫類を飼育する一般的な飼育者の数が増加してきているように感じている。このような変化により、以前はいわゆるマニアが趣味として飼育していることが多かった爬虫類を家族の一員として飼育する者が増加し、健診や疾病を主訴に動物病院に来院する数も増加し、飼い主が求める獣医療レベルもより高度になってきている。

爬虫類を診察するにあたり

爬虫類の種類は多岐にわたり、哺乳類以上にそれぞれが周囲環境に依存した生態や生理学的特徴を持ち食性も草食、雑食、肉食だけではなくより細かく分類され給餌する間隔も様々である。また、カメレオンのように動いていない水を水として認識できない種や正常でも長期間餌を食べない種など哺乳類や鳥類以上に種ごとの特徴が多岐にわたりその違いも驚くほど大きい。さらに温度に関しても一定に維持するだけではなく、温度勾配を作ったり、昼夜の温度を変えたりするなどの配慮が必要となる種もいる。その他、空中湿度や餌の与え方、取り扱い方、床材の種類やシェルターの有無などそれぞれの種で注意すべきポイントが多岐にわたる。これらの情報は現在ではネットや飼育書などで調べることができ、すでに飼育者の多くは知っている内容であるため、獣医師も診察対象とする種の最低限の情報や飼育に関係する飼育器具や餌に関する情報などを事前に調べておく必要がある。

一方で、爬虫類も犬猫同様に同種でも人を怖がらない個体や怖がってしまう個体など性格の違いや餌の好みの違いなど様々な個性や飼育環境に応じた性格の違いがみられる。飼育経験のある種であれば餌を食べそうかどうか、状態は良さそうかどうかなど、表情のないと思われる爬虫類でも表情や顔つき、行動様式などからその個体の状態や問題点を把握できる。

また、前述したように周囲環境に大きく依存する爬虫類では適切な飼育環境を整備することが治療以上に重要になることが多い。近年では、保温器具、紫外線ライト、飼育ケージ、床材、餌、サプリメント、ケージ内装飾品、飲水容器など様々な種類の飼育用品が多数販売されており、それぞれに一長一短がある。これらすべてを仕事の一環として把握することは難しいが実際に自分が飼育する際には自然とそれぞれの特徴を覚え最適な使用方法を理解することができる。また、爬虫類の取り扱いに慣れるためにも、爬虫類を診察しようとする獣医師はできれば一般的に飼育されている種を自ら飼育することが机上の勉強以上に得るものが大きいと考えている。

また、最初からすべての爬虫類を診察するのではなく、カメもしくはトカゲ、カメの中でも水棲のカメ、陸棲のカメ、トカゲであればヒョウモントカゲモドキ、フトアゴヒゲトカゲなど診療対象とする種を決めその種の情報を十分調べた上で診療経験を積み、対象とする種を広げていくことが獣医師の責任であると思われる。

飼育環境

爬虫類の生息域は多岐にわたり、完全な水棲種から半水棲種、陸棲種の中でも多湿を好むものから乾燥を好むものなど水との関係だけでも多様である。その他、温度や通気性、餌の種類や給餌頻度や与え方など種により最適な飼育環境が大きく異なる。

また、飼育する目的も愛玩目的、鑑賞目的、繁殖目的など多岐にわたり、それぞれに適した飼育環境も異なる（図1-5、6）。それぞれの種に適した飼育環境や一般的な爬虫類全般に関連する飼育環境につ

図1-5 トカゲの飼育ケージ例
A：地上性のトカゲ
（上段：乾燥系，下段：湿潤系）
B：樹上性のトカゲ
C：カメレオン
地上性トカゲ（A）は底面積の大きなケージ，樹上性トカゲ（B, C）は高さのあるケージを利用し，カメレオン（C）では通気性のあるメッシュケージや霧発生装置を利用するなど飼育する種や目的により異なる飼育環境を準備する必要がある．

図1-6 シンプルな飼育ケージ
A：ヒョウモントカゲモドキ
B：ボールパイソン
繁殖目的など多数個体を飼育する場合にはよりシンプルなケージを用いることで衛生状態や個々の個体管理が容易となる．しかし，近年では爬虫類でも環境エンリッチメントに配慮した飼育が推奨されている．

いてはすでに数多くの書籍が出版されており，ネット上でも様々な情報が入手できる．それらについては他書を参考にしていただき，以下に動物病院での入院管理について述べる．

入院

前述したように入院させる爬虫類の種により最適な温度や湿度，環境などは異なる．ただし，入院は鑑賞や繁殖を目的とした飼育ではなく，動物にストレスを与えず，排泄や採食量，出血の有無，行動などを観察できること，日々の管理がしやすく衛生状態を維持できることなどが優先される．当院では小型の爬虫類の多くはプラスチックでできたケース（以下，プラケと呼ぶ）を，より大型の種では衣装ケースや爬虫類用の飼育ケージを入院ケージとして利用しており，床材はキッチンペーパーやペットシーツを用いることが多い（図1-7）．水棲種から半水棲種ではプラケや衣装ケースに水を張りタオルなどで勾配をつけることで呼吸のための浅めの水深から，頭を水中につけられる程度の水深，種によっ

てはより深い水深にするなど水深に勾配をつけるようにしている（図1-8）．特に呼吸のために頸部を十分に持ち上げられない個体ではケージ内で溺れないように水深を浅めにするなどの配慮が必要となる（図1-8）．

入院ケージ内は基本的に水入れ，餌入れとともにできるだけシェルターを設置し，それ以外はシンプルなものにする．カメレオンなど生態の特殊な種では枝のレイアウトや飲水器の設置，定期的な霧吹き，小型ファンを用いた通気性の確保など必要に応じて個別に対応する．モニター（オオトカゲ）や大型のリクガメなどは，プラケではなくアクリルもしくはガラス水槽や場合によっては犬猫用のケージを入院ケージとして利用する．

入院ケージ内の温度管理は個別に行うこともできるが，通常，プラケではケージが小さいため一定の

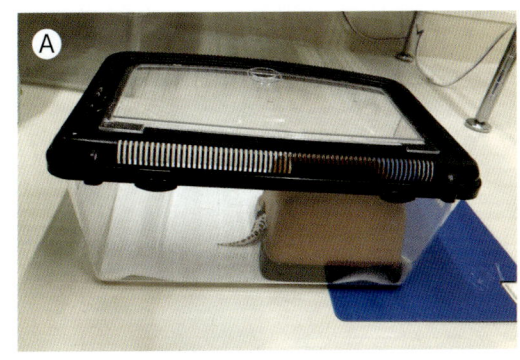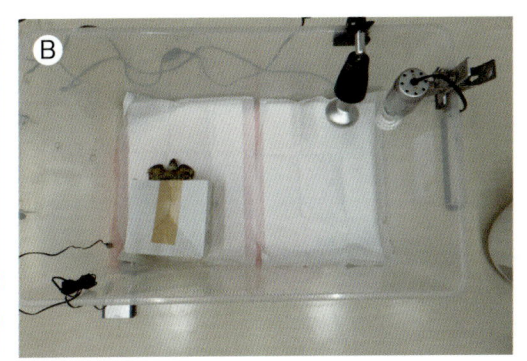

図1-7　入院ケージ例（陸棲種）
プラケ（A）や衣装ケース（B）を入院ケージとして利用することが多い．

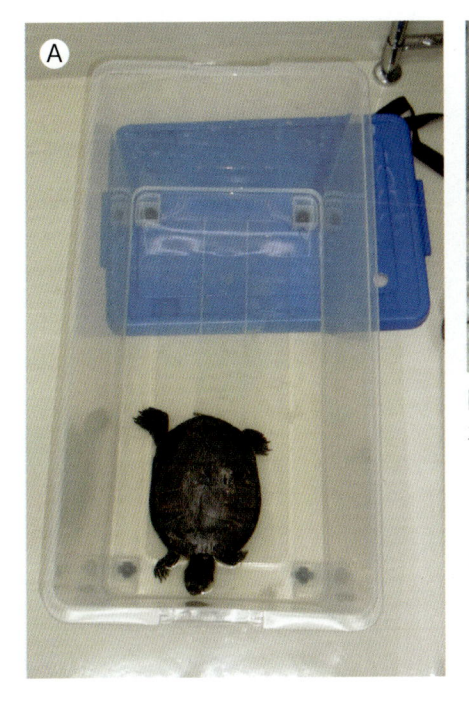

図1-8　入院ケージ（水棲種）
水棲種や半水棲種ではプラケや衣装ケースなどに水を張りケージに勾配をつけることで異なる水深を準備できる（A）．重度に衰弱し首部を十分に持ち上げられない個体では水棲種でもケージ内で溺れないように水深を浅めにするなどの配慮が必要となる（B）．

温度に維持することが困難である．このような場合は室内温室や新生児用インキュベーター，犬猫用 ICU などより広い範囲を温度管理できるケージを利用し，その中にプラケを入れることで比較的容易に温度管理できるとともに電気代の節約や万が一の逃走時に二重の防止装置としての役割も果たすことができる．特にヘビでは小さな隙間からの逃走，大型のトカゲやヘビ，カメでは思った以上に力強くケージを開けるもしくは破壊して逃走することがある．このため，爬虫類を入院させる際には絶対に逃走させないような配慮とともに，逃走した場合もすぐに屋外へ逃走できないような二重，三重の配慮が必要となる（**図1-9**）．

　筆者の病院では爬虫類の症例が多いため1部屋を爬虫類専用の入院室として使用しており，室温をエアコンで管理した上で個別のケージに温度勾配をつけられるように各種保温器具を使用している．一般的に来院するほとんどすべての爬虫類は28〜30℃くらいが高めの至適温度であり，多くの場合はこの温度で入院管理することができる．できれば入院ケージ内にホットスポットやプレートヒーターなどで温度勾配をつけ，動物が自ら好適な温度を選べるようにすべきであるが，重度に衰弱した個体では高温部や低温部から移動できずに体力の消耗や状態悪化の原因となることもあるため注意が必要である．

　入院中の衛生管理には特に注意し，水棲種では1日1〜2回もしくは汚れが確認されるたびに水替え

を行う．陸棲種でも排泄等で汚れた場合には床替えを行うが，臆病な性格の個体や種では過度のストレスを避けるために掃除を控える配慮も必要となる．

投薬

　爬虫類の投薬方法は犬猫と同様に経口，皮下，筋肉内，骨髄内および体腔内などに投薬できる．最もストレスが少ない投薬方法は餌の中に混ぜて採食させる方法であるが，爬虫類はもともと毎日食べない種も多く，さらに疾患に罹患した爬虫類の多くは食欲が低下し餌を食べなくなる．また，かろうじて食べていた餌に薬を混ぜることでその餌を食べなくなることもある．このため，経口的に投与できるかどうかは，投薬によるプラスとマイナス面を考慮し個別に対応する必要がある．

　注射による投薬が最も確実であるが，毎日の通院が困難な場合も多く，そのような場合には入院治療について相談する．また，他項で詳述するが爬虫類では腎門脈系が発達しており，後躯に投薬した場合には全身循環に入る前に腎臓を経由して排泄される可能性が高く，期待した効果が得られないばかりでなく腎毒性のある薬物の投与により腎障害が誘発される可能性があるため注意が必要である．筆者らは皮下もしくは体腔内に投与することが多いが，皮下に投与する際，特にカメレオンなどでは投与した部位の皮膚が変色したり壊死したりする可能性がある

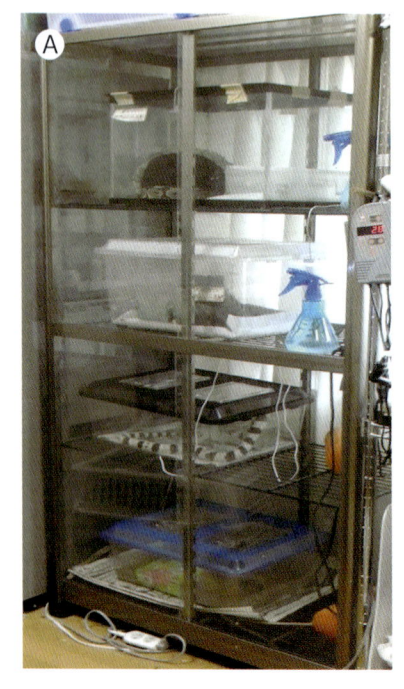

図1-9　爬虫類の入院
A：温室を利用した入院室，B：部屋全体を利用した入院室
安定した温度管理や万一の逃走のため，プラケなどに入れた後に温室（A）などのより大きなケージに入れるか，爬虫類専用の戸締りできる入院室（B）を準備する．

ため刺激性のある薬物の投与は避けるか希釈して投与する必要がある.

本号の内容

　本号では爬虫類をカメ，トカゲ，ヘビに分類しそれぞれでみられる主な疾患を臓器別に分類し，各臓器の特徴を述べるとともにそれぞれの疾患に関する文献的な情報とともに著者らの経験で得た知見をできるだけ多くの写真とともに次章から紹介する．各章の最後には著者らが日々の診療で感じている点などを臨床医のコメントとして掲載した．また，最後の章では爬虫類の寄生虫に関して総論的にまとめたものを掲載してある.

　情報は現時点では最新と思われるものを中心に集め掲載してあるが，獣医学の中でもエキゾチック動物，さらに爬虫類の獣医学は日々新しい情報が報告されており，本書に記載されている内容も今後誤りが指摘されたり，変更されたりする可能性がある．このため，爬虫類の診療を行う際には本書に掲載された情報だけではなく，学会やセミナー，論文等から常に新しい情報を得て本書に記載してある情報を日々更新し，診療していくことが重要である.

 参考文献

1．小家山仁　カメの生物学 . In. エキゾチック臨床 Vol14. カメの診療．7-42. 学窓社.

第2章
カメの疾患

カメの嘴過長 Beak overgrowth

はじめに

　カメは歯を持たないため咀嚼をせず，歯の代わりに角質でできた嘴を持ち，頸の筋肉も使って引きちぎるようにして食べる[1~6]．下顎の嘴は上顎の嘴の内側にぴったり収納されるように位置している[1]（**図2-1**）．嘴は爪と同様に常に成長しているが，上下の嘴が擦り合わさることで互いに磨耗しその形状を保っている[2]．食性により嘴の形状は異なり，肉食傾向の強いカメでは吻端が鉤状となり（**図2-2**），草食性では鋸歯状となる（**図2-3**）．また，貝類などを主食とするカメの頭骨は大型化し咬合面は平らで広くなり（**図2-4**），餌を丸飲みするカメの嘴は平坦になる（**図2-5**）．また，スッポン科では角質を覆うように口唇が発達する[6]（**図2-6**）．

　通常，上下の嘴が適切に咬合している限りは嘴の異常な過長はみられないが，何らかの原因によ

図2-1　ギリシャリクガメ（*Testudo graeca*）の正常な嘴
下顎の嘴は上顎の嘴の内側にぴったり位置している．

図2-2　オオアタマガメ（*Platysternon megacephalum*）の嘴
肉食傾向が強い種類では嘴の吻端が鉤状になっている．

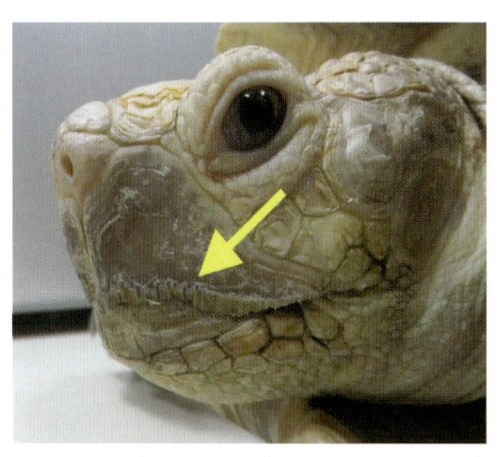

図2-3　ケヅメリクガメ（*Geochelone sulcata*）の嘴
草食性のカメでは繊維の多い植物を噛み切りやすくするため，嘴が鋸歯状になっている（矢印）．

図2-4　カブトニオイガメ（*Sternotherus carinatus*）の頭部
硬い甲殻類を好み，老齢個体では頭骨が大型化（巨頭化）する．

図2-5 コウヒロナガクビガメ(*Macrochelodina expansa*)の頭部
餌を丸呑みするナガクビガメでは，嘴は平坦であまり発達しない．

図2-6 スッポン(*Pelodiscus sinensis*)の頭部
嘴は角質がむき出しになっておらず，口唇が発達している．

り咬合が不正になることで嘴の異常な過長が生じる[2]．嘴の過長は飼育下のカメでは時折みられる疾患であり，草食性のカメでみられることが多く雑食性のカメでは稀である[2,7]．その理由として雑食性のカメは草食性のカメと比較すると嘴の成長速度が遅いためと考えられている[2]．嘴過長の原因としてはタンパク質過剰，栄養性二次性上皮小体機能亢進症，ビタミンA欠乏症，肝疾患や栄養失調，外傷，口内炎や食餌中の繊維質不足などが挙げられる[2,3,8]．

　高タンパク質フードの給餌や食餌量の過多によりタンパク質過剰になり，嘴の成長速度が早まることで嘴が過長する[2]．栄養性二次性上皮小体機能亢進症はカメで最も多く認められる代謝性骨疾患で，食餌中のカルシウム不足やリンの過剰，UVBの照射不足などにより発症する[9,10]．栄養性二次性上皮小体機能亢進症では顎骨の軟化や変形により嘴の咬合不全が生じるが，同時に甲羅の形成異常や軟化も認められることが多い[3,4,9]．その他，ビタミンA欠乏症では上皮の形成異常による嘴の成長障害に起因して，肝疾患や食餌不足による栄養失調ではケラチンの合成異常に起因して嘴の過長が生じる[2,3,4]．落下事故，犬など他の動物による咬傷や無理な開口により嘴は損傷し，損傷が重度な場合には顎の変形が生じ咬合不全になる(**図2-7**)．また，慢性的な口内炎も顎骨に炎症が波及することで顎が変形し不正咬合や開口不全の原因となる(**図2-8**)．繊維質の少ない柔らかい食餌や適切なサイズに細断した食餌のみを与えていると，磨耗不足により嘴が過長することがある．野生下では甲殻類や貝類を主食とするダイヤモンドバックテラピン(*Malaclemys terrapin*)などの水棲ガメでは，飼育下でも硬いものを噛み砕く行為をさせないと嘴が過長することがある[11]．

図2-7 外傷による不正咬合のギリシャリクガメ
嘴の外傷により不正咬合が発症した．

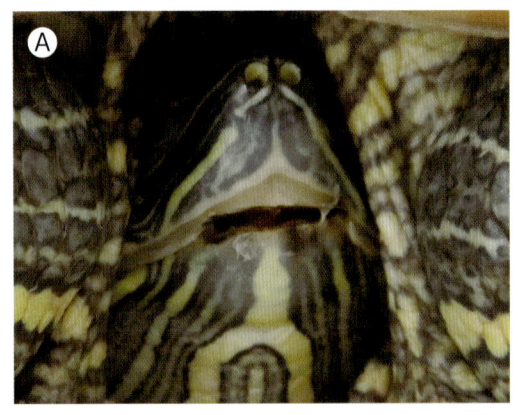

図2-8　顎骨の異常による開口障害がみられたミシシッピアカミミガメ（*Trachemys scripta*）
（A：処置前外観，B：処置後外観）
原因不明の顎骨の異常により全く開口できなくなり，定期的に嘴を削り開けた穴から餌を吸い込む
ように採食して数年経過している．

　嘴が異常に過長したカメは摂食障害により食欲不振や栄養失調に陥る[2]．しかしながら，軽度な過長であれば問題なく採食できることも多いため，嘴の過長が食欲不振や栄養失調などの臨床症状の原因となっているのか，その他の原因があるのかを判断することが大切である．

診断

　嘴の形状や不正咬合，および採食困難などの臨床症状を確認することで診断する[8]．上顎の嘴が過長し，先端部分だけが伸びてオウムの嘴のような形状になることが多いが，下顎の嘴を覆うように上顎の嘴全体が伸びることもある[4, 8]（**図2-9**）．栄養性二次性上皮小体機能亢進症，外傷や口内炎などに伴う不正咬合では下顎嘴が上顎嘴より前突し下顎嘴が過長することもある[4]（**図2-10**）．

　前述のように不適切な食餌に起因することも多いため，問診が大切になる[3]．問診では食餌内容や給餌回数，1回に与える量，与え方などを確認する．その他にも飼育環境や温度，日光浴やUVライトの有無などを確認する．タンパク質過剰と栄養性二次性上皮小体機能亢進症では甲羅の変形，ビタミンA欠乏症では眼瞼の腫脹や結膜炎も同時に認められることが多いため，身体検査により嘴や口腔内だけではなく甲羅や眼なども確認する．栄養性二次性上皮小体機能亢進症を疑う場合はX線検査により骨の菲薄化や変形を確認し，肝疾患を疑う場合は血液検査を行い診断する[3, 4, 9, 10]．

図2-9　ヨツユビリクガメ（*Agrionemys horsfieldii*）における過長嘴
A：正常な嘴
B：不正咬合は認められないが，上顎嘴の先端部分だけが過長してオウムの様な嘴の形状になっている．

図2-10　インドホシガメ（*Geochelone elegans*）でみられた過長嘴
下顎嘴の過長が認められる.

治療

　治療は過長した嘴を単純にトリミングするだけではなく，嘴過長の根本的な原因に対しても治療を行うことが重要である[2,3,8].まずは問診をもとに食餌内容や飼育環境が適切になるように指導する[3,8].草食性のカメには十分な繊維を含む食餌を与えるとともに，カメ自身が引きちぎって食べるようにできる限り細断しないで与える.貝類を採食するカメには時折硬い食餌を与えるようにする.ビタミンA欠乏症ではビタミンA製剤の投薬（2,000 U/kg, PO, SC, IM 1〜2週間毎,合計2〜4回）を行い，肝疾患ではそれに対する治療を行う[12].口内炎を併発している症例では細菌培養感受性検査を行い適切な抗生剤の投与や必要に応じてNSAIDsなどの抗炎症薬を投与する.抗生剤に対する反応が良くない場合は，ウイルスや真菌感染の可能性も考えて治療する.

　嘴のトリミングは過長した嘴を短くするだけではなく正常な形状になるように整える.そのためには，カメの種類によって嘴の形が異なることを知っておく必要がある[2].トリミングにはマイクロエンジンやダイヤモンドカッターなどを用いる[8]（**図2-11**）.頭部が甲羅内に引っ込まないように，頭部を親指と人差し指で固定する.頭部を甲羅から出さない個体では鉗子などを用いて頭部をゆっくりと甲羅から引っ張り出した後，引っ込まないようにしっかりと固定する（**図2-12**）.頭部を長時間保定することは症例のストレスとなり，頸部の損傷および眼瞼浮腫を引き起こすリスクもあるため，保定はできる限り短時間とすべきである.ほとんどの症例では鎮静を行わずにトリミングを実施できる[2,3].

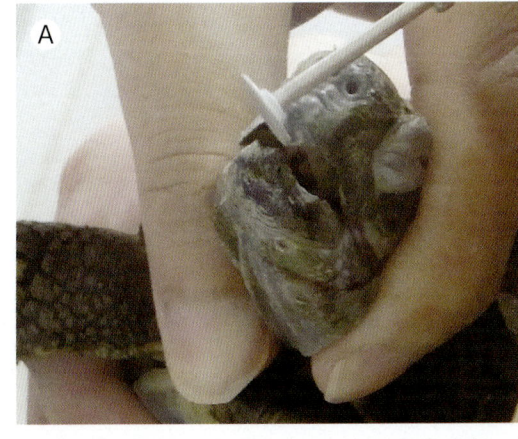
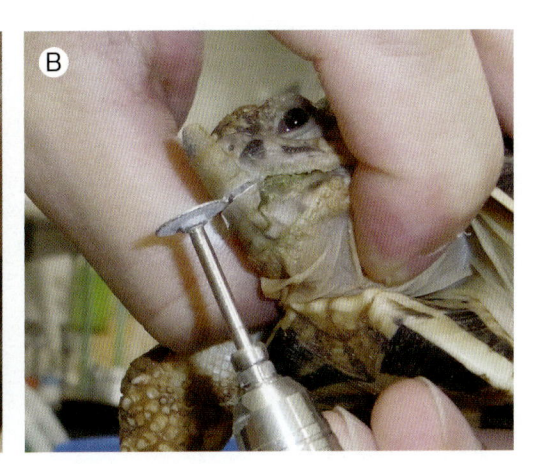

図2-11　ダイヤモンドカッターによるトリミング
A：ヘルマンリクガメ（*Eurotestudo hermanni*）の上顎嘴過長のトリミング
B：インドホシガメの下顎嘴過長（図10と同症例）のトリミング

図2-12　頭部の牽引(A：ギリシャリクガメ，B：ヨツユビリクガメ)
A：指で頭部を固定できる個体では，用手でゆっくり引き出す．
B：頭部を全く出さない個体では，嘴を鉗子などを用いて引っ張りゆっくり頭部を引き出す．この
　　際に嘴を損傷しないように注意する．

　食餌内容や飼育環境を適切に改善して原疾患に対する治療を行っても，一度トリミングを行った症例では定期的なトリミングが必要になる可能性が高い[2,3]．また，嘴の基部には血管や神経が存在するため削りすぎると出血や疼痛が生じることがあるため，トリミングの際には注意が必要である．

臨床医のコメント

　嘴の過長は肉眼的に確認できるため飼い主でも気づきやすく，それを主訴に来院する症例も多い．しかしながら過長が軽度で臨床症状が全くない症例もおり，そのような症例では基本的にトリミングを必要としないため，その判断が大事である．

(西村政晃)

 参考文献

1. Chitty J., Raftery A.(2013)：Essentials of Tortoise Medicine and Surgery, 27-33, Wiley-Blackwell.
2. Chitty J., Raftery A.(2013)：Essentials of Tortoise Medicine and Surgery, 80-113, Wiley-Blackwell.
3. Hedley J.(2016)：Veterinary Clinics of North America：Exotic Animal Practice 19, 689-706.
4. Mehler S.J., Bennett R.A.(2003)：Veterinary Clinics of North America：Exotic Animal Practice 6, 477-503.
5. O'Malley B.(2005)：Clinical Anatomy and Physiology of Exotic Species, 41-56, Elsevier.
6. 小家山　仁(2015)：エキゾチック臨床 Vol.14 カメの診察, 7-42, 学窓社.
7. Cooper J.E.(2006)：Reptile Medicine and Surgery(Mader D.R. ed.), 2nd ed., 196-216, Elsevier.
8. McArthur S.(2004)：Medicine and Surgery of Tortoises and Turtles(McArthur S., Wilkinson R., Meyer J. eds.), 309-377, Blackwell Publishing.
9. Chitty J., Raftery A.(2013)：Essentials of Tortoise Medicine and Surgery, 305-308, Wiley-Blackwell.
10. Mans C., Braun J.(2014)：Veterinary Clinics of North America：Exotic Animal Practice 17, 369-395.
11. 小家山　仁(2015)：エキゾチック臨床 Vol.14 カメの診察, 65-140, 学窓社.
12. Klaphake E., Gibbons P.M., Sladlky K.K. et al.(2018)：Exotic Animal Formulary(Carpenter J.W. ed.), 5th ed., 81-166, Elsevier.

カメの中耳炎 Aural abscess

はじめに

　カメの耳は外耳を欠き，鼓膜が側頭部（方形骨）に露出している（**図2-13**）[1]．鼓膜は音波を鼓室にある一つの耳小柱を介して内耳に伝える[1]．カメの中耳炎は臨床現場でしばしばみられる疾患であり，水棲，半水棲のカメ，特に幼体でよくみられ，陸棲のカメでも稀にみられる[2,3,4]（**図2-14**）．口腔内細菌が咽喉部から耳管を通じて鼓室内に侵入し感染を起こすことが主な原因として考えられている[2,4]．その他，ビタミンA欠乏は耳管および中耳の扁平上皮化生の原因となり，細菌による二次感染をもたらす[2,5]．水棲種で中耳炎が慢性化した例では鼓室内にコンマ型の膿瘍が形成されることが多い[6]．本病態は不適切な飼育環境（環境温度，食餌，衛生状態）が関与し，免疫低下による日和見感染が原因であると考えられている[2,3,4]．

診断

　本疾患でみられる症状は片側または両側の鼓膜の腫脹である（**図2-15**）[2,4]．診断は，身体検査にて，

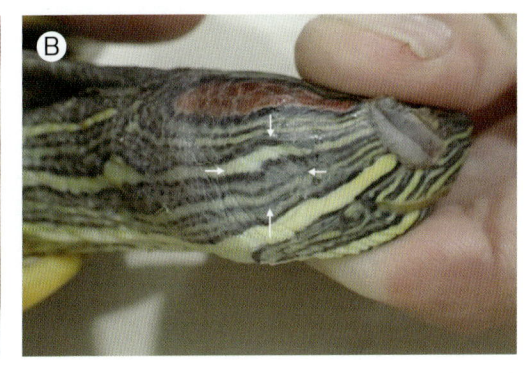

図2-13　カメの鼓膜
A：ロシアリクガメ（*Testudo horsfieldii*）の鼓膜（矢印）
陸棲のカメは，鼓膜が明瞭である．
B：ミシシッピアカミミガメ（*Trachemys scripta elegans*）の鼓膜（矢印）
水棲，半水棲のカメは，皮膚の模様により鼓膜が不明瞭である．

図2-14　ケヅメリクガメの中耳炎
左側の鼓膜の腹側円を切開し，中耳内に貯留した
膿（矢印）を摘出した．

図2-15　両側の中耳炎を呈したミシシッピアカミミガメ
A：背側からみた頭部，B：正面からみた頭部
耳道内に貯留した膿のため鼓膜(矢印)が外側へ圧排されて突出している．

その特徴的な外貌を確認することが主となる．問診では飼育環境，食餌，他の疾患の有無を確認し，臨床検査として腫脹部位の穿刺吸引細胞診を実施する[2,4]．採取したサンプルは細菌培養および薬剤感受性試験に供する[4]．血液学的検査および血液生化学検査により併発疾患の有無を確認する[2,4]．

治療

爬虫類の膿は好球のリソソームを欠くため乾酪状であり[6]，中耳炎により耳道内が貯留した膿は抗生物質の投与だけでは治癒せず，排膿処置を実施することが必要である[2,3,4,7]．

処置を実施するには，カメに適切な麻酔を施すことが推奨されているが[2]，幼体のカメや頭部を用手にて保持できるカメに関しては，麻酔薬を用いずに処置することもある．大型のカメや頭部を保持するのが困難なカメでは，処置に際して，アルファキサロン($10 \sim 20$ mg/kg IM)[8,9]，塩酸ケタミン(5 mg/kg IM)＋塩酸メデトミジン(0.1 mg/kg IM)[10]，プロポフォール($2 \sim 5$ mg/kg IV)[11]などを用いて鎮静後に処置を行う．

鼓膜およびその周囲を消毒した後，鼓膜の腹側半円をメスで切開し，キュレットやピンセットを用いて貯留した膿を摘出する(**図2-16**)[5]．爬虫類の膿は乾酪状に固まっていることがほとんどであり，

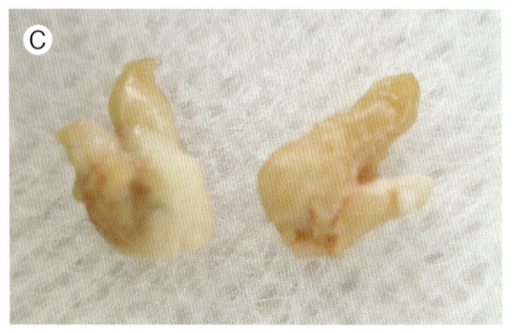

図2-16　中耳炎に対する外科的処置(ミシシッピアカミミガメ)
A：腫脹した左側鼓膜
B：処置中所見
C：摘出したコンマ型の膿
腫脹した鼓膜の腹側縁をメスで切開(A)し，耳道内に貯留した膿(B)をキュレットにて摘出する．爬虫類の膿は乾酪状であることが多い(C)．

膿の摘出時はできるだけ固まった膿を壊さずに取り出すことが重要である．摘出時に膿の塊を分解してしまうと耳管などに膿の一部を取り残す原因となる．膿の摘出後は生理食塩水あるいは希釈したクロルヘキシジン（0.02％溶液）などで十分に耳道内を洗浄する[4]．洗浄後，鼓室および耳管に膿が残存していないか入念に確認する．洗浄後に抗生物質含有点耳薬やスルファジアジンクリームを充填する方法も報告されている[4]．切開部位は縫合せず開放創とし，二次癒合により治癒させるのが一般的である[2,4]．

耳道内の膿瘍はビタミンA欠乏症との関連も報告されているため，食餌内容に不備がみられる症例では術後に抗生物質の投与とともにビタミンAを投与する場合がある[2,7]．術後は7〜10日の乾ドック（Dry dock）を推奨する報告もあるが[4]，筆者らは止血が十分であり，衛生的な環境が準備できれば，術後数時間後にカメを水につけることは問題にならないと考えている．中耳炎を適切に外科治療した場合，予後は良好である[2]．再発は外科治療時の膿の取り残し，潜在的な疾患の見落としなどにより生じる[2]．治癒過程で生じる線維化は一時的に鼓膜から内耳への音波の伝導を減弱させる可能性があるが，長期的には回復すると考えられている[2]．治療後，飼い主に適切な飼養管理法を伝えることが最も重要である[2]．

臨床医のコメント

カメの中耳炎は診断や治療は容易であるが，切開時に膿瘍を取り残さないような注意が必要である．本疾患は幼体時にみられることが多く，購入直後の幼体は特に衛生的な環境を保つなどの予防が重要である．外科治療の際，全身麻酔あるいは局所麻酔を実施するかどうかは，明確な指針がないため，カメの状況をみながら，臨床家の裁量で決定する．

（高見義紀）

 **参考文献**

1. 中村健児．1形態．感覚器．動物系統分類学脊椎動物（Ⅱb1）第9巻下 B1爬虫類Ⅰ．内田亨，山田真弓監修．中山書店．東京．1988.

2. Murray, Michael J. 2006. Aural Abscesses. pp742-746. *In*：Reptile medicine and surgery, 2nd ed.（Mader, D.R. ed.）, Elsevier, St Louis.

3. McArthur S., Meyer J., Innis C. 2004. Anatomy and Physiology. pp35-72. *In*：Medicine and surgery of tortoises and turtles.（McArthur S, Wilkinson R, Meyer J, eds.）, Blackwell Publishing, Ames.

4. Chitty J, Raftery A. 2013. Otitis media/Aural abscess. pp192-194. *In*：Essentials of Tortoise Medicine and Surgery. Wiley-Blackwell, Ames.

5. Lawton M. P. C. 2006. Reptilian ophthalmology. pp323-342. *In*：Reptile medicine and surgery, 2nd ed.（Mader, D.R. ed.）, Elsevier, St Louis.

6. 田向健一．高見義紀．カメ類の外科手術臨床手技カラーアトラス．爬虫類・両生類の臨床と病理のための研究会, 2016.

7. Jessop, M. and Bennett, T.D. 2010. Tortoises and Turtles. pp249-273. *In*：BSAVA Manual of Exotic Pets, 5th ed.（Meredith, A. and Redrobe, S. eds.）, British Small Animal Veterinary Association, Quedgeley.

8. Kischinovsky M, Duse A, Wang T, Bertelsen MF.（2013）Intramuscular administration of alfaxalone in red-eared sliders（*Trachemys scripta elegans*）effects of dose and body temperature. Vet Anaesth Analg. 40(1)：13-20.

9. Hansen LL, Bertelsen MF.（2013）Assessment of the effects of intramuscular administration of alfaxalone with and without medetomidine in Horsfield's tortoises（*Agrionemys horsfieldii*）. Vet Anaesth Analg.40(6)：68-75.

10. Greer LL, Jenne KJ, Diggs HE.（2001）Medetomidine-ketamine anesthesia in red-eared slider turtles（*Trachemys scripta elegans*）. Contemp Top Lab Anim Sci. 40：9-11.

11. Schumacher, J, Mans, C. Anesthesia. in：D.R. Mader, S.J. Divers（Eds.）Current therapy in reptile medicine and surgery. Saunders, St. Louis,2014. pp. 134-153.

カメの甲疾患と甲骨折 Shell diseases and fractures

はじめに

　カメの甲は，橋で接続された背甲と腹甲で構成されている．甲は角質甲板と骨甲板で構成されており，角質甲板の継ぎ目は，骨甲板のそれとはずれており，甲に強度を高める構造をとっている[1]．ほとんどのカメでは，角質甲板の定期的な脱落はみられないが，角質は磨耗することがある．成長が進むにつれて，新しい角質甲板は，古い角質甲板に入り込むため，新しい角質甲板の辺縁は成長輪を形成する[1]．成長輪の数で年齢を推測できるといった逸話が存在するが，これらは定期的に形成されるものではないため，成長輪をみて年齢を推定することはできない[1]．水棲種は，不定期に角質甲板が脱落するため，成長輪は形成されない[1]．背甲は正中に沿った一列の椎骨を含む．背甲正中の最も頭側には項甲板が，尾側には臀甲板があり，それらの間には椎甲板が並ぶ．椎甲板の両側には肋甲板が，背甲の辺縁には縁甲板がある．腹甲は中央の継ぎ目によって対に分割され，最も頭側には喉甲板が，尾側には肛甲板がある．それらの間には頭側から，肩甲板，胸甲板，腹甲板，股甲板がならぶ．橋は腋下甲板，下縁甲板，鼠径甲板から構成されるが，一部を欠く種，個体も存在する[1,2]（**図2-17**）．

　スッポン，オサガメ，スッポンモドキ，パンケーキガメの背甲と腹甲は，甲板の数が少なく，小さいため一般的な甲の構造をもたない[1,2]．前者3種は，角質甲板の代わりに堅い皮膚が骨甲板を覆っている．ワニガメ，ドロガメ，カブトニオイガメ，カミツキガメ，スッポンの腹甲は小さい[1,2]（**図2-18**）．

　カロリナハコガメは背甲と腹甲を結ぶ橋がない[1]．カメのなかには甲に蝶番を持つ種がいる．いわゆるハコガメの仲間では甲羅を完全に閉じられる種が多いが，カブトニオイガメやチチュウカイリクガメの仲間など完全にではなく多少閉じられることができる種など様々な種が存在する[1,2]．ドロガ

図2-17　ミシシッピアカミミガメの甲
a：項甲板，b：縁甲板，c：椎甲板，d：肋甲板，e：臀甲板，f：喉甲板，g：肩甲板，
h：胸甲板，i：腹甲板，j：股甲板，k：肛甲板，l：腋下甲板，m：鼠径甲板

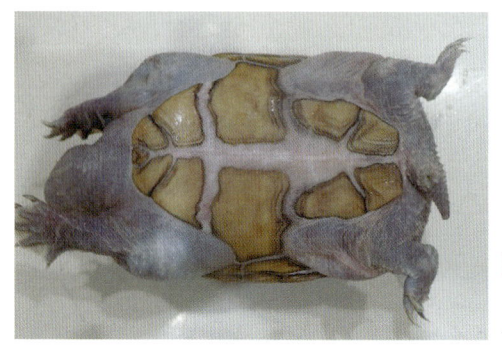

図2-18　カブトニオイガメの腹甲
カブトニオイガメの腹甲は他種に比較して
小さい．

図2-19　背甲に藻類がみられるミシシッピアカミミガメ

図2-20　高所から落下し背甲を骨折したミシシッピアカミミガメ

メの仲間には，腹甲に2つの蝶番がある．ベルセオレガメは，背甲の第4肋骨と第5肋骨と第7肋骨と第8肋骨との間に蝶番があり，甲羅を閉じ後肢と尾を覆うことができる[1,2]．

　カメの甲疾患のうち甲の膿瘍，糜爛，骨折などが臨床現場でよくみられる[1,3]．

　甲の膿瘍，糜爛は水棲ガメ，半水棲ガメでみられ，水質の悪化，不適切な温度管理および栄養管理，過密飼育，紫外線の欠如，甲を乾燥できる陸場の欠如などが原因として挙げられる[1,3]．

　水棲ガメ，半水棲ガメの背甲には藻類がよく生育する[1]．これは，野生の個体，屋外飼育された個体だけではなく，屋内飼育個体でもみられる（図2-19）．これらの藻類は，カメと共生関係にある一方で，時に藻類が甲を侵食することで，二次的な細菌感染の原因となることもある[1,3,4]．

　甲の骨折は，落下，自動車や芝刈り機との接触，犬に噛まれることで生じることが多い[1]（図2-20）．

症状

　甲に膿，糜爛がみられるカメは，ほとんどの場合，通常の食欲を維持している[1,3]．稀に病変が広範囲に及ぶ個体では，全身状態の悪化がみられる（図2-21）．甲の糜爛は角質甲板に多くみられ，甲の膿瘍は骨甲板まで波及することがある（図2-22）．

　甲の骨折は，骨折部位に骨の変位を伴う場合と伴わない場合がある．骨折部の変位が重度の場合，体腔内臓器が露出することがある（図2-23）．甲の骨折に伴って，ショック，内出血，および肺の損傷などがみられることもあり，肺の出血などでは吐血などがみられることもある．カメの呼吸運動は

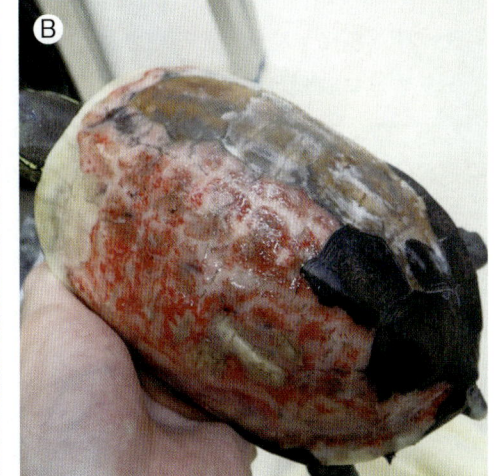
図2-21　甲の病変が広範囲に及ぶクサガメ
A：腹甲に膿を伴う病変を認めたクサガメの幼体
B：背甲全域に糜爛を認めたクサガメ

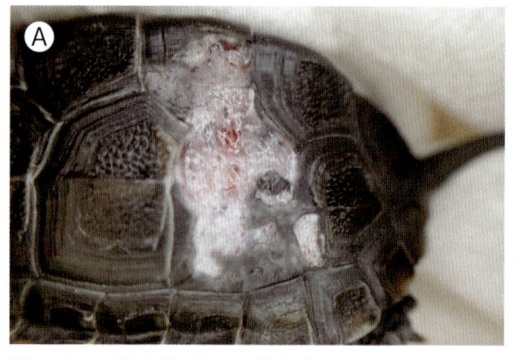

図2-22　半水棲ガメの甲病変
A：背甲にみられた角質甲板の糜爛（クサガメ）
B：橋の骨甲板まで波及した膿を伴う感染病変（ミシシッピアカミミガメ）

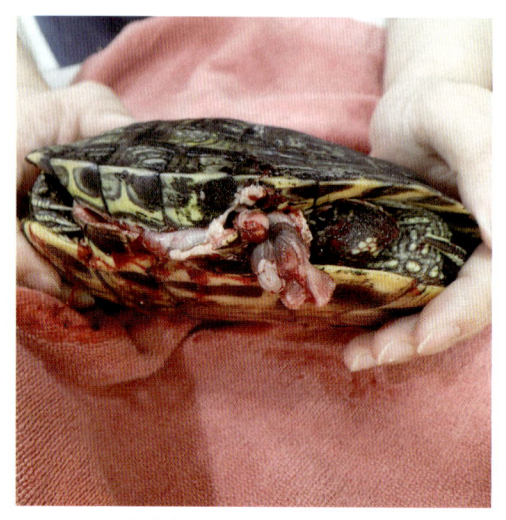

図2-23　体腔内臓器の露出を伴う甲骨折

肺の平滑筋および骨格筋の収縮によって行われるため[4]，肺の損傷があっても自発呼吸を維持できる．しかし，肺の損傷は壊死性肺炎を引き起こすことがあり，治療が奏効しないことが多く，予後は要注意である．

診断

視診により甲の膿瘍，糜爛，骨折などの病変部を確認する．膿瘍，糜爛など細菌感染が疑われる症例では，飼養管理に問題がないかどうか問診で確認する．甲に藻類が付着している場合には軟らかいスポンジや歯ブラシなどで擦り取り，甲の糜爛の有無を確認する．また，必要に応じて病変部から採材した材料の鏡検や細菌培養・感受性検査を実施する．

甲の骨折では，X線検査やCT検査，必要に応じて超音波検査などによって甲，骨格，肺などの体腔内臓器の損傷の程度を評価する[5]．身体検査上，活動性の低下が認められる場合には，血液検査を行う場合がある．甲の損傷の程度と予後，治療に関する報告を**表2-1**に記載する．

治療

角質甲板の糜爛，膿瘍の治療は，飼育環境の評価と改善から始める[1,3]．甲を乾燥させるためにカメを水から隔絶する方法が従来から提案されているが，脱水や栄養失調を促進する可能性があるため，1日に2〜4時間に制限することが重要である[1]．肉眼上認められる壊死組織や剥がれた角質甲板は取り除く必要がある．この時，歯科用スケーラーは壊死組織，剥がれたあるいは剥がれかけた角質甲板

表2-1　甲の損傷の程度と予後，治療に関する指針[6]

予後	甲の状態	治療
大変良好	• 1カ所の骨折 • 亀裂 • 脊椎以外の骨折 • 擦過傷	• 支持療法 • 数日の入院 • 通常外科的整復は不要
良好	• 多発骨折 • 不安定型骨折 • 開放骨折(体腔内臓器が透けて見える) 　±わずかな骨片の消失 • 甲の穿孔(犬の咬傷)	• 支持療法 • 骨折の外科的整復 • 治療は数カ月に及ぶ
要介護	• 前肢帯および腰帯に及ぶ多発性骨折 • 体腔膜穿孔 • 橋を含む骨折 • 大きな骨片の消失を伴う開放骨折	• 支持療法 • 骨折の外科的整復 • 治療は少なくとも数カ月に及ぶ
要注意	• 体腔内臓器の損傷を伴う開放骨折 • 肉眼的な体腔内の汚染	• CT，内視鏡による精査 • 治療困難
不良	• 多発性粉砕骨折 • 整復困難な骨折 • 内臓の損傷 • 頭部外傷 • 脊椎損傷 • 後躯麻痺	• 安楽死の提示

参考文献6より和訳引用改変

図2-24　角質甲板の糜爛を呈したクサガメ
A：肋甲板の角質甲板に壊死部が認められる．
B：壊死組織を除去した後の病変

を容易に除去するのに有用である．これらを取り除いた後は，1日2回の外用薬による局所的な抗菌療法を行う[1]．スルファジアジン銀1%はシュードモナス属および他のグラム陰性菌に有効である．また，他の外用薬として，ムピロシン，ポリミキシンB硫酸塩，ネオマイシン，バシトラシンの軟膏も推奨されている[1]（図2-24）．

　壊死組織が大量に存在する場合，コラゲナーゼ軟膏などの局所的な酵素剤の使用が推奨されているが[1]，筆者らは物理的に除去することで対応することが多い．

　藻類が甲に付着している場合は歯ブラシと薄めたクロルヘキシジンまたはポビドンヨードのような消毒剤でこすりながら洗浄する[1]．藻類の甲への浸食による二次感染が認められる場合には，上記と同様に外用薬による治療を行う．

　骨甲板まで達する膿瘍が認められた場合，積極的な壊死組織の除去が不可欠となる[1]．処置に伴う疼痛の管理および無菌的な処置を行うために，麻酔が必要となることもある．壊死組織の除去には，歯科用スケーラー，骨鋭匙および骨手術用機器を用いることが多い．病変の細菌培養および感受性試験はできる限り行う[1]．真菌培養も考慮する必要があるが，真菌感染は細菌感染よりも少ない

といわれている[1]．水温，ホットスポットの場所，食餌，紫外線の光源，水質などを見直し，飼育環境を最適化すると同時に，全身性の抗生剤投与を行う．病変は滅菌生理食塩水で洗浄し，前述の抗生物質軟膏を塗布し，粘着性包帯で覆い，毎日あるいは1日おきに交換することが推奨されている[1]（**図2-25**）．治療中の病変であっても悪化することがあるため，治癒期間中は注意が必要である．治療は長期間を要し，数カ月かかることもある．特に甲が欠損している場合には，エポキシ樹脂による病変の被覆は，ドレナージを阻害するため禁忌である[1]．

角質甲板の膿瘍および骨甲板まで達する膿瘍ともに，甲が乾燥し，臭気や滲出液がなくなった時点で治療を終了する[1]．治療痕は生涯残ることがある（**図2-26**）．

甲骨折に対しては，まず疼痛管理，出血の制御，加温，抗生剤投与および輸液療法，骨片の安定化と創傷の保護などの支持療法を行う．カメに有効な鎮痛剤にはオピオイドであるモルヒネ，トラマドール，メサドンがあり，非ステロイド系鎮痛剤も事例的証拠をもとに用いられることがある[6,7]．新鮮な骨折の場合，感染が成立していることは稀であるため，骨折部位は滅菌食塩水で十分に洗浄し，直

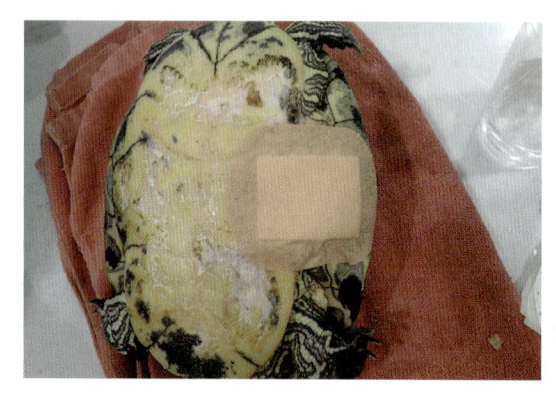

図2-25　患部に絆創膏を張った様子
粘着性包帯の代わりに絆創膏を用いることもできる（図2-22と同一症例）．

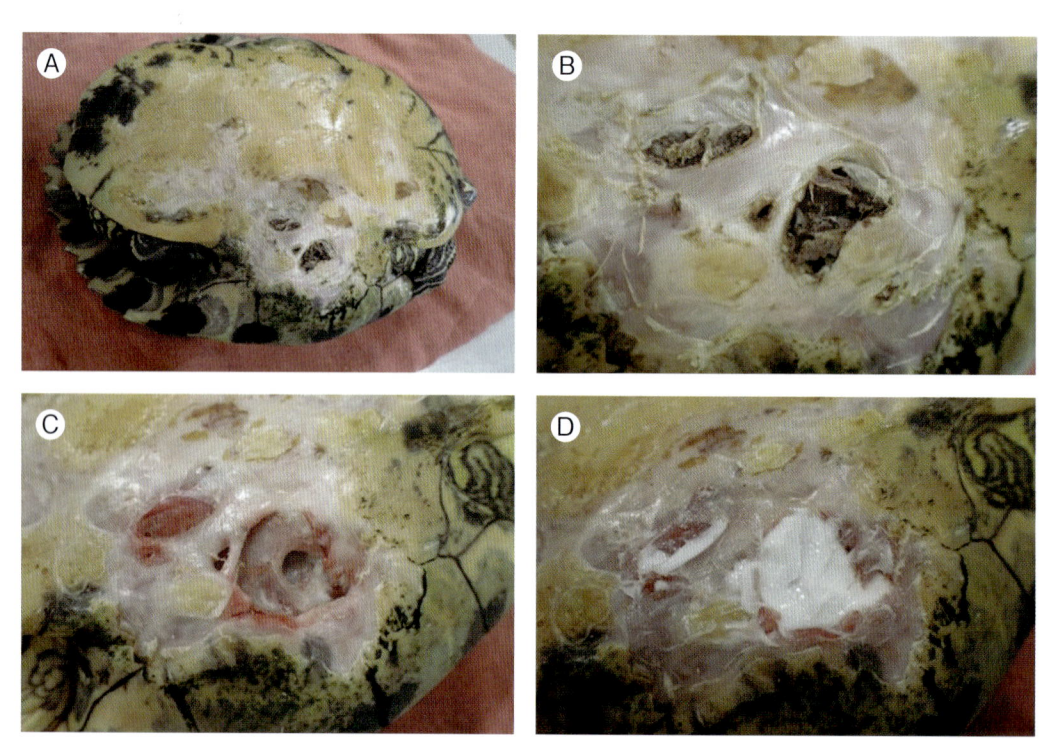

図2-26　骨甲板まで及ぶ膿瘍の治療（続く）
A：膿瘍が骨甲板まで波及したミシシッピアカミミガメ（背臥位）
B：患部の拡大像
C：膿瘍と壊死組織を除去し，洗浄した後の患部
D：スルファジアジン銀クリームを充填した患部

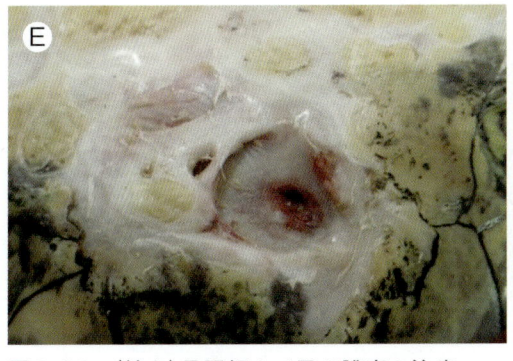

図2-26　（続き）骨甲板まで及ぶ膿瘍の治療
E：治療14日後の患部
F：治療60日後の患部．滲出液がなくなったため治療を終了した．

ちに整復することが推奨されている[1]．数時間以上経過した骨折は感染が成立している場合があるため，整復する前に感染に対する治療が必要となる[1]．これらの骨折は前述したように，局所および全身性の抗生剤投与を行うと同時に包帯を施し感染の制御の後，甲の整復を行う．

　甲の整復時には，疼痛の管理を目的として麻酔を使用することが推奨されている．甲の整復方法には様々な方法が用いられている．従来，エポキシ樹脂とガラス繊維のメッシュを用いた処置が一時期よく用いられていたが[8]，エポキシ樹脂とガラス繊維のメッシュの下でドレナージが不足することで，骨髄炎または蜂巣炎が多発したため，推奨されなくなった[1]．

　甲骨折の整復は，骨プレート，ワイヤー，スクリューとワイヤーによる固定が一般的である[1,3,6,9]．骨折部位に変位および感染がない場合，エポキシパテなどの被覆材による固定で治癒することもある．これらの整復に用いた材料は通常12〜18週間ほどで除去するが，症例の状態により除去まで6〜12カ月間を要することもある[1,3,6]（**図2-27〜30**）．

図2-27　縁甲板を骨折したヒョウモンリクガメの治療
A：骨折部位に変位のない骨折が認められる．
B：エポキシパテで被覆した骨折部位
C：10週間後，エポキシパテの除去後，癒合が
　　認められた．

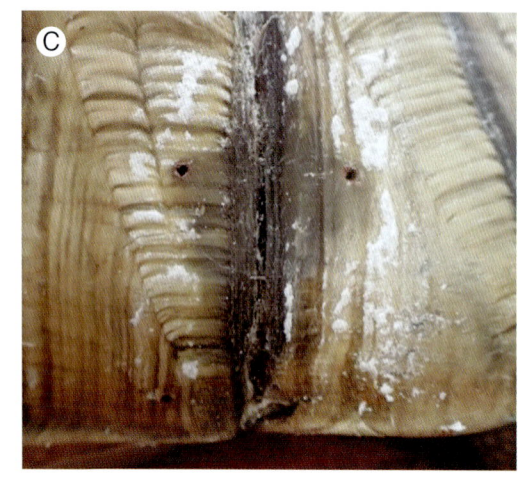

図2-28　縁甲板を骨折したケヅメリクガメの治療
A：骨折部位に変位のある骨折が認められる．
B：スクリューとワイヤーで固定した骨折部位
C：2カ月後，スクリューとワイヤーの除去後，
　　癒合が認められた．

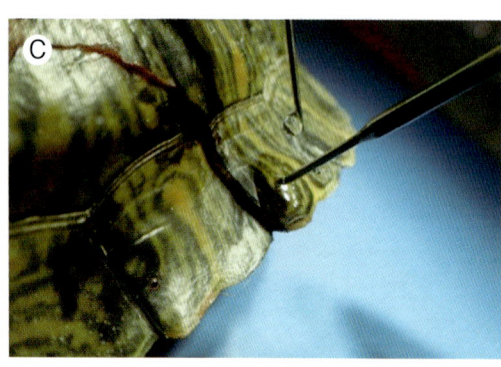

図2-29　肋甲板から縁甲板を骨折したミシシッピアカミミガメの治療（続く）
A：骨折部位に変位のある骨折が認められる．
B：歯ブラシで患部を消毒する．
C：甲にスクリューの挿入のため，パイロットホールを作成する．
D：骨片に2本のスクリューを挿入する．

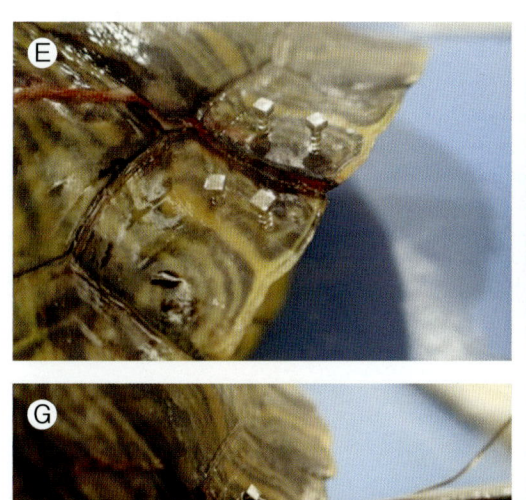
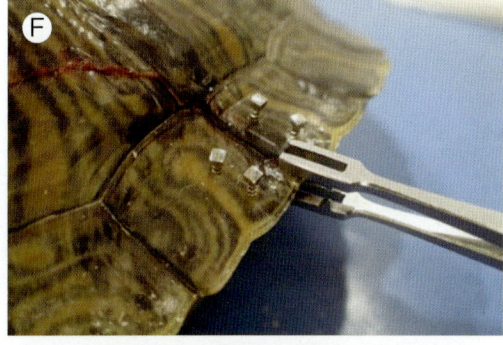
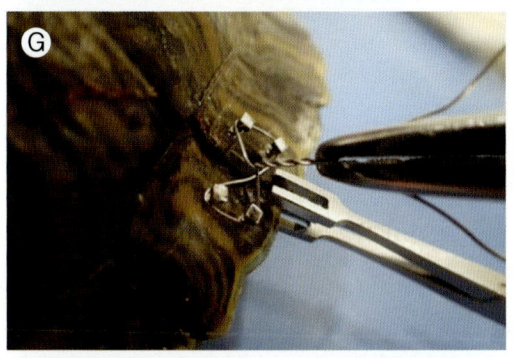

図2-29　（続き）肋甲板から縁甲板を骨折した
ミシシッピアカミミガメの治療
E：スクリューは腹側の角質甲板まで貫く.
F：骨鉗子を用いて，骨片を整復する.
G：スクリューをワイヤーで固定する.
H：骨鉗子を外した後，骨折部位が安定してい
　　ることを確認する.
I ：感染がない場合，背側のみパテで被覆する.
　　ドレナージは腹側で行われる.

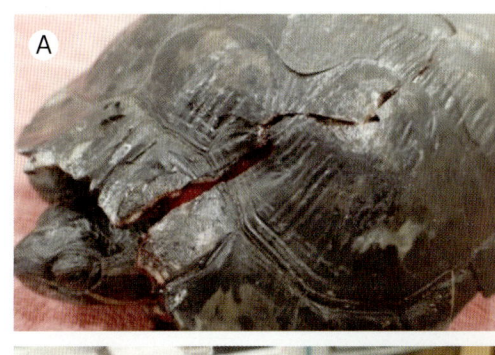
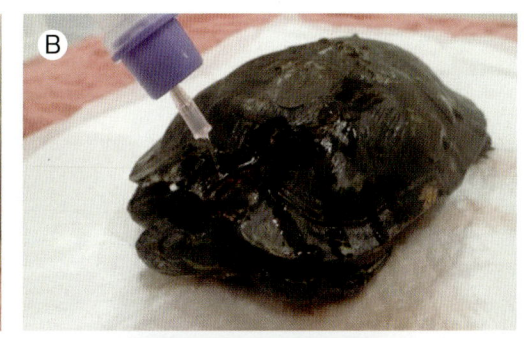
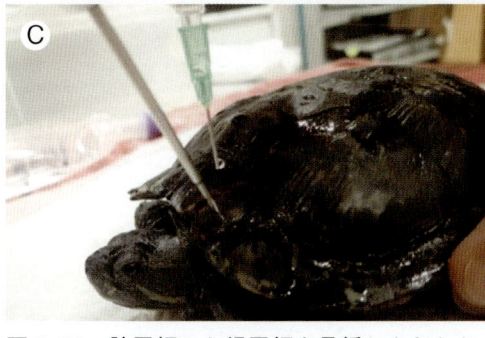
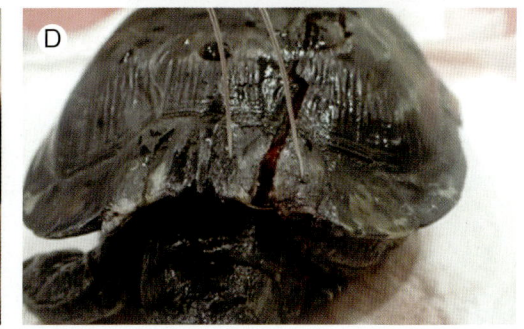

図2-30　肋甲板から縁甲板を骨折したミシシッピアカミミガメの治療（続く）
A：骨折部位に変位のある骨折が認められる. B：生理食塩水で患部を洗浄する.
C：消毒後，甲にワイヤーの挿入のため，パイロットホールを作成する.
D：パイロットホールにワイヤーを挿入する.

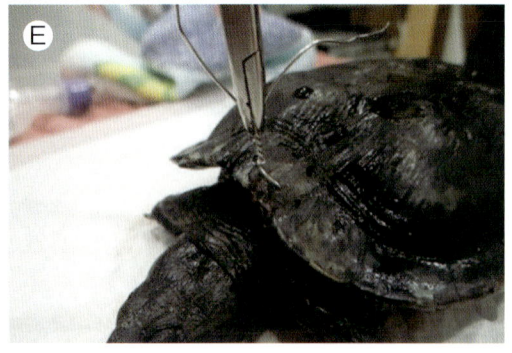

図2-30 （続き）肋甲板から縁甲板を骨折したミシシッピアカミミガメの治療
E：ワイヤーを締結しながら，骨折を整復する．
F：骨折部位が安定していることを確認する．

臨床医のコメント

　カメの甲疾患は，治癒までに時間を要するため，飼い主に治癒までの道筋を適切に示すことが大切となる．甲の骨折では，高所からの落下により，来院時にすでにショックを起こしている症例も少なくない．このような症例に対しては，甲の整復よりも，バイタルサインが安定するまで，輸液療法，酸素供給，抗生剤の投与を行う必要があることを忘れてはならない．

（高見義紀）

 参考文献

1. Barten SL. 2006. Shell damage. pp. 893-899. *In*：Reptile medicine and surgery. 2nd ed.（Mader DR. ed.），Elsevier, St Louis.
2. 霍野晋吉．中田友明．爬虫類の身体的・解剖学的・生理学的特徴．カラーアトラスエキゾチックアニマル爬虫類・両生類編−種類・生態・飼育・疾病−緑書房．東京．2017.
3. McArthur S. 2004. Problem-solving approach to common diseases of terrestrial and semiaquatic chelonians. pp. 309-377. *In*：Medicine and Surgery of Tortoises and Turtles.（McArthur S, Wilkinson R, Meyer, J. eds.），Blackwell Publishing, Ames.
4. Fraser MA, Girling SJ：皮膚科．爬虫類マニュアル第二版．宇根有美，田向健一監修．学窓社．東京．2017.
5. Abou-Madi N, Scrivani PV, Kollias GV, et al. 2004. Diadnosis of skeletal injuries in chelonians using computed tomography. *Journal of zoo and wildlife medicine*, 35（2）.
6. Roffey J, Miles S. 2018. Turtle shell repair. pp. 397-408. *In*：Reptile medicine and surgery in clinical practice.（Doneley B, Monks D, Johnson R, Carmel B. eds.），Wiley Blackwell, Ames.
7. Baker B, Sladky K, Johnson S. 2011. Evaluations of the analgesic effect of oral and subcutaneous tramadol adominstration in red-eared slider turtle, *Journal of the American veterinary medical association*, 238, 220-227.
8. Heard DJ. 1999. Shell repair in turtle and tortoises, Vivarium 4：9.
9. Fleming GJ. 2014. New techniques in chelonian shell repairpp. 205-212. *In*：Current therapy in reptile medicine and surgery.（Mader DR and Divers S. ed.），Elsevier, St Louis.

カメの代謝性骨疾患 Metabolic bone diseases

はじめに

代謝性骨疾患は，飼育下のカメによくみられる[1]．代謝性骨疾患（MBD：Metabolic bone disease）という用語は，実際には単一の疾患ではなく，骨の完全性および機能に影響を与える疾患群を示す用語である[2]．具体的には，線維性骨異栄養症，肥大性骨疾患，栄養性二次性上皮小体機能亢進症，骨軟化症，大理石骨病，骨ページェット病，腎性二次性上皮小体機能亢進症，骨粗鬆症，肥大性骨異栄養症，汎骨炎，くる病などが代謝性骨疾患に含まれる[2]．

爬虫類の臨床で代謝性骨疾患という用語を用いる場合には，「栄養性」または「腎性」などの修飾語句を伴って用いることが推奨されている[2]．栄養性の MBD は NMBD（Nutritional secondary hyperparathyroidism），腎性の MBD は RMBD（Renal secondary hyperparathyroidism）と記載することが多く，飼育下の爬虫類でみられる最も一般的な MBD は栄養性二次性上皮小体機能亢進症（NSHP）だといわれている[1,2]．NSHP は，不適切な食餌の供給と飼養管理の結果として生じる[1,2,3]．NSHP の最も一般的な原因は，食餌中のカルシウムまたは**ビタミンD₃の慢性的な欠乏***，食餌中のリンの過剰などのカルシウムとリンの不均衡，または昼行性爬虫類における不十分な紫外線照射である[1,2,3]．NSHP は，すべての爬虫類および両生類にみられる可能性があるが，水生種のカメで最もよくみられる[2]．

NSHP では不適切な食餌管理によって生じた低カルシウム血症に反応して，上皮小体からの上皮小体ホルモン（PTH）の過剰な産生が生じると考えられている[3]．過剰な PTH は血中カルシウムの欠乏を補うため，骨吸収を招来し，その結果として骨減少症が生じる．これが若齢動物で起こる場合をくる病，成熟動物で起こる場合を骨軟化症という[2]．

腎性二次性上皮小体機能亢進症（RSHP）は慢性腎疾患の結果として生じ，高リン血症が持続した際に，リンの尿への排泄を亢進させるために過剰な PTH が産生される病態として理解されている[1,2]．

症状

低カルシウム血症のトカゲでみられる頭部や四肢の振戦は，カメでは一般的ではない[1,2]．これは，甲がカルシウムの貯蔵庫として機能しており，カメが重度の低カルシウム血症に陥りにくいと考えられているためである[1,2]．

NSHP の症状は幼体でみられることが多く，特に甲の変化が急激な成長に伴って顕在化する（図2-31）[1~4]．甲の変化は背甲に認めることが多いが，稀に腹甲にも認められる（図2-32）．その他，オウムの嘴様変化（Parrot beak）をはじめとする嘴の変化や咬合の異常（図2-33），背甲の外反（図2-34），ピラミッド状の背甲が認められることが多い（図2-35）[2]．ピラミッド状の背甲は，飼育下のカメでよくみられ，この原因として，食餌と環境要因が一般的な仮説として挙げられているが[1,2]，この現象が夜間の過剰な加温と関連していることを示す報告もある[5]．重症例では体重の増加がみられず，甲の軟化（図2-36），開張肢，ぎこちない歩様が認められる[1,2]．稀に陰茎脱を認めることがある（図2-37）[2]．一方，成体では，筋力の低下，総排泄腔脱，卵塞，上皮小体機能亢進症に続発する

---

*ビタミンD は身体が日光に暴露されることで合成される．290〜320 nm の紫外線に暴露された皮膚は，コレステロールをビタミンD にする．このビタミンD は，肝臓で 25 ヒドロキシコレカルシフェロール（25(OH)D₃）へと変化し，腎臓で 1.25 ジヒドロキシコレカルシフェロール（1.25-DHCC）になる．1.25-DHCC は，消化管からのカルシウムの吸収を促進する．このため，室内飼育では紫外線を放射する爬虫類飼育専用の人工照明システムを設置する必要がある．これらの照明システムは経年変化によって紫外線の出力が低下するため，製造元が推奨する交換時期に従うことが大切である[2]．

腎障害および脂肪肝が認められることもある(**図2-38**)[2]．リクガメにおいて大腿骨頭の圧潰が認められた報告があり，感染性の関節炎との鑑別が重要であるといわれている[2]．

　RSHP の症状は非特異的であり，衰弱，脱水，食欲不振が認められ，これらの症状にあわせて，前述した NSHP の症状もみられる[1~4]．

図2-31　背甲に異常のあるカメ
A：項甲板，頭側の縁甲板の外反が著しいミシシッピアカミミガメ(*Trachemys scripta elegans*)
B：項甲板，全周の縁甲板の外反が著しいクサガメ(*Mauremys reevesii*)
C：椎甲板と肋甲板がブロック状に形成され，縁甲板との間が拡大しているケヅメリクガメ(*Centrochelys sulcata*)
D：背甲が腹甲に比較して小さいクサガメ

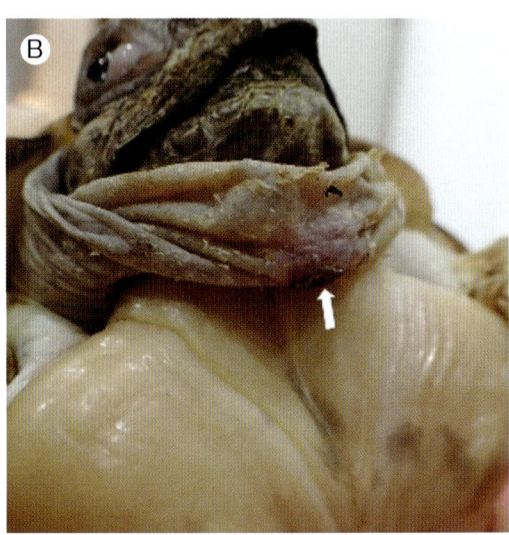

図2-32　喉甲板の伸長したエロンガータリクガメ (*Indotestudo elongata*)
A：喉甲板の伸長により，頸部腹側が圧迫され，第3眼瞼が露出している(矢印)．
B：喉甲板の伸長により，頸部腹側の皮膚と接した部位に痂皮が形成されている(矢印)．

図2-33　嘴に異常のあるカメ
A：上顎の嘴が過長したロシアリクガメ（*Testudo horsfieldii*）．嘴の過長は軟らかい食餌を与え続けた場合にもみられるといわれている．
B：上下の咬合が不正で，受け口を呈するケヅメリクガメ

図2-34　尾側の縁甲板の外反が著しいミシシッピアカミミガメ

図2-35　ピラミッド状の背甲を呈するインドホシガメ（*Geochelone elegans*）

図2-36　甲の軟化を呈するロシアリクガメ（血漿イオン化カルシウム値：0.68 mmol／mL）
A：甲の軟化を呈するロシアリクガメを側面からみた様子
B：同個体の背甲を手指で圧迫し甲の軟化を確認している様子．手指で圧迫した背甲が腹側方向に凹んでいるのがわかる．

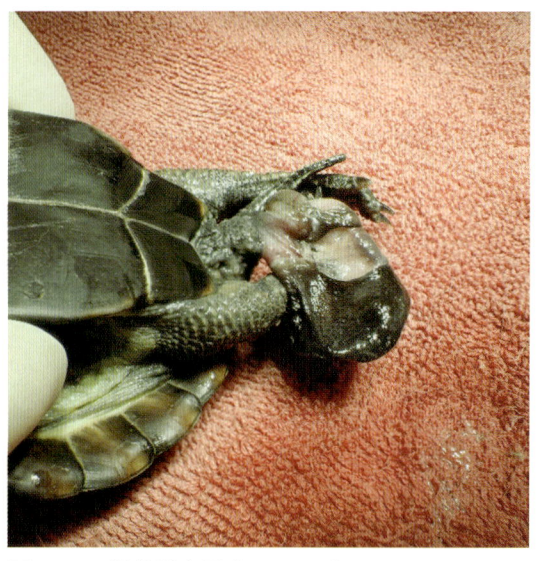

図2-37　陰茎脱を呈するクサガメ
低カルシウム血症(血漿イオン化カルシウム値：
0.5 mmol/L)による後肢の伸展を併発している.

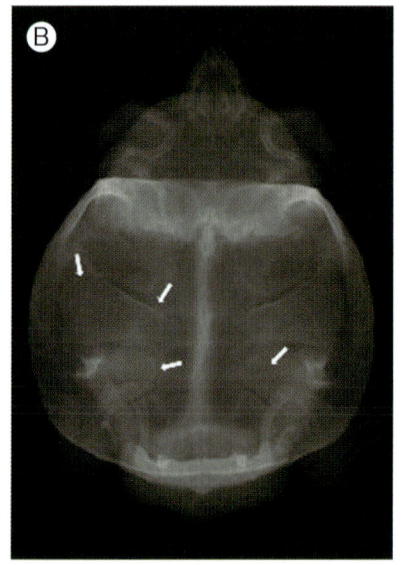

図2-38　甲の変形と卵塞を呈するミシシッピアカミミガメとそのX線検査所見
A：背甲の変形があり，卵を保有するミシシッピアカミミガメ
B：X線像では4つの卵が認められ，いずれの卵殻もX線透過性が亢進している(矢印).

診断

　NSHPの診断は，飼育環境の詳細な稟告聴取，特徴的な症状の確認から始める[1〜4]．身体検査では，触診で甲の軟化を認めることがある(**図2-36**)[1,2]．パンケーキリクガメ(*Malacochersus tornieri*)は正常でも甲は軟らかいため，間違えないようにする(**図2-39**)．X線検査では，甲のX線透過性の亢進，長管骨の骨皮質の非薄化，甲(背甲，腹甲，橋)の変形の有無を確認するが，いずれも主観的な判断となり，初期病変は検出できない(**図2-40, 41**)[3]．X線検査で，骨や甲に変化を認めた時点で，脱灰は50〜60%進んでいるといわれている[3]．骨密度の測定に関して，ヘルマンリクガメにおいて，二重エネルギーX線吸収測定法を用いた報告があり[6]，これは，治療の効果判定にも有効であると考えられている．筆者らは甲の軟化を客観的に評価するために，CT値を参考にすることがある(**図2-42**)．血液検査では，総カルシウム値とリン値を測定し，その結果，低カルシウム血症，高リン血症を認め，さらにその比が1:1以下を示した場合にはNSHPあるいはRSHPの疑いが高い

図2-39　パンケーキリクガメ (*Malacochersus tornieri*) の甲は健康な個体でも軟らかい.

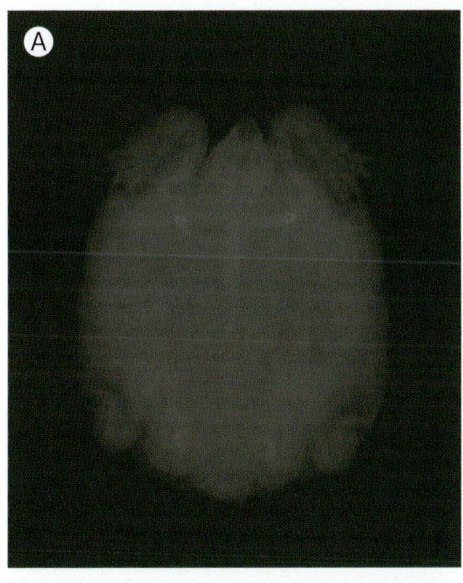
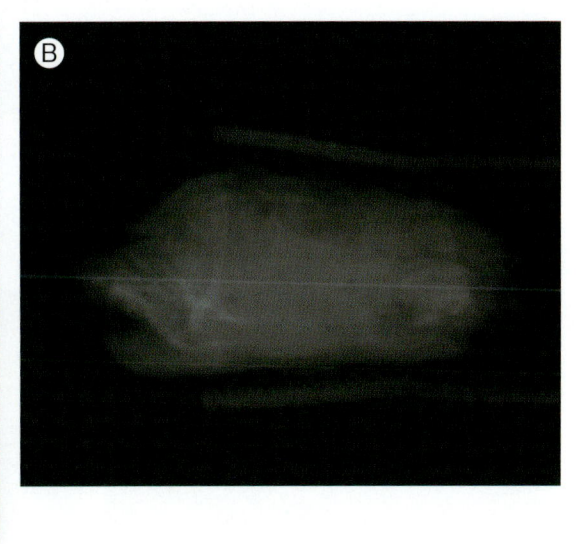

図2-40　甲の軟化を呈するロシアリクガメの X 線検査所見(A：DV 像, B：右側ラテラル像)
甲の X 線透過性の亢進と四肢の骨皮質の非薄化が認められる.

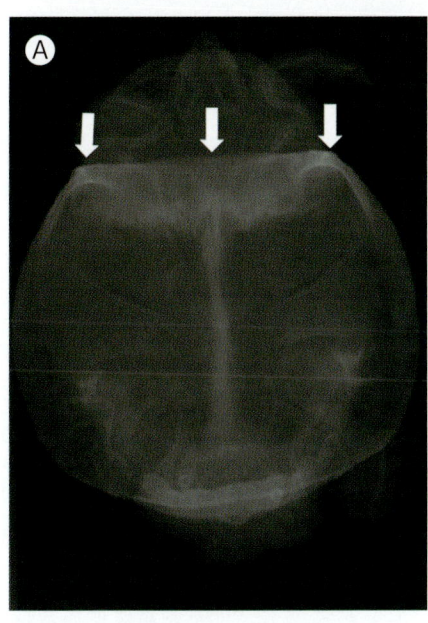
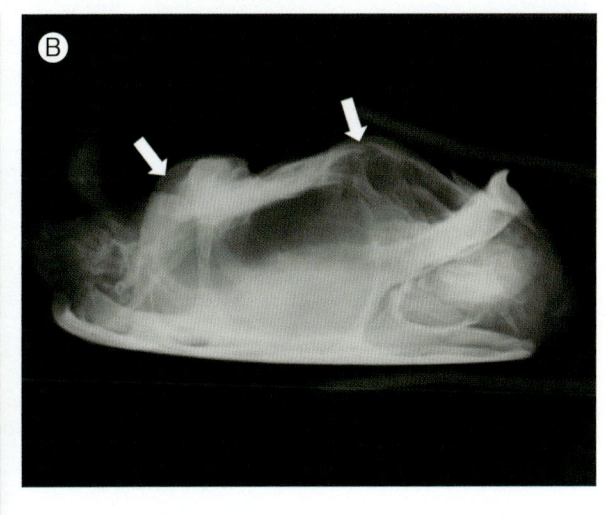

図2-41　背甲の変形を呈するミシシッピアカミミガメの X 線検査所見
(A：DV 像, B：右側ラテラル像)
A：縁甲板に変形が認められる(矢印).
B：縁甲板と椎甲板に変形が認められる(矢印).

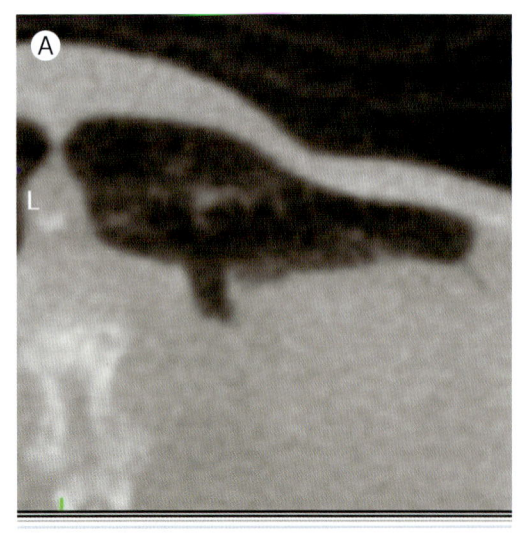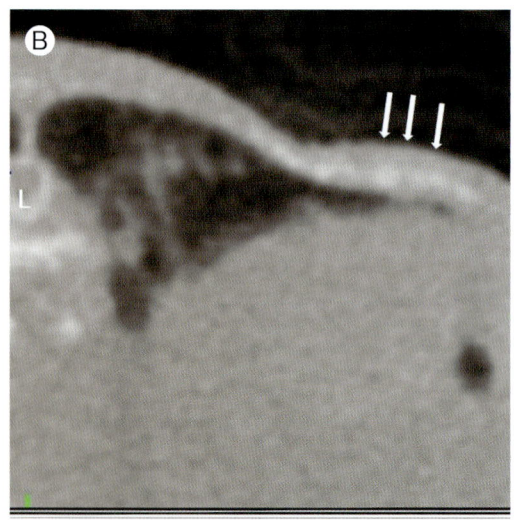

図2-42　甲の軟化を呈したロシアリクガメの背甲 CT 検査所見
A：治療前の CT 検査所見
B：治療 2 カ月後の CT 検査所見．背甲の CT 値の上昇を認めた（矢印）．

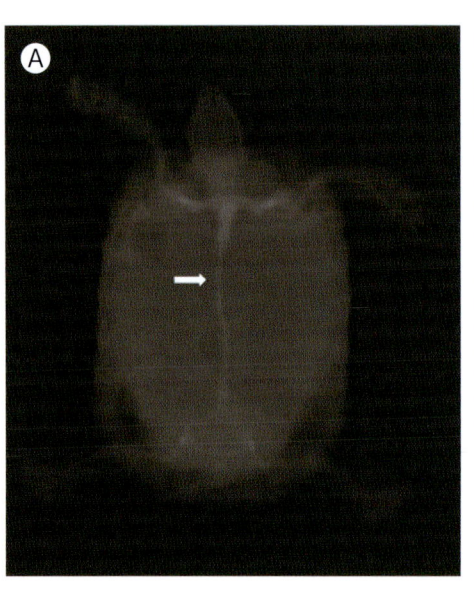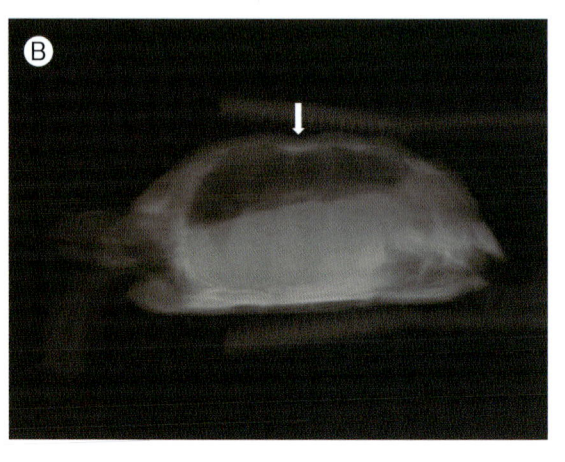

図2-43　RSHP と診断したフチゾリリクガメ（*Testudo marginata*）の X 線検査所見
（A：DV 像，B：右側ラテラル像）
甲の X 線透過性の亢進と椎骨の弯曲（矢印）が認められる．

といわれている[2]．しかし，カメでは総カルシウム値が参照範囲内にとどまることが多い[1,2]．重症例ではイオン化カルシウムの減少がみられる[1,2]．一般的にリクガメのイオン化カルシウム値は 1〜2 mmol/L であり，1 mmol/L 以下では早急なカルシウム投与が必要になるといわれているが[1]，筆者らの経験では 1 mmol/L 以下であっても，症状を示さない個体に遭遇することがある．イオン化カルシウムは採血後の変化，溶血によって，測定値が低値になることがあるため，注意が必要である[1]．一方で血漿カルシウム値は，体内のカルシウム総量を反映しているわけではないため，急性の低カルシウム血症を伴わない NSHP を診断する際には血液検査による血漿カルシウム測定は価値が低いという報告もある[3]．

　RSHP の診断は，慢性腎疾患の診断と同様である[1,2,4]．特に高リン血症，非再生性貧血，NSHP で認められる X 線検査所見を確認する（**図2-43**）[1]．非再生性貧血は脱水により確認が困難な場合がある．

治療

NSHPに対する基本的な治療は，飼育環境の改善と適切な食餌の供給である[1~4]．特に紫外線（UVB）の照射と経口的なカルシウムの補給（20～50 mg/kg, SID）が治療の主軸となる[1~4]．経口カルシウム剤としてグルビオン酸カルシウムが推奨されているが，炭酸カルシウムでも代用可能である[3]．

ミシシッピアカミミガメでは4週間の人工的なUVBの照射によって，血漿中の25(OH)D_3が有意に上昇することが分かっている[7]．一方，ヘルマンリクガメ（*Testudo hermanni*）では人工的なUVBを35日間照射した群と，太陽光を照射した群では，前者の血漿中の25(OH)D_3は有意に低かったという報告もある[8]．これは人工的なUVBが万能ではないことを示唆している．

ビタミンD_3は，中毒や異所性石灰化の危険性から投与に関して注意が必要である．成長期のヒョウモンガメにビタミンD_3の経口投与を継続した例で，肺の結合組織，胃，血管に異所性石灰化が認められた報告がある[9]．このため，多くのNSHPのカメに対しては，紫外線の照射によってビタミンD_3合成を促すことが推奨されている[1~4]．しかし，肝臓や腎臓に疾患がある爬虫類では，ビタミンDの合成経路が破綻している可能性があるため，このような症例ではカルシトリオール（100～400 IU/kg, IM, SC, PO）の投与を7日ごとに2～3回行うことが推奨されている[3]．

カメでは低カルシウム血症による神経症状が認められることは稀であるため，静脈内や骨髄内にカルシウムを投与することはほとんどない[1]．臨床で遭遇するNSHPの症例はすでに甲の形態的変化がみられる慢性経過の症例であり，上皮小体の代償性肥大を引き起こしている可能性が考えられる[3]．

グリーンイグアナではNSHPに対して，**サケカルシトニン**（Salmon calcitonin：SCT）＊を用いる治療法が報告されている[13]（**図2-44**）．筆者が調べた限り，これまでカメにSCTを用いた治療法は報告されていないがカメでも同様の治療が有効であると思われる．

SCTの投与は，爬虫類に低カルシウム血症によるテタニーを引き起こす可能性があり，SCTは蛋白質と結合したカルシウムではなく，イオン化カルシウムに影響をあたえる[2]．このため，SCTを投与する際には，血中イオン化カルシウム値を確認することが重要である[2]．血中イオン化カルシウム値の測定が困難な場合には，SCTの投与前にビタミンD_3とカルシウムの経口投与を3日間継続することが推奨されている[2]．SCTは低カルシウム血症の症例には用いてはならない[2]．

RSHPの治療は慢性腎疾患の治療と同様であり，血中リン値の低下が認められた場合にかぎり，NSHPと同様な治療を行うことができる（**図2-45**）．

初回来院時：臨床検査としてX線検査と血中カルシウム値を測定する．
治療：ビタミンD_3　400 IU/kg, IM
　　　グルコン酸カルシウム　23 mg/kg, PO, BID
　　　チューブによる強制給餌を含む支持療法
　　　食餌および飼育環境の是正
7日目：ビタミンD_3　400 IU/kg, IM
　　　カルシトニン50 IU/kg, IM（血中カルシウム値が安定していることを確認）
　　　グルコン酸カルシウム　23 mg/kg, PO, BIDの継続
　　　支持療法の継続
14日目：カルシトニン50 IU/kg, IM
　　　必要に応じた支持療法

図2-44　グリーンイグアナのSCTを用いたNSHPの治療（参考文献13から引用和訳）

＊サケカルシトニン（SCT）と呼ばれる合成カルシトニンは，ヒトの閉経後の骨粗鬆症の治療に使用されている[10, 11]．1975年以来，ヒトのMBDの治療のために米国で承認された合成SCTは，ヒトカルシトニンよりも40～50倍の効力があるといわれている[11]．女性の骨粗鬆症治療におけるカルシトニンの有効性およびヒトと爬虫類のカルシトニン分子の類似性が報告されている[12]．

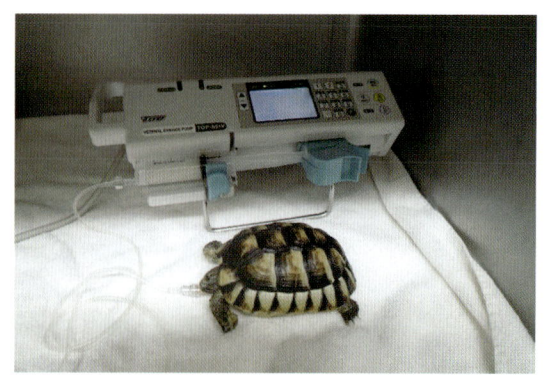

図2-45　RSHP のヘルマンリクガメ
腎疾患の治療のため，骨内輸液を行っている.

臨床医のコメント

　前述したように，代謝性骨疾患という用語は単一の疾患ではなく，骨の完全性および機能に影響を及ぼす疾患群を示す．外見上，NSHP と RSHP の多くは似ていることが多いが，それぞれ病因と治療法は異なる．成長期の個体や繁殖期のメスではカルシウム要求量が増加しているため，積極的なカルシウムの経口投与を行い，リンの過剰摂取を控えることが重要である．カメの甲の軟化に対する治療法は未だ確立しておらず，今後の課題となっている.

（高見義紀）

 **参考文献**

1. McArthur S. 2004. Problem-solving approach to common diseases of terrestrial and semiaquatic chelonians. pp. 309-377. *In*：Medicine and Surgery of Tortoises and Turtles. (McArthur S, Wilkinson R, Meyer, J. eds.), Blackwell Publishing, Ames.

2. Mader DR. 2006. Hepatic lipidosis. pp. 806-813. *In*：Reptile medicine and surgery. 2nd ed. (Mader DR. ed.), Elsevier, St Louis.

3. Mans, C and Braun, J. 2014. Update on common nutritional disorders of captive reptiles. *Vet Clin North Am Exot Anim Pract*. 17(3)：369-95.

4. Chitty J, Raftery A. 2013. Metabolic Bone Diseases. pp305-308. *In*：Essentials of Tortoise Medicine and Surgery. Wiley-Blackwell, Ames. S.

5. Heinrich, ML and Heinrich, K. 2015. Effect of Supplemental Heat in Captive African Leopard Tortoises (*Stigmochelys pardalis*) and Spurred Tortoises (*Centrochelys sulcata*) on Growth Rate and Carapacial Scute Pyramiding. *Journal of Exotic Pet Medicine*. 25(1).

6. Gramanzini, M., Di Girolamo, N., Gargiulo, S. et al. 2013. Assessment of dual-energy x-ray absorptiometry for use in evaluating the effects of dietary and environmental management on Hermann's tortoises (*Testudo hermanni*). *Am J Vet Res*. 74：918-924.

7. Acierno, MJ., Mitchell, MA., Zachariah, TT. et al. 2008. Effects of ultraviolet radiation on plasma 25-hydroxyvitamin D3 concentrations in corn snakes (*Elaphe guttata*). *Am J Vet Res*. 69：294-297.

8. Selleri P., Di Girolamo N. 2012. Plasma 25-hydroxyvitamin D(3) concentrations in Hermann's tortoises (*Testudo hermanni*) exposed to natural sunlight and two artificial ultraviolet radiation sources. *Am J Vet Res*. 73：1781-1786.

9. Fledelius B., Jorgensen GW., Jensen HE. et al. 2005. Influence of the calcium content of the diet offered to leopard tortoises (*Geochelone pardalis*). Vet Rec. 156：831-835.

10. Riggs BL. 1991. Overview of osteoporosis. *West J Med*. 154：63.

11. Wallach S. 1992. Calcitonin treatment in osteoporosis. *Female Patient*. 17：35.

12. Kline LW, Longmore GA. 1986. Determination of calcitonin in reptile serum by heterologous radioimmunoassay. *Gen Comp Endocrinol*. 61(1)：1-4.

13. Mader DR. 2000. Nutritional secondary hyperparathyroidism in Green iguanas. *In*：Kirk's current veterinary therapy 13(Bonagura JD. ed), WB Saunders, Philadelphia.

カメのビタミンＡ欠乏症 Hypovitaminosis A

はじめに

ビタミンＡはレチノール，レチナール，レチノイン酸，およびこれらの3-デヒドロ体とその誘導体の総称で脂溶性ビタミンに分類される．ビタミンＡは動物のみに見出され，植物には存在しない[1]．植物に含まれるビタミンＡの前駆物質（プロビタミン）は，カロテノイドと呼ばれ，ベータカロテンがよく知られている[1]．ビタミンＡの主な役割は健常な上皮組織の生成と維持であり，視覚に関与する組織でも重要な役割を担っている[2]．ビタミンＡ欠乏症はビタミンＡ含有量が少ない食餌を与え続けることや，長期間の食欲不振により発症する[2,3]．カメレオンやヤモリなどの食虫性の爬虫類でもビタミンＡ欠乏症がみられることがあるが，特にカメは他の爬虫類よりもビタミンＡ欠乏症に罹患しやすい[1]．カメの中でも雑食性と肉食性のカメ，特に飼育下の半水棲ガメでビタミンＡ欠乏症はよくみられる[2,4,5,6]．肉食性のカメおよびアメリカハコガメ（*Terrapene* spp.）などの多くの雑食性のカメではベータカロテンをビタミンＡに変換する能力がほとんどないため，食餌中に動物由来のレチノールエステル（レチニルエステル）が含まれていなければならない[6]．ほとんどの緑色植物はカロテノイドを十分に含み，草食性のリクガメではカロテノイドをビタミンＡに変換できるためリクガメで発症することは稀であるが，食餌内容がベータカロテンの少ない野菜（レタスやきゅうりなど）のみに制限されている場合にはビタミンＡ欠乏症になる可能性がある[1~4]．

扁平上皮化生と上皮の過角化がビタミンＡ欠乏症の病態であり，呼吸器，眼，内分泌腺，消化管，泌尿生殖器の順に影響を受ける[1,3,7]．はじめに上皮細胞の壊死や萎縮が起こり，壊死した細胞片が細胞間に貯まってヘテロフィルと好酸球が誘導される．また，正常な円柱上皮や立方上皮が扁平化した細胞に置換されるため，置換された細胞が落屑する．そして，顆粒球や落屑した細胞残渣により角質真珠と呼ばれる停滞囊胞が多発的に形成されたり，膵臓，腎臓および眼や鼻の分泌腺の導管の閉塞が起こる[3]．上皮組織では日和見感染が起こりやすくなり，眼周囲，上部呼吸器および口腔内では二次感染も起こりやすくなる[1,3]．

カメでは涙液の分泌腺として，眼の頭内側にハーダー腺と尾外側に涙腺が存在する[8,9,10]．ギリシャリクガメ（*Testudo graeca*），ミシシッピアカミミガメ（*Trachemys scripta*），アオウミガメ（*Chelonia mydas*）などではハーダー腺から塩分を分泌して体の浸透圧を調整している[9]．またハーダー腺は免疫にも関与している[9]．ビタミンＡ欠乏症では腺の導管が閉塞することによりハーダー腺と涙腺が腫脹する[8,11]．

症状

最も特徴的な症状は眼瞼浮腫および結膜炎である[3,5,7]（図2-46）．ハーダー腺と涙腺が腫脹し眼が開かなくなり，慢性例では落屑した角化上皮や黄白色の細胞残渣が結膜嚢に蓄積する[1,3,4,6,10]（図2-47）．二次感染し，膿が蓄積することも多い．これらの病変は両側性でみられることが多く，両眼とも閉眼すると視覚を失うため食欲不振に陥る[1,8,12]．しかしながら，常に両側が同時に発症するわけではなく，片眼が発症した後にもう一方の眼が発症することもある[3]（図2-48）．

他には，舌や頬粘膜に潰瘍やプラークが形成され口内炎が疑われたり，耳管と鼓室胞の扁平上皮化生により中耳炎が起こることもある[1,4,13]（図2-49）．呼吸器の感染症もビタミンＡ欠乏症と関連している可能性がある[2,4]．その他，脱皮不全やペニスの嵌頓も関連している場合もあるが，これらの症状が単独で認められることは稀である[1]．重症例では膵臓，腎臓などの臓器の導管や尿管などに落屑した上皮が閉塞し，多臓器不全に陥ることがある[1,7]．

図2-46　眼瞼が腫れて閉眼しているミシシッピアカミミガメ
乾燥エビのみを与えられており，ビタミンA欠乏症が疑われた．

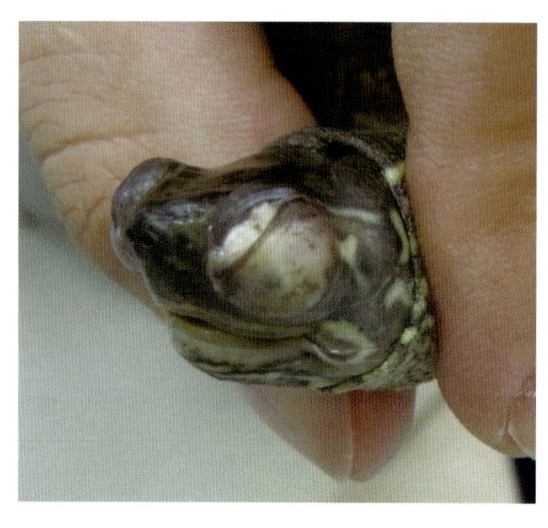

図2-47　結膜嚢に細胞残渣が蓄積したクサガメ（*Mauremys reevesii*）
細胞残渣の除去とビタミンAの注射で症状は改善した．

図2-48　左眼瞼のみ腫脹が認められるミシシッピアカミミガメ
食餌内容の聴取により，ビタミンA欠乏症が疑われた．

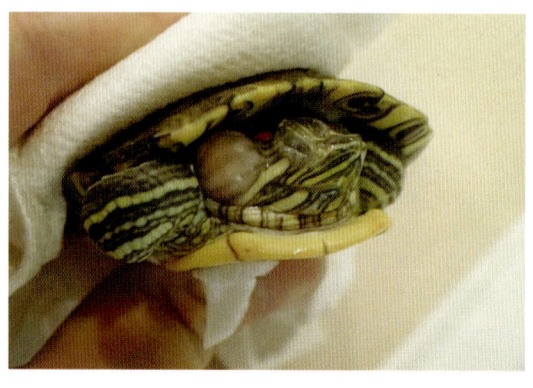

図2-49　中耳炎と閉眼を呈するミシシッピアカミミガメの幼体
鼓膜切開による排膿，抗生剤およびビタミンAの投与にて治癒した．

診断

　確定診断は肝生検により肝臓内のビタミンA濃度を測定して行うが，臨床的には通常行われない[1,3]．トカゲやヘビのような肉食性爬虫類の肝臓内のビタミンA値は1,000 IU/g以上が正常値であり，草食性の爬虫類であるヘルマンリクガメでの正常値は10〜80 IU/gとはるかに少ないことが報告されている[6]．また，爬虫類のビタミンA欠乏症を診断するために血漿レチノール値の研究も行われている[3]．飼育下の水棲ガメの血漿レチノール値は0.03〜0.364 mg/mL，リクガメでは0.034〜0.415 mg/mLと報告されているが，血中のレチノール濃度は性別や測定方法によっても変わるため解釈が困難とされている[1,7]．

　そのためビタミンA欠乏症の臨床的診断としては，食餌内容の聴取と臨床症状の確認および，ビタミンA製剤の投与に対する反応性により判断する[1,2,3]．問診ではどのような食餌をどのくらいの頻度で与えているかだけではなく，実際何を食べているか，食餌の内容が偏っている場合にはどのくらいの期間偏った食餌になっていたかなど，詳細かつ具体的に聴取することが重要である．その他，総合ビタミン剤などの使用や使用している場合にはその内容や使用期間を確認する．

　眼瞼浮腫はビタミンA欠乏症以外でも外傷，花粉などの異物，ウイルス，真菌，細菌や線虫の感染などでも起こるため，鑑別診断のために食餌歴の確認が重要である[3,14]（**図2-50，51**）．問診でビタミンA欠乏症の可能性が低いと判断した症例では眼瞼部の細胞残渣の細胞診を行う[2,3]．特にリクガメではビタミンA欠乏症は稀であるため，症状からビタミンA欠乏症を疑った場合は治療を開始する前に慎重に鑑別を行なわなければならない[3]（**図2-52，53**）．

図2-50　眼瞼と腋窩の浮腫が認められるミシシッピアカミミガメ
血液検査で腎不全と診断された．

図2-51　両側眼瞼の腫脹が認められるクサガメ
不適切な温度管理により，感染症が疑われ，抗生剤による治療で完治した．

図2-52　右眼の腫れと結膜嚢に細胞残渣が認められたギリシャリクガメ
右眼の洗浄と抗生剤による治療で完治した.

図2-53　両側眼瞼の腫脹, 嘴の過長および甲羅の変形が認められたヨツユビリクガメ(*Agrionemys horsfieldii*)
数カ月前から食欲が低下しており, ビタミンAの注射により眼瞼の腫脹は改善した.

治療

　雑食性, 肉食性, および食虫性の爬虫類の場合, 食餌内容の聴取と臨床症状を確認したうえで, ビタミンA欠乏症が強く疑われた場合に試験的なビタミンAの投与を行う. ビタミンAの投与量は, 500〜5,000 IU/kg, IM 7〜14日毎に4回までが推奨されている[3]. ビタミンAの投与により症状は通常2〜4週間で徐々に改善するが, 反応は重症度により異なる[3]. ビタミンAが欠乏しているカメでは腸管上皮も障害されているため, 経口投与では吸収が悪い可能性がある[12]. ビタミンAの過剰投与は, 投与経路に関係なく起こり経口投与が安全なわけではない[1,15]. ヘルマンリクガメ(*Testudo hermanni*)において脂溶性と水溶性のビタミンAを注射した際に, 水溶性の方が肝臓でのビタミンAの取り込みが速かったと報告されている[2]. そのため, 医原性のビタミンA過剰症を予防する目的で水溶性よりも脂溶性のビタミンAの使用が勧められる[2,3].

　草食性の爬虫類では数カ月に及ぶ食欲不振にならない限り, 肝臓のビタミンAが枯渇しないためビタミンA欠乏症にはならない[1]. そのため, 草食性の爬虫類ではビタミンA欠乏症の診断は慎重に行うべきである. また, 治療においても安易なビタミンAの投与は避け, 特にリクガメではビタミンA中毒のリスクが高いため, ビタミンA欠乏症を疑った場合にはカロテノイドを含む食餌を増やすことで反応を見るべきである[1].

　結膜嚢に蓄積した落屑上皮や膿は鎮静下で除去することが推奨されているが, 指で圧をかけて鈍性プローブなどを用いて無麻酔で実施できることも多い[1,2,3](**図2-54**). 二次感染がみられる場合は抗生剤の点眼薬や眼軟膏を用いる[1,2,3,14]. 呼吸器疾患が疑われる呼吸音の異常や鼻汁が認められる場合は全身的な抗生剤の投与を行うべきであるが, 腎臓が障害を受けている可能性があるため, 腎毒性がある薬剤の投与は避けるべきである[3]. 通常, 眼瞼の浮腫が改善し視覚が回復しない限り食欲は戻らないため, 栄養状態が悪い場合には必要に応じて強制給餌や食道カテーテルの設置を考慮する[3].

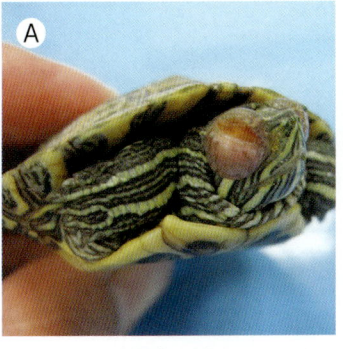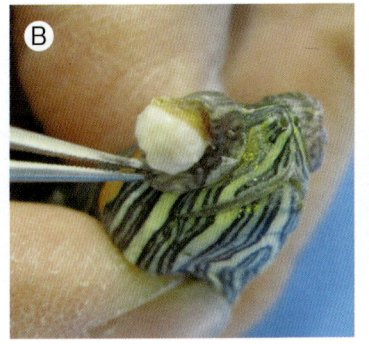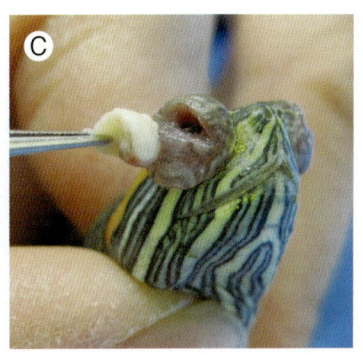

図2-54　結膜嚢に蓄積した膿の除去（ミシシッピアカミミガメ）
A：結膜嚢に膿の蓄積を認める.
B：ピンセットにて眼瞼をやさしく牽引することで，眼瞼裂より排膿を促す.
C：ピンセットにて膿を除去する．その後，生理食塩水で十分に洗浄する.

　長期的な治療や予防としては草食性のカメではカロテン，特にベータカロテンを豊富に含んだ食餌を与える．ベータカロテン源として，ほうれん草，たんぽぽ，カブ，カラシ菜，チンゲン菜，ブロッコリー，かぼちゃ，人参，ピーマン，さつまいも，メロンなどの緑黄色野菜や果物を与えると良い[3]．また，多くの市販のペレットは様々なビタミンを含有しておりビタミンAの補給源となるため，雑食性および肉食性のカメでは市販のペレットを与えるようにする[1,3]．

臨床医のコメント

　日本におけるカメのビタミンA欠乏症の多くは，ミシシッピアカミミガメなどの半水棲種の若齢期にみられることが多く，乾燥エビや乾燥イトミミズなどを与えられている例が多い．無脊椎動物には少量のビタミンAしか含まれないことが知られているため，乾燥させたこれらの餌しか食べない個体は注意が必要である[16]．これらの餌を主食にしていたカメは配合飼料への嗜好性が低く，配合飼料を食べるようになるまでは必要に応じてビタミンAの投与が必要になる.

（西村政晃）

 参考文献

1. Mans C., Braun J. (2014)：Veterinary Clinics of North America：Exotic Animal Practice 17, 369-395.
2. McArthur S. (2004)：Medicine and surgery of tortoises and turtles (McArthur S., Wilkinson R., Meyer J. eds.), 309-377, Blackwell Publishing.
3. Boyer T.H. (2006)：Reptile Medicine and Surgery (Mader D.R. ed.), 2nd ed., 831-835, Elsevier.
4. Jessop M., Bennett T.D. (2010)：BSAVA Manual of Exotic Pets (Meredith A., Johnson-Delaney C. eds.), 5th ed., 249-272, British Small Animal Veterinary Association.
5. Labelle A. (2016)：Current Therapy in Exotic Pet Practice (Mitchell M., Tully Jr. T.N. eds.), 435-459, Saunders.
6. Stahl S. (2013)：Clinical veterinary advisor birds and exotic pets (Mayer J., Donnelly T.M. eds.), 110-112, Elsevier Saunders.
7. Calvert I. (2004)：BSAVA Manual of Reptiles (Girling S.J., Raiti P. eds.), 2nd ed., 289-308, British Small Animal Veterinary Association.
8. Kern T.J. (2007)：Veterinary Ophthalomology (Gelatt K.N. ed.), 4th ed., 1370-1405, Blackewell Publishing.
9. Lawton M.P.C. (2006)：Reptile medicine and surgery (Mader D.R. ed.), 2nd ed. 323-342, Elsevier.
10. McArthur S., Meyer J. Innis C. (2004)：Medicine and surgery of tortoises and turtles (McArthur S., Wilkinson R., Meyer J., eds.), 35-72, Blackwell Publishing.
11. Millichamp N.J. (2004)：BSAVA Manual of Reptiles (Girling S.J., Raiti P. eds.), 2nd ed., 199-209, British Small Animal Veterinary Association.
12. Williams D.L. (2012)：Ophthalmology of Exotic Pets, 159-196, Wiley-Blackewell.
13. Stacy B.A., Pessier A.P. (2007)：Infectious Diseases and Pathology of Reptiles (Jacobson E.R. ed.), 257-298, CRC Press.
14. Chitty J., Raftery A. (2013)：Essentials of Tortoise Medicine and Surgery, 239-241, Wiley-Blackwell.
15. Anderson M.D., Speer V.C., Mccall J.T. et al. (1966)：Jonal of Animal Science 25, 1123-1127.
16. Barker D., Fitzpatrick M.P., Dierenfeld E.S. (1998)：Zoo Biology 17, 123-134.

カメの脂肪肝 Hepatic lipidosis

はじめに

　カメの肝臓は二葉に区分され，左葉からの肝管は直接十二指腸の前部に開くのに対して，右葉からのものは胆嚢を作った後に総胆管として前者よりもやや後方で十二指腸に開く[1,2]．色は濃い茶色から黒色まで様々で，肝門脈および肝動脈から血液供給される[2]．肝臓の大きさと重さは個体の栄養状態や繁殖期か否かによって変動するといわれている[2]．

　カメの肝臓の機能は，哺乳類や鳥類の機能と類似している．基本的には脂肪，グロブリンを含む蛋白質，グリコーゲンの代謝，尿酸や凝固因子の産生である[2]が，これらの機能は，カメが卵から幼体，さらには成体に育つまで変化し，特に冬眠や夏眠といった季節的変化に大きな影響を受けるといわれている[3]．ほとんどの爬虫類は体腔内にある脂肪体に脂肪を貯蔵する[2,3]．貯蔵された脂肪は，卵黄形成のための脂肪を供給したり，冬眠や夏眠の間のエネルギー源として働く[3]．肝臓に貯蔵される脂肪は，冬眠や夏眠に入る前の雌で最も多いといわれている[2]．脂肪は，消化管や脂肪体から非エステル化脂肪酸として肝臓に輸送される[2]．

　脂肪肝は飼育下のカメ類において一般的にみられるが，明確な臨床症状はなく，脂肪肝を誘発する単一の疾患があるわけでもない[3]．現在，カメの脂肪肝は，多くの疾患および食欲不振，元気消失といった非特異的な症状と関連していると考えられている[2,3,4]．脂肪肝は病的な状態としてみられる可能性があるが，特定の時期における正常な生理現象の可能性もある[2,3,4]．

　生理的な脂肪肝は，前述の通り，冬眠や夏眠と卵胞形成に関連している可能性があり，この時期に体腔内の脂肪体の脂肪が肝臓へ動員されることに関連している[3]．

　病的な脂肪肝は，脂肪と単一の炭水化物の多給，特に犬猫用の飼料による肥満，慢性的な上皮小体機能亢進症(栄養性二次性，腎性二次性)，慢性的な高エストロゲン血症(卵胞うっ滞)，期間や温度が不適切な冬眠，慢性的な栄養失調，不適切な環境温度，不適切な照明管理，細菌毒や真菌毒による脂質代謝への影響，ウイルス疾患と関連していると考えられている[2,3,4]．

　症状は食欲不振，元気消失，稀にビリベルジン尿がみられる[3,4]．ビリベルジン尿は，肉眼的に尿酸が黄緑色を呈しており，重度の肝障害と胆汁うっ滞を示すと考えられている[3]．

診断

　脂肪肝は代謝障害であり，単一の疾患ではなく，多数の要因により，肝臓内の脂肪が増加する可能性があることを覚えておかなければならない．爬虫類の肝臓には，正常時でも小さな脂肪滴が細胞質に存在することが報告[2]されており．爬虫類の肝臓内の脂肪の存在は，脂質異常症を示すものではない[2]．つまり，病理学的に過剰と思われる脂肪が肝臓内に認められた場合でも，病歴および臨床医による症例の評価および種，年齢，性別，生殖器の状況，冬眠や夏眠，食餌内容の詳細および飼養管理の状況を考慮せずに，脂肪肝と診断することはできない．現在，生理的な脂肪肝と病的な脂肪肝を見極める診断基準は存在しない．

　臨床検査として，血液学的検査，血液生化学検査，超音波検査，内視鏡検査，肝生検を実施する場合がある．

　脂肪肝のカメの血液学的検査では赤血球系と白血球系が減少することがある[4]．白血球のうち，特に単球において中毒性変化を認めることがある[4]．血液生化学検査ではアルブミン値の低下，肝酵素値の上昇，コレステロール値の上昇，βヒドロキシ酪酸値の上昇，血清蛋白においてβグロブリンの上昇，総胆汁酸値の上昇(>80 mmol/L, >60 mmol/L)[3,4]がみられることがあるといわれているが，

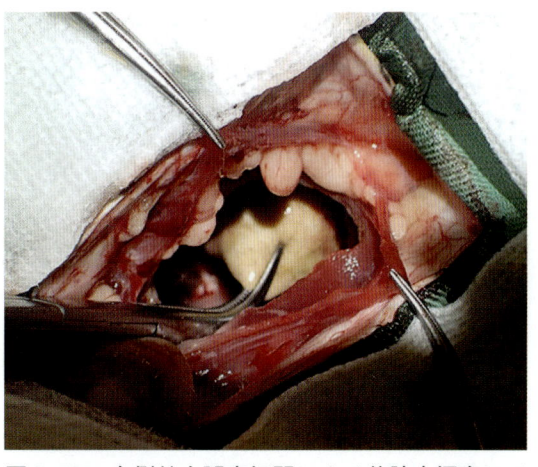

図2-55　右側前大腿窩切開による体腔内探査にて認めた脂肪肝（ミシシッピアカミミガメ *Trachemys scripta elegans*）
右側前大腿窩の切開では，肝臓の右葉尾側を見ることができる．本症例の肝臓は肥大しており，肉眼的に淡黄色を呈している．

いずれも非特異的である[2,3,4]．総胆汁酸値の測定は，鳥類および哺乳類の肝機能の評価に有用であるが，爬虫類では不明な点も多い．爬虫類の主要な胆汁酸の化学構造は分類学的差異が認められているため，すべての爬虫類の胆汁酸を測定できる方法は存在しない[2]．このため，一般的な酵素定量法での胆汁酸値の測定結果の解釈には注意が必要である．脂肪肝を引き起こす可能性のある慢性的な上皮小体機能亢進症ではカルシウム値とリン値，その比に異常が認められることがある[3]．

前大腿窩からの超音波検査では，エコー輝度が均質な肥大した肝臓を認めることがある[2,3,4]．超音波ガイド下にて穿刺吸引細胞診を行うことで，脂肪肝を確認できることもある．

内視鏡検査あるいは前大腿窩切開による体腔内検査では，脂肪を貯蔵した肝臓は肉眼的に淡黄色で，もろく，脂肪の質感がうかがえる[2,3,4]（**図2-55**）．

肝生検を行う場合，一般的に肝疾患では凝固因子が枯渇している場合があるため，生検する際には，出血に対応できるよう準備する．病理学的検査では生理的な脂肪肝と病的な脂肪肝を鑑別することが困難であるため，経験豊富な病理医に症例の病歴，臨床症状，飼養管理の状況を詳細に伝える必要がある．

治療

脂肪肝の治療は，病理学的に診断し，その病因が確認された時点から始めるのが理想的だが，脂肪肝を疑う症例に対して，確定診断をする前に支持療法を開始することが多い．

支持療法を開始する前には，その種に適した温度管理を行う[2,3,4]．支持療法では，まずは輸液や補液を行う[2,3,4]．軽度から中等度の脂肪肝と判断された症例は，食欲不振ではあるが，少量の食餌を摂取できる場合が多いため，経口的な補液が推奨されている[3]．重度の脂肪肝では，食欲が廃絶しているため，体腔外補液，骨髄内輸液が推奨されている[3]．輸液剤は乳酸を含まないものを用い[3]，血液検査結果に基づき選択する．栄養供給は自力採食が可能な場合には適切な食餌への改善を行い，食欲廃絶を認める場合には経口ゾンデ，経食道チューブによる強制給餌のどちらかを選択する．脂肪肝が回復するまでには，数カ月を要することもあるため，経食道チューブの設置が好ましい．一方で，体重が2kg以下のカメでは，設置したチューブの先端が胃壁に接する部分で胃炎を起こしたという事例もあるため，注意が必要である[5]．草食性のリクガメではクリティカルケア（Oxbow Animal Health）を水で溶かして給餌することが推奨されている[3]．水棲ガメや半水棲ガメではテトラレプトミン（スペ

クトラムブランズジャパン）などをすりつぶした後，水で溶かして給餌している．カメに対する理想的な給餌量は環境温度，種，成長ステージ，繁殖期，休眠時によって異なることが予想されるが，明確な答えは出ていない．一般的には1日に必要なカロリー（kcal）を$32(KgBW^{0.77})$で算出した量を与える[5]．

　原疾患として上皮小体機能亢進症や卵胞うっ滞が診断された場合には，その治療を支持治療とあわせて行う[2,3,4]．

　内科的治療として，カルニチン，コリン，メチオニン，チロキシン，アナボリックステロイドの投与が試された報告があるものの，いずれも事例証拠にすぎない[2,3,4]．

臨床医のコメント

　カメの脂肪肝は病的であると確定診断することが困難である．これは，多くの症例が麻酔下での肝生検の実施が困難な状況で受診することが多いためである．稟告，臨床検査にて脂肪肝の疑いがあると判断した場合には，できる限り早く支持療法をはじめることが大切である．治療を開始する際には，飼い主に対して，治療が長期に及ぶことを十分に説明する必要がある．

（高見義紀）

 参考文献

1. 中村健児. 1形態. 消化管系. 動物系統分類学脊椎動物（Ⅱb1）第9巻下 B1爬虫類Ⅰ. 内田亨，山田真弓監修. 中山書店. 東京. 1988.
2. Hernandez-Divers, S. J and Cooper, J. E. 2006. Hepatic lipidosis. pp. 806-813. *In* : Reptile medicine and surgery. 2nd ed.(Mader, D. R. ed.), Elsevier, St Louis.
3. McArthur, S. 2004. Problem-solving approach to common diseases of terrestrial and semiaquatic chelonians. pp. 309-377. *In* : Medicine and Surgery of Tortoises and Turtles.(McArthur S, Wilkinson R, Meyer, J. eds.), Blackwell Publishing, Ames.
4. Chitty J, Raftery A. 2013. Hepatic lipidosis. pp222-224. *In* : Essentials of Tortoise Medicine and Surgery. Wiley-Blackwell, Ames.S.
5. Bonner BB. 2000. Chelonian therapeutics. Vet Clin North Am Exot Anim Pract. 3(1) : 257-332.

カメの上部呼吸器疾患 Upper respiratory tract diseases

はじめに

　犬猫同様にカメの呼吸器は上部と下部に分けられ，爬虫類の上部呼吸器は外鼻孔，鼻前庭，固有鼻腔，鼻甲介，鼻咽管および内鼻孔から構成されるが，カメには他の爬虫類とは異なり鼻甲介がない[1,2]．また，カメでは鼻前庭は角質化しており，頭の頭側から眼にかけて占めている大きな固有鼻腔に開通している[1,2]．爬虫類は口を閉じて呼吸し，外鼻孔から上部気道に空気を取り込んでいる．ほとんどの爬虫類では肺呼吸により酸素の取り込みを行っているが，一部の水棲種のカメでは水中で咽喉頭部および総排泄腔嚢(cloacal bursae)(副膀胱とも呼ばれる)の粘膜から酸素の取り込みを行うことができ，スッポンのように水中ではほぼ完全に皮膚呼吸に頼っている種類もいる[1,3~7]．また，カメでは陸棲種と水棲種で呼吸様式が異なる．内臓への重力と水圧による影響により，地上では呼気が能動的で吸気は受動的であるが水中では逆になる[1]．呼吸回数は温度などに依存し，呼吸器疾患で低酸素状態のカメは酸素要求量を減らすため，温度が低い場所へ行く傾向にある[8]．

　爬虫類は低酸素状態下では嫌気性代謝を利用できる[8]．嫌気性代謝は好気性代謝よりもエネルギー効率は悪く，乳酸が蓄積するため疲労の原因となる．しかし，カメの血中重炭酸(HCO_3)濃度は脊椎動物の中で最も高く，乳酸緩衝能に優れている[1,6,7]．そのためカメは酸素欠乏に対する耐性が強く，呼吸器疾患が重度に進行するまで症状は明らかにならない[1,8]．

　呼吸器疾患はカメ，特にリクガメにおいてよく発生する[1,4,9,10]．カメでは呼吸器上皮の絨毛が乏しいことと，哺乳類のような横隔膜はなく発咳ができないために分泌物や炎症滲出物をうまく排泄できない．それに加えて，膿が乾酪様のため膿の排泄はより困難となる．これらのことが呼吸器疾患に罹患しやすい要因になっていると思われる[1,4,11,12]．

　上部呼吸器疾患の原因としては感染性と非感染性があり，感染性には細菌(マイコプラズマも含む)，ウイルスおよび真菌，非感染性には異物や外傷などが含まれる[1,10,13]．非感染性よりも感染性が原因となっていることがほとんどであり，様々な病原体が混合感染していることもある[14]．多くは不適切な飼育管理(不適切な温度や湿度，食餌内容，ケージの大きさや多頭飼育など)または，ストレス(急激な気温の変化，栄養不足，代謝性疾患や併発疾患および繁殖期の始まりなど)に伴う免疫低下時やビタミンA欠乏症に続発して発症する[1,9,10,15]．

　細菌性は日和見感染が一般的であり，*Klebsiella* spp., *Pseudomonas* spp., *Aeromonas* spp. といったグラム陰性菌によるものがほとんどである[9,12,14]．抗酸菌は野生個体では時折認められるが，飼育個体では稀である[9]．マイコプラズマはリクガメにおいて特に主要な病原体であり，*Mycoplasma agassazi* と *M. testudineum* が上部呼吸器疾患の原因菌として見つかっているが *M. agassazii* の方が重症になりやすい[9,16,17,18]．ヨツユビリクガメ(*Agrionemys horsfieldii*)は他のリクガメよりも *M. agassazii* の感受性が高い[19]．

　ウイルスはヘルペスウイルスが関連していることが最も多く，すべてのリクガメに感受性があると思われるが地中海リクガメ，特にヘルマンリクガメ(*Testudo hermanni*)とギリシャリクガメ(*Testudo graeca*)は最も感受性が高いと考えられている[1,15]．他にはラナウイルスやピコルナウイルスが上部呼吸器疾患の原因となることがある[1,20]．

　真菌の感染も時折みられるがほとんどは細菌感染に続く二次感染であり，呼吸器，外皮および消化管に存在している真菌の日和見感染である[1,9,10,12]．真菌感染は特に低い飼育温度，過度に高い湿度または抗生剤の誤用などに起因していることが多い[1]．カメは他の爬虫類よりアスペルギルスなどの真菌感染のリスクが高いと考えられている[10,21]．

リクガメでは床材にチップなどを用いているため，それらが異物として問題となることもある.

　呼吸器疾患を診断治療するにあたり，カメの特殊な呼吸器の解剖と生理機能を理解しておく必要がある.　さらに病態生理も哺乳類と異なる点が多く，哺乳類と比較すると治療反応性も緩徐であることを知っておかなければならない[10].

症状

　上部呼吸器疾患では鼻汁，流涙および眼瞼や結膜など眼周囲の腫脹，浮腫が一般的な症状としてみられる.　鼻汁は初期には透明であるが二次的な感染などが生じると白濁粘性の鼻汁になり，慢性例では鼻孔周囲の糜爛や色素脱がしばしば認められる[1,9,10]（**図2-56**）.　カメでは鼻腔と口腔内が後鼻孔により直接連絡しているため，上部呼吸器疾患と同時に口内炎も併発していることがある[2,4,5,10]（**図2-57**）.　重症例では鼻汁や膿瘍，粘膜上皮の肥厚により上部気道が閉塞し，呼吸困難がみられる[10].　このような症例では開口呼吸，頸を伸ばす動作，異常な呼吸音または吸気時に頸や前肢を過剰に動かすなどの症状が認められる[1].　水棲種では肺に溜まった空気の排出のコントロールが困難になり，上手く水に潜れなくなる[10].　また，多くの症例で食欲不振や活動性の低下がみられる.

図2-56　鼻汁と眼の腫脹が認められたセマルハコ
ガメ（*Cuora flavomarginata*）
上部呼吸器の感染症が疑われた.

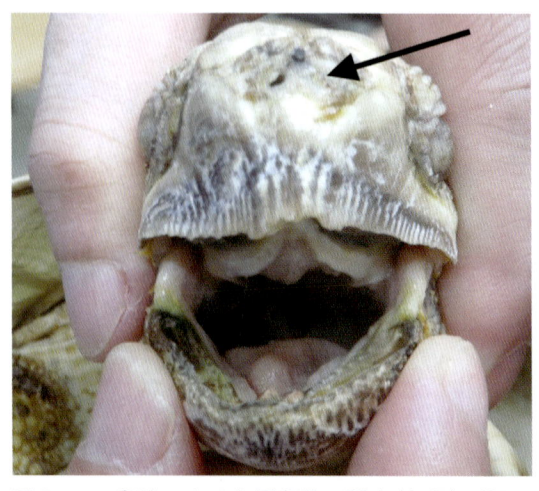

図2-57　鼻汁による左側鼻孔の閉塞（矢印）が認め
られたヒョウモンリクガメ（*Stigmochelys pardalis*）
鎮静下で検査を行い，口内炎の併発も確認した.

初期段階では症状は微細で進行も遅いため飼い主は気付かず，食欲不振により脱水や衰弱が顕著になった状態で来院する症例も多い．このような全身状態が悪い症例では呼吸器症状が目立たない場合もあるが，初期症状として鼻汁や鼻音などの呼吸器症状がなかったか問診を慎重に行い診断する[1, 10, 15]．このように爬虫類では発見が遅れたり，治療が上手く行かずに慢性経過を辿ることで敗血症に陥る例が時折みられるが，呼吸器疾患はそういった症例の原疾患として最も多い疾患のひとつである[10]．

診断

　問診により温度や湿度などの飼育環境，食餌内容および給餌頻度，他個体との接触の有無などの確認を行う[9, 15]．身体検査により上記の症状を確認し上部呼吸器疾患を仮診断する．その後，原因や重症度を確認するために培養検査，細胞診，X線検査，内視鏡検査やCT検査を検討する．また，全身状態の把握および併発疾患の確認のため血液検査も考慮する[10]．

　鼻汁などを採取し細菌培養感受性検査を行う．必要に応じて真菌も同時に培養検査を行う．マイコプラズマは深部に感染しているため検査材料としては鼻汁よりも鼻腔洗浄液の方が良いが，マイコプラズマは培養が難しく，国内ではカメのマイコプラズマを商業的に培養同定している施設はない[1, 13]．

　細胞診検査で上皮細胞に好酸性核内封入体が認められた場合はヘルペスウイルスの感染を強く疑うが，非特異的な所見のため確定診断には至らない[15, 22]．このようにマイコプラズマやウイルスの診断は難しく，海外ではPCR検査および血清学的査などが用いられているが，現在国内では実施できる商業施設はなく確定診断は困難である．

　内視鏡検査では硬性鏡または軟性鏡のどちらでも利用でき，鼻腔内を肉眼的に確認できるだけではなく，洗浄や組織の採材も同時に行える[10]．しかしながら実施できるカメの大きさに制限があり，検査には鎮静および全身麻酔が必要になる．

　重度の上部呼吸器疾患が疑われる症例では，X線検査やCT検査により，上顎骨および下顎骨まで炎症が及んでないか確認することが推奨されている[1]．CT検査はほとんどの症例では鎮静や全身麻酔を使用しないで行うことができ，鼻腔や副鼻腔の状況も詳細に確認できるため病態の重症度の判断に有用である[9, 10]（**図2-58**）．

　呼吸困難の症例ではX線画像やCT画像で肺まで炎症が波及していないか確認する．また，上部呼吸器疾患が原因で呼吸困難に陥っている場合は消化管ガスの重度な貯留が認められることがある（**図2-59**）．

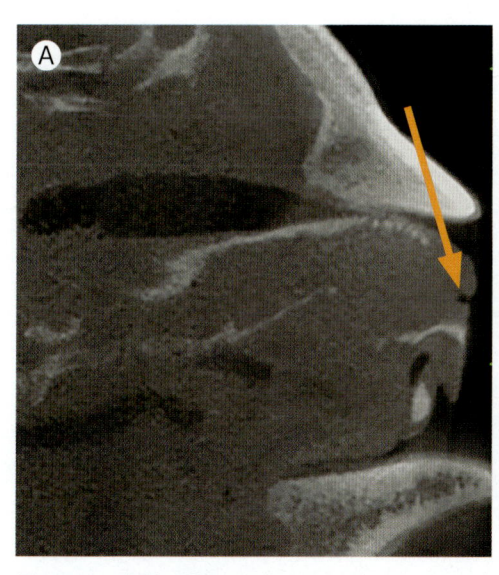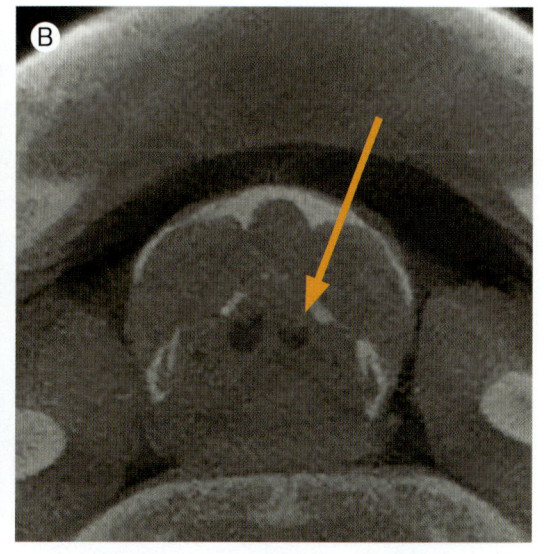

図2-58　鼻汁が認められたヒョウモンリクガメのCT検査所見（A：矢状断像，B：横断像）
滲出物による鼻腔の閉塞（矢印）が認められた．

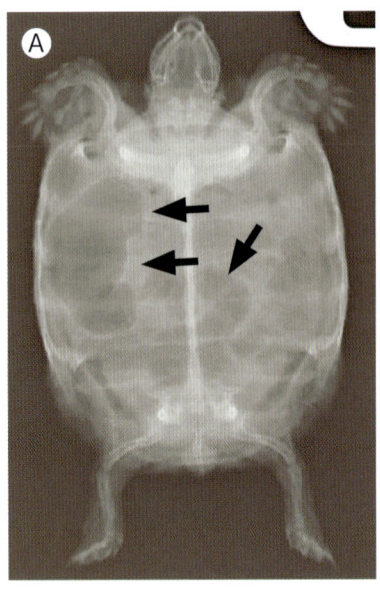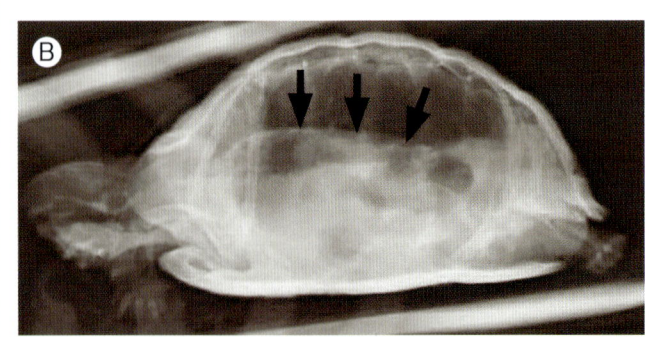

図2-59 鼻汁と開口呼吸がみられたギリシャリクガメのX線検査所見（A：DV像，B：ラテラル像）
肺野に明らかな異常はないが，消化管ガスの重度貯留（矢印）が認められた．

治療

すべての症例で飼育管理を見直し，薬物代謝や免疫システムを確実にするためまずは飼育管理の指導を具体的に行う[9,10,14,15]．多くの場合，環境温度は至適温度の高めを維持することが推奨される．

細菌培養感受性検査の結果により抗生剤を選択する．検査結果が出るまでは，グラム陰性菌が原因となることが多いためアミカシン，エンロフロキサシン，セフタジジム，ピペラシリンなどを投与する．嫌気性菌に対してはメトロニダゾールが用いられることが多い[10]．

細菌と真菌の混合感染例が多いため抗生剤に加えて抗真菌剤の併用が推奨されている[10]．抗真菌剤にはイトラコナゾールやケトコナゾール，アンホテリシンBが使われ，アンホテリシンBはネブライジング治療に使用される[10]．マイコプラズマに関してはエンロフロキサシンまたはクラリスロマイシンを選択する[1]．ヘルペスウイルスに関してはアシクロビルが用いられるが，カメの種類によっては腎障害のリスクがあるとされており，使用には注意が必要である[1]．他のウイルスに関しては効果的な治療薬はなく，対症療法や支持療法を行う[10]マイコプラズマとヘルペスウイルスは治療により症状が改善しても，完全に排除することは困難である[1,9,14,15]．

また，全身治療に局所治療を併用することで，より効果的な治療を行うことができる[1,21,23]．局所治療としては鼻腔洗浄やネブライジングによる吸入療法が挙げられる[14]．鼻腔洗浄は希釈した抗生剤（例えばエンロフロキサシンと生理食塩水を1：10で希釈）を用いて実施する[1,10]．ネブライジング治療は特に症状が重度または慢性経過の症例で必要となり，鼻腔粘膜への薬剤と水分の到達を促進できる．治療効果を高めるためにはネブライジング中も適切な温度や湿度が必要であり，インキュベーターの中で行うなど考慮する[10]．

呼吸困難がある場合は酸素療法も必要であるが，爬虫類は高い酸素濃度の環境に長期間いることで呼吸回数が低下するため注意が必要である[1,6,10]．

慢性経過や衰弱した症例の多くは脱水症状を伴っているため対症療法として輸液による水和を行う．栄養学的な支持療法も必要であり，採食量が十分になるまで食道チューブなどを用いなければならないこともある[9,10,15]．

臨床医のコメント

カメの上部呼吸器疾患は免疫が確立されていない幼弱個体や，家に迎えたばかりのリクガメでの発

生が多い．そのため治療においても飼育管理の改善，特に温度管理の徹底を指導することが重要である．また水棲種のカメで治療を行う際には水量を減らし管理する．

（西村政晃）

 参考文献

1. Beaufrere H., Summa N., Le K.(2016)：Current Therapy in Exotic Pet Practice(Mitchell M., Tully Jr. T.N. eds.), 76-150, Saunders.
2. Jacobson E.R.(2007)：Infectious Diseases and Pathology of Reptiles(Jacobson E.R. ed.), 1-130, CRC Press.
3. Boyer T.H., Boyer D.M.(2006)：Reptile medicine and surgery(Mader D.R. ed.), 2nd ed., 78-99, Elsevier.
4. Chitty J.(2004)：BSAVA Manual of Reptiles(Girling S.J., Raiti P. eds.), 2nd ed., 230-242, British Small Animal Veterinary Association.
5. McArthur S., Meyer J., Innis C.(2004)：Medicine and surgery of tortoises and turtles(McArthur S., Wilkinson R., Meyer J. eds.), 35-72, Blackwell Publishing.
6. Murray M.J.(2006)：Reptile medicine and surgery(Mader D.R. ed.), 2nd ed., 124-134, Elsevier.
7. O'Malley B.(2005)：Clinical Anatomy and Physiology of Exotic Species, 41-56, Elsevier.
8. O'Malley B.(2005)：Clinical Anatomy and Physiology of Exotic Species, 15-40, Elsevier.
9. Bennett T.(2011)：Veterinary Clinics of North America：Exotic Animal Practice 14, 225-239.
10. Schumacher J.(2003)：Veterinary Clinics of North America：Exotic Animal Practice 6, 213-231.
11. Chitty J., Raftery A.(2013)：Essentials of Tortoise Medicine and Surgery, 27-33, Wiley-Blackwell.
12. Chitty J., Raftery A.(2013)：Essentials of Tortoise Medicine and Surgery, 235-238, Wiley-Blackwell.
13. Wendland L.D., Brown D.R., Klein P.A. et al.(2006)：Reptile medicine and surgery(Mader D.R. ed.), 2nd ed., 931-938, Elsevier.
14. McArthur S.(2004)：Medicine and surgery of tortoises and turtles(McArthur S., Wilkinson R., Meyer J. eds.), 309-377, Blackwell Publishing.
15. Origgi F.C., Jacobson E.R.(2000)：Veterinary Clinics of North America：Exotic Animal Practice 3, 537-549.
16. Jacobson E.R.(2007)：Infectious Diseases and Pathology of Reptiles(Jacobson E.R. ed.), 461-526, CRC Press.
17. Jacobson E.R., Brown M.B., Wendland L.D. et al.(2014)：The Veterinary Journal, 201, 257-264.
18. Schmidt R., Reavill D.(2015)：Exotics Conference 2015 Main Conference Proceedings, 571-582.
19. Jacobson E.R.(2007)：Infectious Diseases and Pathology of Reptiles(Jacobson E.R. ed.), 395-460, CRC Press.
20. Marschang R.E.(2014)：Current therapy in reptile medicine and surgery(Mader D.R., Divers S.J. eds.), 32-52, Saunders.
21. Schumacher J.(2003)：Veterinary Clinics of North America：Exotic Animal Practice 6, 327-335.
22. Marschang R.E., Chitty J.(2004)：BSAVA Manual of Reptiles(Girling S.J., Raiti P. eds.), 2nd ed., 330-345, British Small Animal Veterinary Association.
23. Raiti P.(2002)：Proceedings of Association of Reptilian and Amphibian Veterinarians Conference, 119-123.

カメの下部呼吸器疾患 Lower respiratory tract diseases

はじめに

　犬猫同様にカメの呼吸器は上部と下部に分けられ，下部呼吸器は声門，喉頭，気管および一対の気管支と肺から構成される[1,2,3]．声門は舌の根元に位置し，犬猫より吻側に位置している[4~7]．声帯はないため発声できないが，空気を敏速に排出することで興奮時などに音を出すことができる[7]．気管は完全な軟骨輪であり，潜頸亜目のカメでは気管はかなり短く比較的頭側で気管支に分岐する[2,4~8]．分岐した気管支は哺乳類よりも背側から肺に侵入する[4]．肺は背甲の腹側直下に位置し，比較的大きく囊状で内部は肺胞囊(falveoli)で区分され，断面はスポンジ様である[4,6,9]（**図2-60**）．肺の容積は大きいがその構造のため酸素交換できる表面積は小さく，同じ大きさの哺乳類の肺の1〜20%程度とされている[1,2,4,7]．肺は比較硬いが吸気時には腎臓の頭側まで拡大し，他の臓器とは横隔膜に相当する薄い膜で隔てられている[4,9,10]．その横隔膜には呼吸時における役割はなく，強靭な筋肉によって体腔内に陰圧を作り，肺を伸展収縮させ呼吸している[5,8,11,12]．水棲種での肺は浮き袋の役割も果すため，肺に問題が生じると上手く潜水できなくなる[2,8]．

　気管，気管支および肺は線毛性の腺上皮であり，分泌物や炎症滲出物の排泄能に乏しい．さらに，筋肉質の横隔膜がないため発咳できず，膿が乾酪様のため膿の排泄はより困難となる．これらのことがカメが呼吸器疾患に罹患しやすい要因になっていると思われる[2,4,5,12,13,14]．

　カメにおいては下部呼吸器疾患に遭遇することは多いが，上部呼吸器疾患の項に記載した通り酸素欠乏に対し比較的耐性があり，呼吸器疾患が重度に進行するまで症状が明らかにならない．そのため，来院した時点で重症になっていることが多い[3,4,7,10,15]．

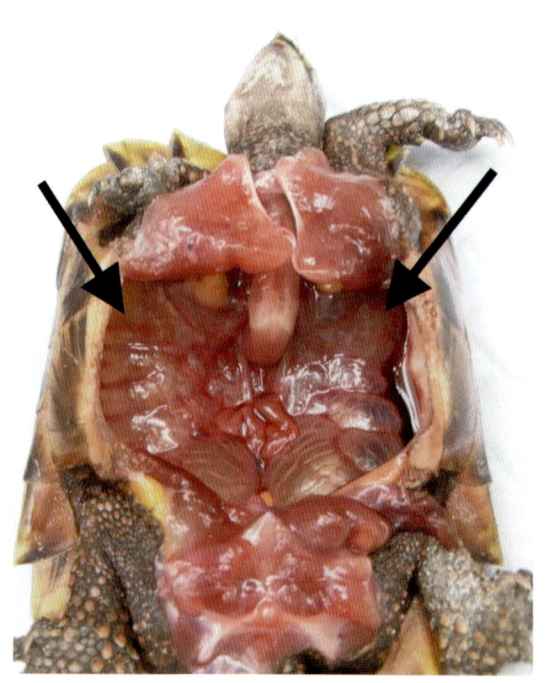

図2-60　スペングラーヤマガメ(*Geoemyda spengleri*)の肺
囊状の肺(矢印)が確認できる．

感染性呼吸器疾患

下部呼吸器疾患の原因としては感染性と非感染性に大きく分けられ，感染性としては細菌，真菌，ウイルスおよび寄生虫が挙げられ，様々な病原体が混合感染していることもある[15, 16, 17]．一次的な原因として不適切な飼育管理，衛生状態および栄養管理が関わっていることが多く，お迎えしたばかりの個体や，内部および外部寄生虫の重度感染例，至適温度以下での飼育および栄養失調の個体では重症になりやすい[4, 15, 18]．呼吸器や免疫機能が正常に働くためには，カメの種類にあわせて至適な温度管理をすることが重要である．湿度も肺炎になる症例では見逃されている要因であり，多くのカメでは50〜70%が最適であるがその種類により調整する必要がある．栄養バランスの不均等，特にビタミンA欠乏症が関連していることがあり，不適切な食餌中のタンパク質も肺炎になりやすい要因と考えられている[4, 11, 18]．衛生管理は下部呼吸器疾患を予防するにあたり重要で，肺炎には多くの病原体が日和見的に関係しており，衛生状態の悪化は病原体が増殖し免疫システムを衰弱させる一因となる[4, 11, 18]．

多くの肺炎の症例では細菌が原因となっている．細菌性肺炎は原発性のこともあれば，感染性口内炎など他の疾患に続発して起こることもある．細菌性肺炎は局所的，片側および両側にも発症する．*Klebsiella* spp., *Pseudomonas* spp., *Proteus* spp., *Aeromonas* spp., *Salmonella* spp. などの口腔内や呼吸器の細菌叢を構成している好気性グラム陰性菌が原因となることが多い[4, 18]．他にはマイコプラズマ，クラミジアおよび抗酸菌が挙げられるが，マイコプラズマは慢性経過により肺炎を発症し，クラミジアは下部呼吸器局所の感染ではなく全身性の感染により肺炎を発症する[4, 14, 18, 19]．抗酸菌は野生個体では時折認められるが飼育個体では稀であり，抗酸菌も局所ではなく全身性の感染が肺に広がることにより肉芽腫を形成する[4, 11, 18]．

ヘルペスウイルスが下部呼吸器疾患の原因となることがあり，ヘルペスウイルスによる重度の壊死性気管支炎および間質性肺炎が確認されている[4, 18, 20]．

真菌性肺炎は時折認められ，典型的には真菌胞子への過度な暴露や，免疫が低下している個体や抗生剤の濫用に関連して起こる．真菌感染では飼育温度が特に重要であり，至適温度以下の環境では真菌の成長が早いとされている．多くの真菌が肺炎の原因となり，*Aspergillus* spp., *Candida* spp., *Mucor* spp., *Geotrichum* spp., *Penicillium* spp., *Cladosporium* spp., *Rhizopus* spp., *Chrysosporium* spp., *Purpureocillium* spp., *Acremonium* spp. および *Beauveria* spp. などが挙げられる[4, 18]．特に *Purpureocillium lilacinum* は最も臨床的に重要であり，肺肉芽腫の原因として報告されている[4]．他の爬虫類よりもカメは真菌性肺炎に陥りやすく，カメの中でも陸棲種で発症しやすい[3, 4, 11, 21]．真菌性肺炎のほとんどの症例はび漫性または限局性に肉芽腫を形成するため培養検査では偽陰性となり，生前診断が困難な場合も多い[10, 18]．X線画像で肺に結節を認めた場合も真菌感染が疑われ，このように肉芽腫を形成するため真菌性肺炎に対する治療は困難なことが多い[18]．

寄生虫では核内で生活環を営むコクシジウムの感染に起因した肺炎が報告されている[3, 4, 11, 13, 18]．寄生虫の寄生により炎症が起こり，細菌の二次感染も引き起こす[4, 10]．

非感染性呼吸器疾患

非感染性要因として外傷，腫瘍，誤嚥性肺炎および肺水腫などが挙げられる[4]．日光浴中にベランダから落下したり，犬など他の動物に噛まれたりすることにより甲羅とともに肺も受傷することがある（図2-61）．そのような症例では肺挫傷や肺出血を起こしている[11]．呼吸器原発の腫瘍または肺の転移性腫瘍は稀ではあるが，ギリシャリクガメ（*Testudo graeca*）の肺の扁平上皮癌などが報告されている[4, 12]．誤嚥性肺炎は神経学的な問題や口内炎で発生した壊死性デブリを吸引することで罹患する．心疾患または肝疾患に起因する肺水腫も稀な疾患であるが，ギリシャリクガメで報告されている[4]．

1 総論
2 カメの疾患
3 トカゲの疾患
4 ヘビの疾患
5 爬虫類の疾患
索引

57

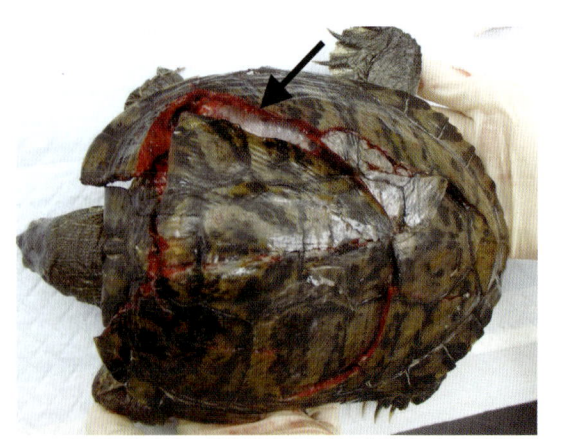

図2-61　6階から落下したミシシッピアカミミガメ（*Trachemys scripta*）
背甲の重度損傷により肺（矢印）が露出している.

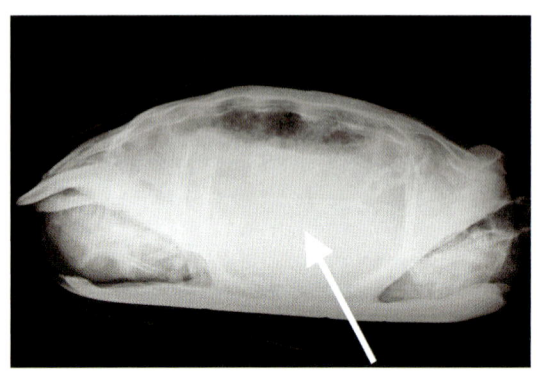

図2-62　ミシシッピアカミミガメのX線のラテラル画像
体腔内臓器の領域（矢印）が増加することにより，肺の容積が減少している.

他に，間質性の肺線維症がヒョウモンリクガメ（*Geochelone pardalis*）で報告されている[4].

　カメでは甲羅により体腔内の容積が限られているため臓器肥大，腹水，肥満および卵胞形成など体腔内の問題によっても肺の拡張が制限されることで換気量が減少し，特に吸気時に呼吸困難を呈するため下部呼吸器疾患に見えることがある．このように下部呼吸器疾患以外にも体腔内の占拠性病変により呼吸困難を呈することがあるため，注意が必要である[4, 12, 18]（**図2-62**）.

症状

　呼吸困難が典型的な症状であり，吸気時に症状がみられることが多いが，呼気時にみられることもある[16]．具体的には頸の伸展，開口呼吸，異常な呼吸音（喘鳴音），口から泡を出す，頸と前肢を過剰に動かすなどである[3, 4, 14, 18, 22]（**図2-63, 64**）．開口呼吸は保定や処置時に抵抗した後に出やすい．その他に，水棲種では水に入りたがらなくなったり，片側の肺炎では真っすぐに泳げなくなり，斜めに泳いだりすることがある[3, 4, 18]（**図2-65**）．呼吸回数も増加するが爬虫類では外気温によっても呼吸回数は変化する上に，そもそもカメで呼吸回数を判断することは困難である[7, 18]．鼻汁が出ることもあるが，通常は上部呼吸器症状であり下部呼吸器疾患では一般的ではない[18]．ほとんどの症例で元気食欲は低下しており，重症例では口腔粘膜のチアノーゼが認められたり，沈うつや昏睡状態で来院することもある[3, 4, 18]．衰弱している症例では上手く歩けなくなることがあるが，これらの症状を神経疾患と間違えないようにする[4].

図2-63　呼吸困難を呈したミシシッピアカミミガメ（A. Bは同症例）
A：開口呼吸，B：口からの泡沫状滲出物

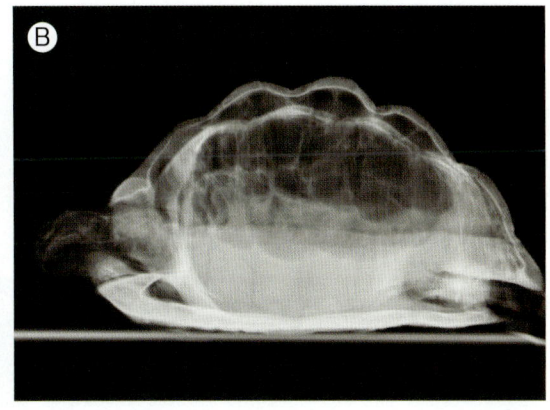

図2-64　肺炎が疑われたインドホシガメ（*Geochelone elegans*）
A：症例外観．異常呼吸音と流涎が認められた．
B：X線のラテラル画像．肺野の不透過性が亢進しており，肺炎が疑われた．

図2-65　斜めに泳ぐクサガメ（*Mauremys reevesii*）
左肺の含気率が低下することにより，左側に傾い
て泳いでいる．

診断

　X線検査およびCT検査，肺洗浄や内視鏡による洗浄液の採材または生検などにより診断する[4, 12]．
X線検査では必ず3方向（DV像，ラテラル像，頭尾側像）から撮影を行い評価する[3, 10, 11, 14, 18]．DV
像では甲羅と腹部臓器が重なるため肺野は不鮮明となり，ラテラル像と頭尾側像では肺野は腹部臓器
とは重ならないがラテラル像では左右の肺，頭尾側像では頭尾側部が重なって写る．病変が片側のみ

でみられることも多く，3方向で評価していないと見逃してしまう可能性がある[11, 13]．肺の構造が哺乳類とは異なるため，哺乳類で一般的に用いられている肺のX線画像での分類（肺胞パターン，気管支パターン，間質パターンなど）は用いることはできない[4]．急性の肺炎では一般的に腹側に限局した不透過性亢進像がみられ，慢性病変ではび漫性に認められることが多い[4]（**図2-66**）．CT検査ではより詳細な評価が可能であり，カメでは呼吸回数も少ないため，大人しい個体では鎮静をかけずに行うこともできる[4, 10, 11]（**図2-67**）．

鎮静が必要になるが，肺炎を疑う症例では経気管洗浄を検討する[4, 10, 11, 18]．レッドラバーチューブなどを声門から挿入し肺まで到達させ，無菌的な生理食塩水を少量（体重の0.5〜1%）注入してすぐに回収する[3, 10, 11, 18]．病変が片側に偏在する場合は，スタイレットを用いてX線で確認しながら行う[18]．声門からのアプローチが困難な症例では，前大腿窩から長い針を用い経皮的に肺洗浄を行い採材することもできる[4, 18]．採材したサンプルはまず鏡検を行い，寄生虫などの異常がないか確認する．それから細胞診，細菌培養感受性検査や真菌培養などの検査を行う[10, 18]．マイコプラズマおよびウイルスについては，海外ではPCR検査および血清学的査などが用いられているが，現在国内では実施できる商業施設はなく確定診断は困難であり，本検査でも肉芽腫の検出は困難である[18]．

気管支鏡は病変を肉眼的に観察できるため肉芽腫の有無も判断でき，洗浄液の採取のみではなく生検も実施できるため有用な検査である[4]．しかしながら，カメでは気管のかなり頭側で気管支に分岐

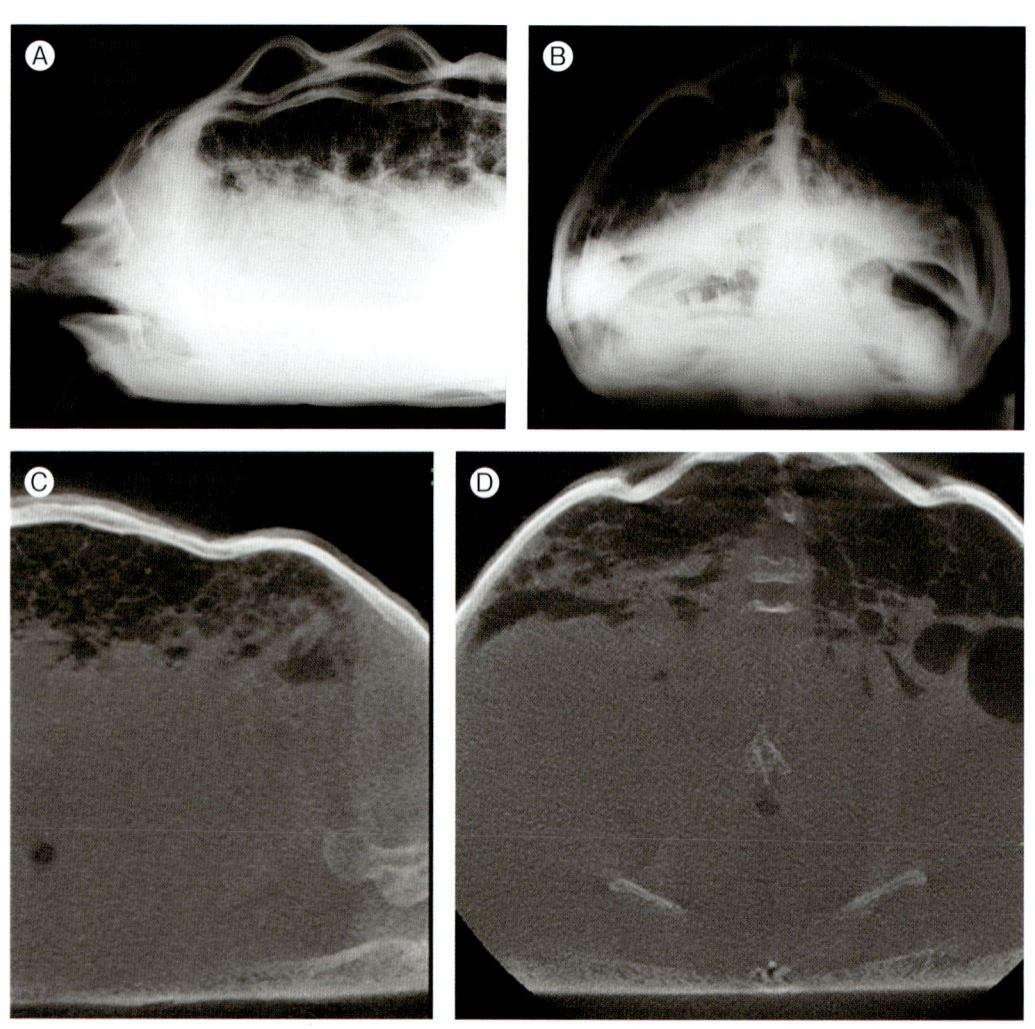

図2-66　肺炎が疑われたヒョウモンリクガメのX線検査所見およびCT検査所見
A：X線検査所見（ラテラル像），B：X線検査所見（頭尾側像），
C：CT検査所見（矢状断像），D：CT検査所見（横断像）
肺野腹側に不透過性亢進像が認められた．

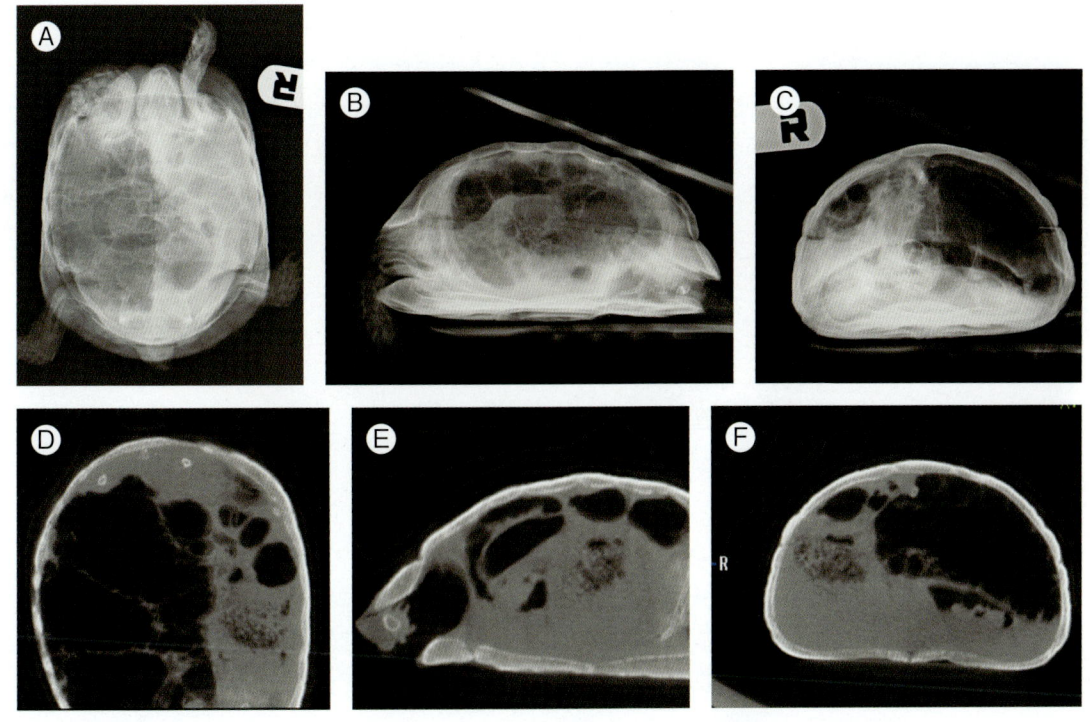

図2-67　開口呼吸を呈したギリシャリクガメのX線画像およびCT画像
A：X線検査所見(DV像)，B：X線検査所見(ラテラル像)，C：X線検査所見(頭尾側像)，
D：CT検査所見(冠状断像)，E：CT検査所見(矢状断像)，F：CT検査所見(横断像)
　X線画像では右肺野の顕著な不透過性亢進が認められたが，それ以上の詳細はわからなかった.
CT画像では右肺野領域に消化管が変位しており，右肺の圧迫が確認された.

するため気管支が細長くなっており，内視鏡を声門から気管支を通過して肺まで到達させることは通常できない[4, 18]. そのため前大腿窩から，または甲羅を介して直接肺にアプローチする方法が選択される[4, 10, 18]. これらの手技では，検査前にどの部位へアプローチするかをX線検査やCT検査で明確にしてから行う[18].

　ほとんどの肺炎症例は重篤な状態であるため，血液検査も行い全身的な状態を把握してから治療内容を検討する必要がある[10, 18].

治療

　ほとんどの症例が診断した時点では病態が進行しているため，積極的な治療を行う必要がある[4, 18]. まず，すべての症例で一次的要因の特定を行い，治療開始後の薬物代謝や免疫状態を確実にするため，飼育管理を確認し必要があれば具体的な改善策を指導する[3, 10, 11, 15].

　細菌培養感受性検査の結果により抗生剤を選択する. 検査結果が出るまでは，グラム陰性菌が原因となることが多いためアミカシン，エンロフロキサシン，セフタジジム，ピペラシリンなどを投与する. アミノグリコシド系とβラクタム系の相乗効果を期待してこれらの薬剤が併用されることもある[18]. 嫌気性菌に対してはメトロニダゾールが用いられることが多い[10]. 細菌と真菌の混合感染例も多いため必要に応じて抗生剤に加えて抗真菌薬も投与する. 抗真菌薬にはイトラコナゾールやケトコナゾール，アンホテリシンBが使われ，アンホテリシンBはネブライジング治療にも使用できる[10]. 真菌感染には抗真菌薬の長期投与が勧められている[4]. 肉芽腫を形成している症例では肉芽腫の外科的切除が第一選択になる[10, 18]. マイコプラズマやクラミジアが疑われる症例ではエンロフロキサシン，クラリスロマイシンまたはアジスロマイシンが用いられる[4, 18]. ヘルペスウイルスに関してはアシクロビルが用いられることもあるが，カメの種類によっては腎障害のリスクがあるとされており，使用には注意が必要である[4].

ネブライジング治療も肺炎には有効であり，治療効果を高めるためにはネブライジング中も適切な温度や湿度が必要なためインキュベーターの中で行うなど考慮が必要である[4, 10, 11, 12, 14, 18, 23]．

呼吸困難が重度の場合は酸素療法も検討する．しかし，爬虫類では低酸素，高二酸化炭素および環境温度により呼吸がコントロールされ，カメでは特に低酸素がより重要になっており，酸素分圧が上昇すると呼吸回数が減少し炎症物の排泄が妨げられるため，肺炎の症例では酸素療法により症状が悪化する可能性がある[4, 6, 10, 18]．このような理由から，肺炎症例では酸素療法の必要性を慎重に判断する[18]．

甲羅の外傷により肺が露出している場合は，甲羅の整復を行い鎮痛剤と二次感染の予防のために長期間の抗生剤を投与する[10]．

ほとんどの症例で脱水症状を伴っているため対症療法として輸液による水和を行う．採食量が十分になるまで食道チューブなどを用いて栄養支持も行う[3, 10, 11]．

臨床医のコメント

下部呼吸器疾患では来院している時点で重症例がほとんどであるため，初診の時点で積極的に診断治療を行うべきである．しかしながら，肺洗浄や内視鏡検査は全身麻酔および鎮静が必要となるため検査自体にリスクを伴い，実施の判断に苦慮することが多い．

（西村政晃）

 ## 参考文献

1. Jacobson E.R.(2007)：Infectious Diseases and Pathology of Reptiles(Jacobson E.R. ed.), 1-130, CRC Press.
2. McArthur S., Meyer J., Innis C.(2004)：Medicine and surgery of tortoises and turtles(McArthur S., Wilkinson R., Meyer J. eds.), 35-72, Blackwell Publishing.
3. Origgi F.C., Jacobson E.R.(2000)：Veterinary Clinics of North America：Exotic Animal Practice 3, 537-549.
4. Beaufrere H., Summa N., Le K.(2016)：Current Therapy in Exotic Pet Practice.(Mitchell M., Tully Jr. T.N. eds.), 76-150, Saunders.
5. Chitty J., Raftery A.(2013)：Essentials of Tortoise Medicine and Surgery, 27-33, Wiley-Blackwell.
6. Murray M.J.(2006)：Reptile medicine and surgery(Mader D.R. ed.), 2nd ed., 124-134, Elsevier.
7. O'Malley B.(2005)：Clinical Anatomy and Physiology of Exotic Species, 15-40, Elsevier.
8. O'Malley B.(2005)：Clinical Anatomy and Physiology of Exotic Species, 41-56, Elsevier.
9. Boyer T.H., Boyer D.M.(2006)：Reptile medicine and surgery(Mader D.R. ed.), 2nd ed., 78-99, Elsevier.
10. Schumacher J.(2003)：Veterinary Clinics of North America：Exotic Animal Practice 6, 213-231.
11. Bennett T.(2011)：Veterinary Clinics of North America：Exotic Animal Practice 14, 225-239.
12. Chitty J.(2004)：BSAVA Manual of Reptiles(Girling S.J., Raiti P. eds.), 2nd ed., 230-242, British Small Animal Veterinary Association.
13. Chinnadurai S.K., DeVoe R.S.(2009)：Veterinary Clinics of North America：Exotic Animal Practice 12, 583-596.
14. Chitty J., Raftery A.(2013)：Essentials of Tortoise Medicine and Surgery, 187-190, Wiley-Blackwell.
15. McArthur S.(2004)：Medicine and surgery of tortoises and turtles(McArthur S., Wilkinson R., Meyer J. eds.), 309-377, Blackwell Publishing.
16. Jacobson E.R.(2007)：Infectious Diseases and Pathology of Reptiles(Jacobson E.R. ed.), 395-460, CRC Press.
17. Jacobson E.R.(2007)：Infectious Diseases and Pathology of Reptiles(Jacobson E.R. ed.), 461-526, CRC Press.
18. Murray M.J.(2006)：Reptile medicine and surgery(Mader D.R. ed.), 2nd ed., 865-877, Elsevier.
19. Marschang R.E., Chitty J.(2004)：BSAVA Manual of Reptiles(Girling S.J., Raiti P. eds.), 2nd ed., 330-345, British Small Animal Veterinary Association.
20. Marschang R.E.(2014)：Current therapy in reptile medicine and surgery(Mader D.R., Divers S.J. eds.), 32-52, Saunders.
21. Schumacher J.(2003)：Veterinary Clinics of North America：Exotic Animal Practice 6, 327-335.
22. 小家山　仁(2015)：エキゾチック臨床 Vol.14 カメの診察, 65-140, 学窓社.
23. Raiti P.(2002)：Proceedings of Association of Reptilian and Amphibian Veterinarians Conference, 119-123.

カメの口内炎 Stomatitis

はじめに

　カメの舌は肉厚で短く口腔外に出すことはできない．舌には味蕾が存在するが舌以外の口腔内上皮にも多くの味蕾が存在しており，口腔内は唾液により湿潤に保たれているが唾液には消化酵素は含まれていない[1,2,3]．

　口内炎は口腔内粘膜とその周囲組織に生じる炎症の総称であり歯肉炎，舌炎，口蓋炎や口唇炎も含まれカメでは比較的よく遭遇する疾患である（図2-68）．口内炎は出血性，壊死性および増殖性に分類されるが，これらが混在することもある[4,5]．

　口内炎は様々な要因により発生するが，抗酸菌も含む細菌やウイルス，真菌などの感染性が最も一般的な原因である[2]．その他，不適切な飼育管理（環境温度，食餌，衛生状態など），ビタミンA欠乏症，外傷や全身状態の悪化などに起因して発症することもあるが，腎不全による口腔内の潰瘍は稀とされている[4,5,6]．

　爬虫類の口腔内にはグラム陽性菌と陰性菌がともに常在しており，健康な個体ではグラム陽性菌が優位であるが病的な個体ではグラム陰性菌が増殖し口内炎の原因となる[2,4,5]．カメの口内炎では *Pseudomonas* spp., *Klebsiella* spp., *Acinetobacter* spp., *Enterobacter* spp. や *Pasteurella* spp. が分離されることが多く，混合感染が一般的である[7]．細菌性口内炎は不適切な飼育管理や栄養失調に伴う免疫低下時に日和見感染として発症することが多い[6,7]．

　ウイルスは口内炎の原因として最も多いと考えられている[6,8,9]．カメではヘルペスウイルス，イリドウイルスやラナウイルスなどの関与が報告されているが，ヘルペスウイルスに関する報告が圧倒的に多い[6,7,10]．特にリクガメではヘルペスウイルスによる感染が問題になることが多く，ウイルスの感受性は種類により異なる[6,11]．例えば，ヘルマンリクガメ（*Testudo hermanni*）やヨツユビリクガメ（*Agrionemys horsfieldii*）では感受性が高く，ギリシャリクガメ（*Testudo graeca*）では感受性が低いとされている[11]．また，ウイルス感染後すぐに発症するわけではなく数年後に発症することもあれば，

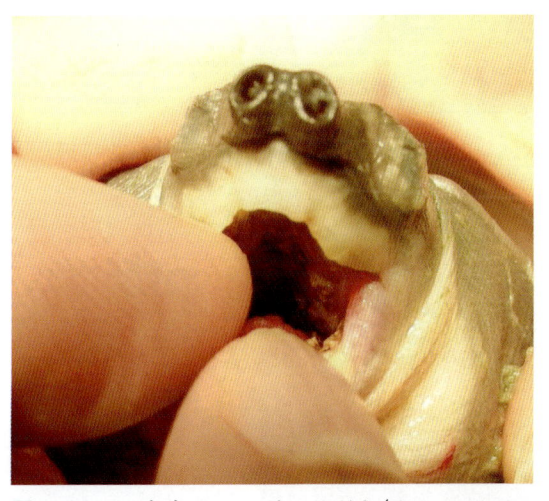

図2-68　口内炎のスッポンモドキ（*Carettochelys insculpta*）
舌が赤く糜爛し，口蓋など口腔内全体に炎症が及んでいるのが確認できる．飼育水の汚染が原因と思われた．

生涯無症状のこともある[4,6,10].

　真菌性口内炎は細菌性よりも遭遇する機会は少なく，細菌性と同様に不適切な飼育管理下での免疫抑制時に発症することが多い[2,5,6,12]．爬虫類では *Candida albicans* の日和見感染により口内炎が発症するとされているが，リクガメでは *Chromomyces* や *Basidiobolus ranarum* による口内炎の報告もある[4].

　抗酸菌症は飼育個体では稀であり，ビタミンA欠乏症では粘膜上皮の形成異常と免疫抑制により口内炎や呼吸器感染症が発症しやすい[7,12]．ビタミンA欠乏症は水棲ガメでの発症が多く，リクガメでは稀である[4,12]．その他，硬い食餌による刺激などで口腔内粘膜が損傷し口内炎が起こることもある[6,7].

　感染性口内炎が進行すると周囲の骨や組織(眼や呼吸器など)にも炎症が及び，最終的に敗血症により斃死することもある[2,4]．口内炎は適切な飼育環境や食餌により飼育することで発症を予防できるとされている[4].

症状

　症状は食欲不振，嚥下障害，流涎および舌麻痺などであるが，肉眼的には口腔内の紅斑，点状出血，潰瘍，壊死組織や膿などが認められる(**図2-69**)．重症例では膿瘍を形成することもあり，痛風結節や腫瘍などとの鑑別が必要である[2,4,5,7]．また，感染が嘴や顎骨にまで及ぶ症例では嘴や顎の変形や脱落がみられることもある(**図2-70**)．口内炎のカメでは食道炎を併発することも多く，違和感から

図2-69　重度な口内炎のクサガメ(*Mauremys reevesii*)
口腔内に乾酪状の膿が充満し閉口不全がみられる．

図2-70　口内炎に伴い嘴が欠損したクサガメ
口腔内に膿が充満しており，嘴にも感染が波及し先端部が壊死，変形している．

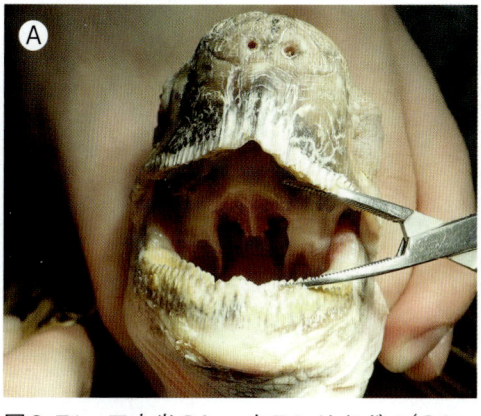

図2-71　口内炎のヒョウモンリクガメ (*Stigmochelys pardalis*)
A：口腔内に膿が認められ，口内炎が疑われた．
B：顎下から頸部を気にして擦ることにより腫れている．

前肢で口や頸部を擦るため顎下が腫れることもある[4,6,9]（**図2-71**）．

上記症状に加えてヘルペスウイルス感染では鼻炎や結膜炎の併発，およびジフテリア様病変を伴うことが多く，重症化し死に至ることが多い[2,6,7,9,10~13]．

抗酸菌症では肉芽腫や出血性病変が形成される．全身性に感染が拡大すれば活動性の低下や体重減少といった非特異的な症状を呈する[2,5]．

診断

問診により飼育環境の確認を行う．食餌内容，温度，湿度，飼育水や床材の交換頻度や交換方法，同居動物の有無などを確認する．ビタミンA欠乏症では両側の眼瞼腫脹，浮腫や結膜炎が特徴的な症状であるが，ヘルペスウイルスの感染でも眼瞼腫脹が認められることもあるため食餌内容の確認が重要である[6,10~15]．

身体検査により口腔内の特徴的な病変を確認することで口内炎の診断となるが，口腔内を確認しようとすると甲羅内に頸を引っ込めるため，顎関節尾側を両側から保定して開口器などを用いて口腔内を確認する[6]．口腔内に白色結節を認めた場合は膿瘍と痛風結節の鑑別のため，腫瘤を認めた場合は肉芽腫と腫瘍の鑑別のためにFNAや掻爬検査を検討する[5,7,11]．FNAや掻爬検査には鎮静や全身麻酔が必要となることもある．全身状態の把握のために血液検査を実施し，病変が重度の場合は骨への病変の波及を確認するためにX線検査やCT検査を行う[2,4,5]．

口腔内スワブや膿瘍の細菌培養感受性検査は重要であり，嫌気性菌も原因となることがあるため嫌気培養も行う[12]．真菌感染が疑われる場合には真菌培養や病理組織学的検査で鑑別する[2,4,5]．

口腔内スワブのスタンプやFNAによる細胞診または組織学的検査で好酸球性核内封入体が認められた場合はヘルペスウイルスの感染を強く疑うが，非特異的な所見のため確定診断にはならない[4,11,13]．海外ではウイルスの検出にPCR検査および血清学的査などが用いられているが，現在国内では実施できる商業施設はなく確定診断は困難である[11,12,13]．そのため，最終的には身体検査や臨床症状などに基づき総合的に診断する[13]．

治療

飼育温度，湿度，日光浴やUVB照射，水換えの頻度，食餌など飼育管理に問題がないかを詳細に確認し，問題がある場合には改善するように具体的に指導する[4,5,6,9]．そして数日後に再度問診を行い，飼育管理が適切に改善されているか確認する．

細菌性口内炎の治療には長期間の抗生剤の投与が必要になるため，細菌培養感受性検査の結果に基

づき抗生剤を選択する[4,5]．膿瘍に対してはデブリード処置を行うが，完全なデブリード処置には鎮静や全身麻酔が必要になることもある[2,4]．膿瘍除去後は複方ヨード・グリセリン（ルゴール液）等で口腔内を消毒する．膿瘍を除去し，適切な抗生剤を投与しているのにも関わらず症状が改善しない場合は真菌，抗酸菌やヘルペスウイルスの感染を考慮する[2,4,5]．真菌感染ではイトラコナゾール（5 mg/kg, sid）の内服を少なくとも4〜6週間は継続する[2,16]．ヘルペスウイルスが疑われた場合はアシクロビル（40〜80 mg/kg, sid〜tid）の内服を行う[2,6,7,9,16]．真菌やヘルペスウイルスの感染を疑う場合には，通常は二次的な細菌感染もみられるため抗生剤も併用する[4,5,6,9]．抗酸菌症（*Mycobacterium* spp.）の治療は難しく，人獣共通感染症の観点から安楽死も検討するべきである[2,4,11]．ビタミンA欠乏症が疑われる場合はビタミンA製剤の投与を行い，食餌内容を変更する[6,15]．

　口内炎の原因に関わらず，症例の多くは脱水症状を伴っているため対症療法として輸液による水和を行う．栄養学的な支持療法も重要であり，採食量が十分になるまで食道チューブなどを用いなければならないこともある[2,6,7,9]．その他，7.5%ポピドンヨード液を用いて1日1回の口腔内の消毒や，必要に応じてNSAIDsなどの抗炎症薬の投与を行う[2,4,5,6,9]．

　ヘルペスウイルスは症状がみられなくても潜伏感染の可能性があるため，特にリクガメの飼育時や治療時に他の種類と混在させないことが重要である[11]．また，治療により症状が治った場合も，生涯隔離飼育が基本的に推奨される[7]．

臨床医のコメント

　本疾患は免疫が確立されていない幼弱個体や，汚れた水で飼育されている水棲種での発生が多い．そのため治療においても飼育管理の改善，特に衛生的な環境を保つように指導することが重要である．

（西村政晃）

 **参考文献**

1. Chitty J, Raftery A.(2013)：Essentials of Tortoise Medicine and Surgery, 27-33, Wiley-Blackwell.
2. Hedley J.(2016)：Veterinary Clinics of North America：Exotic Animal Practice 19, 689-706.
3. O'Malley B.(2005)：Clinical Anatomy and Physiology of Exotic Species, 41-56, Elsevier.
4. Mehler S.J., Bennett R.A.(2003)：Veterinary Clinics of North America：Exotic Animal Practice 6, 477-503.
5. Mehler S.J., Bennett R.A.(2006)：Reptile Medicine and Surgery(Mader D.R. ed.), 2nd ed., 924-930, Elsevier.
6. McArthur S.(2004)：Medicine and Surgery of Tortoises and Turtles (McArthur S., Wilkinson R., Meyer J. eds.), 309-377, Blackwell Publishing.
7. Chitty J., Raftery A.(2013)：Essentials of Tortoise Medicine and Surgery, 251-253, Wiley-Blackwell.
8. Boyer T.H.(2006)：Reptile Medicine and Surgery(Mader D.R. ed.), 2nd ed., 696-704, Elsevier.
9. McArthur S., McLellan L., Brown S.(2004)：BSAVA Manual of Reptiles(Girling S. J., Raiti P. eds.), 2nd ed., 210-229, British Small Animal Veterinary Association.
10. Marschang R.E.(2014)：Current Therapy in Reptile Medicine and Surgery(Mader D.R., Divers S.J. eds.), 32-52, Saunders.
11. Marschang R.E., Chitty J.(2004)：BSAVA Manual of Reptiles(Girling S. J., Raiti P. eds.), 2nd ed., 330-345, British Small Animal Veterinary Association.
12. Jessop M., Bennett T.D.(2010)：BSAVA Manual of Exotic Pets(Meredith A., Johnson-Delaney C. eds.), 5th ed., 249-272, British Small Animal Veterinary Association.
13. Origgi F.C.(2006)：Reptile Medicine and Surgery(Mader D.R. ed.), 2nd ed., 814-821, Elsevier.
14. Chitty J, Raftery A.(2013)：Essentials of Tortoise Medicine and Surgery, 239-241, Wiley-Blackwell.
15. Mans C., Braun J.(2014)：Veterinary Clinics of North America：Exotic Animal Practice 17, 369-395.
16. Klaphake E., Gibbons P.M., Sladlky K.K. et al.(2018)：Exotic Animal Formulary (Carpenter J.W. ed.), 5th ed., 81-166, Elsevier.

カメの消化管内異物と消化管脱出

Intestinal foreign bodies and organ prolapse

はじめに

　カメの消化管は両生類，鳥類，哺乳類と同様に食道，胃，十二指腸，小腸，大腸に区分される[1]．カメの消化管は屈曲が少なく，体長に対する腸の全長は他の綱より短い[1]．胃には胃石が存在し，カメの機械的消化に役立つといわれているが[1]，ペットのカメでは胃石がみられることは稀である．小腸は体腔尾側に位置し，大腸は盲腸から始まり体腔右側に位置する[2]．大腸は，特に草食性のリクガメでは，後腸発酵を利用して，消化を行う部位でもある[3]．

　カメの消化管内異物は飼育下の個体に時折みられる[3,4,5]．野外で捕獲された半水棲ガメの消化管内には釣り針がみられることもある(図2-72)[3,4,5]．飼育下のリクガメの消化管内には砂利をはじめとする床材がみられることがあるが[3,4]，消化管内の異物がすべて病的とは限らない[3]．消化管内の少量の異物はX線検査にて偶発的にみられることがある(図2-73)[3,4]．半水棲ガメでは床材で使用されている砂利が認められることが多く(図2-74)[3]，リクガメでは食餌に付着した床材を摂取することで消化管閉塞を生じることもある(図2-75)[3,4]．また，胃石が消化管閉塞の原因となった例も報告されている[5]．

　カメの総排泄孔からの臓器の脱出は，主に尿路結石や膀胱炎などのいきみによる膀胱脱，卵管炎や卵詰などによる卵管脱，外傷や感染による陰茎脱が知られているが，消化管の脱出は，便秘，細菌，寄生虫による腸炎によるテネスムスによる結腸脱が一般的であり，稀に小腸脱をみることがある[13]．体腔内の占拠病変，呼吸困難，便秘，低カルシウム血症，肥満，総排泄腔炎などはあらゆる臓器脱の原因になる[13]．

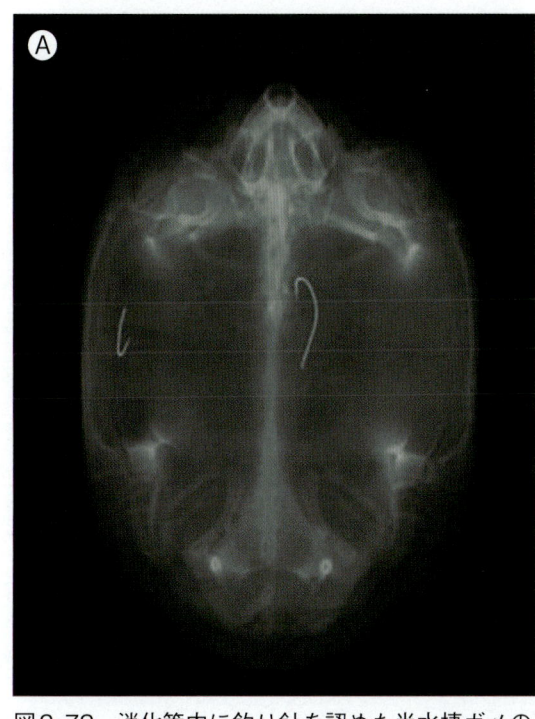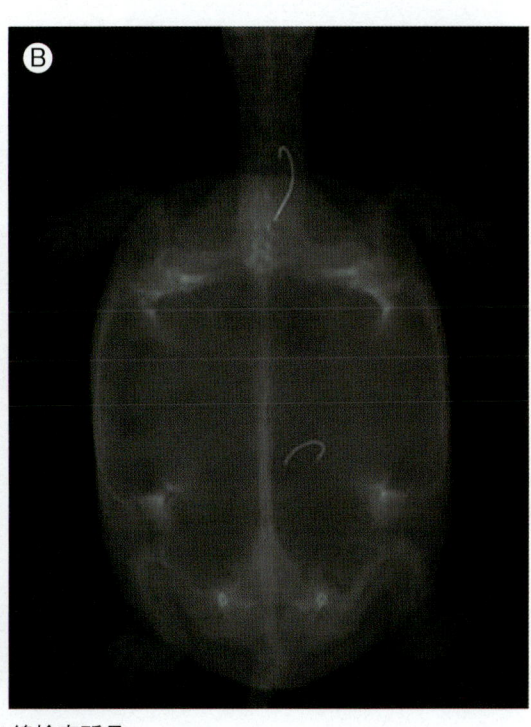

図2-72　消化管内に釣り針を認めた半水棲ガメのX線検査所見
A：頭頸部を甲内に収納した状態．2つの釣り針が体腔内にあるように見える．
B：頸部を伸展した状態．釣り針の1つが頸部に確認できる．
X線検査にて，異物を認めた場合には頸部を伸展することで，異物の位置を明確にできることがある．

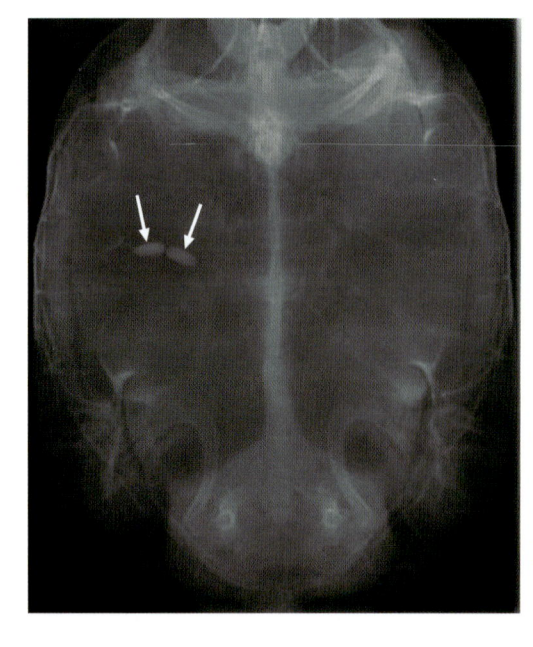

図2-73 消化管内にX線不透過性の異物を認めた半水棲ガメのX線検査所見
健康診断のためのX線検査にて，偶発的に消化管内異物を認めた（矢印）．本症例の飼育環境には，床材に小石が用いられており，それを摂取したものと思われた．

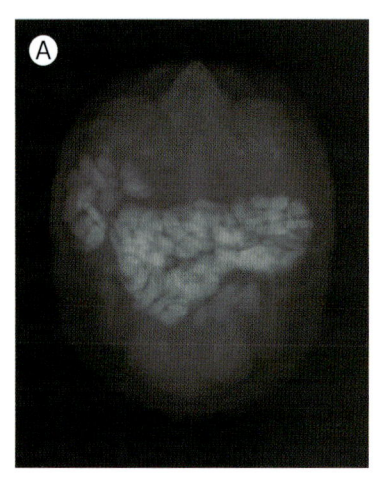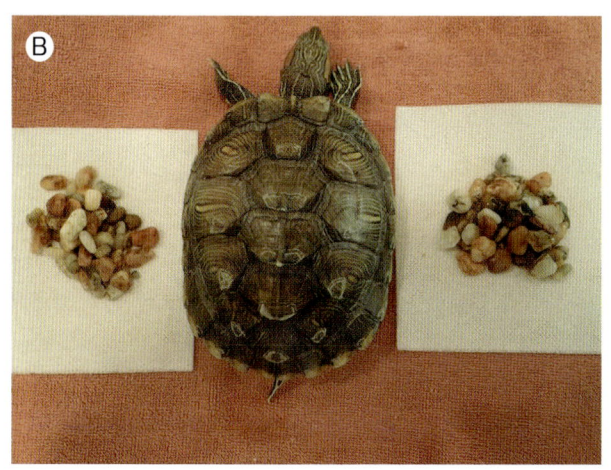

図2-74 多量の砂利を誤飲したミシシッピアカミミガメ（*Trachemys scripta elegans*）
本症例は，食欲廃絶および排便の停止を主訴に来院した．
A：X線検査にて認められた多量の砂利は床材に用いられていたものだった．
B：消化管内の砂利は腹甲骨切り術の後，胃切開および腸切開により摘出した．

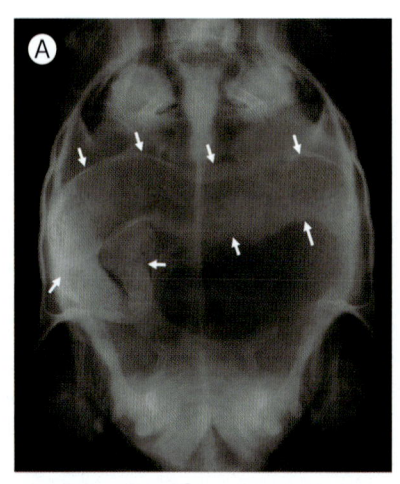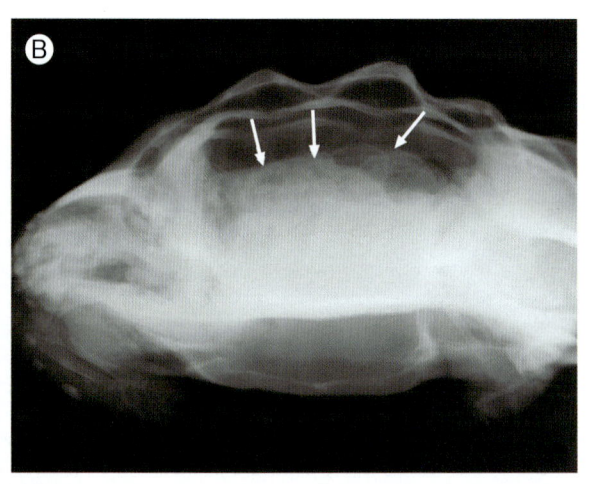

図2-75 消化管内に多量の砂とガス陰影を認めたケヅメリクガメ（*Centrochelys sulcata*）の
X線検査所見（A：DV像，B：ラテラル像）
本症例は，食欲廃絶およびいきみを主訴に来院した．X線検査にて食餌とともに摂取した多量の床材の砂（矢印）が確認された．補液およびラクツロースの経口投与，浣腸を含めた治療を行ったが，反応せず斃死した．

症状

　消化管内異物の症状は非特異的であるが，主に食欲不振，嗜眠，いきみ（後肢を進展し，尾側の甲を持ち上げる姿勢），嘔吐（特にゾンデによる強制給餌の後），慢性経過では悪液質および衰弱，眼球の落ちくぼみを呈する進行した脱水がみられる[3]．嘔吐がみられるカメの予後は，一般的に不良であることが多い[3,4]．

　消化管の脱出は，いきみがみられる場合とそうでない場合がある．総排泄孔から反転した結腸，稀に小腸の脱出が認められ，総排泄腔とともに脱出することもある[14]（**図2-76**）．結腸の脱出では，表面が滑らかで筒状の様相を呈していることが多く，管腔内に便を認めることもある[14]．

図2-76　消化管の脱出
A：クサガメの小腸脱
B：アカアシガメの結腸脱（神領ビーイング動物病院赤羽良仁先生から提供）

診断

　消化管内異物の症例の多くは活動性の低下と，食欲不振を呈して来院する．これらは非特異的症状であり，まず，問診を行う上で，飼育環境内で口に入る床材の有無を確認する．時に，カメが異物や床材を食べたことを飼い主が確認している場合もある．

　身体検査では，前大腿窩からの触診で異物を触知できることがある．臨床検査はX線検査，超音波検査で不透過性異物や消化管内ガス陰影を確認し（**図2-75**[2,6]），その後，血液学的検査，血液生化学検査，尿検査を実施し，潜在疾患の確認あるいは除外を行う．嘔吐と胃内異物を呈したアカアシリクガメ（*Chelonoidis carbonaria*）の血液生化学検査において高蛋白血症，高血糖，低クロール血症，代謝性アルカローシスが認められたという報告がある[7]．X線検査を実施する他，消化管造影検査，CT検査，MRI検査，内視鏡検査を組み合わせることで，診断精度は高くなる（**図2-77**）．

　消化管の脱出は，脱出臓器が外傷や浮腫を伴っている場合には，視診での脱出臓器の判別が困難な場合がある[14]（**図2-78**）．消化管と間違えやすい臓器として卵管が挙げられるが，卵管では長軸方向にのびる溝が確認できると報告されている[14]．

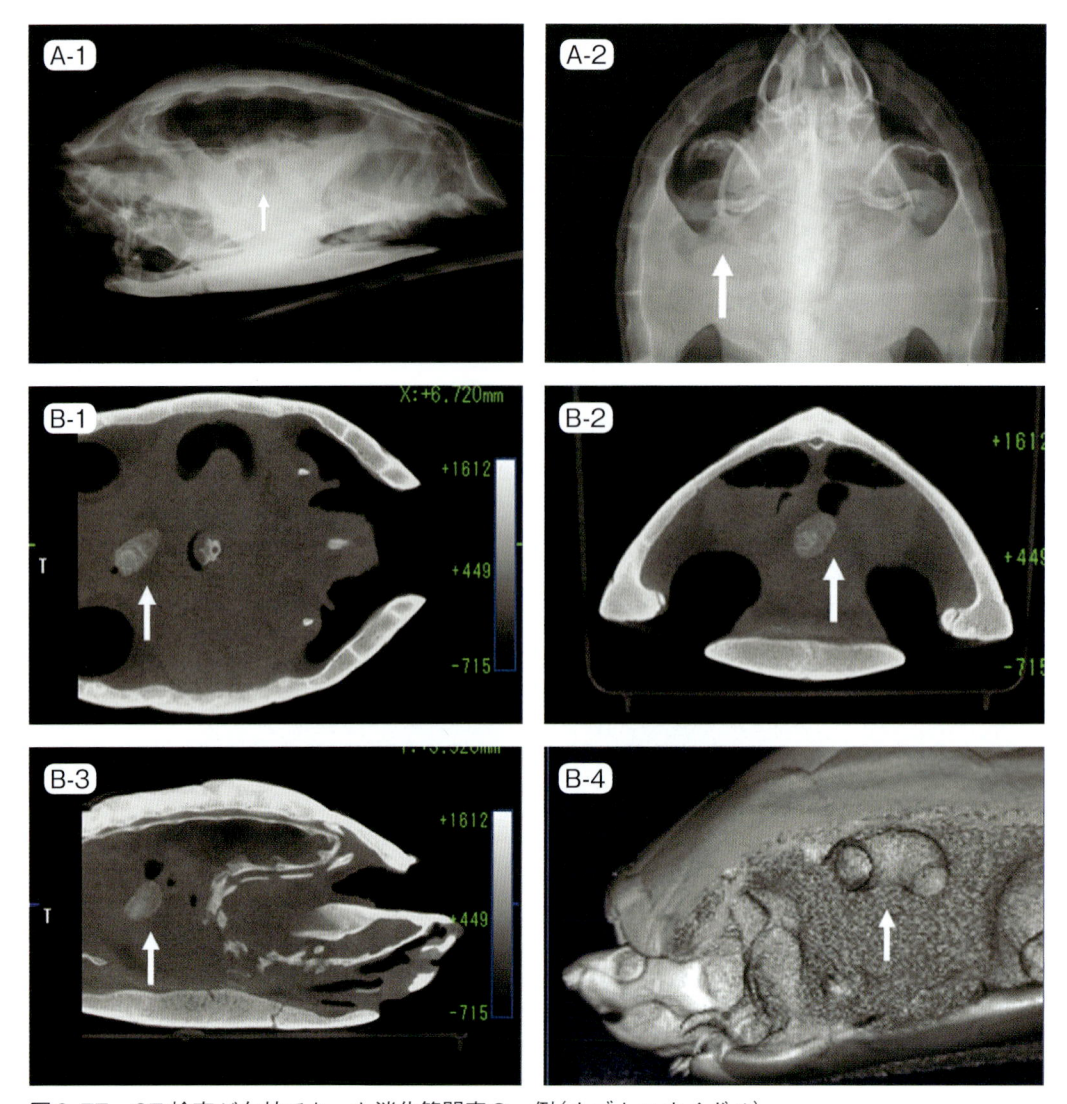

図2-77　CT検査が有効であった消化管閉塞の一例（カブトニオイガメ）
（症例提供：みわエキゾチック動物病院）
A：X線検査所見（A-1：ラテラル像，A-2：DV像）
B：CT検査所見（B-1：水平断像，B-2：横断像，B-3：矢状断像，B-4：3-D構築像）
症例は数週間の食欲不振と排便量の減少，嘔吐を主訴に来院した．X線検査では消化管内の軽度の
ガス貯留像（A：矢印）以外明らかな異常所見はみられなかった．CT検査では消化管内に異物様陰
影と近位消化管内のガス貯留像（B：矢印）が確認され腸閉塞が疑われた．試験開腹により腸管閉塞
の原因となっていた宿便を摘出し臨床症状は改善した．

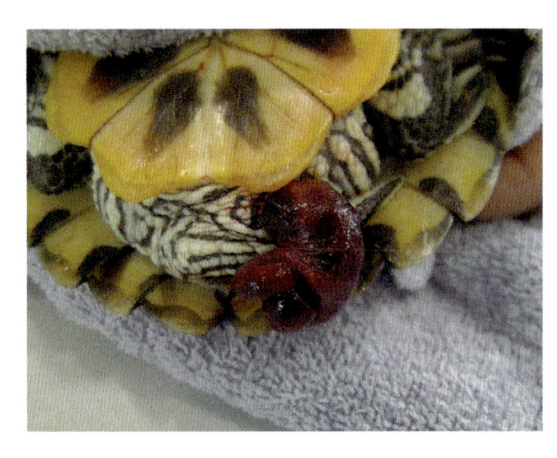

図2-78　総排泄腔脱を呈したミシシッピアカ
ミミガメ
脱出臓器が外傷や浮腫を伴っている場合には，
視診での臓器の判別が困難である．

治療

　消化管内異物への対応は，犬や猫と同様に実施する．内科的治療により，小さな異物を便とともに排泄させることができる場合もあるが，大きな異物あるいは辺縁が鋭利な異物は外科的に摘出しなければならない（**図2-79，80**）[8, 9, 10]．

　消化管内異物の内科的治療は補液による水和が中心となる．リクガメの場合，浅い容器で30分から60分程度の温浴をさせることで，飲水と排便を促すと同時に，蠕動運動が亢進する可能性がある．浣腸は温水あるいはミネラルオイルなどの潤滑剤を金属製ゾンデを用いて総排泄口から注入する[12]．

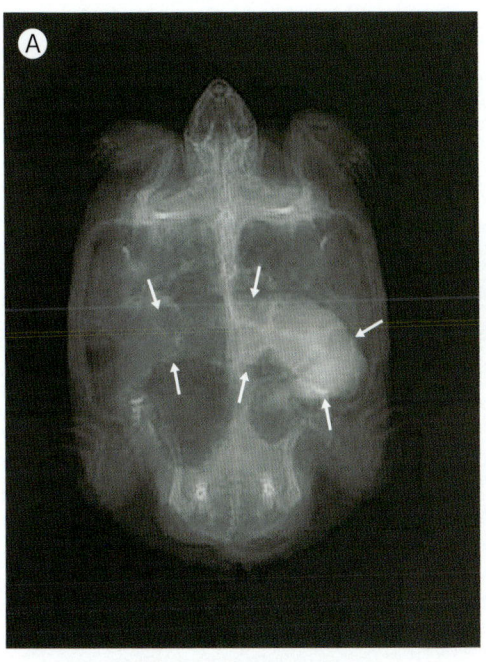
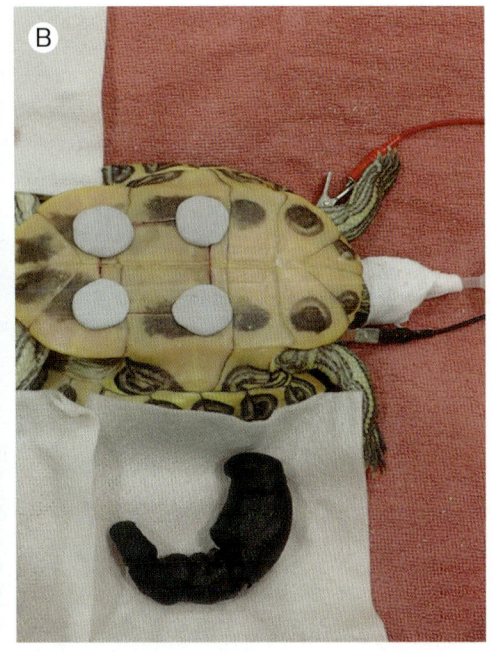

図2-79　糞塊による腸閉塞を認めたミシシッピアカミミガメ（*Trachemys scripta elegans*）
本症例は，食欲はあるが，排便が認められないことを主訴に来院した．
A：X線検査にて硬化した糞塊（矢印）が不透過性陰影として認められた．
B：結腸内の糞塊は腹甲骨切り術の後，腸切開により摘出した．糞塊の摘出後，自力排便を認めるまでに3カ月を要した．

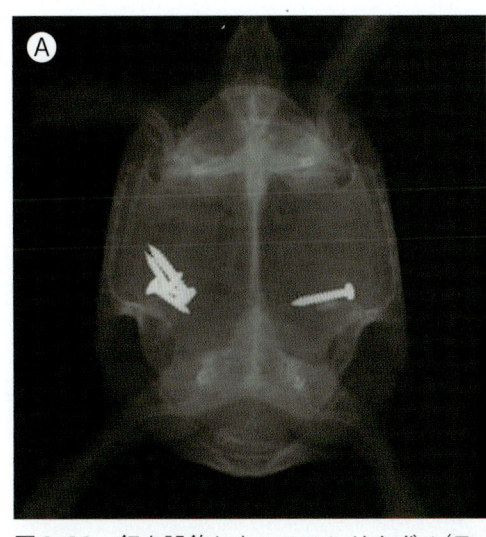

図2-80　釘を誤飲したヘルマンリクガメ（*Testudo hermanni*）
本症例は，食欲低下と頻回の嘔吐を主訴に来院した．
A：X線検査にて胃と結腸に複数の釘が認められた．
B：胃内の釘は，左側の前大腿窩から，胃を牽引し，胃切開により摘出した．結腸内の釘は，右側の前大腿窩から，結腸を牽引し，腸切開により摘出した．

また，リクガメに対して，ラクツロース(0.5 mL/kg)[8]を経口投与することで，良い結果が得られることがある．メトクロプラミドやエリスロマイシンのような消化管運動機能改善薬は症例によっては有効に作用する可能性はあるが[4]，Tothillらがこれらの薬剤をサバクゴファーガメ(*Gopherus agassizii*)に投与して，消化管通過時間を測定した研究では効果は認められていない[9]．薬物治療の他，脱水の改善，体温の維持，そして，カルシウム，繊維，水分の豊富な食餌の供給は，消化管運動機能を改善する可能性がある[2,4]．カメに対する消化管運動改善薬の使用に関しては，さらなる研究が必要であり，臨床においては十分に注意して用いるべきである．また，消化管が異物により完全に閉塞している場合には，これらの薬物は用いてはならない[2]．

X線検査にて，長時間(24時間以上とする報告[12]もあるが，筆者らの経験では数日以上)消化管内ガス陰影に変化がないもしくはガス貯留像や臨床症状の悪化がみられる場合には，消化管の壊死を避けるために，外科的介入を考慮する[4,10,11,12]．

入院中はさらなる床材の誤飲を極力さけるために，不適切な床材を除去する．

消化管の脱出は，まず脱出した消化管を温かい生理食塩水あるいは希釈したクロルヘキシジンで優しく洗浄する[14]．脱出した消化管が浮腫を呈している場合には，高張食塩水あるいはブドウ糖液で優しくマッサージすることで，浮腫を軽減できることもある[14]．浮腫の改善が認められたら，手術用グローブを装着した指に潤滑ゼリーを塗布もしくは綿棒などを用いて脱出した消化管を整復する[14]．この処置を行う際，症例がいきむようであれば，鎮静あるいは麻酔が必要になる[14]．リドカインなどの局所麻酔薬を含んだゼリーやクリームを塗布することで，いきみを軽減できることもある[14]．脱出臓器の整復後，管腔内にゾンデを用いて正常な位置に消化管を戻す．その後，総排泄孔を一時的に狭めるために縫合処置を行う[14]．この時，排尿が可能で，消化管の脱出がない程度に調節する必要がある[14]．縫合処置をしてもなお消化管が脱出する場合には，開腹後に結腸固定を行う[13,14]．

処置後は抗生物質と抗炎症剤の投与が推奨されている[14]．また，総排泄腔内へ局所麻酔薬を含んだゼリーやクリームとスルファジアジン銀クリームを注入する方法も知られている[14]．術後管理は十分な水和を行い，排便を避けるために数日間は絶食させることが重要である[14]．

臨床医のコメント

カメの消化管内異物は画像診断により診断は容易であるが，砂粒状の異物が消化管内全域にわたって停留し，消化管内閉塞を引き起こしている場合には，外科的な摘出を試みても治療が難しいことがある．また，長期間にわたって停留した異物では外科的摘出を行った後でも蠕動運動が回復しない場合がある．カメの飼養管理には，床材が必要であるが，その材質と大きさの選定には注意が必要である．

カメの結腸脱は，早期に動物病院を受診した場合，脱出臓器の損傷が軽度であれば，適切な治療によって予後も良好であることが多い印象がある．小腸脱の場合には，開腹後，重積部分を切除し，吻合をしなければならないことが多く，予後は要注意である．

(高見義紀)

 **参考文献**

1. 中村健児．1形態．消化管系．動物系統分類学脊椎動物(IIb1)第9巻下 B1爬虫類 I．内田享，山田真弓監修．中山書店．東京．1988.
2. McArthur S., Meyer J., Innis C. 2004. Anatomy and Physiology. pp35-72. *In*：Medicine and surgery of tortoises and turtles. (McArthur S, Wilkinson R, Meyer J, eds.), Blackwell Publishing, Ames.
3. Girling SJ：爬虫類マニュアル第二版．宇根有美，田向健一監修．学窓社．東京．2017.
4. Norton TM (2005) Chelonian emergency and critical care, Sem Avian Exotic Pet Med. 14(2)：106-130.
5. Boyer TH (1998) Emergency care of reptiles, Vet Clin of North Am (Exotic Anim Prac) 1：191-206.
6. Boyer TH：Turtles, Tortoises, and Terrapins. pp 332-335. *In*：Reptile Medicine and Surgery. (Mader DR ed)：Elsevier, St Louis.

7. Romeijer C., Beaufrère H., Laniesse D, et al (2016) Vomiting and Gastrointestinal Obstruction in a Red-Footed Tortoise (*Chelonoidis carbonaria*). J Herpetol Med and Surg 26 (1-2) : 32-35.

8. Carpenter JW, Mashima TY, and Rupiper DJ. 2001. Miscellaneous agents used reptile. pp76-78. *In* : Exotic animal formulary, 2nd ed. Elsevier, St Louis.

9. Tothill A, Johnson JD, Wimsatt J, et al (2000) Effect of cisapride, metoclopramide, and erythromycin on gastrointestinal transit time in the desert tortoise. J Herpetol Med and Surg 10 : 16-20.

10. Boyer TH (1994) Emergency care of reptiles, Sem Avian Exotic Pet Med 3 : 210-216,

11. Gould WJ, Yaegar AE, Glennon JC (1992) Surgical correction of an intestinal obstruction in a turtle. J Amer Vet Med Assoc 200 : 705-706.

12. McArthur S., Meyer J., Innis C. 2004. Problem-solving approach to common diseases of terrestrial and semi-aquatic chelonians. pp309-377. In : Medicine and surgery of tortoises and turtles. (McArthur S, Wilkinson R, Meyer J, eds.), Blackwell Publishing, Ames.

13. Bennett RA. 2006. Cloacal prolapse. pp. 751-755. In : Reptile medicine and surgery. 2nd ed. (Mader DR. ed.), Elsevier, St Louis.

14. Johnson R, Doneley B. 2018. Diseases of the gastrointestinal system. pp. 273-285. In : Reptile medicine and surgery in clinical practice. (Doneley B, Monks D, Johnson R, Carmel B. eds.), Wiley Blackwell, Ames.

カメの腎疾患 Renal diseases

はじめに

　爬虫類の腎臓は後腎で、体腔尾側に位置し、ヘンレのループ、腎盂、腎錐体を欠く[1]. カメの腎臓は大きく扁平で分葉しており寛骨臼の尾側、背甲尾側に位置する[1~3]. 他の爬虫類と同様に腎臓は左右対称に存在し、短い尿管は尿生殖洞へ入り、尿生殖洞は総排泄腔へと繋がる（**図2-81a**）[1~3]. 尿生殖洞からの尿は腹側に位置する膀胱へ尿道を逆流し蓄えられる[1]. 膀胱は2つに分葉していることが多く、陸棲種の膀胱は貯水槽としての役割があり必要に応じて膀胱から水分の再吸収が行われる. また、水中で冬眠する種の副膀胱（総排泄腔膀胱）（**図2-81b**）は呼吸槽としての役割を果たすことが示唆されている[1~5].

　カメの腎疾患は臨床現場でしばしば全身性疾患に伴ってみられる[6]. 感染性腎疾患では *Salmonella* や *Pseudomonas* を含むグラム陰性細菌の感染が一般的であり、全身性の真菌感染により腎臓に肉芽腫が形成されることもある[6]. その他、ヘキサミタ[6,7]、ミクソゾア[6,8]などの寄生虫感染も報告されている. 非感染性腎疾患では先天的あるいは遺伝的な腎嚢胞や形成不全[5]、ウミガメの粘液線維腫[9]、不適切な食餌[6,7]、サプリメントによるビタミンD_3の過剰[6,7]、また、ビタミンD_3の過剰に由来する腎石灰化が報告されている[6,7]. その他、不適切な給水管理、飼育環境水の悪化による脱水は腎前性高窒素血症や高尿酸血症の原因となる可能性がある[6].

　急性腎疾患では既往歴はほとんどなく、多くの症例で急激な衰弱、食欲廃絶、乏尿が認められる[6,7,10]. 慢性腎疾患では数週間から数カ月にわたる食欲不振、活発に動かない、元気がないなどの症状が一般的である[6,7,10].

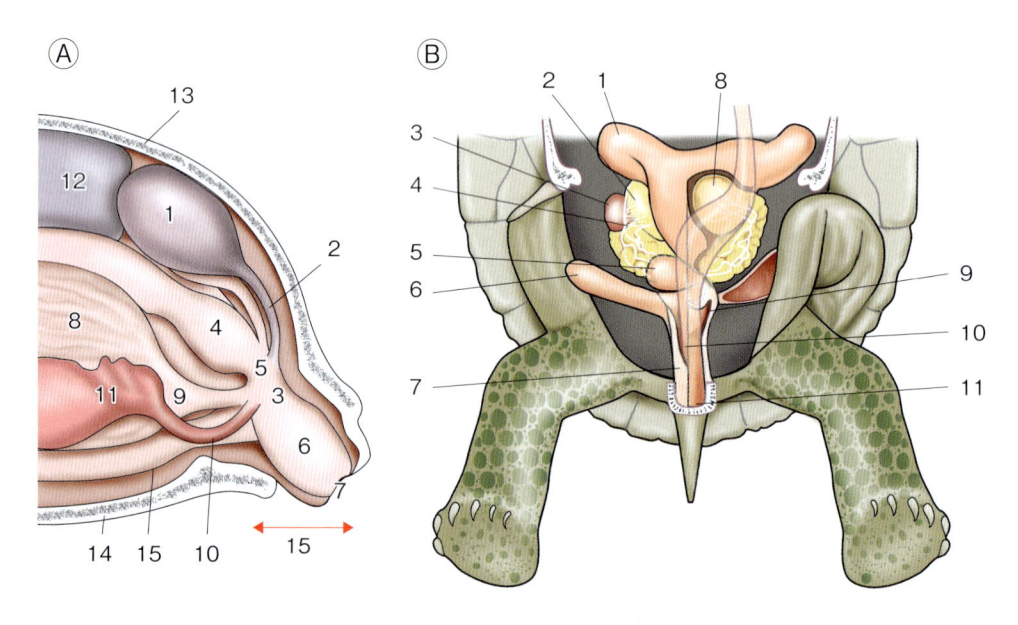

図2-81　カメの総排腔模式図（文献4より改変）
A：カメの総排泄腔の矢状面
1. 腎臓, 2. 尿管, 3. 尿生殖洞, 4. 大腸, 5. 糞洞, 6. 肛門道, 7. 総排泄孔, 8. 膀胱,
9. 尿道, 10. 生殖器管, 11. 生殖器, 12. 肺, 13. 背甲, 14. 腹甲, 15. 総排泄腔
B：カメ（雄）の総排泄孔の冠状面
1. 膀胱, 2. 精巣間膜, 3. 腎臓, 4. 精巣上体, 5. 海綿体球, 6. 副膀胱, 7. 陰茎, 8. 精巣,
9. 直腸, 10. 総排泄腔, 11. 総排泄孔

診断

　慢性腎疾患を呈する症例のほとんどは脱水を呈し，痩せ細っている（図2-82）．診断は，身体検査にて，衰弱の程度，体重の減少，脱水，唾液の減少を確認する[7]．問診では急性腎疾患か慢性腎疾患かを鑑別するために，既往歴の有無，飼育環境，食餌，ビタミンD_3やアミノグリコシド系抗生剤の投与歴の聴取を行う[7]．

　臨床検査として，血液学的検査，血液生化学検査，尿検査，X線検査，超音波検査を実施し，潜在疾患の確認あるいは除外を行う[7, 10〜15]．血液学的検査では，ヘマトクリットの著しい上昇が脱水と関連していることもあるが，慢性腎疾患による非再生性貧血のため脱水の存在を確認できないこともある[7]．血液生化学検査では，腎疾患を早期に検出できる項目は現在のところ存在せず，血液生化学検査で異常値が確認されたときにはすでに腎疾患が進行している可能性が高い[7, 10]．診断を補助する項目として，尿酸値，尿素窒素値，酵素活性（AST，ALT，CPK，LDH，ALP），アルブミン値，ナトリウム値，カリウム値，カルシウム値，リン値を測定する[7, 10]．特に尿酸値が，その種の基準値の2倍以上を示す場合には，腎疾患を強く疑う[7, 10]．尿素窒素値の上昇は主に脱水や蛋白異化の指標となるが，水棲カメでは腎疾患の補助的な診断に用いることができる[6, 7, 10]．

　尿検査では，膀胱穿刺により採尿を行い，尿検査試験紙にてpH，尿蛋白，尿糖を確認する．pHに関しては，草食性のサバクゴファーガメ（*Gopherus agassizii*）ではアルカリ性，雑食性のカロリナハコガメ（*Terrapene carolina*）とニシキハコガメ（*Terrapene ornata*）ではそれぞれpH6.6とpH6.4，ミシシッピアカミミガメ（*Trachemys scripta elegans*）ではpH6.7，肉食性爬虫類では酸性を示すと報告されている[11, 12]．草食性のリクガメでは尿のpHが酸性を示す場合，高蛋白食の給餌，冬眠後，長期に及ぶ食欲廃絶が疑われる．病状の回復に伴い尿のpHがアルカリ性に戻るため，健康状態の指標に用いることができる[7]．

　肉食性爬虫類の尿のpHがアルカリ化する場合には泌尿器の感染が疑われる[7]．尿蛋白は血尿，膿尿，生殖管からの分泌液への反応が疑われる[7]．冬眠中や何らかの疾患に罹患しているカメでは，尿蛋白値が30 mg/dL以上を示す場合がある[7]．尿糖は通常，陰性であるが，腎疾患のリクガメ25頭のうち，12頭に尿糖を認めたという報告がある[13]．尿沈渣検査では腎臓に寄生したヘキサミタが尿中に認められる場合がある[7]．また，単一の細菌群や真菌群の増殖を認めた場合には泌尿器の感染を疑い，培養検査と薬剤感受性試験を実施する．

　X線検査では，尿路結石，重度の痛風結節を確認することができ，静脈性尿路造影（イオヘキソール800〜1,000 mg/kgを静脈内投与後，0，0.5，2，5，15，30，60分でX線検査を行う）では，

図2-82　慢性腎疾患と診断したインドホシガメ（左）とヒョウモンガメ（右）
両症例ともに，眼球が陥没し，前肢が痩せ細り，衰弱の程度は重度であると診断した．栄養管理のために経食道チューブを設置した．

腎膿瘍，腎結石，閉塞病変が検出できるといわれている[15]．超音波検査では，腎疾患の末期に腎肥大を確認できることがある[16]．

　カメの腎疾患の確定診断には腎生検が必要となるが，腎生検による腎機能の悪化，血餅による尿管閉塞，出血などの合併症が懸念されている[7]．イオヘキソールクリアランス試験による腎機能検査はグリーンイグアナで報告があるものの，カメでは確立していない[17]．

治療と予後

　カメの腎疾患の長期的な予後はよくない[6]．脱水時，カメは高張尿を生成することができないため，糸球体濾過量を減少させることで水分を担保する[1,6]．これは結果的に尿細管障害の原因となる[1,6]．また，脱水時でも尿酸は近位尿細管に分泌され続けるため，尿細管閉塞を招く原因にもなる[1,6]．このため，治療を行う際に脱水を改善させることは蓄積した尿酸を流しだすのに必須となる[6]．

　治療は静脈内輸液（**図2-83**）あるいは骨内輸液（**図2-84**）により晶質液（20～40 mL/kg/day）を投与するのが理想的であるが，継続した輸液が困難な場合にはボーラス投与（5～10 mL/kg/day）を1日に2回行ってもよい（**図2-85**）[6]．また，静脈あるいは骨内留置を確保できない場合には，**体腔外***，体腔内

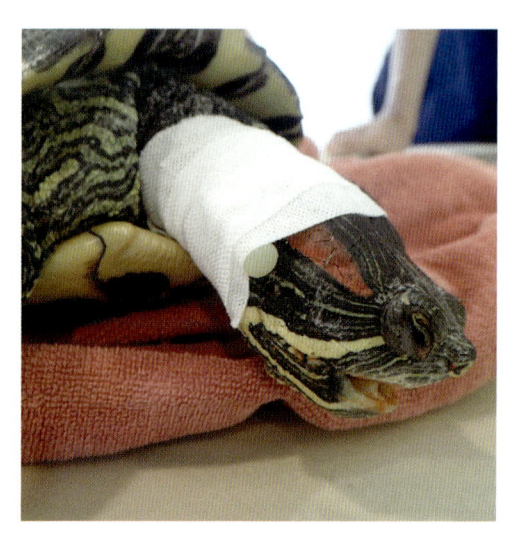

図2-83　右側頸静脈に留置針を設置したミシシッピアカミミガメ
一般的にカメの血管確保は頸静脈に行うが，頭部を甲羅に引っ込めるため，長期間，維持することは困難である．このため，輸液剤の投与はボーラス投与を行うことが多い．

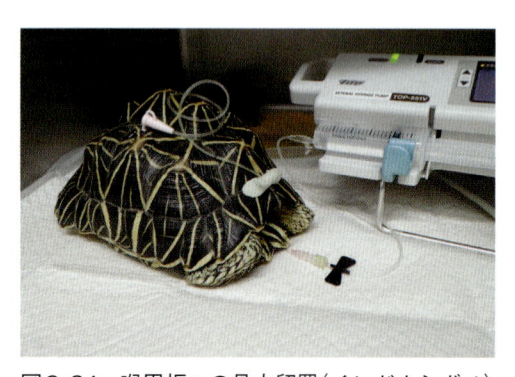

図2-84　喉甲板への骨内留置（インドホシガメ）
甲の骨内留置は長期間維持することが可能なため，輸液剤を持続投与できる．しかし，個体，種類によっては，うまく設置できないこともある．

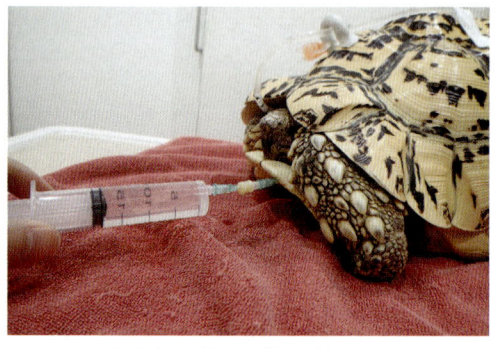

図2-85　喉甲板骨内への輸液剤のボーラス投与（ヒョウモンガメ）
衰弱の程度が軽度な場合，カメが移動することで輸液剤の持続投与が困難になることがあるため，輸液剤の投与はボーラス投与を1日に2回行う．ボーラス投与は必要に応じて複数回行うため，留置針は残しておく．

---

*体腔外補液（Epicoelomic flued injection）：頭側の腹甲の背側とその直上にある胸筋の筋膜との間へ注射針を刺入して行う方法[22]．

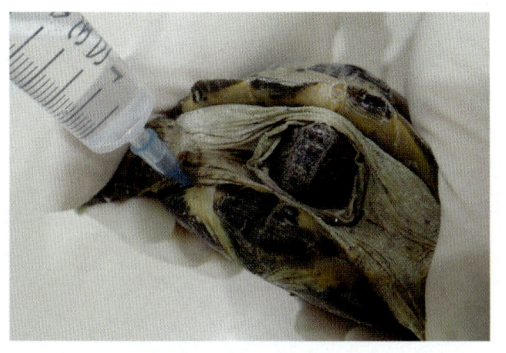

図2-86 輸液剤の体腔外投与*(ロシアリクガメ)
体腔外への輸液剤の投与は、最も簡便である。体腔外注射は腹甲の背側と胸筋の腹側の間に投与する注射法である。

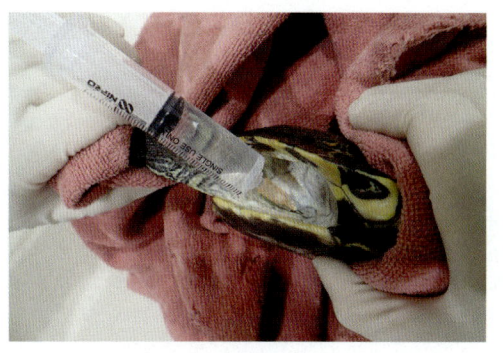

図2-87 体腔内への輸液剤ボーラス投与(ミシシッピアカミミガメ)
カメの体腔内注射は前大腿領域に行う。手技は体腔外注射と同様に簡便であるが、体腔内に投与された輸液剤がどれほど吸収されるかは不明な点が多い。

への補液(20〜40 mL/kg)を行う[2, 6, 7](図2-86, 87)。爬虫類に用いる晶質液として Normosol-R と5%ブドウ糖液と生理食塩水を混和した爬虫類用リンゲル液が知られているが[18, 19]、晶質液の選択は各症例の血液生化学検査の結果(アルブミン値、ナトリウム値、カリウム値、血糖値)に従い決定することが望ましい[20]。カメの総排泄腔粘膜から水分が吸収されるという仮説をもとに、浅い皿を用いて27〜30℃の温水に10分間ほど温浴を行う支持療法が知られているが[21]、その有効性を示した報告はない[20]。しかし、温浴を行うことで飲水と排尿や排便を促すと同時に、蠕動運動が亢進する可能性がある[21]。

尿沈渣検査にて、細菌、真菌、寄生虫の感染が疑われた場合、原疾患として感染症(細菌、真菌、寄生虫)があり、二次的に腎疾患を呈している場合には、抗生剤、抗真菌剤、抗寄生虫薬を投与することがある。抗生剤の選択において、腎代謝型抗菌剤を用いなければならない場合は慎重に投与する。

血液生化学検査にて高尿酸血症が認められた場合には、アロプリノールの経口投与を行う場合がある。アロプリノールは、多くの種で10〜20 mg/kg、24時間毎で用いることが多いが、カメでは50 mg/kg、24時間毎を30日間、その後、72時間毎に漸減する投与法が報告されている[22]。

高リン血症に対しては水酸化アルミニウム(100 mg/kg)、1日に1回の経口投与が推奨されている[6]。食欲不振は長期に及ぶことが多く、そのような症例では経食道チューブを設置し(手技1)、適切な給餌を行うことが重要である[2, 6, 7]。

臨床医のコメント

カメの腎疾患は診断が難しいうえに、診断できた時点で、すでに病態が進行していることがほとんどである。本疾患は、高齢の個体のみならず、国外からの輸入に際し、長期間の輸送を経験した個体や冬眠後の個体が脱水することでみられることがある。購入直後、冬眠後の個体は特に給水あるいは飼育水を適切に管理するなどの対策が重要である。水和を促す内科治療の際、過剰な輸液剤の投与により、浮腫や過剰な体腔液が生じないように、その都度、体重測定、体腔内の超音波検査を行うようにする。

(高見義紀)

参考文献

1. O'Malley B. 2005. General anatomy and physiology of reptile. pp17-39. *In*：Clinical anatomy and physiology of exotic species. (O'Malley B, ed), Elsevier, London.

2. McArthur S., Meyer J., Innis C. 2004. Anatomy and Physiology. pp35-72. *In*：Medicine and surgery of tortoises and turtles. (McArthur S, Wilkinson R, Meyer J, eds.), Blackwell Publishing, Ames.

3. Holz P. 2006. Renal anatomy and physiology. pp135-144. *In*：Reptile medicine and surgery, 2nd ed. (Mader, DR. ed.), Elsevier, St Louis.

4. 三輪恭嗣　爬虫類の泌尿生殖器の解剖と生理 Veterinary medicine exotic companions. 2004；2(4)53-64.

5. 高見義紀　爬虫類(カメ・トカゲ)の泌尿器疾患 Veterinary medicine exotic companions. 2015；7(1)6-14.

6. Holz P. 2018. Disease of the urinary tract. pp323-330. *In*：Reptile medicine and surgery in clinical practice. (Doneley B, Monks D, Johnson R, Carmel B, eds.), Wiley-Blackwell, Ames.

7. Hernandez-Divers SJ, Innis CJ. 2006. Renal disease in reptiles：diagnosis and clinical management. pp878-892. *In*：Reptile medicine and surgery, 2nd ed. (Mader, D.R. ed.), Elsevier, St Louis.

8. Garner MM, Bartholomew JL, Whipps CM, et al. (2005) Renal myxozoanosis in crowned river turtles Hardella thurjii：description of the putative agent Myxidium hardella n. sp. by histopathology, electron microscopy, and DNA sequencing. Vet Pathol. 42(5)：589-95.

9. Norton TM, Jacobson ER, Sundberg JP (1990) Cutaneous fibropapillomas and renal myxofibroma in a green turtle, Chelonia mydas.J Wildl Dis. 26(2)：265-70.

10. Campbell TW. 2014. Clinical pathology. pp70-92. *In*：Current therapy in reptile medicine and surgery, Elsevier, St Louis.

11. Gibbons PM, Horton SJ, Brandl SR, et al (2000) Urinalysis in box turtles, *Terrapene species*, Proc ARAV 7th Ann Conf.

12. Dantzler WH and Nielsen BS (965) Excretion in the fresh water turtle (*Pseudemys scripta*) and desert tortoise (*Gopherus agassizii*), Am J Physiol 210：198.

13. Koelle P (2000) Urynalysis in tortoises, Proc ARAV 4 th Ann Conf.

14. Innis CJ (1997) Observations on urinalyses of clinically normal captive tortoises, Proc ARAV 4 th Ann Conf.

15. Hernandes-Divers SM and Hernandes-Divers SJ (2001) Diagnostic imaging of reptiles, In Practice 23：370-391.

16. Wright K (2013) Diagnosis and managing renal disease in reptiles, Proc ARAV-AEMV Symposium.

17. Hernandes-Divers SJ, Stahl SJ, Stedman NL, et al (2005) Renal evaluation in the green iguana (*Igana iguana*)：assessment of plasma biochemistry, glomerular filtration rate, and endoscopic biopsy, J Zoo Wildl Med 36：155-168.

18. Jarchow JL. 1988. Hospital care of the reptile patient. pp19-34. *In*：Exotic animals (Jacobson ER and Kollias GV, eds), Churchill Livingstone, New York.

19. Boyer T. 1998. Essential of reptiles：A guide for practitioners. Lakewood, Co：American Animal Hospital Association.

20. Gibbons PM (2009) Critical care nutrition and flued therapy in reptiles, Proc 15th Annu Intl Vet Emerg Crit Care Symp.

21. McArthur S., Meyer J., Innis C. 2004. Feeding techniques and fluids. pp257-271. *In*：Medicine and surgery of tortoises and turtles. (McArthur S, Wilkinson R, Meyer J, eds.), Blackwell Publishing, Ames.

22. Mader, DR. 2006. Gout. pp793-800. *In*：Reptile medicine and surgery, 2nd ed. (Mader, DR. ed.), Elsevier, St Louis.

◉手技1　経食道チューブの設置方法

❶曲のモスキート鉗子を口から挿入し（A），頸部の皮膚にテントを作る（B）.

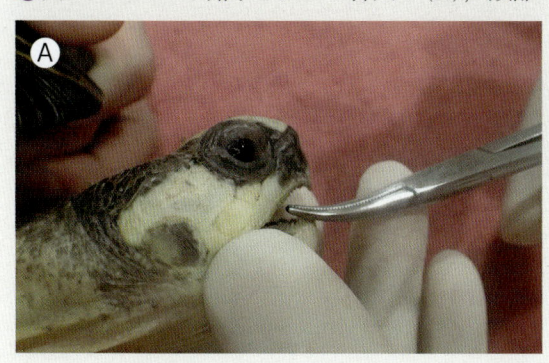
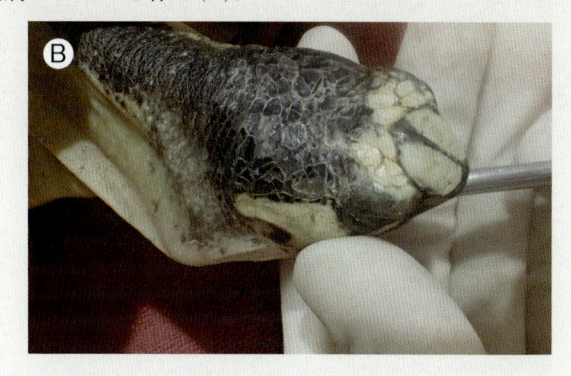

❷テントを中心に消毒を行い（C），テントの頂点にメスにて小切開を加える（D）.

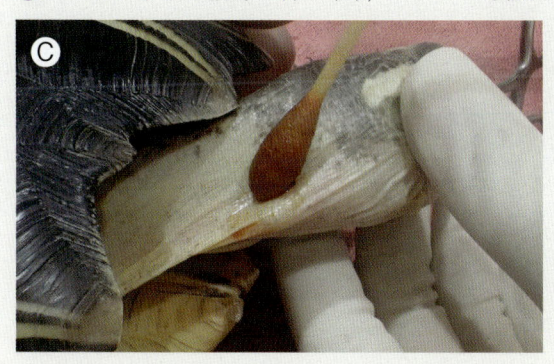
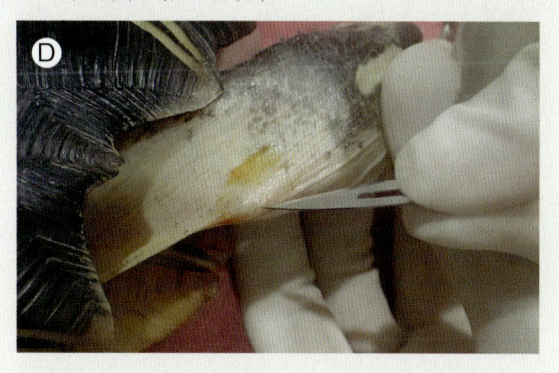

❸小切開部よりモスキート鉗子の先端を露出し（E），設置する栄養チューブの先端を把持する（F）.

❹把持した栄養チューブの先端を口から引き抜き（G），引き抜いた栄養チューブをUターンさせ（H），
　鉗子を用いて胃に誘導する（I）．

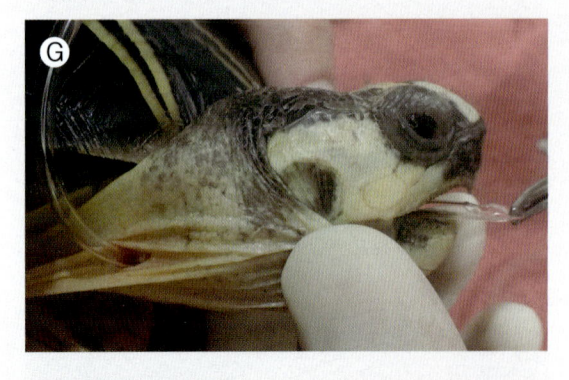
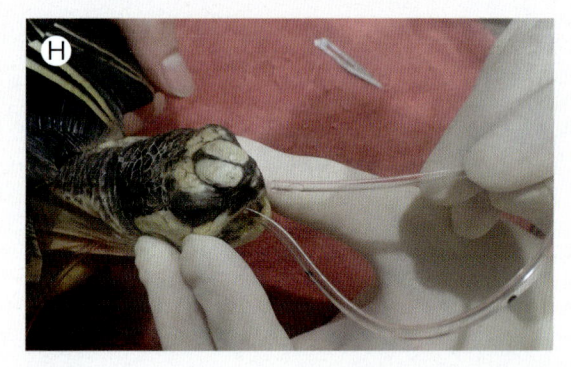

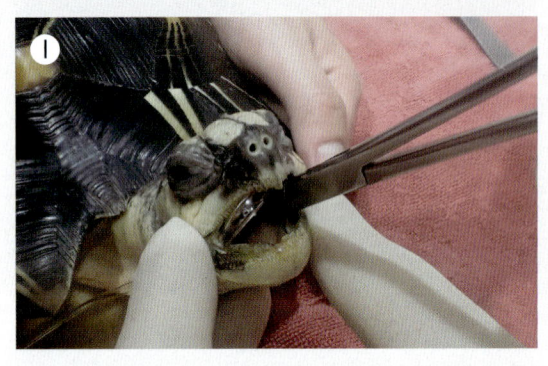

❺体外に出ているチューブを微調整した後（J），
　チューブ先端が胃内に届いているかをX線検
　査にて確認する．

❻その後，皮膚とチューブを非吸収糸にて縫合し（K），脱落を防ぐためにチャイニーズフィンガートラッ
　プ縫合にて固定する（L）．

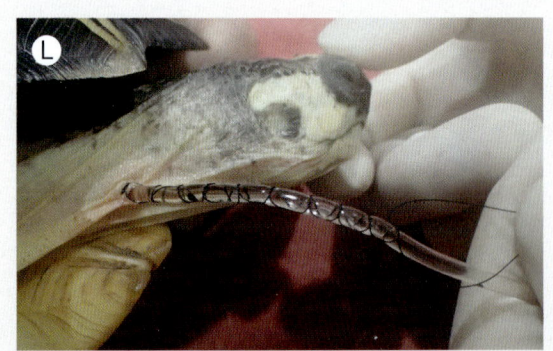

カメの尿路結石 Urolithiasis

はじめに

　カメの尿路結石は，主に陸棲種（尿酸排泄型の種）において，膀胱内と総排泄腔内でみられ，稀に尿管で生じる[1,2]．著者らの調べた限りこれまでカメにおける腎臓結石の報告はない．カメの尿管は左右対称の腎臓と尿生殖洞を連絡し，尿生殖洞は総排泄腔へと繋がる．腎臓で生成された尿は尿生殖洞へ流入し，尿生殖洞から，尿道を逆流し腹側に位置する膀胱へ蓄えられる[3]（**図2-88**）．

　カメの尿路結石は臨床現場で比較的よく遭遇する．結石の発生原因に関する詳細な研究報告はないものの，ビタミンA，D，カルシウムの摂取不足，タンパク質の過剰摂取，シュウ酸塩の過剰摂取，細菌感染，脱水，膀胱の手術に用いた縫合糸などが結石の発生に関与しているとするいくつかの仮説がある[1,4,5]．本邦で飼育されているリクガメでは，ケヅメリクガメ，インドホシガメ，ギリシャリクガメ，ロシアリクガメの順に罹患率が高いという報告がある[4]．陸棲種の結石は尿酸を核とした尿酸塩結石がほとんどであり，水棲種や半水棲種の結石は，稀にストラバイトを含むことがある[1]．

　尿路結石は野生のカメではよくみられる[1]．膀胱内の小さな結石は，血尿の原因となることがあるものの，重篤な症状を呈することは稀だが，結石は膀胱壁を肥厚させる一因となる[1]．大きな結石は，その大きさと重さによっては，食欲の低下や呼吸困難，便秘，排尿障害，稀に総排泄孔からの臓器脱を引き起こすと同時に，膀胱壁の壊死，膀胱と他臓器との癒着，腎後性の高窒素血症の原因となることがある[1]．また，結石が総排泄腔内を閉塞している場合には，頻回のいきみ，うなり声，結膜の充血，総排泄孔が常に粘液を含んだ尿で濡れているといった症状がみられる[1,5]．

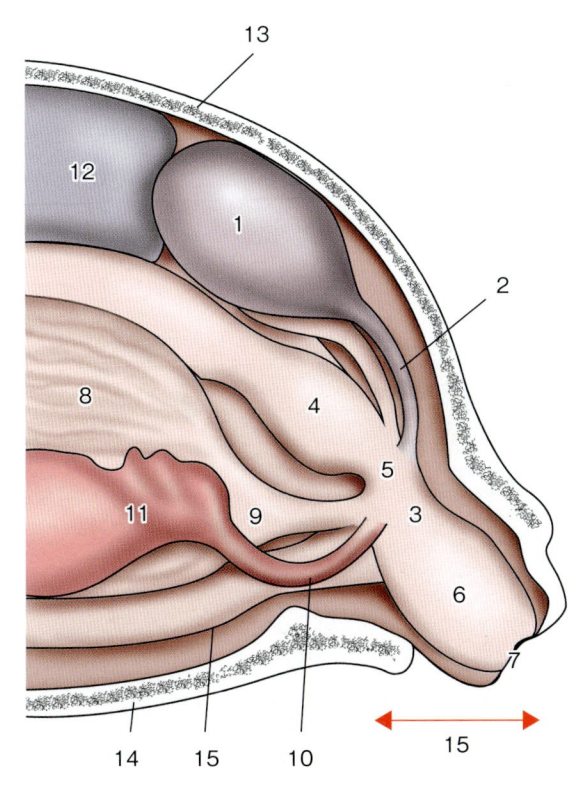

図2-88　カメの総排泄腔模式図（文献2より改変）
1. 腎臓，2. 尿管，3. 尿生殖洞，4. 大腸，
5. 糞洞，6. 肛門道，7. 総排泄孔，
8. 膀胱，9. 尿道，10. 生殖器管，
11. 生殖器，12. 肺，13. 背甲，14. 腹甲，
15. 総排泄腔

　結石が総排泄腔内に存在している場合は，総排泄腔内の手指による触診，総排泄腔内の膣鏡による視診によって確認できる[1]．その後，結石の大きさと骨盤腔との関係性を確認するためにX線検査を行う（**図2-89**）．結石の種類によってはX線を透過するものもあるため，注意が必要である．総排泄腔内と膀胱内の内視鏡検査では，確定診断が可能となるが，全身麻酔が必要になる[1]．

　結石が膀胱内に存在している場合には，カメを垂直に保定し，前大腿窩から触診することで確認できることがある．しかし，小型の個体や小さな結石を触診で診断することは困難である．X線検査では，X線透過性の結石は確認できないが，爬虫類で一般的にみられる結石はX線不透過性である．著者らの経験でもほとんどすべてのカメの結石はX線検査で確認できるが，X線透過性の結石が生じる可能性もあるため，可能であれば，前大腿窩からの超音波検査にて膀胱内を確認する（**図2-90**）．

　血液検査では，膀胱結石による膀胱の炎症が生じている場合，白血球数の増加を認めることがある[1]．血液生化学検査では，腎疾患を発症していなければ，血中尿酸値の上昇は認められない[1]．

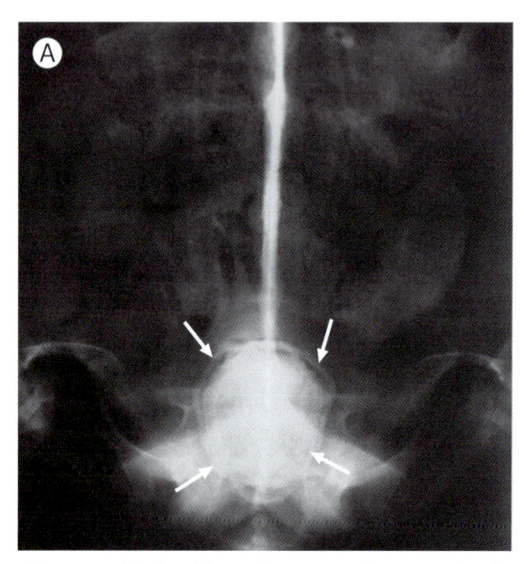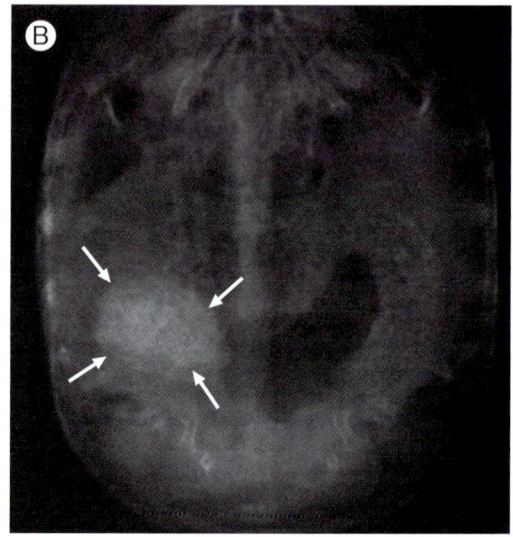

図2-89　尿路に結石を認めたケヅメリクガメ（*Centrochelys sulcata*）のX線検査所見
A：総排泄腔内に存在する結石
総排泄腔内の結石（矢印）は，時に骨盤腔を閉塞し，カメは排尿排便が困難となり頻回のいきみ，うなり声を呈することがある．
B：膀胱内に存在する結石
膀胱内の結石（矢印）は，X線検査で偶発的に認められることも多く，結石による症状がみられないこともある．

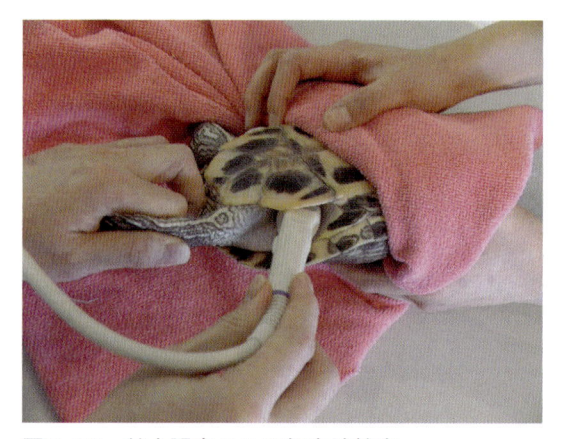

図2-90　前大腿窩からの超音波検査
カメの膀胱は後肢を牽引し，前大腿窩にプローブをあてることで描出できる．

問診にて食欲の低下をはじめとする全身状態の悪化が示唆される場合には，画像診断，血液検査に加え，膀胱穿刺による尿検査を行うこともある．

治療

　画像診断にて偶発的に尿路結石が認められ，それに関連した症状がみられない場合には，外科的に摘出するか，保存療法を行い経過観察するかのどちらかになる．膀胱結石は徐々に拡大することが多いため，膀胱粘膜の障害が進行する前あるいはX線検査にて骨盤腔幅より小さいうちに摘出することが望ましい．カメの甲長が15 cm以上あり，膀胱結石の直径が前大腿窩の長さの2分の1以下であれば，前大腿窩からの摘出が可能だといわれている[1]．一方，結石が骨盤腔幅より小さい症例では食餌中の水分を増やし，同時に，温浴により排尿を促すことで，結石が自然に排泄するのを待つ場合もある．

　尿路結石に関連する症状がみられる場合には，結石の摘出を行う．総排泄腔内の結石であれば，鎮静あるいは麻酔下にて総排泄孔から手指や鉗子を用いて摘出する[2]．この時，結石と総排泄腔粘膜の間に潤滑剤を充填させると処置が容易になる（**図2-91**）．結石が大きく，手指や鉗子で取り出せない場合には，総排泄腔内で結石を破砕あるいは小片に分解した後，摘出する．結石がそれほど硬くなければ，鉗子で挟むことで砕けることもあるが，結石が硬い場合は，歯科用の切削研磨バーを用いると結石を分解できることがある．

　症状を呈する膀胱内の結石に対しては，全身麻酔下にて膀胱切開を行い摘出する．膀胱へのアプローチは，結石の大きさによって，腹甲骨切り術（**手技1**）と前大腿窩切開術（**手技2**）のどちらかを選択する．

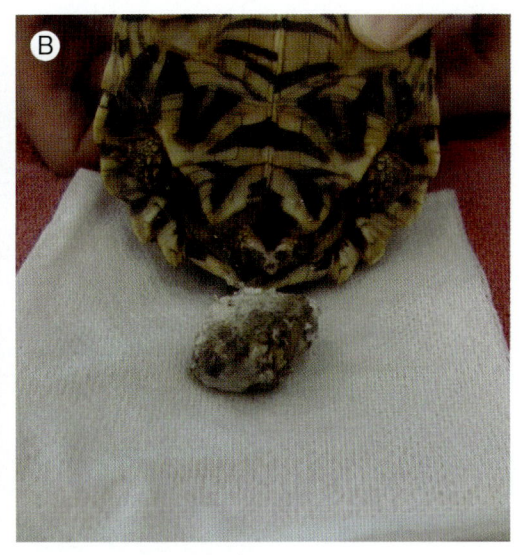

図2-91　総排泄孔に結石を認めたインドホシガメ（*Geochelone elegans*）
A：総排泄孔に存在する結石
総排泄孔に結石（矢印）が認められる場合，いきみを主訴に受診することが多い．
B：総排泄孔から摘出した結石
総排泄孔に存在する結石は，骨盤腔を通過しているため，潤滑剤を用いて総排泄孔から摘出できる．

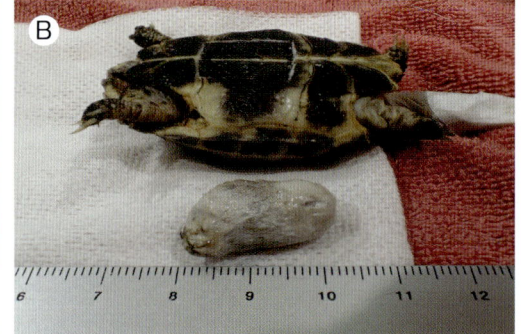
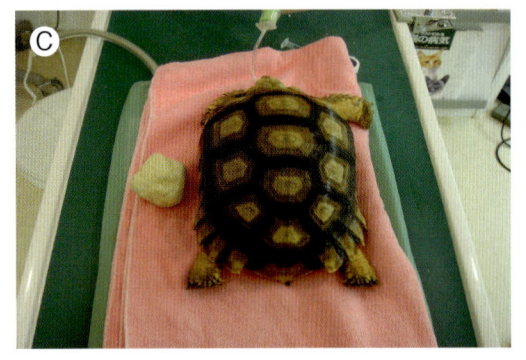

図2-92　膀胱結石を摘出したリクガメと摘出した結石
A：インドホシガメ（*Geochelone elegans*）
B：ロシアリクガメ（*Testudo horsfieldii*）
C：ケヅメリクガメ（*Centrochelys sulcata*）
D：ケヅメリクガメ（*Centrochelys sulcata*）

臨床医のコメント

　カメの尿路結石は，カメの年齢，身体の大きさを問わずみられる疾患であり，外科的治療の適応例として代表的な疾患である（**図2-92**）．巨大な膀胱結石を摘出する際には腹甲骨切り術が必要になるため，他の動物種の開腹術と比較して，膀胱へのアプローチまでが煩雑であるが，カメの外科手術を行う上では重要な手技である．また，周術期管理は，他の動物の手術と同様に，注意深く行う必要がある．

（高見義紀）

 参考文献

1. Mader, DR. 2006. Calculi：Urinary. pp763-771. *In*：Reptile medicine and surgery, 2nd ed.（Mader, DR. ed.）, Elsevier, St Louis.
2. Miwa Y（2008）Removal of urinary calculi via the cloaca in Tortoises, Exotic DVM-Volume 10.3：5-6.
3. 三輪恭嗣　爬虫類の泌尿生殖器の解剖と生理 Veterinary medicine exotic companions. 2004；2（4）6-14.
4. 吉村友秀　リクガメの尿路結石の原因と診断 Veterinary medicine exotic companions. 2004；2（4）15-21.
5. McArthur S. 2004. Problem-solving approach to common diseases of terrestrial and semiaquatic chelonians. pp309-377. *In*：Medicine and surgery of tortoises and turtles.（McArthur S, Wilkinson R, Meyer J, eds.）, Blackwell Publishing, Ames.
6. 鈴木哲也　リクガメの尿路結石における開腹手術による摘出 Surgeon. 2001；5（3）59-65.
7. 宇根有美，野村靖夫，石橋徹　リクガメの膀胱結石　小動物臨床. 2002；21（2）97-99.
8. 田中治　カメにおける尿路結石の外科的治療　Veterinary medicine in exotic companions. 2004；2（4）29-41.
9. Tamukai K（2010）Flap Closure Method Using Epoxy Putty in Plastron Osteotomy in Chelonians, The Best of Exotic DVM - Volume 12.4：71.
10. 田向健一．高見義紀．カメの外科手術臨床手技カラーアトラス．爬虫類・両生類の臨床と病理のための研究会, 2016.
11. Di Girolamo N, Mans C.（2016）Reptile soft tissue surgery. Vet Clin North Am Exot　Anim pract. 19（1）：97-131.
12. 吉田宗則カメの膀胱結石における Lap-Assist による大腿窩アプローチについて（2011）エキゾチックペット研究会症例発表抄録40-42.

●手技1　腹甲骨切り術

　腹甲骨切り術は外科用鋸を用いて腹甲を台形に骨切りする術式である[6~10]．オシレート機能のある整形外科手術用パワーツールを用いることで，施術時間を短縮することができる．骨切り部位は腹甲板の頭側から股甲板の頭側までとする[5]．まず，カメを仰臥位に固定し，骨切り予定部位にあらかじめ油性ペンでマークする（**図2-93**）．

　骨切りを行う際，鋸先は，甲の骨片が体腔内に落ち込むのを防ぐために，腹甲に対して約45度の角度で接触させ，パワーツール発動時の鋸と甲の摩擦熱による骨組織，軟部組織への障害を最小限にするために，生理食塩水を滴下しながら施術する（**図2-94**）．4辺の骨切りが完了したら，骨片尾側の骨切り部位にメス刃やエレベーターを挿入し，骨片を挙上する（**図2-95**）．骨片尾側に付着する一対の腹直筋をメス刃で離断した後，骨片を挙上させながら，大胸筋と体腔漿膜を鈍性剥離する．

　剥離を骨片と腹甲が大胸筋のみでつながっている状態になるまで進めると，体腔漿膜に1対の腹部静脈がみえる（**図2-96**）．2本の腹部静脈の間を切開して，膀胱にアプローチする（**図2-97**）．膀胱は，湿らせたガーゼにて他臓器と隔離する．尿貯留を認める場合は穿刺吸引にて抜去するか，膀胱腹側の血管走行の少ない部分に支持糸をかけた後，小切開を加え吸引機あるいはシリンジにて貯留した尿を

❶骨切り予定部位の決定（図2-93）

定規と油性ペンにて骨切り予定部位をマークしているロシアリクガメ（*Testudo horsfieldii*）

骨切り予定部位をマークしたケヅメリクガメ（*Centrochelys sulcata*）

❷骨切り予定部位の切開．ケヅメリクガメ（図2-94）

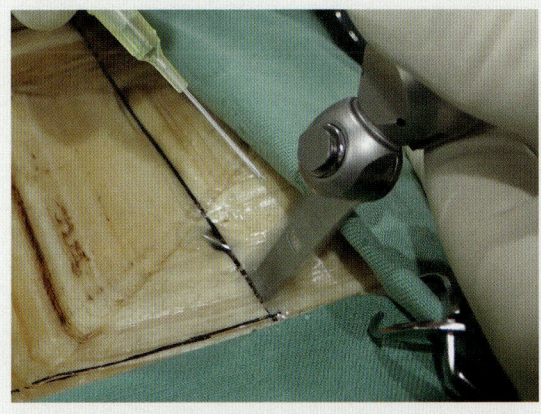

骨切りの際，鋸がぶれることがないように，鋸柄をしっかりと保持することが大切である．

❸骨片の挙上．ケヅメリクガメ（図2-95）

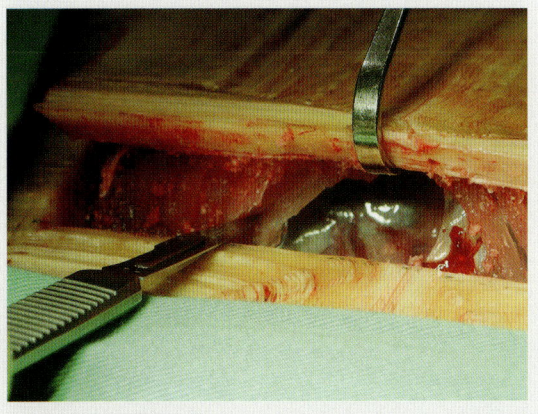

尾側の骨片は腹直筋にて固定されている．腹直筋をメスにて離断しながら，骨片を挙上する．

抜去する．メスまたは鋏を用いて，結石を摘出するために十分な長さを膀胱切開した後，膀胱内の結石を鉗子にて膀胱粘膜を傷つけないように摘出する（図2-98，99）．

　結石が巨大で，腹甲開創部から摘出困難な場合には，膀胱切開後，膀胱内で結石を分解する．結石の分解は，結石がそれほど硬くなければ，鉗子で挟むことで砕けることがあるが，結石が硬い場合は，骨ノミや歯科用の切削研磨バーを用いる．結石を取り除いた後，膀胱の切開部を吸収性縫合糸にて単純連続縫合する（図2-100）．縫合後，生理食塩水を膀胱内に注入し，縫合部からの漏れがないことを確認した上で，支持糸を外し，膀胱を体腔内の定位置に戻す．体腔漿膜は吸収性縫合糸にて単純連続縫合を行う（図2-101）．

　甲の骨片は定位置に戻した後，固定する．固定にはエポキシ樹脂，メチルメタクリレート，骨折整復用のプレートとスクリュー，エポキシパテを用いた方法などいくつかの方法が報告されている[6~11]．前者2つによる固定は完全に防水できるが，術後に生じる滲出液がうまく排出されない点，創面への樹脂の浸入により甲の骨片が壊死する懸念があるため，注意が必要である（図2-102）．これらの被覆材は術後6~12カ月そのままにしておく[6,8]．骨折整復用のプレートとスクリューを用い

❹大胸筋でつながった剥離骨片．ケヅメリクガメ（図2-96）

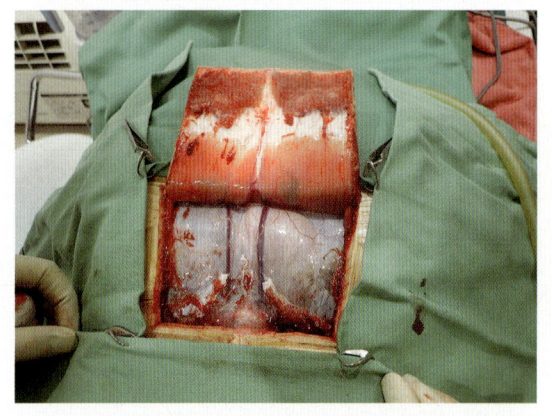

骨片の剥離後は，骨片に付着した大胸筋に血行が温存されていることを確認する．

❺腹側の体腔漿膜．ロシアリクガメ（図2-97）

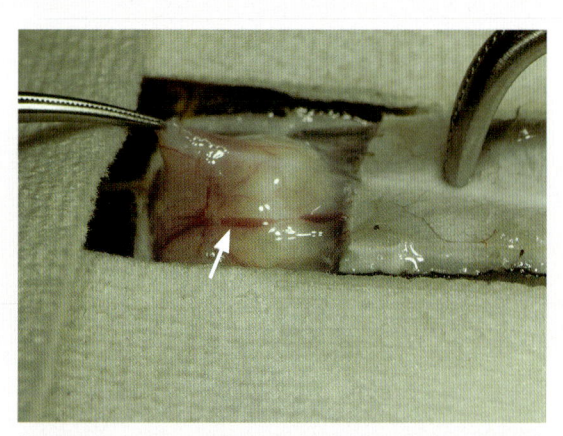

体腔漿膜は2本の腹部静脈（矢印；左側の腹部静脈）の間を切開する．この時，膀胱を損傷しないように，体腔漿膜を優しく挙上して切開する．

❻膀胱の切開．ロシアリクガメ（図2-98）

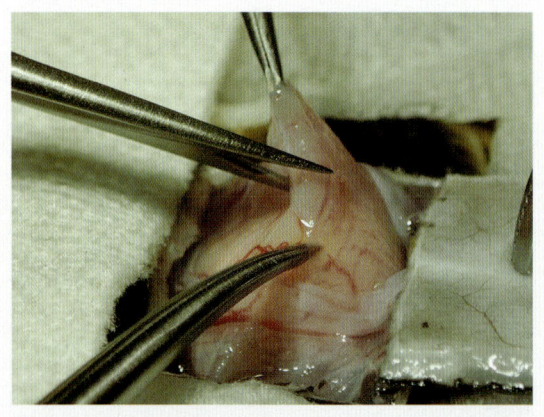

膀胱はメスまたは鋏によって，結石を取り出すのに十分な距離を切開する．

❼膀胱結石の摘出．ロシアリクガメ（図2-99）

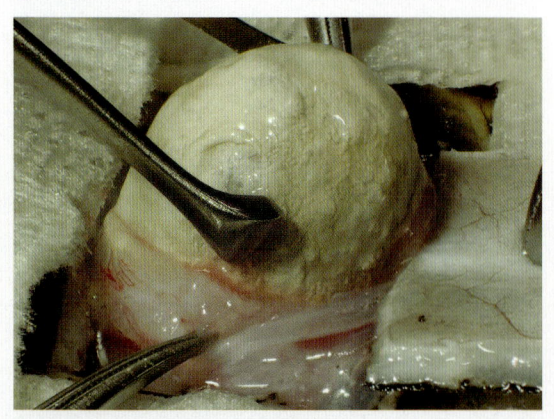

膀胱内の結石は鉗子にて膀胱粘膜を傷つけないように摘出する．

た場合，骨片の固定強度が増し，合併症が少ないと報告されている[11]．エポキシパテを用いる場合には，団子状にしたエポキシパテを甲の骨片と腹甲を接着するように4隅に張り付ける．大型のカメではさらに数カ所へ追加してもよい（**図2-103**）．エポキシパテを張り付け，それが硬化するまでの10分間

❽膀胱の縫合．ロシアリクガメ（**図2-100**）

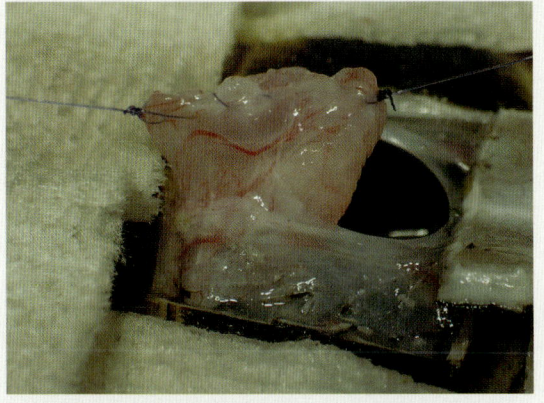

膀胱の切開部は吸収性縫合糸にて単純連続縫合する．

❾体腔漿膜の縫合．ロシアリクガメ（**図2-101**）

体腔漿膜は吸収性縫合糸にて単純連続縫合する．

❿壊死した角質甲板を剥離した後の腹甲．ミシシッピアカミミガメ（*Trachemys scripta*）（**図2-102**）

甲切開部位を完全に閉鎖する固定法は，角質甲板が壊死することがあるため，注意が必要である．壊死の原因として，滲出液がうまく排出されないこと，切開部位へ樹脂が浸入することなどが疑われている．

⓫エポキシパテにより固定された甲骨片（**図2-103**）

エポキシパテは，甲骨片の4隅に張り付ける（インドホシガメ *Geochelone elegans*）．

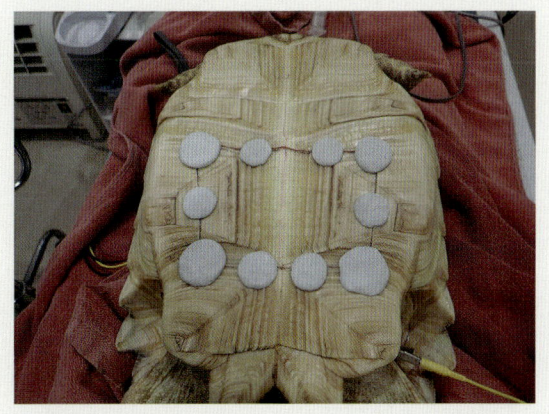

大型のカメでは，エポキシパテを甲骨片の4隅とさらに数か所へ追加してもよい．ケヅメリクガメ

ほどは甲羅片を垂直（背側）方向に指を押し当て切開創が圧着するようにするとよい（**図2-104**）．エポキシパテは術後2カ月で外す（**図2-105**）[9]．

　術後は食欲が改善するまでの間，補液，強制給餌による管理を行う．抗生物質の投与は14日間ほど行う．

⓬エポキシパテを貼り付ける際の骨片の圧迫により固定された甲骨片（図2-104）

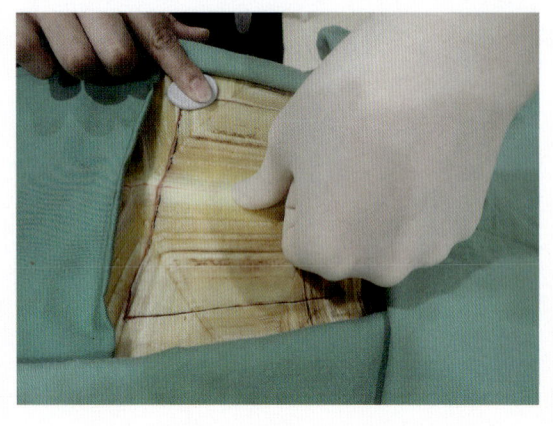

エポキシパテを張り付ける際，それが硬化するまでの10分間ほどは甲羅片を垂直（背側）方向に指を押し当て切開創が圧着するようにする．

⓭エポキシパテ除去後（術後2カ月）の腹甲（図2-105）

ミシシッピアカミミガメ

ギリシャリクガメ

ケヅメリクガメ

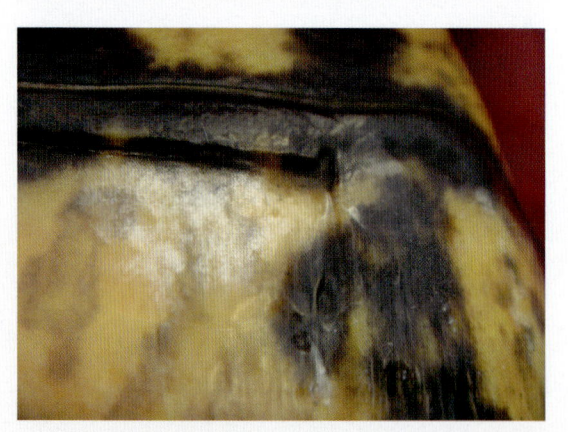

骨片癒合部位の拡大像．ミシシッピアカミミガメ

◉手技2　前大腿窩切開術

　前大腿窩切開術は，麻酔導入後，前大腿窩が上を向くようにカメを斜臥位に保持し，両後肢を進展させた状態で粘着性伸縮包帯を用いて固定する[10]．甲は手術台に粘着テープを用いて固定する．前大腿窩皮膚から後肢皮膚，腹甲板，股甲板，肛甲板，鼠径甲板，縁甲板を消毒する．術者は体腔内の視認性を向上させるためにヘッドライトを装着してもよい．前大腿窩皮膚を縦切開しドレープに縫着した後，皮下識を鈍性剥離し，腹斜筋，腹横筋を縦切開した後，体腔漿膜を切開し開腹する．膀胱内の尿貯留が著しい場合には，膀胱と体腔漿膜が密着している場合があるため，体腔漿膜の切開は慎重に行う．その後，ローンスター開創器を装着すると，体腔内の視認性は向上する（図2-106）．

　膀胱は，支持糸をかけ，皮膚切開部位まで牽引した後，切開する（図2-107）．尿貯留を認める場合には小切部位より吸引機にて抜去する．メスまたは鋏で結石を取り出すのに十分な距離を膀胱切開した後，膀胱内の結石を鉗子にて膀胱粘膜を傷つけないように摘出する（図2-108）．結石が大きい場合には，膀胱内で結石を分解した後に摘出する．結石を取り除いた後，膀胱の切開部を吸収性縫合糸にて単純連続縫合する．縫合後，生理食塩水を膀胱内に注入し，縫合部からの漏れがないことを確認した上で，支持糸を外し，膀胱を体腔内の定位置に戻す．

❶皮膚，筋肉の切開後，ローンスター開創器を設置したケヅメリクガメ（*Centrochelys sulcata*）（図2-106）

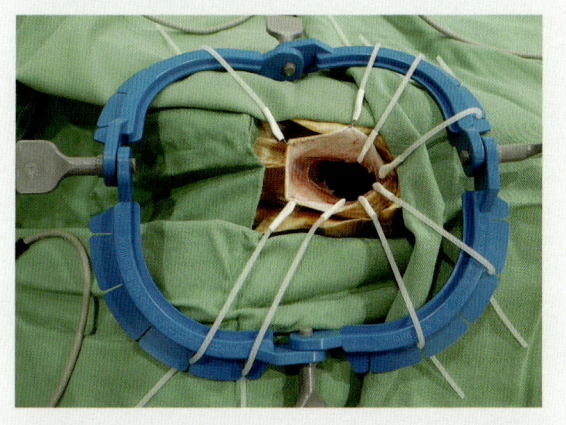

❷膀胱（矢印）を牽引した後，開創器に付属するフックにて固定している．（図2-107）

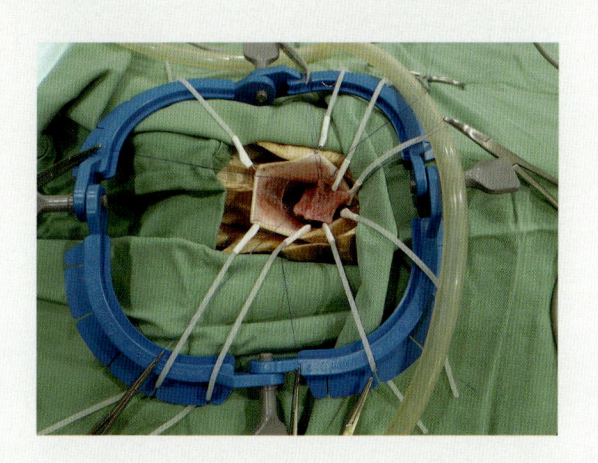

❸膀胱切開後，膀胱内の結石（矢印）を確認する．（図2-108）

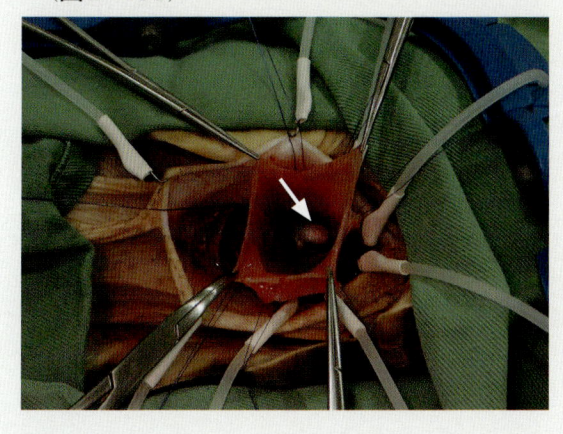

閉腹は体腔漿膜を吸収性縫合糸にて単純連続縫合し，腹斜筋，腹横筋をそれぞれ吸収性縫合糸にてマットレス縫合あるいは単純連続縫合する．皮膚は非吸収糸にてマットレス縫合あるいは単純結紮縫合する（**図2-109**）．抜糸は14〜21日後に行う．

　術後は食欲が改善するまでの間，補液，強制給餌による管理を行う．抗生物質の投与は14日間ほど行う．

　前大腿窩からのアプローチの方法のひとつとして，腹腔鏡を用いて膀胱を牽引し，膀胱結石を超音波破砕吸引機にて摘出する方法が報告されている[12].

❹術後のケヅメリクガメと摘出した結石．結石の直径は前大腿窩切開部位より長かったため，膀胱内で分解した後，摘出した（**図2-109**）.

カメの臓器脱(陰茎, 卵管, 膀胱)

Cloacal organ prolapse (phallus, oviduct, bladder)

はじめに

　カメの臓器脱は比較的よくみられ, 他の爬虫類より, 発生が多いといわれている[1, 2]. 爬虫類の消化管, 生殖器, 尿路は総排泄腔に連絡するため, 消化管, 卵管, 膀胱, 陰茎は総排泄孔から脱出する可能性がある. さらに総排泄腔自体も反転し脱出することがある(真の総排泄腔脱). 爬虫類の臓器脱に関する回顧的研究では発生率は1.9%であり, 最も脱出しやすい臓器は陰茎であった[3].

　爬虫類の臓器脱の原因として, 腸炎[4], 繁殖行動[5], 卵の保有[6], 膀胱結石[7], 便秘[8], 腫瘍[9], クリプトスポリジウム症[10], 内部寄生虫症, 低カルシウム血症[2]などの報告がある. 脱出臓器別に, 陰茎脱は, 繁殖期などのオス同士の闘争といった行動的理由や甲羅の変形による体腔内圧上昇, 神経学的原因, 外傷, 低カルシウム血症など潜在化した疾患に起因する場合[11]や膀胱結石に続発する陰茎脱が報告されている[12]. 卵管脱は繁殖活動と密接に関連しており, カメとトカゲでよくみられ, 膀胱脱は膀胱炎, 尿路結石および体腔内圧の上昇が一般的な原因である[11].

　個々の症例に対して, 獣医師は脱出臓器が何であるかを特定し, 適切な治療プランを決定する必要がある[11]. また, 臓器脱の原因を特定することは, 治療とともに再発を予防するために重要である.

症状

　カメの陰茎は正常でも時折, 総排泄孔から脱出するが通常はすぐに総排泄腔内に収納される(図2-110). 陰茎脱は脱出した陰茎を総排泄腔内に還納できなくなった状態であり, 脱出の期間に応じて, 外傷や浮腫, 壊死を伴う[11](図2-111).

　卵管脱は, 卵管が総排泄腔から脱出した状態であり, 卵管内に卵を含む場合とそうでない場合がある[11](図2-112). 脱出した卵管はひだ状で薄く内腔を有することで卵管と判断できる[11]. しかし, 脱出期間が長い場合では, 組織は通常浮腫を呈しており, 壊死や線維性の痂皮が認められることが多い[11](図2-113).

　膀胱脱は, 膀胱が総排泄腔から脱出した状態であり, 脱出した膀胱は非常に薄く, 容易に外傷を負う[11]. 脱出した膀胱は管腔構造ではなく, 膀胱全体が反転して脱出する[11].

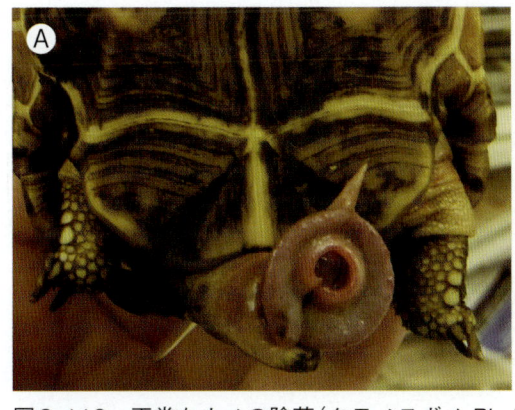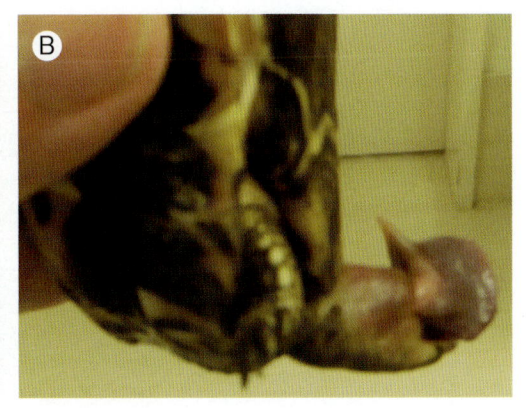

図2-110　正常なカメの陰茎(クモノスガメ *Phxis arachnoides*)
(写真提供:みわエキゾチック動物病院)
A:正面外観, B:側面外観

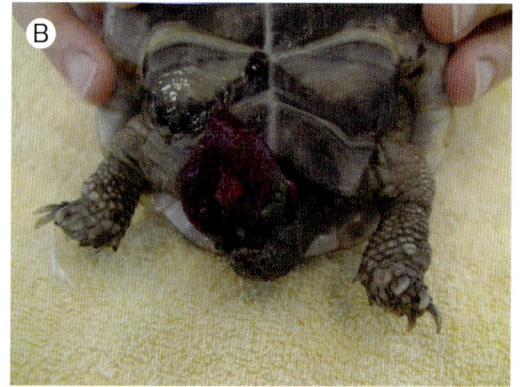

図2-111　陰茎脱の外貌
A：クサガメの陰茎脱．陰茎の脱出後，5日間が経過し，陰茎表面が乾燥している．
B：ギリシャリクガメの陰茎脱．陰茎の脱出後，2日間が経過し，陰茎が軽度の浮腫を呈している．

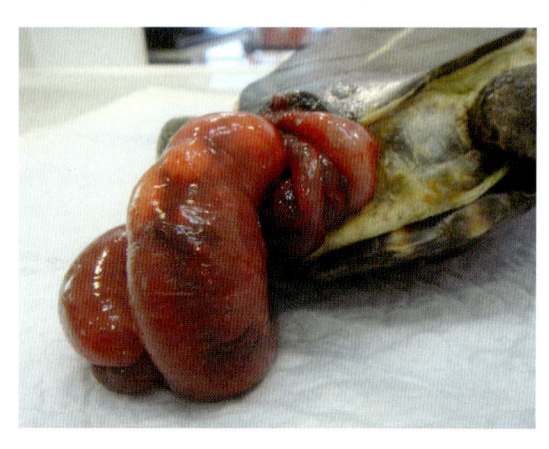

図2-112　卵管脱を呈したミシシッピアカミミガメ
卵管内に陥入した卵巣が確認できる．

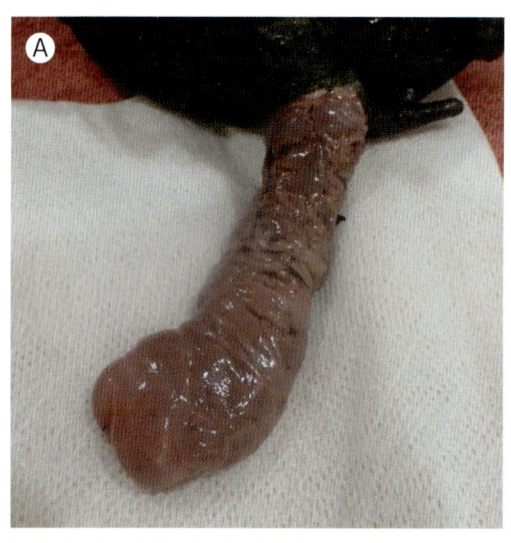
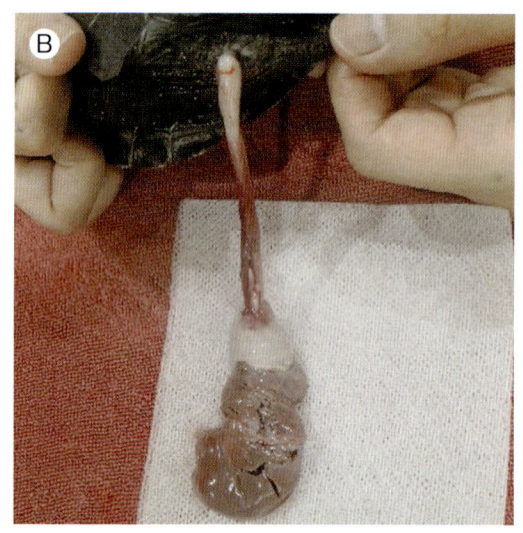

図2-113　クサガメの卵管脱
A：卵管の脱出後，3日間が経過し，脱出した卵管が浮腫を呈している．
B：Aの卵管を牽引し近位の卵管を露出した状態

診断

　全身のX線検査は，卵の有無，尿路結石の有無，消化管内異物やガスの貯留を確認するのに有用な検査であり，総排泄腔脱を呈するすべての症例に推奨される[11]．卵をもつ個体はいきみがみられることがあり，これは総排泄腔脱の潜在的な原因になる[11]．尿路結石は膀胱内あるいは膀胱と総排泄腔の移行部（尿道）に存在する可能性があり，消化管内の異物やガスもいきみの原因になる可能性がある[11]．骨の透過性亢進像が認められた場合，栄養性二次性上皮小体機能亢進症や低カルシウム血症が

示唆され，これらも総排泄腔脱の原因になりうる[11]．また，CT検査や超音波検査は体腔内臓器や卵黄性体腔膜炎などによる体腔液の貯留の診断に有効であるといわれている[11]．

　血液検査は潜在的な代謝性疾患あるいは全身性疾患の有無を確認するのに有効である[11]．血液生化学検査は低カルシウム血症，腎疾患を除外するのに役立つ[11]．メスにおけるカルシウム値の上昇は繁殖活動の指標であり，総排泄腔脱が生殖器の状態あるいは疾患に関連している可能性を示唆している[11]．血液学的検査では総排泄腔脱からの出血による貧血，慢性疾患と同時に炎症反応を評価できる可能性がある[11]．

　総排泄腔に生理食塩水を満たし，内視鏡で検査する方法は，脱出臓器を特定する上で最も有効であると考えられている[11]．

　陰茎脱では，陰茎の外傷は，重度な場合，生命を脅かす出血を生じる可能性があるため，非常に小さな外傷病変を見落とさないように注意深く検査する必要がある[11]（図2-114）．

　卵管脱では，卵管や卵管間膜の血管の損傷の結果，体腔内出血を生じている可能性があり，潜在的に卵管疾患や体腔膜炎を合併していることが多い[11,14]（図2-115）．このため，詳細な臨床検査を行い，一般状態を把握することは重要である[11]．

　膀胱脱では膀胱組織の損傷の有無を確認し，膀胱が機能するかどうかを判断することが重要である[11]．

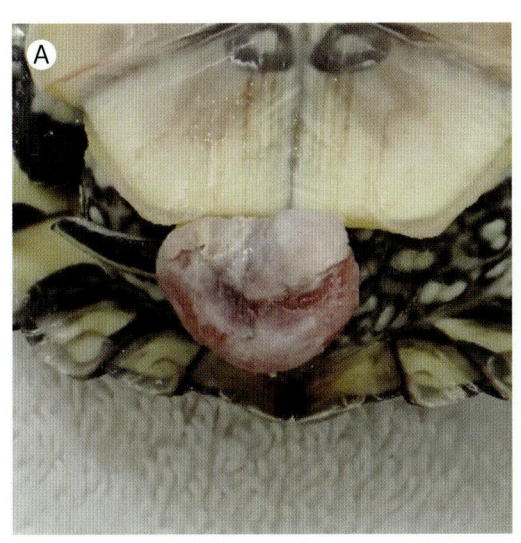 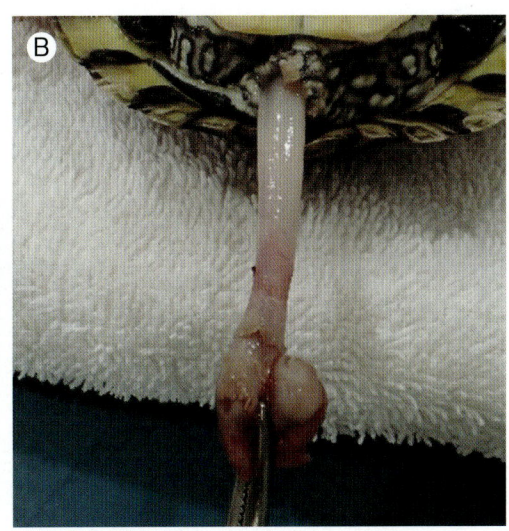

図2-114　陰茎脱を呈したミシシッピアカミミガメ
A：陰茎先端に浮腫と糜爛が認められる．
B：Aの陰茎を牽引し，陰茎基部を露出した状態

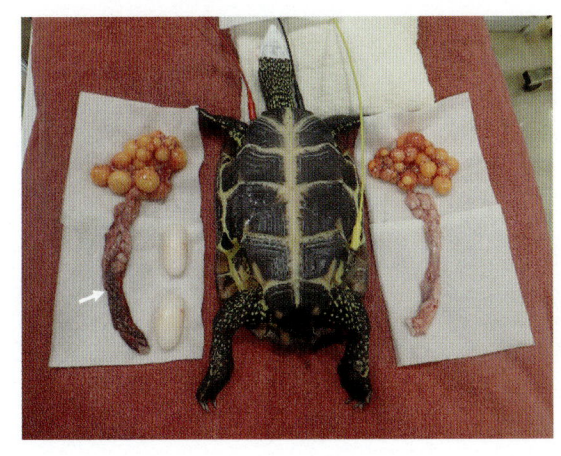

図2-115　卵管脱の治療のため卵巣卵管摘出術を行ったクサガメ
脱出した卵管は右側の卵管であり，脱出部位は内出血を呈していた（矢印）．

治療

　臓器脱の治療は，脱出した臓器が何であるかを特定し，できるだけ早期に行う[11]．脱出した臓器が壊死していない場合は，症例の状態にあわせ，鎮静下あるいは麻酔下にて，臓器を定位置に整復する[11]．臓器の整復は，高張食塩水や砂糖を脱出した臓器に用いて浮腫を軽減した後，綿棒などを用いて優しく押し込んでいく[11,13]．整復後は再脱出を予防するために総排泄孔の両端を1針ずつ縫合する[14]．総排泄孔の巾着縫合は，以前から用いられてきたものの，総排泄腔の括約筋に損傷を与える可能性を考慮し，現在では推奨されていない[11]．

　陰茎脱では繁殖予定がなければ再発の可能性を考慮し，脱出した陰茎の外科的切断が推奨されている[11]．カメの陰茎は尿道を含まず，陰茎を切除しても排尿に影響しない[11,15]．小型のカメは，陰茎基部に貫通結紮を1〜2回行い結紮糸の遠位で切除する[11]（**手技1**）．大型の個体では，陰茎の左右半分ずつ別々に二重結紮を行い結紮糸の遠位部で切除する[11]．切除した陰茎断端は，単純連続縫合または巾着縫合で閉鎖する[14]．リクガメの陰茎には2本の軟骨が存在するため，水棲ガメや半水棲ガメと比較して，切断および結紮が困難である[11]．

　卵管脱の治療は体腔内での出血を考慮して，腹甲骨切り術あるいは前大腿窩切開術にて体腔内にアプローチし，卵巣卵管摘出術を行った方が良いとされている[11,15]（**図2-116**）．

　膀胱脱では，膀胱組織に損傷がなく，機能すると判断した場合には，生理食塩水を注入しながら，膀胱をやさしく総排泄腔内に押し込むことで，整復できることがある[11]．膀胱が壊死している場合は，切断を行うべきである．カメの尿管は膀胱とは連絡せず，総排泄腔の尿生殖洞に連絡するため，膀胱摘出の際，尿管の存在を気にする必要はない[11]．

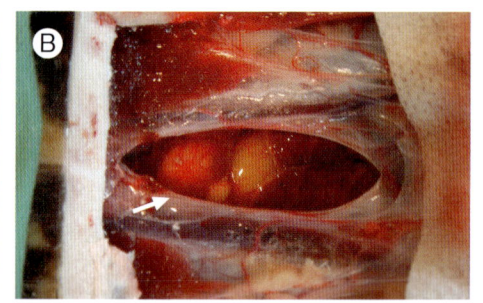

図2-116　卵管脱に対する卵巣卵管摘出術
A：卵管の脱出後，7日間が経過し，卵管が壊死している．
B：腹甲骨切り術にて体腔にアプローチすると，卵巣卵管周囲に炎症（矢印）が認められた．
C：摘出した両側の卵巣および脱出した卵管

臨床医のコメント

　臓器脱に対して，獣医師は脱出した臓器を特定し，脱出の原因を特定する必要がある．臓器の特定と脱出の原因が不明確のままであると，治療法が定まらず，予後不良になることもある．潜在化した疾患または併発疾患を診断する間に，脱出した臓器にさらなる外傷を与えないように努めることも重要である．

（高見義紀）

参考文献

1. De Voe, RS (2002) The her ptile cloaca : anatomy, function and disease. Proceedings of the Association of Reptilian and Amphibian Veterinarians Conference, Nevada, 127-130.
2. McArthur, S., McLellan, L. & Brown, S. (2004) Gastrointestinal system. pp 210-229. *In* : Manual of Reptiles. 2nd ed. Eds S. J. Girling and P. Raiti. British Small Animal Veterinary Association, Quedgeley, UK.
3. Hedley J, Eatwell K. (2014) Cloacal prolapses in reptiles : A retrospective study of 56 cases. *J Small Anim Pract.* 55 : 265-268.
4. Shalev, M., Murphy, J. C. & F ox, J. G. (1977) Mycotic enteritis in a chameleon and a brief review of phycomycoses of animals. *Journal of the American Veterinary Medical Association* 171 (9), 872-875.
5. Nisbet, H. Ö., Yardimic C., Ozak, A., et al (2011) Penile prola pse in a red eared slider (*Trachemys scripta elegans*). *Journal of the Faculty of Veterinary Medicine*, University of Kafkas, Kars 17, 151-153.
6. Nutter, F. B., Lee, D. D., St amper, M. A., et al. (2000) Hemiovariosalpingectomy in a loggerhead sea turtle (*Caretta caretta*). *Veterinary Record* 146 (3), 78 -80.
7. Mayer, J. & Koslowski E. (2003) Identification and morphologic analysis of a urolith from a Uromastyx lizard (*Uromstyx maliensis*) using scanning electron microscopic techniques and energy dispersive x-ray microanalysis. Proceedings of the Association of Reptilian and Amphibian Veterinarians Conference, New Orleans, 43-45.
8. Divers, S. J. (1996) Constip ation in snakes with particular reference to surgical correction in Burmese python (*Python molurus bivittatus*) . Proceedings of the Association of Reptilian and Amphibian Veterinarians Conference, Pittsburgh, 67-69.
9. Roe, W. D., Alley, M. R., Coo per, S. M., et al. (2002) Squamous cell carcinoma in a tuatara (*Sphenodon punctatus*). *New Zealand Veterinary Journal* 50 (5), 207-210.
10. Kik, M. J., van Asten, A. J. , Lenstra, J., et al. (2011) Cloaca prolapse and cystitis in green iguana (*Iguana iguana*) caused by a novel Cryptosporidium species. *Veterinary Parasitology* 175 (1-2), 165-167.
11. Mans C. 2018. Managing cloacal prolapse in reptiles. Exoticscon 2018 proceedings. pp877-880.
12. Huang J, Eshar D, Andrews G, et al. (2014) Diagnostic Challenge. *J Exot Pet Med.* 23 : 418-420.
14. Bennett, R. A. & Mader, D. R . 2006. Cloacal Prolapse. pp 751-755. *In* : Reptile medicine and surgery. 2nd ed. (Mader DR. ed.), Elsevier, St Louis.
15. Di Girolamo N, Mans C. Reptile soft tissue surgery. *Vet Clin North Am Exot Anim Pract.* 2016 ; 19 : 97-131.
13. Johnson R, Doneley B. 2018. Diseases of the gastrointestinal system. pp. 273-285. *In* : Reptile medicine and surgery in clinical practice. (Doneley B, Monks D, Johnson R, Carmel B. eds.), Wiley Blackwell, Ames.

◉手技1　クサガメの陰茎切除術

❶脱出した陰茎を牽引する.

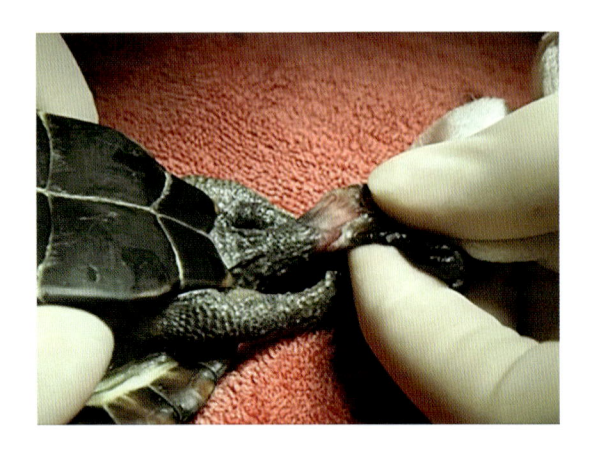

❷総排泄孔皮膚と陰茎の境界である皮膚粘膜移行部をバイポーラを用いて全周切離する.

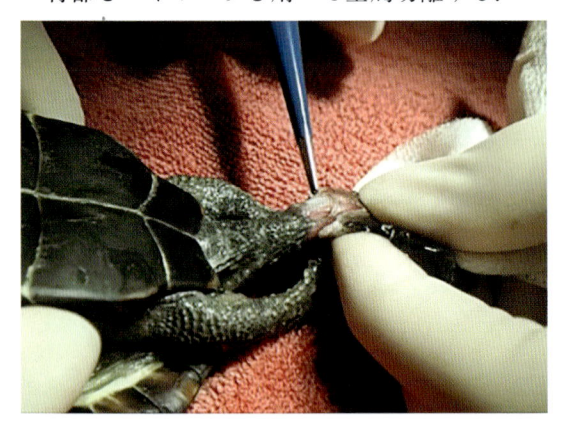

❸皮膚粘膜移行部を切離すると陰茎は基部まで露出できる.

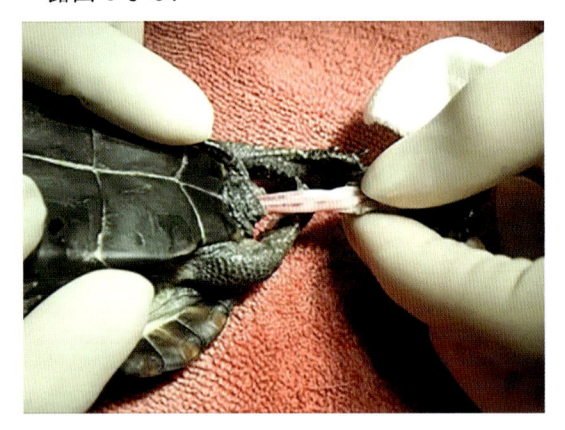

❹陰茎基部に貫通結紮を行う.

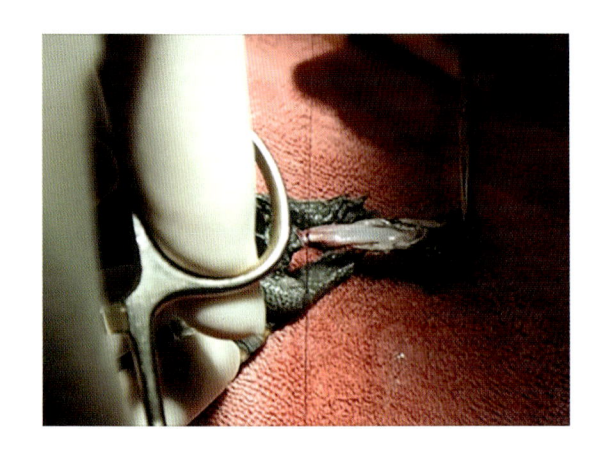

❺結紮部の遠位で,陰茎を切除する.

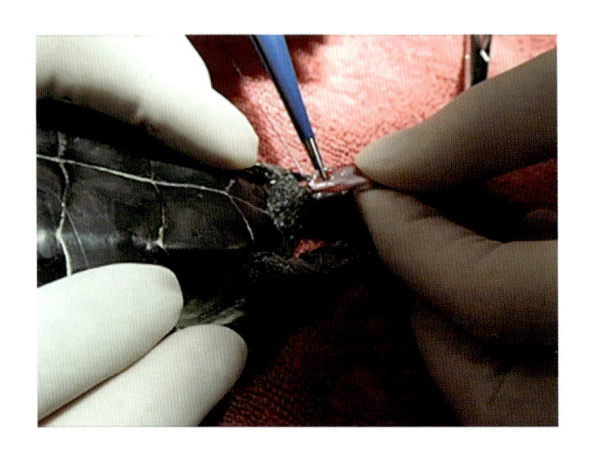

❻陰茎切除後に残った陰茎基部は鉗子を用いて総排泄腔内で戻す.

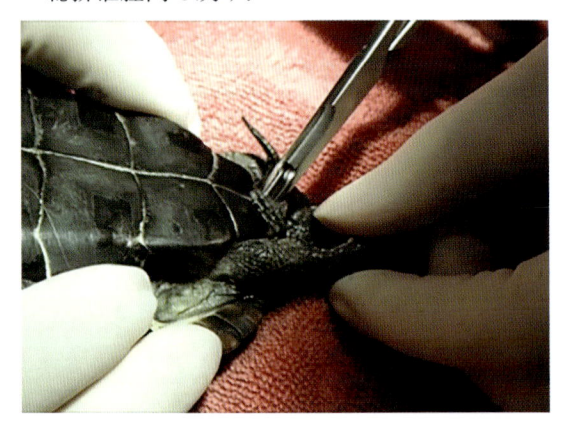

カメの卵塞と卵胞うっ滞

Egg binding and follicular stasis

はじめに

　カメの雌性生殖器は，卵巣と卵管が左右対をなし，卵巣間膜と卵管間膜によって体腔背側から吊り下げられている[1]．卵巣は非活動期には楕円形で結節状の小型卵胞を内包する(**図2-117**)[1]．活動期には小型卵胞が発育し，卵黄形成とともに大型の成熟卵胞となり，ブドウの房状の外貌を呈するようになる(**図2-118**)[1]．この時期を排卵前卵胞期という[2]．大型卵胞は排卵後，退縮をはじめる．卵管内で多数の卵が形成される時期を排卵後卵形成期という[2](**図2-119**)．卵管は組織学的に頭側から漏斗部，管部，狭部，子宮部，膣部に分けられる．漏斗部は最も長く，その前端は正中方向に卵子を受け取るために開く[1,2]．漏斗部の内腔は後方に向かって狭まり，短い峡部を経て子宮部に達する[1,2]．子宮部は峡部よりもやや太く，膣部を経て尿生殖洞にひらく[1,2]．外観上，これらを見分けることは困難であるが，機能の上では明確な違いがある[1]．管部では卵に卵白が付加され，子宮部では卵殻が形成される(**図2-120**)[1,2]．

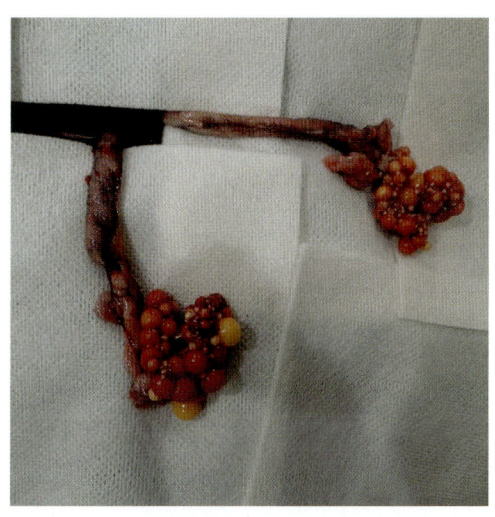

図2-117　小型卵胞を含む左右の卵巣
不妊手術のために卵巣卵管摘出術を施したミシシッピアカミミガメ(*Trachemys scripta elegans*)の卵巣と卵管．

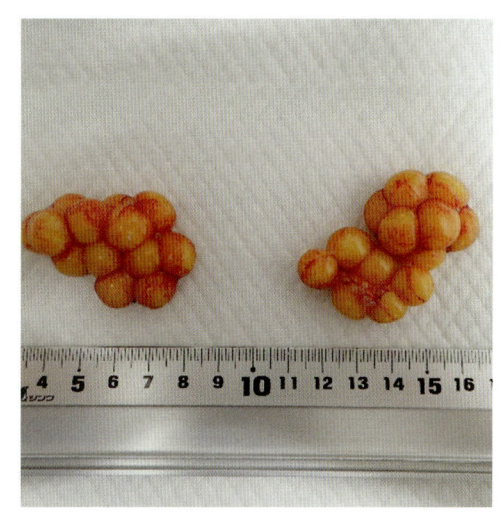

図2-118　成熟卵胞を含む卵巣
卵巣摘出術を施したインドホシガメ(*Geochelone elegans*)の卵巣

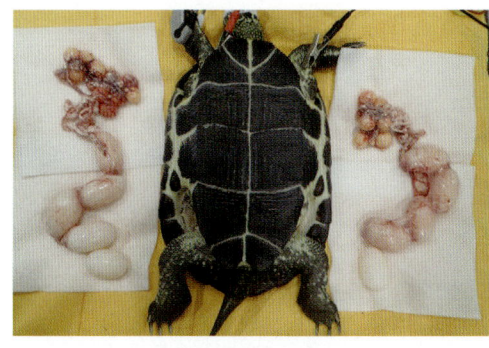

図2-119　排卵後卵形成期の卵巣と卵を含む卵管
閉塞性卵塞のため卵巣卵管摘出術を施したクサガメ(*Mauremys reevesii*)

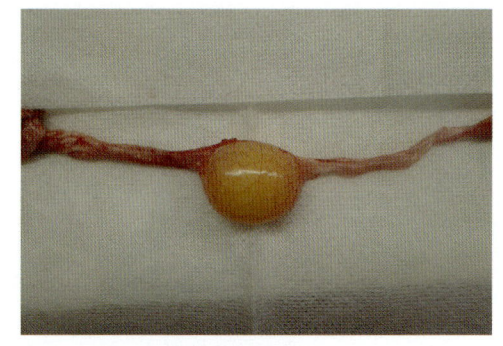

図2-120　卵殻形成前の卵
卵殻を形成される前の卵管内の卵

カメの雌性生殖器疾患は，主に卵巣炎，卵管炎，卵墜，卵塞，卵胞うっ滞が知られており，臨床現場では卵塞と卵胞うっ滞に比較的よく遭遇する[3~11]．

　カメの卵塞は産卵過程において何らかの障害が存在することを示す用語であり，明確な定義はない[12]．カメの卵塞は野生のカメではほとんどみられないが，飼育管理下での発生率は39%だったという報告がある[5]．カメが卵管内に卵殻のある卵を保有している期間は一定ではないため，卵塞の診断は困難である[12]．卵塞は臨床的に非閉塞性(機能的)卵塞，閉塞性(機械的)卵塞に分けられる[5,12]．非閉塞性卵塞の原因として，不適切な飼養管理，産卵床の欠如，栄養不良，肥満，卵管の感染などが，閉塞性卵塞の原因として，骨盤腔を超える大きさの卵，卵殻表面が歪で異常な形状の卵，母体の骨盤の構造的異常，卵管狭窄，体腔内塊状物(腫瘍，膀胱結石)などが挙げられる[5,12]．

症状

　症状は，卵黄性体腔膜炎，卵管脱などで急性症状を呈する以外は，慢性経過の個体にみられ，後肢の麻痺，食欲不振，衰弱，落ち着きのない行動，いきみ，穴掘り行動，総排泄孔からの悪臭のある排泄液などが認められる[5,12]．

　カメの卵胞うっ滞は排卵前卵胞期が長期間続いた状態であり，黄体機能不全による排卵障害が原因として疑われている[2,12]．発症には季節性がなく，卵胞うっ滞のカメは，雄との接触がなく，単独で適切に飼養管理されていることが多いといわれている[12]．一方では，室内での飼養管理における規則的な照明および温度管理(環境の変化がない)，不適切な栄養管理，慢性疾患によって引き起こされるともいわれている[12]．症状として，長期間の食欲不振，後躯麻痺，体重増加，活動性の低下，排便停止が認められる[12]．

診断

　卵塞の診断は産卵床の設置の有無を含めた飼育環境の詳細，症状，病歴の確認から始める[5,12]．身体検査では，活動性が低下している個体の場合，前大腿窩からの触診で卵を触れることがある[5,12]．X線検査では骨盤腔より大きな卵，卵殻が歪な卵，崩壊した卵の有無とともに卵の数と位置を確認する(図2-121，122)[5,12]．カメでは卵が総排泄腔を通過する際，膀胱内へ尿道を通じて迷入してしまうことがある(図2-123)．このため超音波検査では，膀胱内の卵の有無を確認する[12]．これら画像診断にて骨盤腔より大きな卵，卵殻が歪な卵，崩壊した卵を認め，閉塞性卵塞と診断された場合，膀胱内の卵が認められる場合，また，卵黄性体腔炎，卵管炎を示唆する総排泄孔からの悪臭のある排泄液が認められる場合には，外科的治療を選択する指標となる．総排泄孔からの卵管内の内視鏡検査も診断法のひとつとして報告されている[12]．

　全身状態の評価および合併症の除外を行うために，血液検査を行う．卵管炎などの雌性生殖器の炎症が存在する場合には白血球数の増加を認めることがある．卵を有するカメでは血液生化学検査にて通常，カルシウム値とリン値の上昇がみられる[12]．これらの結果は卵塞に特異的なものではなく，カルシウム値の測定は，イオン化カルシウムの測定が推奨されるが[12]，小型のカメでは採血量の限界により検査が困難な場合が多い．骨盤腔内で卵塞が生じた場合には，尿路閉塞による高尿酸血症がみられることがある[12]．

　卵を有するカメが身体検査，臨床検査の結果，健康であると判断された場合には，適切な飼育環境および産卵床を提供し，10～14日間の経過観察をする[5,12,13]．その後，産卵が認められない場合には，非閉塞性卵塞と診断される[5,12,13]．

　卵胞うっ滞の診断は，雄の存在の有無を含めた飼育環境の詳細，症状，病歴の問診から始める[5,12,14]．超音波検査は前大腿窩から行い，多数の卵胞を確認することが手掛かりとなる(図2-124)[5,12,14]．成熟したチチュウカイリクガメ属では，超音波検査にて，晩秋と春に20個未満の直径15～22 mmの成熟卵胞が認められた場合は正常であるが，直径5～15 mmの中型卵胞と直径15～22

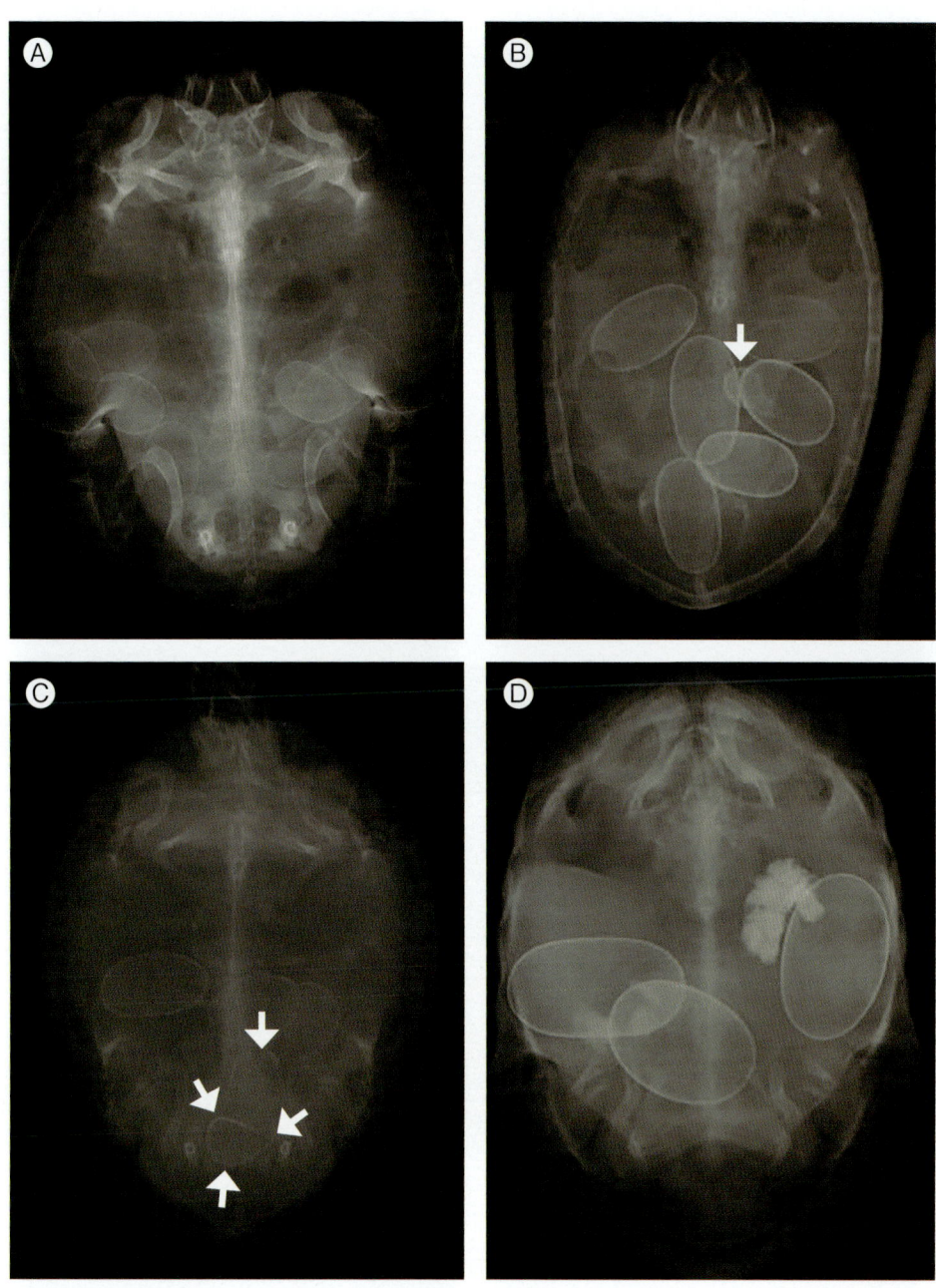

図2-121　卵を保有するカメのX線検査所見
A：正常な卵を保有するミシシッピアカミミガメ（*Trachemys scripta elegans*）のX線検査所見
B：崩壊した卵（矢印）を保有するミシシッピニオイガメ（*Sternotherus odoratus*）のX線検査所見
C：卵殻が歪な卵（矢印）を保有するミシシッピアカミミガメ（*Trachemys scripta elegans*）のX線検査所見
D：大きな卵を保有するインドホシガメ（*Geochelone elegans*）のX線検査所見

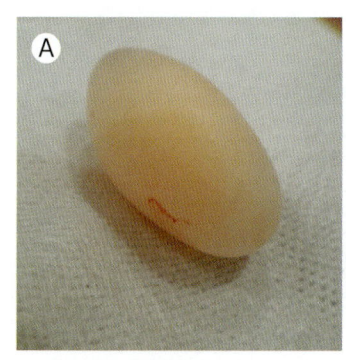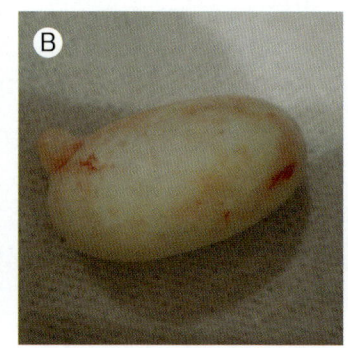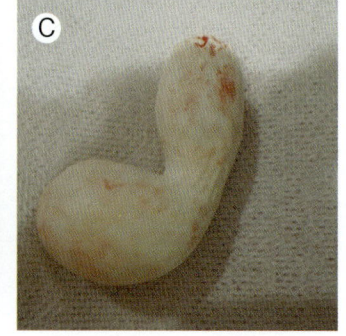

図2-122　異常卵
A：軟卵（卵殻が卵（卵殻が薄い）．B：卵殻が歪な卵（矢印）．C：異常な形の卵

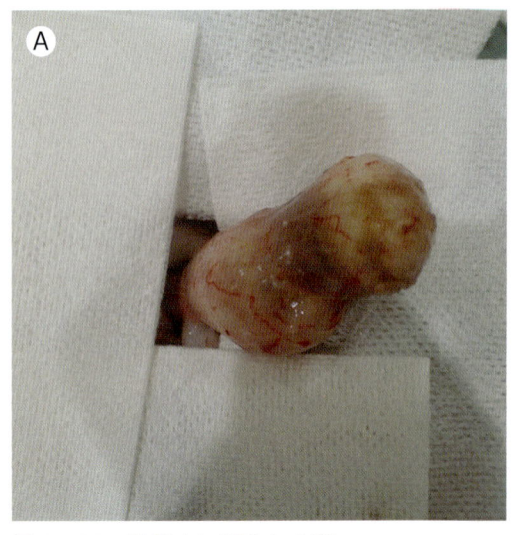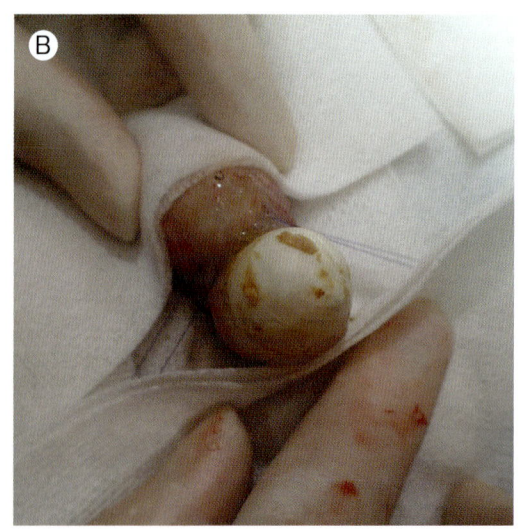

図2-123　膀胱内に迷入した卵
A：膀胱内に存在する卵．B：膀胱から摘出される卵

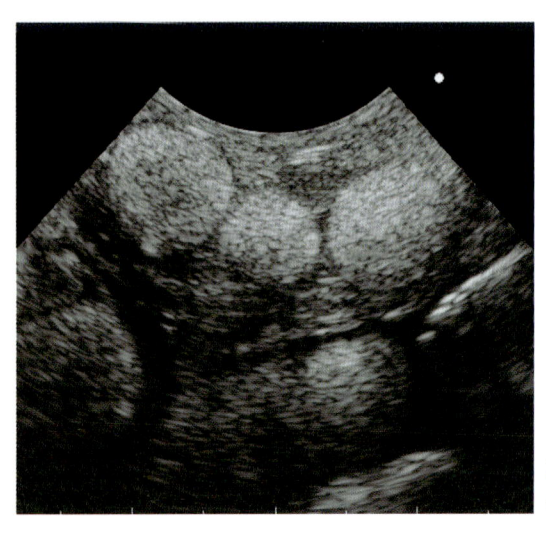

図2-124　成熟卵胞の超音波検査像
卵胞は前大腿窩からのアプローチにて描出する．

mm の成熟卵胞が50個を超える場合，卵胞うっ滞を強く疑い，数週間ごとに複数回の超音波検査を行うことが推奨されており，直径15〜22 mm の成熟卵胞が20〜50個認められる場合は卵胞うっ滞と診断できると考えられている[12, 14]．カメの大きさや種類によって卵胞の大きさ，数は異なるため，卵胞うっ滞の診断は困難であるが，数週間ごとの複数回の超音波検査にて，成熟卵胞を多数認める場合は，卵胞うっ滞と臨床診断することが多い[12, 14]．卵胞うっ滞のカメの CT 画像では肺が圧排されていることが多い（**図2-125**）．

　体腔内の内視鏡検査および探査的開腹術は，肝臓や腎臓の確認および壊死した卵巣の確認には有用であるが，一度だけの検査では卵胞うっ滞を診断することはできない[12]．

　卵胞をもつカメでは高カルシウム血症，高アルブミン血症および総蛋白値，コレステロール値，トリグリセリド値の上昇がみられることが多い[12]．これらの所見は正常な排卵前卵胞期でもみられるため，卵胞うっ滞の診断にはならない．

治療

内科的治療

　非閉塞性卵塞の治療は，内科的治療を行う．身体検査および血液検査にて脱水，電解質の異常が示唆される場合には，第一に補液を行う[12]．

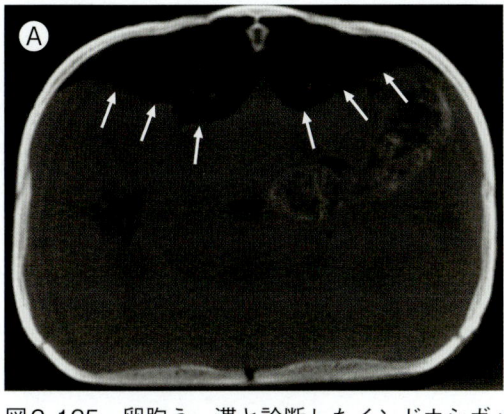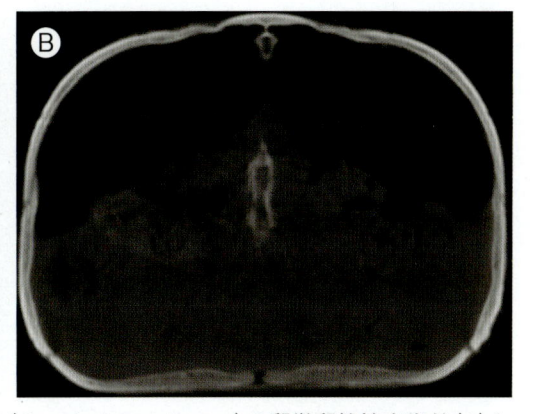

図2-125　卵胞うっ滞と診断したインドホシガメ (*Geochelone elegans*) の卵巣卵管摘出術前 (A) と術後 (B) の CT 検査所見 (横断面)
卵巣卵管摘出術前 (A) では術後 (B) に比較して, 肺が圧排されているのがわかる (矢印).

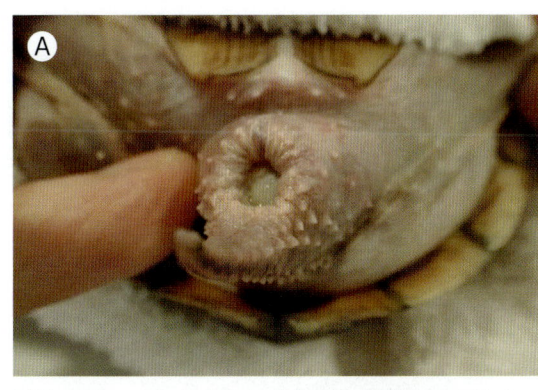

図2-126　オキシトシン投与後に産卵したミシシッピニオイガメ (*Sternotherus odoratus*)
A：オキシトシン投与後, 5分後の総排泄孔. 卵が総排泄孔から見える.
B：オキシトシン投与後, 10分後に産卵した. 卵とともに糞の排泄も認めた.

　卵管収縮を促すためにカルシウムの投与が推奨されているが, 注射によるカルシウム投与は, 脱水, 電解質の異常, カルシウムとリンの比に異常を認めるカメには安易に行うべきではない[12]. 一方, カルシウムの経口投与は比較的安全だと考えられている[12]. 身体検査および血液検査で異常を認めないカメにはボログルコン酸カルシウム (400 mg/kg, BID) の経口投与あるいはグルコン酸カルシウム (50～100 mg/kg) の筋肉内投与あるいは静脈内投与を行うとされているが[12], 静脈内へのカルシウムの投与は心電図を設置し, 緩徐に投与することが望ましいと思われる. 一般的には皮下もしくは筋肉内投与を行うことが多いが, 組織の壊死を防ぐために生理食塩水で3倍以上に希釈するようにする.

　β遮断薬であるプロプラノロール (1 mg/kg) あるいはアテノロール (7 mg/kg) の経口投与は卵殻卵がある際の産卵処置に使うオキシトシンの効果を増強すると考えられているため, オキシトシン (1～5 IU/kg) の筋肉内投与はβ遮断薬投与後に行うと効果的だとされている[12, 13]. オキシトシンの投与にて産卵しない場合には3～12時間ごとに再投与してもよい[12, 13]. 内科的治療は治療開始後48時間まで行い, 反応がない場合, すべての卵が産卵されない場合には外科的治療に移行する[12, 13]. 筆者らはβ遮断薬を用いずに, カルシウムとオキシトシンの投与だけでも十分な治療効果を経験している. 反応が早いカメでは, 注射投与後10分ほどで産卵する (**図2-126**).

　卵胞うっ滞の内科的治療は, 様々な方法が報告されているが, 標準化された治療は存在しない. プロリゲストン20 mg/kg の注射投与では, 幼若個体において卵胞の退縮を認めたという報告はあるものの, 効果は限定的であり, 卵胞退縮に伴う血中脂質の上昇により, 脂肪肝が生じる可能性があるといわれている[12, 14]. 甲状腺ホルモンの投与は鳥類の卵胞退縮に必要であるが, カメでの効果は明ら

かにされていない[12]．タモキシフェンやゴナドトロピンの効果に関しても，カメでは十分な調査がなされていない[12]．

外科的治療

非閉塞性卵塞が内科的治療に反応しなかった場合や閉塞性卵塞，卵胞うっ滞は外科的治療を行う[5, 12, 15]．

卵塞の外科的治療には卵管切開術と卵巣卵管摘出術がある[5, 12]．卵管切開術は将来繁殖を予定しているカメに対して行う[12]．卵が骨盤腔内を閉塞している場合には，総排泄孔から卵を注射針や歯科用ドリルで穿刺し，内容物を吸引した後，卵殻を摘出することがある（**図2-127**）[12]．卵胞うっ滞の外科的治療には卵巣摘出術もしくは卵巣卵管摘出術のどちらかを行う[12, 14, 16, 17]．

卵管切開術，卵巣摘出術および卵巣卵管摘出術を実施する場合，腹甲骨切り術（**手技1**）あるいは前大腿窩切開術（**手技2**）のいずれかを選択する[12, 18]．前大腿窩切開術では内視鏡下手術[4, 7, 10]，内視鏡補助手術[9]，非内視鏡手術[17, 19, 20]などいくつかの方法が報告されている．雌性生殖器の手術において，腹甲骨切り術と前大腿窩切開術を比較検討した報告はないため，これらの術式の選択は，院内設備の有無，術者の裁量によることになる．術後はその種に適切な環境で管理し，抗生物質の投与，強制給餌を含む支持療法を行う．

図2-127　骨盤腔内を閉塞した卵の摘出
A：総排泄腔内の卵を膣鏡（ウェルチアレン　膣鏡　WA26038）で確認し，歯科用ドリルにて卵殻に穴を開ける．
B：内容物を吸引した後，卵殻を分解し摘出する．

臨床医のコメント

カメの卵塞と卵胞うっ滞は，単独で飼養管理されたカメによくみられる疾患であり，尿路結石と並んで外科的治療を施すことの多い疾患である．カメの雌性生殖器摘出術で最も重要なポイントは卵巣を取り残さないことである．取り残してしまった場合には，術後数カ月で，卵胞の発育を認めることがある．また，卵胞うっ滞と関連した食欲不振は，血中に上昇した脂質および蛋白質が食欲中枢を抑制することが原因であると考えられているが，卵胞摘出後，早期に食欲が回復する症例も経験しているため，卵胞による周辺臓器の圧迫も食欲不振の要因になるかもしれない．

（高見義紀）

📖 参考文献

1. 中村健児. 1形態. 泌尿生殖器系. 動物系統分類学脊椎動物(Ⅱb1)第9巻下 B1爬虫類Ⅰ. 内田亨, 山田真弓監修. 中山書店. 東京. 1988.

2. 霍野晋吉. 中田友明. 爬虫類の身体的・解剖学的・生理学的特徴. カラーアトラスエキゾチックアニマル爬虫類・両生類編-種類・生態・飼育・疾病-緑書房. 東京. 2017.

3. Boyer, T. H. 1988. Turtles, tortoises, and terrapins. pp. 23-27. In：Essentials of Reptiles：A Guide for Practitioners.(Boyer, T. H. ed.), American Animal Hospital Association Press, Lakewood.

4. Brannian, R. E. 1984. A soft tissue laparotomy technique in turtles. *J. Am. Vet. Med. Assoc.* 185：1416-1417.

5. Denardo, D. 2006. Dystocias. pp. 787-792. In：Reptile medicine and surgery. 2nd ed.(Mader, D. R. ed.), Elsevier, St Louis.

6. Hernandez-Divers, S. J. 2004. Surgery：principles and techniques. pp. 147-167. In：Manual of Reptiles. 2nd ed.(Raiti, P. and Girling, S. eds.), British Small Animal Veterinary Association, Cheltenham.

7. Hernandez-Divers, S. J. 2014. Endoscope-assisted and endoscopic surgery. pp. 179-196. In：Current Therapy in Reptile Medicine and Surgery.(Mader, D.R. and Divers, S.J. eds), Elsevier, St. Louis.

8. Innis, C. J. and Boyer, T. H. 2002. Chelonian reproductive disorders. Vet. Clin. North Am. Exot. Anim. Pract. 5：555-578, vi.

9. Innis, C. J., Hernandez-Divers, S. and Martinez-Jimenez, D. 2007. Coelioscopic-assisted prefemoral oophorectomy in chelonians. *J. Am. Vet. Med. Assoc.* 230：1049-1052.

10. Knafo, S. E., Divers, S. J., Rivera, S., Cayot, L. J., Tapia-Aguilera, W. and Flanagan, J. 2011. Sterilisation of hybrid Galapagos tortoises (*Geochelone nigra*) for island restoration. Part 1：endoscopic oophorectomy of females under ketamine-medetomidine anaesthesia. *Vet. Rec.* 168：(2)：47.

11. Mader, D. R., Bennett, R. A., Funk, R. S., Fitzgerald, K. T., Vera, R. and Hernandez-Divers, S. J. 2006. Surgery. pp. 581-630. In：Reptile Medicine and Surgery. 2nd ed. (Mader, D.R. ed.), Elsevier, St. Louis.

12. McArthur, S. 2004. Problem-solving approach to common diseases of terrestrial and semiaquatic chelonians. pp. 309-377. In：Medicine and Surgery of Tortoises and Turtles.(McArthur S, Wilkinson R, Meyer, J. eds.), Blackwell Publishing, Ames.

13. Chitty J, Raftery A. 2013. Egg retention/Dystocia. pp195-197. In：Essentials of Tortoise Medicine and Surgery. Wiley-Blackwell, Ames.

14. Chitty J, Raftery A. 2013. Follicular stasis. Pp200-204. In：Essentials of Tortoise Medicine and Surgery. Wiley-Blackwell, Ames.

15. 田向健一　爬虫類の卵塞 Journal of exotic animal practice. 2011；3(3)55-57.

19. Minter, L. J., Landry, M. M. and Lewbart, G. A. 2008. Prophylactic ovariosalpingectomy using a prefemoral approach in eastern box turtles (*Terrapene carolina carolina*). *Vet. Rec.* 163：487-488.

20. Nutter, F. B., Lee, D. D., Stamper, M. A., Lewbart, G. A. and Stoskopf, M. K. 2000. Hemiovariosalpingectomy in a loggerhead sea turtle (*Caretta caretta*). Vet. Rec. 146：78-80.

16. Sykes, J. M. 4th. 2010. Updates and practical approaches to reproductive disorders in reptiles. *Vet. Clin. North Am. Exot. Anim. Pract.* 13：349-373.

17. Takami Y. 2017. Single-incision, prefemoral bilateral oophorosalpingectomy without coelioscopy in an Indian star tortoise (Geochelone elegans) with follicular stasis. J Vet Med Sci. 79(10)：1675-1677.

18. 田向健一. 高見義紀. カメ類の外科手術臨床手技カラーアトラス. 爬虫類・両生類の臨床と病理のための研究会, 2016.

◉手技1　腹甲骨切り術による雌性生殖器の手術
(腹甲骨切り術の詳細は「カメの尿路結石」を参照のこと)

　開甲した後，2本の腹部静脈の間の体腔漿膜を切開する．膀胱内に尿貯留がある場合には穿刺吸引にて尿を抜去する（**図2-128**）．膀胱が収縮することで術野の視野が改善される．

　卵巣摘出術では，体腔内に卵巣を確認した後，卵巣を鉗子，薬匙などを用いて体腔外に露出し，背側体腔漿膜と連続する卵巣間膜および卵巣動静脈をヘモクリップ，縫合糸，バイポーラ式電気メスなど術者が好む結紮法にて処理した後，切離する（**図2-129**）．卵胞うっ滞を呈しているカメでは成熟卵胞が脆弱であり，不用意な取り扱いによって，卵胞から卵黄が漏れ出てしまうことがあるため，吸引機も準備しておくとよい．卵殻のある卵を卵管内に保有しているカメでは，卵胞は退縮傾向にあることが多く，卵巣は，比較的摘出しやすい．

　卵管切開術では，卵管を用手あるいは鉗子にて把持し体腔外に露出した後，卵管の1カ所あるいは複数カ所に切開を行い，卵を切開部位まで移動させて摘出する．切開部位は吸収糸にて単純連続縫合あるいは単純結紮縫合を行い閉創する．

　卵管摘出では，卵管を鉗子にて把持し体腔外に露出した後，背側体腔漿膜と連続する卵管間膜をヘモクリップ，縫合糸，バイポーラ式電気メスなど術者が好む結紮法にて処理した後，切離する．卵管は卵管近位にて吸収性縫合糸で結紮あるいはシーリングシステムにて封止した後，切離する（**図2-130**）．卵胞うっ滞のように卵巣のみに異常が認められ，卵管が肉眼的に正常であると判断できた場合は，卵管摘出を行うかどうかは術者の裁量による．卵を含む卵管は脆弱であり，縫合糸によ

❶膀胱穿刺による尿の抜去（図2-128）

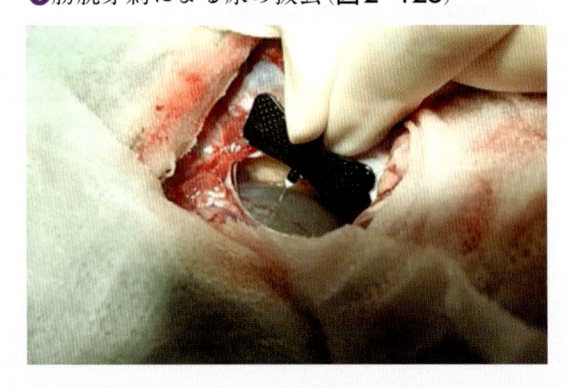

膀胱内に貯留した尿を抜去することで体腔内の視野が改善する．本症例では22Gの翼状針を用いている．

❷腹甲骨切り術による卵巣摘出（図2-129）

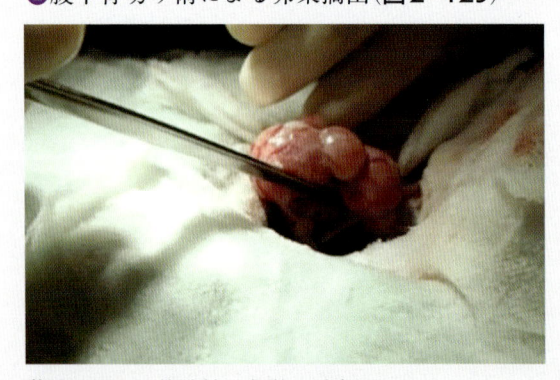

薬匙を用いて体腔外に卵巣を露出する

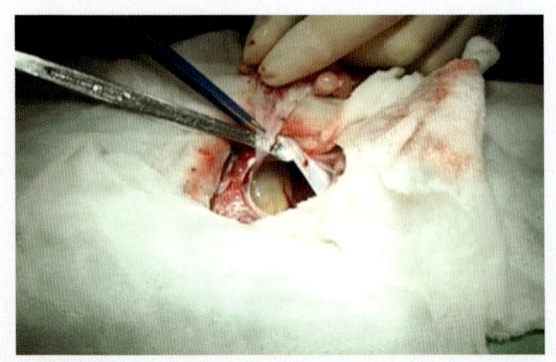

卵巣動静脈をバイポーラ式電気メスで凝固する．

る結紮にて容易に千切れるため注意が必要である.

　卵黄性体腔炎のため, 卵巣が肝臓や体腔漿膜と癒着している場合には, 慎重に剥離を行う. 卵巣組織を取り残した場合, 術後, 体腔内で卵胞の発達を認めることがあるため, すべての卵巣を取り除くことが肝要である. その後, 必要に応じて加温した生理食塩水で体腔内を洗浄するが肺野への洗浄液の流入などに注意する必要がある. 洗浄が終了した後, 切開した体腔漿膜は単純連続縫合あるいは単純結紮縫合を行う(図2-131).

❸腹甲骨切り術による卵管摘出(図2-130)

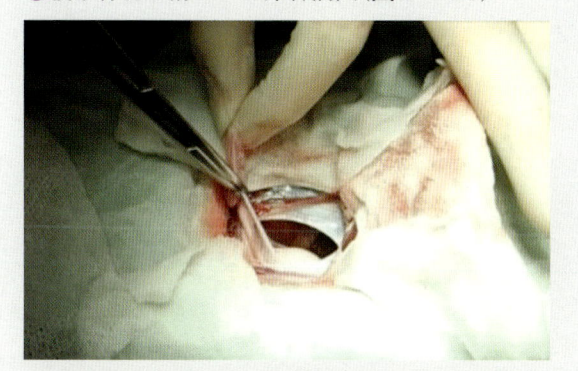

鉗子で把持し体腔外に卵管を露出する.

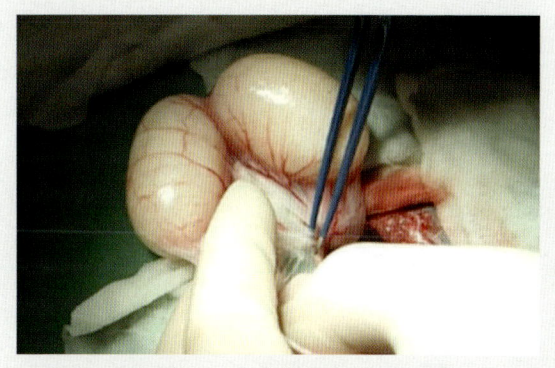

バイポーラ式電気メスで卵管間膜を切離する.

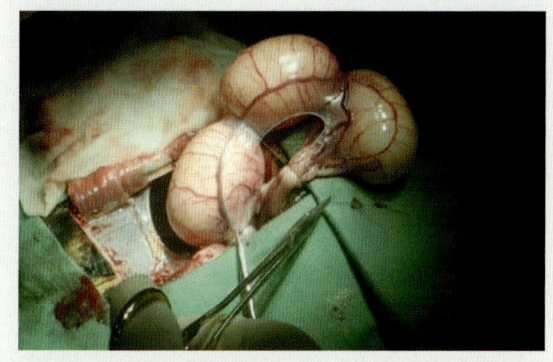

吸収糸にて卵管膣部を結紮する.

❹体腔漿膜の縫合(図2-131)

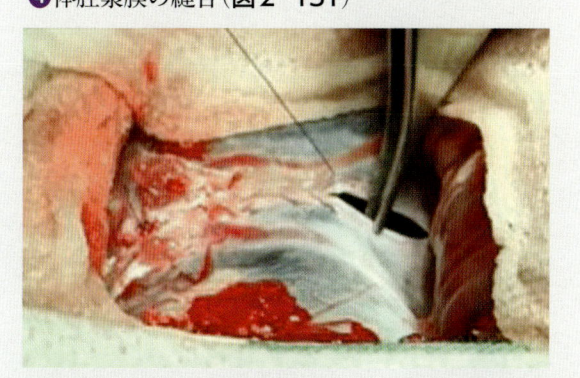

体腔漿膜を単純連続縫合する.

　リクガメなど甲が発達し前大腿窩が狭い種では術野の狭小化により，手術時間が遅延することがあるため，本術式の対象となる種は前大腿窩が広い種が望ましい．

　麻酔導入後，右前大腿窩が上を向くようにカメを左側斜臥位に保持し，両後肢を進展させた状態で粘着性伸縮包帯にて固定する．甲は手術台に粘着テープを用い固定する．右前大腿窩皮膚から右後肢皮膚，腹甲板，股甲板，肛甲板，鼠径甲板，縁甲板を十分に消毒する（**図2-132**）．術者は体腔内の視認性を向上させるためにヘッドライトを装着してもよい．右側前大腿窩皮膚を縦切開し，皮下の脂肪組織を除去した後，皮膚をドレープに縫合する．腹斜筋，腹横筋を縦切開した後，体腔漿膜を切開し体腔内を確認する（**図2-133**）．膀胱内に大量の尿が貯留している場合には，膀胱と体腔漿膜が密着していることがあるため，膀胱を傷つけないよう体腔漿膜の切開は慎重に行う．

　卵巣摘出では，体腔内に卵巣を確認した後，卵巣を鉗子，薬匙などを用いて体腔外に牽引し，背側体腔漿膜と連続する卵巣間膜及び卵巣動静脈をヘモクリップ，縫合糸など術者が好む結紮法にて処理した後，切離する（**図2-134**）．卵胞うっ滞を呈しているカメでは成熟卵胞が脆弱であり，鉗子による不用意な取り扱いによって，卵胞から卵黄が漏れ出てしまうことがあるため，吸引機も準備しておくとよい．卵胞の牽引時，口径の大きな先穴式の吸引管を用いることで，卵胞を優しく吸引しながら体腔外へ露出させることも可能であり，牽引時，卵胞から卵黄が漏れ出た場合にも，そのまま吸引することができる．卵殻のある卵を卵管内に保有しているカメでは，卵胞は退縮傾向にあることが多く，卵巣は，比較的摘出しやすい．左側の卵巣の摘出は，左側の前大腿窩切開から行う方法と右側の前大腿窩切開部位から左側卵巣を摘出する方法がある．

❶前大腿窩切開術時の体位（ミシシッピアカミミガメ *Trachemys scripta elegans*）（**図2-132**）

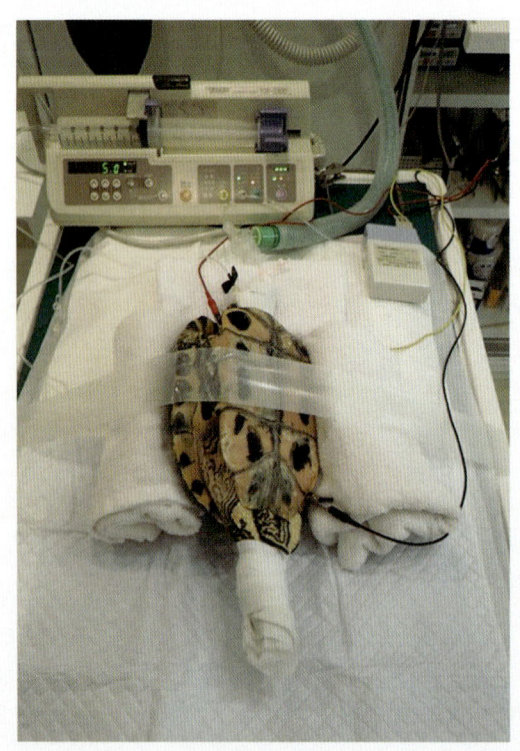

術時の保定：左側斜臥位で手術台に固定し，両後肢を進展させた状態で粘着性伸縮包帯を用いて固定する．

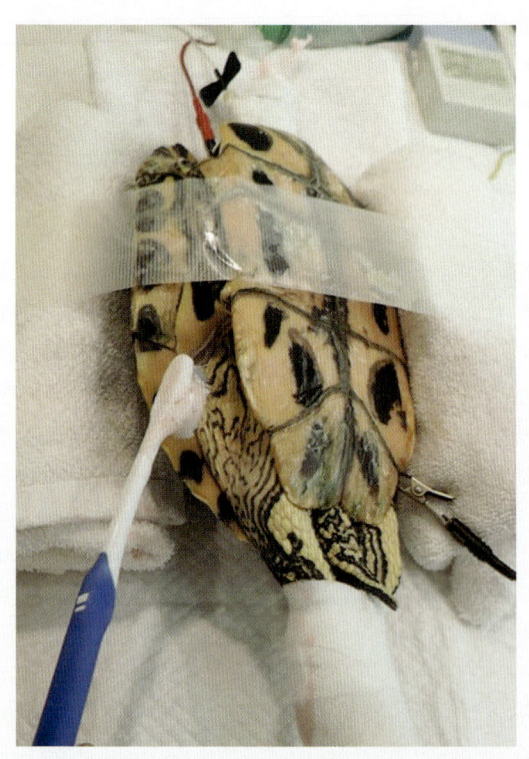

術野の消毒：前大腿窩から後肢の皮膚，腹甲板，股甲板，肛甲板，鼠径甲板，縁甲板を歯ブラシなどで消毒する．

❷ 前大腿窩切開術による開腹（図2-133）

右側前大腿窩皮膚を鋏で縦切開する.

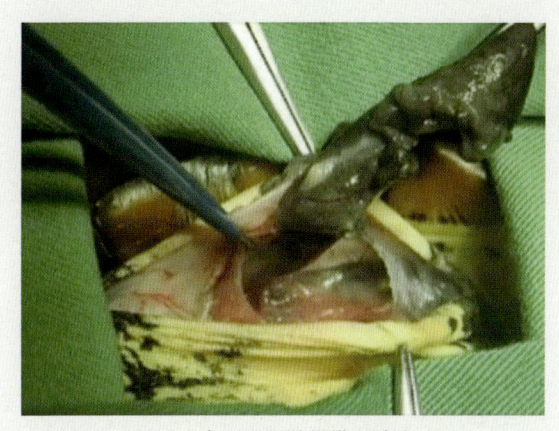

バイポーラにより皮下の脂肪組織を除去する.

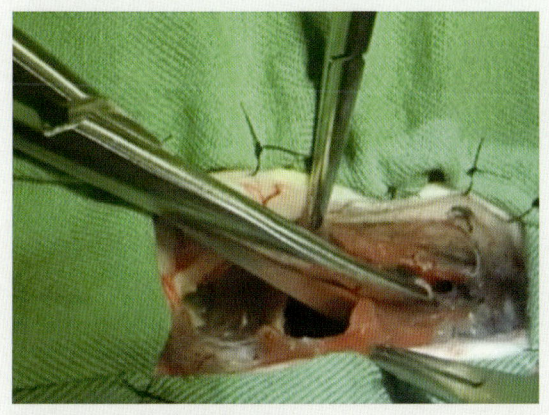

鋏を用いて腹筋を縦切開する.

❸ 前大腿窩切開術による卵巣摘出（図2-134）

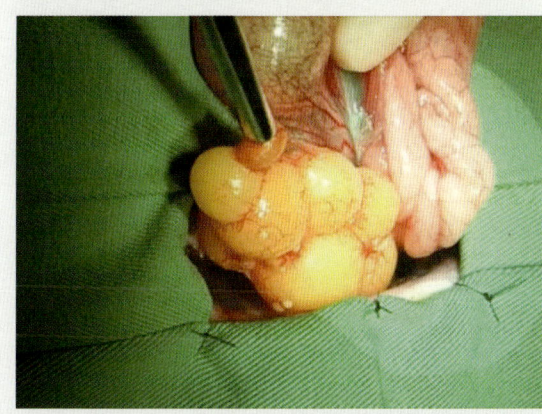

卵巣の体腔外への牽引：先穴式の吸引管を用いて卵胞を吸引しながら卵巣を体腔外へ牽引する.

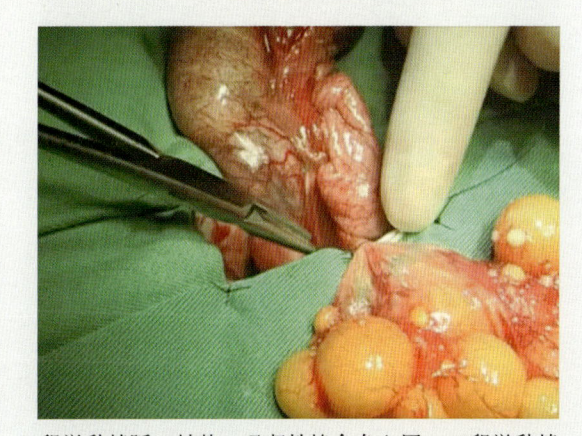

卵巣動静脈の結紮：吸収性縫合糸を用いて卵巣動静脈を結紮する.

　卵管切開術では，卵管を鉗子にて把持し体腔外に露出した後，卵管の1カ所あるいは複数カ所に切開を行い，卵を切開部位まで移動させて摘出する．卵の摘出後，切開部位は吸収糸にて単純連続縫合あるいは単純結紮縫合を行う.

　卵管摘出では，卵管を鉗子にて把持し体腔外に牽引した後，背側体腔漿膜と連続する卵管間膜をヘモクリップ，縫合糸，バイポーラなど術者が好む結紮法にて処理した後，切離する．卵管は卵管近位

❹前大腿窩切開術による卵管摘出（**図2-135**）（続く）

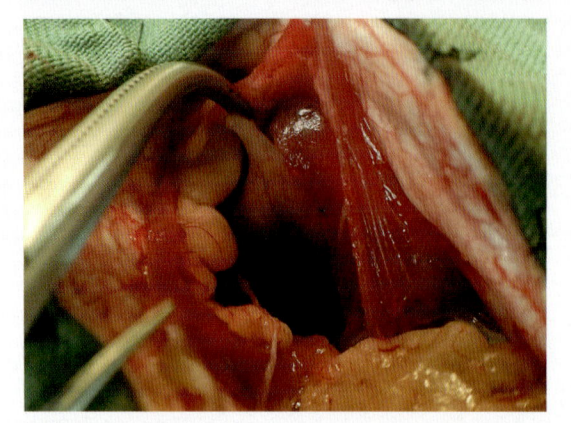

卵管を鉗子で把持する

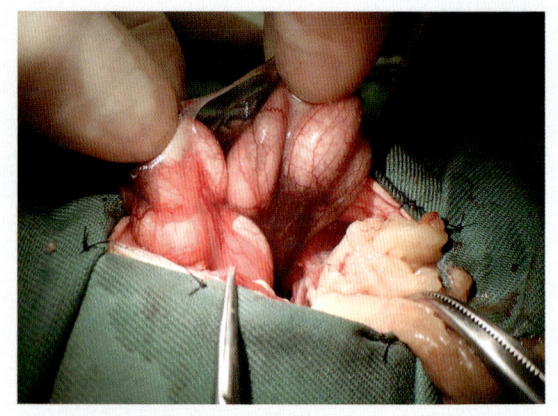

卵管と卵管間膜を露出する.

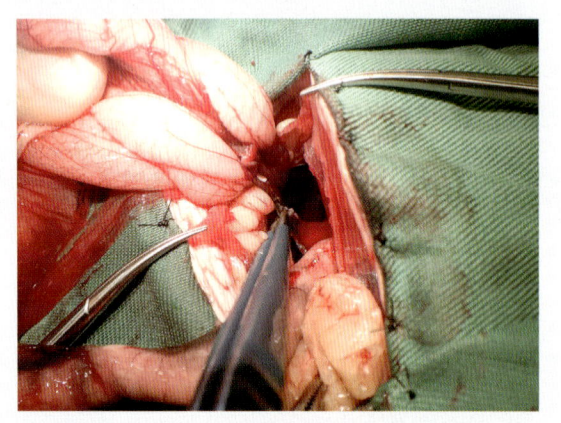

卵管間膜をバイポーラ式電気メスで処理する.

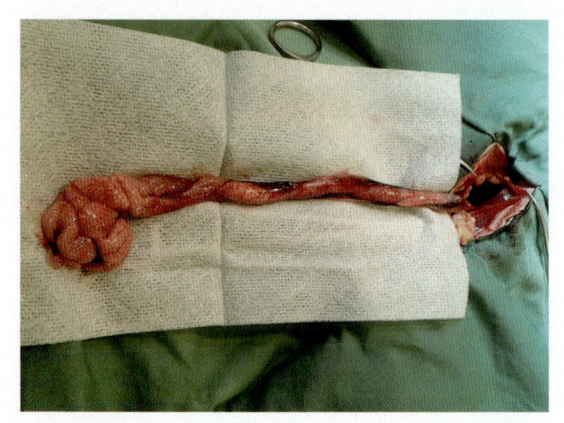

卵管を体腔外に露出する.

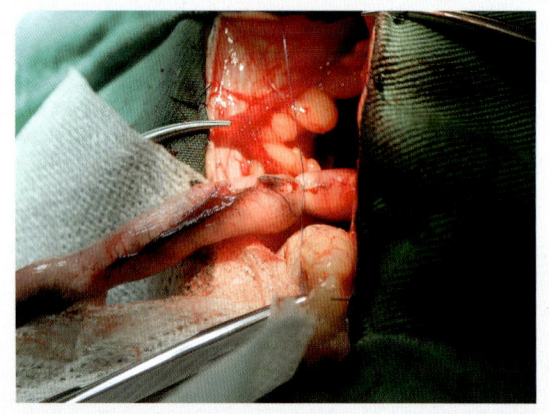

卵管腟部を吸収性縫合糸で結紮する.

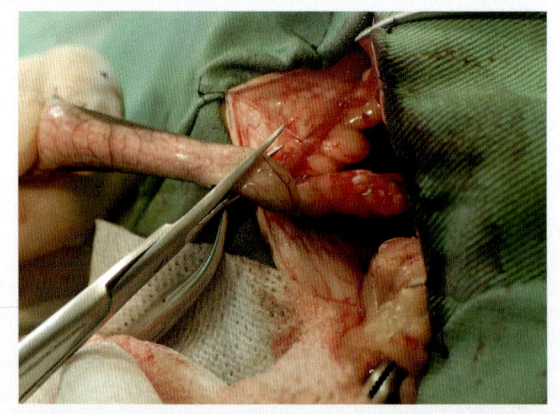

卵管を結紮部位の遠位で切断する.

にて吸収性縫合糸で結紮あるいはシーリングシステムにて封止した後，切離する（**図2-135**）．体腔内に残る右側卵管近位を把持し，やさしく牽引すると，総排泄腔と左側卵管の合流部位が確認できるため，左側卵管を子宮吊り出し鈎で引っかけることで，左側卵管の体腔外への牽引が可能となる（**図2-136**）．左側卵管の処理は右側と同様に行う．卵胞うっ滞のように卵巣のみに異常が認められ，卵管が肉眼的に正常であると判断できた場合は，卵管摘出を行うかどうかは術者の裁量による．卵を含む卵管は脆弱であり，縫合糸による結紮にて容易に千切れるため注意が必要である．卵黄性体腔膜炎のため，卵巣が肝臓や体腔漿膜と癒着している場合には，慎重に剥離を行う．卵巣組織を取り残し

❹（続き）前大腿窩切開術による卵管摘出（**図2-135**）

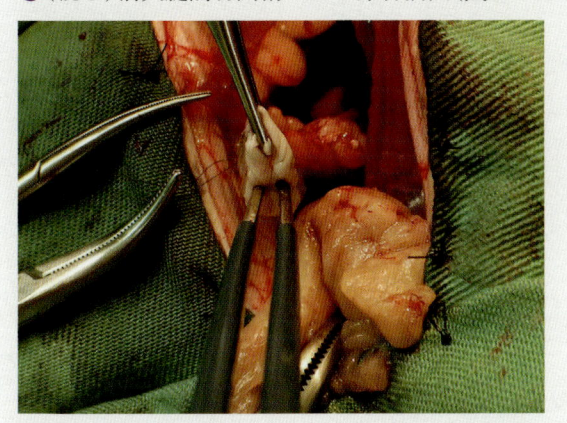

卵管切断後の断面をバイポーラで処理する.

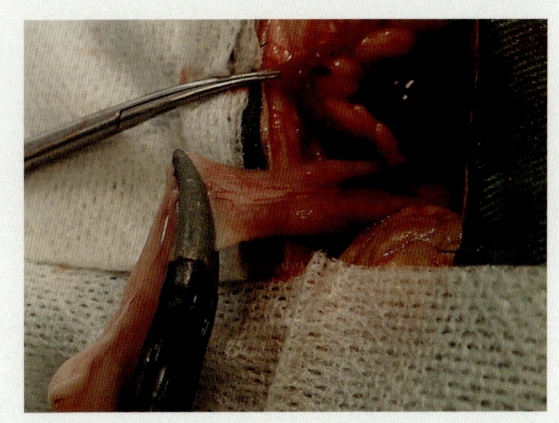

卵管腟部はシーリングシステムで封止してもよい.

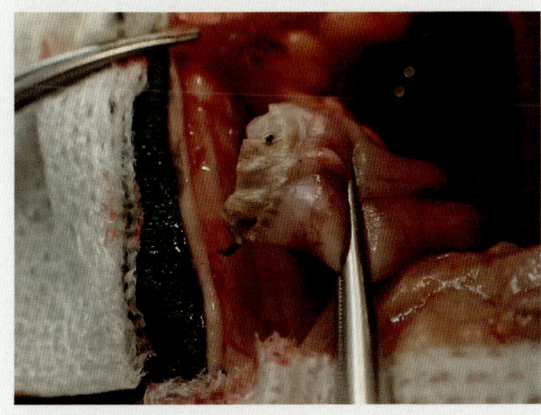

封止後の卵管

❺左側卵管の牽引（**図2-136**）

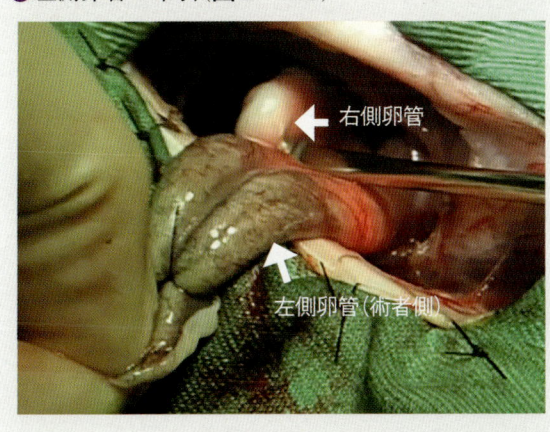

右側卵管の切除後，右側卵管近位を把持，牽引することで，総排泄腔と左側卵管の合流部位が確認できるため，左側卵管を子宮吊り出し鈎で引っかけることで体腔外への牽引が可能となる.

た場合，術後，体腔内での卵胞の発達を認めることがあるため，すべての卵巣を取り除くことが重要である．その後，必要に応じて加温した生理食塩水で体腔内を洗浄するが肺野への洗浄液の流入などに注意する必要がある．切開した体腔漿膜は単純連続縫合あるいは単純結紮縫合を行う．腹斜筋，腹横筋をそれぞれ吸収性縫合糸にてマットレス縫合あるいは単純連続縫合する．皮膚は非吸収糸にてマットレス縫合あるいは単純結紮縫合する（**図2-137**）．抜糸は2～3週間後に行う（**図2-138**）.

❻切開部位の閉創の流れ（図2-137）

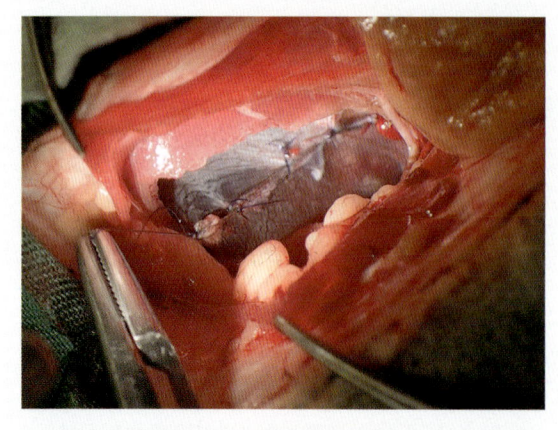

切開した体腔漿膜を吸収性縫合糸にて単純結紮縫合を行う.

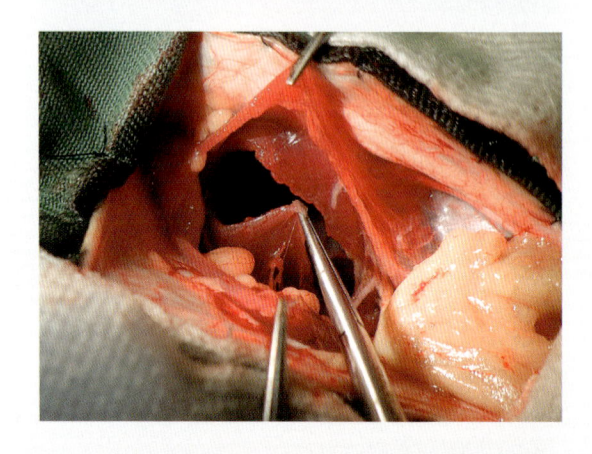

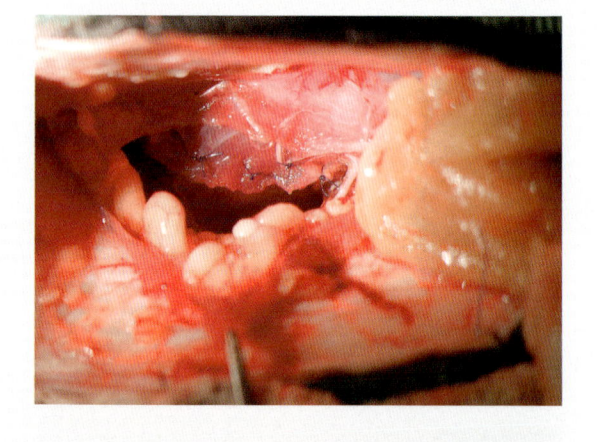

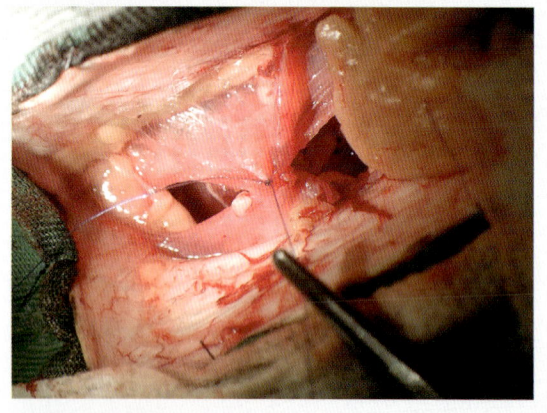

腹斜筋，腹横筋はそれぞれマットレス縫合を行う.

❼抜糸後の前大腿窩（縫合2週間後）（図2-138）

皮膚は非吸収糸にて単純結紮縫合する.

第3章
トカゲの疾患

トカゲの代謝性骨疾患 Metabolic bone diseases

はじめに

代謝性骨疾患は単一の疾患ではなく，臨床的に類似した症状を呈する原因の異なる疾病の総称であり[1]，栄養性二次性上皮小体機能亢進症，腎性二次性上皮小体機能亢進症，線維性骨異栄養症，骨軟化症，骨粗鬆症，大理石骨病，くる病などが含まれる[2,3]．

トカゲの代謝性骨疾患は長期的なカルシウムやビタミンD3の欠乏が主たる原因となる栄養性二次性上皮小体機能亢進症によるものが一般的である．特に紫外線を必要とする昼行性の種において，カルシウムとリンの比率(通常はリンの過剰)，ビタミンA，ビタミンD含量が不適切な食餌や不十分な紫外線照射，不適切な温度管理が一因として関与していることが多い．本疾患はアガマ科，イグアナ科，スキンク科，オオトカゲ科，カメレオン科，ヤモリ科，トカゲモドキ科などほとんどの種で発生する可能性がある．また，成長期の個体や繁殖期のメス，草食性や昆虫食性の種も代謝性骨疾患に罹患しやすい[3]．

カルシウム欠乏は神経や筋肉の部分的な脱分極を起こすため神経や筋，消化器系に対して様々な症状を示し，骨組織の脱灰化による骨構造の変化もみられる．

症状

骨病変が発生するよりかなり早い段階で震えや運動失調，反射亢進，総排泄腔脱などの症状が認められる．"ピアノの演奏"と形容されるようなリズミカルな指の震えが観察されることもある[2]．骨組織の脱灰化は下顎骨や長骨の腫脹，軟化，変形とそれに伴う咬合異常や嚥下障害を引き起こす（**図3-1**）．重度な症例では発育不全，脊柱弯曲，病的骨折，麻痺などの症状もみられる．カルシウムは消化管の正常な蠕動にも関与しているため，カルシウム欠乏に伴い腸のうっ滞や膨満を起こし，結果的にクロアカ脱や直腸脱がみられることもある．その他，歩行困難，測定過大，テタニー，痙攣発作，ヘミペニスや卵管，舌の脱出等がみられる[3]．

図3-1　代謝性骨疾患のグリーンイグアナ（*Iguana Iguana*）
下顎骨の顕著な腫大，変形と，それに伴う閉口不全（A）．脊柱弯曲も認められる（B：矢印）．

診断

多くの場合，身体検査により異常な姿勢や歩様状態などの臨床症状の確認，問診時の食餌内容やカルシウム剤などの添加の有無，紫外線灯設置や日光浴の有無など飼育環境の問診により代謝性骨疾患

を強く疑うことができる．代謝性骨疾患が疑われる症例では検査に際し，骨の脆弱化による医原性の骨折や損傷に注意が必要である．

　血液検査ではカルシウム，リン値の測定を行うが，骨吸収により代償的にカルシウム値の補正が行われたり，繁殖期のメスではカルシウム値が増加するため確定的な検査とは言えない[3, 4]．イオン化カルシウム値の測定が可能であればより正確な評価が可能であるが，正常範囲は種により異なり利用可能なデータは限られている[3]．

　X線検査やCT検査では骨の透過性亢進や不均一な骨皮質が特徴的な所見としてみられ，より重症例では病的骨折や曲がって歪んだ骨，過去の骨折跡などが認められる（**図3-2**）．しかし，これらのX線上で確認できる変化は低カルシウム血症に対する代償的な骨吸収のメカニズムが破綻し，20〜30%の骨密度の低下が起こるまでは認められないため，早期の発見には不向きである[4]．

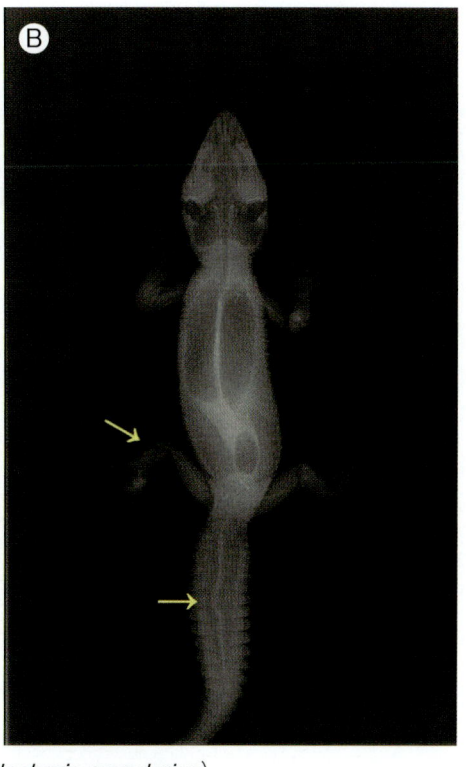

図3-2　代謝性骨疾患のヒョウモントカゲモドキ（*Eublepharis macularius*）
肉眼的に後肢の変形が認められる（A：白矢印）．X線検査上では骨変形（B：黄矢印）や全身的に骨透過性の亢進が認められる．

治療

　様々な要素が関係して代謝性骨疾患の発症に至るため，治療にあたり原因となり得る単一の要素に注力するだけでなく，栄養（カルシウムやビタミンDなど），紫外線，飼育温度などの飼育上必要不可欠な要素の改善や，その個体の状態に合わせた総合的な管理が必要である．また，脱水や採食困難など生命に関わるその他の状態がみられる場合にはそれらに対する支持療法や対症療法を実施する．下記にそれぞれの項目について詳述する．

ケージレスト

　症例を取り扱う際，特に人に慣れておらず暴れる個体では医原性の骨折を発生させないように注意する．また，ケージ内はレイアウトを簡易なものにし床材は柔らかいものを使用する．枝などは落下による骨折や外傷を引き起こす可能性があるため取り除くかより低い位置に設置しケージレストを徹底する．

　カルシウムの経口投与として23 w/v%グルコン酸カルシウムかグルビオン酸カルシウム1 mL/kgの投与を1日2回行う[5]．国内で利用可能な8.5 w/v%グルコン酸カルシウムであれば投与量は約2.7 mL/kgとなる（本稿執筆時点で国内でグルビオン酸カルシウムとして入手可能な製剤はない）．カルシウム剤の投与は通常1〜3カ月間，または十分なカルシウム量の餌を自食でき正常に動けるようになるまで，そして成長中または体調不良の場合は体重が増えるまで続ける．すでに臨床症状がみられ，食欲が安定しない場合は後述する粉末のカルシウム剤の食餌への添加のみでは治療としては不十分である[5]．

　震えやけいれん発作，テタニーといった低カルシウム血症の徴候があれば，グルコン酸カルシウム100 mg/kgを緩徐に静脈内あるいは骨髄内投与する．投与経路の確保が難しければ症状が消失し，経口投与が可能になるまで筋肉内投与，体腔内投与を6時間毎に行う[2,5]．カルシウム剤の注射は疼痛を伴い，高用量の使用では腎障害のリスクがあるため，症状が落ち着いたらカルシウムは経口投与に切り替える[2]．

　爬虫類への使用に関して有用性を示したデータは少ないが，栄養性二次性上皮小体機能亢進症に対してサケカルシトニン製剤の使用が可能であり，50 IU/kg 1週間毎の筋肉内投与を行う方法が報告されている[2,5]．カルシトニンは上皮小体へのネガティブフィードバックとして働き上皮小体ホルモンの分泌を抑制することで血中カルシウムとリンを減少させる．また，尿中へのカルシウムの排泄を促すことで血中カルシウム濃度を減少させる働きも持つ．低カルシウム血症の症例ではサケカルシトニン製剤の使用により血中カルシウム濃度が低下し症状が悪化するリスクがあるため，サケカルシトニン製剤の投与を開始する1週間前からカルシウム剤の投与を開始すべきである．実際に神経症状を呈している症例や血中カルシウム濃度が正常であることが確認できない症例にはサケカルシトニン製剤は使用してはならない[5]．サケカルシトニン製剤は単独で用いるのではなく，同時に適切な栄養管理や環境の改善，必要であれば輸液療法を行うことが重要である[2]．

　日々の栄養管理として，本疾患は食餌中のカルシウム量の不足による不適切なカルシウム・リン比率が原因であるため，バランスの改善を行う（**図3-3**）．食餌中のカルシウムやビタミン量を増やす方法として粉末カルシウム剤やビタミン剤の利用が推奨される（**図3-4**）．コオロギ等の昆虫はリンに対してカルシウムの含有量が少なく，ビタミンA含有量も少ないため，餌である昆虫に直接カルシウム剤やビタミン剤をまぶしてから給餌するダスティングや，カルシウムやビタミンに富んだ餌を摂取させた昆虫を給餌するガットローディングが一般的に行われている．しかしヨーロッパイエコオロギ（*Acheta domestica*）におけるガットローディングでは与えた餌の種類や時間等の条件によってはカルシウム・リン比率を1対1以上に上げられないため[6,7]，ダスティングも併用する方がより確実にカルシウム量を増加させられる．ガットローディングを行う際にはコオロギ用の食餌中に5〜8%量のカルシウム（50〜80 g/kg）が含まれる必要がある[6,7]．ダスティングの注意点として，時間が経つとまぶしたカルシウム剤を昆虫が自力で落としてしまうので，ダスティング直後に摂食させる必要がある．ワームなどの体表に添加剤が付着しにくい昆虫では，ワームが逃げない程度の深さの皿にカルシウム剤やビタミン剤を浅く撒いて与えると良い[7]．昆虫の種類や発育段階により栄養価は異なるため，単一の餌を与え続けるより多様な種類の餌を与えることが望ましい．

　ビタミンA過剰症においても骨軟化症などの骨病変が認められることが指摘されており[4,8]，ビタミンA欠乏症の治療に伴う医原性のものや，サプリメントの過剰投与には注意が必要である．

　シュウ酸は腸管内でカルシウムと結合して吸収を阻害するため，草食性や雑食性の種ではシュウ酸の多く含まれるホウレンソウやジャガイモ，キャベツ，豆類の多給は控える．同様にカルシウムの吸収を阻害するフィチン酸を多く含む豆や穀類の多給にも注意する[4]．

　市販されている餌として活き餌だけでなく，粉末やペレット，ペーストタイプのフードなど様々な形態のものが利用可能である（**図3-5**）．これらのフードは特に食欲不振を呈している症例への強制給餌に利用しやすい．

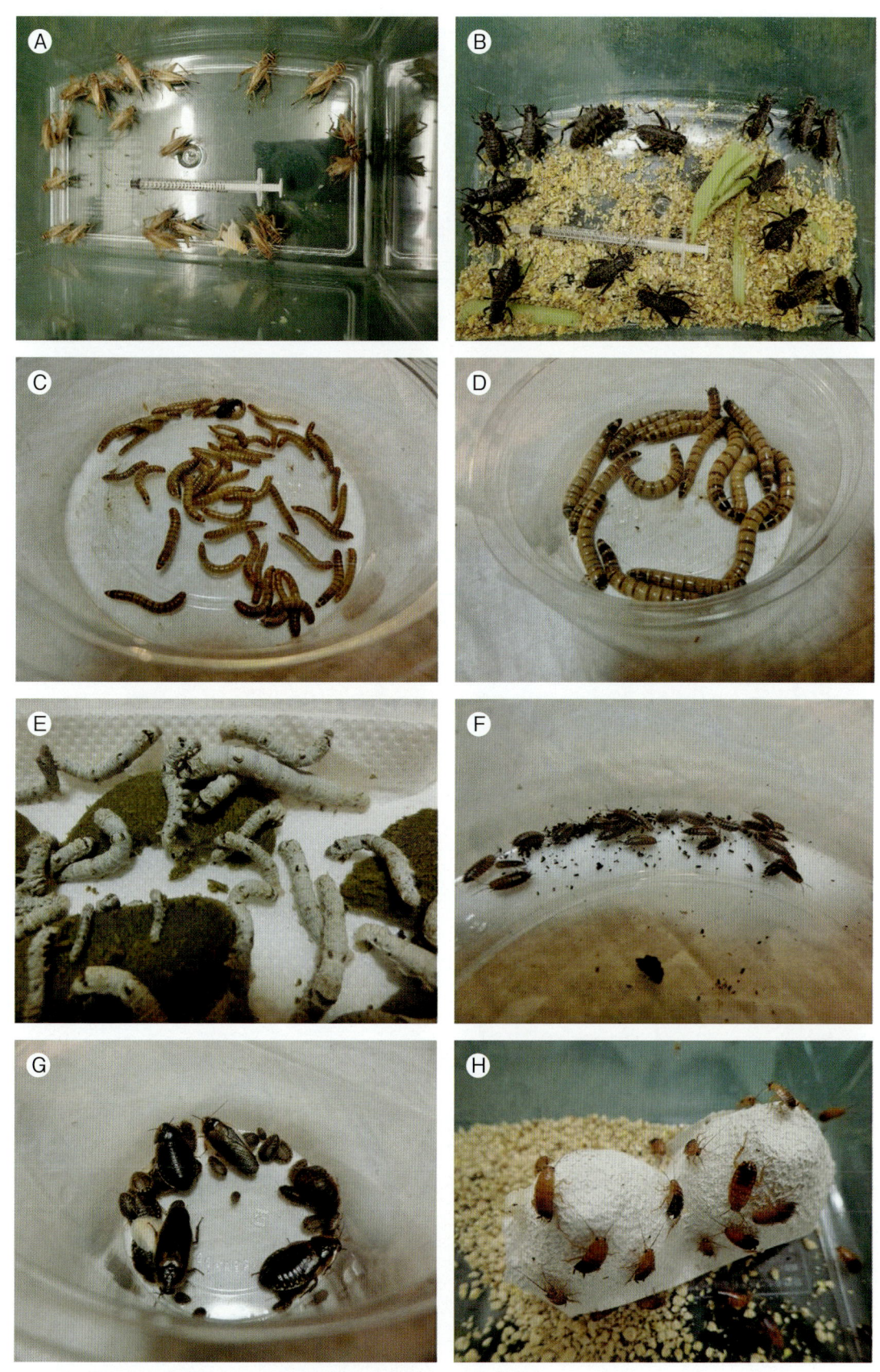

図3-3　昆虫食，雑食性のトカゲに使用される機会の多い餌
A：ヨーロッパイエコオロギ（*Acheta domestica*），B：フタホシコオロギ（*Gryllus bimaculatus*），
C：チャイロコメノゴミムシダマシ（ミールワーム）（*Tenebrio molitor*），
D：ツヤケシオオゴミムシダマシ（ジャイアントミールワーム，スーパーワーム）（*Zophobas morio*），
E：カイコガ（シルクワーム）（*Bombyx mori*），F：ワラジムシ（*Porcellio sp.*），
G：アルゼンチンモリゴキブリ（デュビアローチ）（*Blaptica dubia*），
H：トルキスタンゴキブリ（レッドローチ）（*Blatta (Shelfordella) lateralis*）
個体のサイズや嗜好性に合わせて利用する.

図3-4　爬虫類用サプリメント各種
様々な種類のサプリメントが市販されているが，ビタミン過剰症に注意し，適切に使用する．

図3-5　ペレットタイプや粉末状練り餌，フリーズドライや冷凍コオロギ等

紫外線の管理

　自然下ではビタミンDは日光を浴びることで合成される．290〜315 nm の紫外線(UVB)が皮膚に存在するプロビタミンD3と反応しプレビタミンD3となり，さらに温度依存性に異性化が起こりビタミンD3(コレカルシフェロール)が生成される．ビタミンD3は肝臓で25-ヒドロキシビタミンD(カルシジオール)への変化を経て腎臓で活性型ビタミンD3(1,25-ジヒドロキシビタミンD，カルシトリオール)となり，腸管や骨からのカルシウム吸収や，腎臓でのカルシウムの再吸収を促す働きを持つ[3]．経口的に摂取されるビタミンD3は紫外線の照射により皮膚で合成されるものと比較して，生体内での利用は非効率的である．皮膚で合成されたビタミンD3は緩徐に血中に移行するのに対して，食餌中のビタミンD3は小腸から吸収された後急速に肝臓へ取り込まれ高濃度となるが，その後不活化され胆汁を介して排泄されるので利用効率は低い．経口摂取によるビタミンD3の適正量は種や個体差により異なることもあり正確な量は定まっていない．また，紫外線の照射により得られる25-ヒドロキシビタミンDと1,25-ジヒドロキシビタミンDと同等の濃度を経口的に摂取させる場合にはビタミンD過剰症に陥るリスクが指摘されている[9]．なお，長時間紫外線の照射を受けて生成された皮膚中の過剰なプレビタミンD3とビタミンD3は不活性化される[10]．

　飼育下の個体において紫外線が不足する原因は，紫外線の照射が必要であることを知らずに紫外線を含まない照明や保温球のみで飼育されていること以外に，ガラス越しの照射や日光浴，紫外線灯の経年劣化による線量の低下，その種の紫外線要求量に不十分な線量の紫外線灯の使用などが原因となる．

　市販されている爬虫類用の紫外線灯は太陽光の波長に似た紫外線を照射できるように作られているが，同じメーカーのものでも紫外線強度により数種類に分かれており，電球型，直管型，スパイラル型など形状により照射範囲も異なるので，飼育環境や個体に合わせて選択すると良い．紫外線は対象との距離が離れるにつれ減衰していくため，ケージのサイズやケージ内のレイアウトにより設置位置を調節する．普通のガラス越しの照射では紫外線は透過しないため，ケージ内か金網の上に紫外線灯を設置する．メタルハライドランプやセルフバラスト水銀灯は紫外線照射と同時に熱源としての利用も可能であり，紫外線強度も蛍光灯タイプのものより強い．メタルハライドランプは安定機のついた専用のソケットが必要であるが，安定機がランプに内蔵されているセルフバラスト水銀灯は一般的なソケットで使用が可能である．しかし，これらのランプはケージのサイズによっては個体との距離が十分にとれないため紫外線が強すぎたり，温度が上がりすぎることなどから，明るい環境を好まない種や低温を好む種での使用は難しい．ランプに近づきすぎることが原因で紫外線の影響を強く受けて角膜や皮膚障害を来す可能性があるため，照射野の温度の確認や，照射から逃れられる場所やシェルターを設置する[10]．

　紫外線灯の使用は程度の差はあれほとんどの種に必要となる．種により紫外線に対する皮膚のビタミンD合成能力は異なり，成長期のフトアゴヒゲトカゲ(*Pogona vitticeps*)では適切な紫外線量であれば1日2時間の照射で十分なビタミンDが合成されたという報告がある[9]．昼行性の種と比較して紫外線に暴露する機会の少ないヤモリでも夜明けや夕暮れ，あるいは日中巣穴に潜んでいる時間に受けるわずかな日光から十分な量のビタミンDの合成が可能であると考えられている[10, 11]．飼育下のヒョウモントカゲモドキ(*Eublepharis macularius*)において紫外線照射のない対照群と比較して，朝晩1時間ずつの紫外線照射により血中25-ヒドロキシビタミンDの増加が有意に認められたことが報告されている[12]．ヒョウモントカゲモドキやミカドヤモリ属(*Rhacodactylus* spp.)は食餌中に含まれるビタミンDやカルシウム量が適切であれば紫外線の照射なしで飼育することも可能であると考えられるが，不適切な飼育環境下では代謝性骨疾患が発生することもある．このため，皮膚疾患や角膜疾患といった紫外線照射による弊害に注意しながら紫外線を利用することが好ましいと思われる[5]．いずれの種においても温度と紫外線量に勾配を設けて個体が自由に移動して紫外線暴露量を調節できるような環境が理想的である．前述したように，紫外線灯は時間の経過により線量が低下していくので，半年から1年毎の交換が必要である[2, 10]．

直接日光浴を行うことも紫外線の供給として良い方法ではあるが，季節や天候により紫外線量が安定しないことや，屋内と屋外との移動に伴う大幅な温度変化による状態の悪化，脱走や転落，野生動物からの襲撃を受けるリスクなどを伴うため，注意が必要である．陽の当たる室内で網戸や金網越しの日光浴がより安全である．特に，気温の高い時期の日光浴は熱中症のリスクが非常に高く，これらの予防として必ず十分な日陰を設けて通気性を良くし，日向と日陰を自由に行き来できるような環境で行い，ケージ内の温度が上がりすぎないことを確認したうえで行わなければならない．

　爬虫類の要求紫外線量の目安として Ferguson zones と呼ばれる指標がある．これは種毎の生息域で測定された紫外線強度と，日光浴やバスキングの習性に基づいて4つのゾーンに分けたものであり，飼育下の個体に対して許容できる最大紫外線量の大まかな指標として用いることができる．さらに Bains らにより一般に飼育されている種を Ferguson zones に分類したものが利用可能である[11]（**表3-1，2**）．紫外線量の測定が可能な機器（**図3-6**）があればより適切な環境が構築しやすく，紫外線灯の交換のタイミングも計りやすい．

温度管理

　外気温に依存して体温調節を行う爬虫類では温度管理も重要であり，草食性のトカゲでは温度依存的に食渣の発酵を行う[13]．紫外線照射により体表で合成されるビタミンD3は温度依存性で至適温度範囲内では低温時と比較して異性化が早く進む[10, 13]．また，代謝性骨疾患により一般状態が悪化して

表3-1　Ferguson zones

ゾーン	特性	UVI レンジ（1日平均）	最大 UVI
1	薄明薄暮性日陰を好む	0〜0.7	0.6〜1.4
2	早朝から午前中部分的な日光浴を行う	0.7〜1.0	1.1〜3.0
3	早朝から午前中の日光浴を行う	1.0〜2.6	2.9〜7.4
4	日中の全身の日光浴を行う	2.6〜3.5	4.5〜9.5

UV インデックス（UVI）は人体に影響を与える度合いを示すために紫外線の強さを指標化した国際的な数値である．

図3-6　ZooMed 社製 UVB テスター
画像の機器は紫外線の測定単位が µW/cm² であるが，UV インデックスの測定可能な同型の機器も市販されている．

表3-2 各品種とそれに対応する Ferguson zone，生息環境の気温等（参考文献10より抜粋，一部改変）

	Ferguson zone	バスキングゾーン表面温度（℃）	日中気温		夜間気温	
			夏	冬	夏	冬
グリーンバシリスク Basiliscus plumifrons	2	30〜35	25〜30	―	24〜26	―
パーソンカメレオン Calumma parsonii	3	30〜35	20〜30	20〜30	15〜26	15〜24
エボシカメレオン Chamaeleo calyptratus	3	35〜40	25〜35		23〜25	
ヒョウモントカゲモドキ Eublepharis macularius	1	32	25〜29	15〜20	20〜24	10〜15
パンサーカメレオン Furcifer pardalis	3	35〜40	25〜30	24〜28	18〜24	18〜24
トッケイヤモリ Gecko gecko	1	35	30	―	25	―
モモジタトカゲ Hemisphaeriodon gerrardii	2	35	25〜30	20〜25	20〜25	20
ヒガシウォータードラゴン Intellagama (Physignathus) lesueurii	2	35	25〜30	20〜25	20〜25	10〜15
アオマルメヤモリ Lygodactylus williamsi	2〜3	30〜32	26〜28	22〜24	20〜22	20
アシナシトカゲ Ophisaurus apodus	2	30〜35	24〜28	2〜6	16〜22	2〜6
キガシラヒルヤモリ Phelsuma klemmeri	3	30〜35	25〜30	―	23〜25	―
インドシナウォータードラゴン Physignathus cocincinus	2〜3	30〜40	26〜28	22〜24	20〜22	18〜20
フトアゴヒゲトカゲ Pogona vitticeps	3〜4	40〜45	25〜30	25〜30；15〜20（休眠）	20〜25	20〜22；10〜15（休眠）
ツノミカドヤモリ Rhacodactylus auriculatus	2	29	25〜29	―	20〜25	―
オウカンミカドヤモリ Rhacodactylus ciliatus	1	28	25〜28	19〜23	23〜25	16〜20
キタチャクワラ Sauromalus ater	4	50	24〜30	―	18〜20	―
トゲチャクワラ Sauromalus hispidus	4	50	30〜35	25〜30	25〜30	15〜20
オオヨロイトカゲ Smaug (Cordylus) giganteus	4	35	20〜30	10〜15	15〜20	5〜10
ハスオビアオジタトカゲ Tiliqua scincoides	2〜3	35〜45	28〜32	18〜28	20〜24	14〜20
アカメカブトトカゲ Tribolonotus gracilis	1	28〜32	23〜28	―	23〜25	―
ブラックアンドホワイトテグー Tupinambis merianae	3	35〜40	25〜30	5〜20	20	5〜10
エジプトトゲオアガマ Uromastyx aegyptia	4	45〜50	30〜38	25〜30	20〜25	18〜20
ゲイリートゲオアガマ Uromastyx geyri	4	45〜50	28〜35	20〜25	16〜18	10〜18
エダハヘラオヤモリ Uroplatus phantasticus	1	〜	20〜25	16〜20	18〜20	15〜18
クロホソオオトカゲ Varanus beccarii	3	40〜50	28〜35	28〜30	23〜26	21〜23
サバンナモニター Varanus exanthematicus	3〜4	55〜65	30〜40	28〜35	23	23
アオホソオオトカゲ Varanus macraei	2	35〜40	28〜32	26〜30	24〜26	22〜25
ミドリホソオオトカゲ Varanus prasinus	2	35〜40	28〜32	26〜30	24〜26	22〜25
レースオオトカゲ Varanus varius	3	34〜36	28〜30	25〜27	―	―

いる症例では，その種の至適温度範囲上限近くで管理することが重要である．

外科的治療

　長骨の骨折は通常，カルシウムの恒常性が正常化されれば治癒する．代謝性骨疾患に罹患している症例は麻酔リスクが高い状態であり，また骨の軟化によりピンやプレート等のインプラントを用いた固定が困難であるため，外科的介入は避けるか慎重に判断すべきである．そのような症例に対してはスプリントやバンデージによる外固定を行うが，処置中の医原性の骨折に注意しなければならない[14]．

予後

　予後は重症度により様々である．早期に治療が開始できれば病的骨折や線維性骨異栄養症といった器質的な変化を予防し，少なくとも症状を軽減させることが可能である．

　骨変形は不可逆的であり，若齢での発症では成長につれ更に変形が進む．下顎骨の変形と咬合異常に伴う歯肉炎や流涎には，症状緩和のためワセリンの塗布といった日常的なケアが必要となり，慢性的な疼痛を伴う状態では鎮痛剤の使用が推奨される．メスは脊柱弯曲による骨盤変形の影響で卵閉塞に陥るリスクがあるため，卵塞の症状を呈する症例では卵巣卵管摘出術が推奨される．

　脊椎骨折により麻痺を起こし排泄が困難となった症例では，発症初期であれば治療の継続によりある程度の機能回復が見込める場合もあるが，長期的には腎盂腎炎から腎不全の発症により死に至る[2]．

臨床医のコメント

　以前は代謝性骨疾患に陥る爬虫類は非常に多かった．しかし，近年では様々な人工飼料やサプリメントが利用できるようになり，飼養管理に関する情報も容易に入手できるようになったため代謝性骨疾患の罹患率は減ってきていると感じている．一方で，いまだに一定数は代謝性骨疾患に罹患し，特に飼育開始時の若齢個体では重篤な症状になりやすい．また，本疾患の多くは不適切な飼養管理が原因となることから，飼い主に対する飼育指導が重要である．

（岩井　匠／三輪恭嗣）

 **参考文献**

1. AK. Maas. (2018)：Disorders of the Musculoskeletal System. In：Reptile Medicine and Surgery in Clinical Practice. (B Doneley, D Monks, R Johnson, B Carmel. eds), pp345-356, Wiley-Blackwell, Hoboken.

2. DR Mader. (2006)：Metabolic Bone Diseases. In：Reptile Medicine and Surgery. 2nd ed., (SJ Divers, DR Mader. eds), pp841-851, Elsevier, St. Louis.

3. B Carmel, R Johnson. (2018)：Nutritional and Metabolic Diseases. In：Reptile Medicine and Surgery in Clinical Practice. (B Doneley, D Monks, R Johnson, B Carmel. eds), pp185-196, Wiley-Blackwell, Hoboken.

4. DA McWilliams, Leeson, S. (2001)：Metabolic bone disease in lizards：prevalence and potential for monitoring bone health. Proceedings of the Nutrition Advisory Group Fourth Annual Conference on Zoo and Wildlife Nutrition 2001：120-129.

5. TH Boyer, PW Scott. (2019)： Nutritional Diseases. In：Mader's Reptile and Amphibian Medicine and Surgery, 3rd Edition. (SJ Divers, SJ Stahl. eds), pp932-951, Elsevier, St. Louis.

6. MD Finke, SU Dunham, JS Cole. (2004)：Evaluation of various calcium-fortified high moisture commercial products for improving the calcium content of crickets, Acheta domesticus. J Herpetol Med Surg. 14(2)：17-20.

7. S Donoghue. (2006)：Nutrition. In：Reptile Medicine and Surgery. 2nd ed., (SJ Divers, DR Mader. eds), pp251-298, Elsevier, St. Louis.

8. Abate AL, Coke R, Ferguson GW, Reavill D. (2003)：Chameleons and Vitamin A. Journal of Herpetological Medicine and Surgery：2003, Vol. 13, No. 2, 23-31.

9. DGAB Oonincx, Y Stevens, JJGC van den Borne, JPTM van Leeuwen, WH Hendriks. (2010)：Effects of vitamin D3 supplementation and UVb exposure on the growth and plasma concentration of vitamin D3 metabolites in juvenile bearded dragons (Pogona vitticeps). Comp Biochem Phys B Biochem Mol Biol 156：122-128.

10. FM Baines.（2018）：Lighting. In：Reptile Medicine and Surgery in Clinical Practice.（B Doneley, D Monks, R Johnson, B Carmel. eds）, pp75-91, Wiley-Blackwell, Hoboken.

11. FM Baines, J Chattell, J Dale, D Garrick, I Gill, M Goetz, T Skelton, M Swatman.（2016）：How much UVB does my reptile need? The UVTool, a guide to the selection of UV lighting for reptiles and amphibians in captivity. Journal of Zoo and Aquarium Research 4.42-63.

12. A Gould, L Molitor, K Rockwell, M Watson, MA Mitchell.（2018）：Evaluating the Physiologic Effects of Short Duration Ultraviolet B Radiation Exposure in Leopard Geckos（*Eublepharis macularius*）. Journal of Herpetological Medicine and Surgery：March-June 2018, Vol. 28, No. 1-2, 34-39.

13. DA McWilliams.（2005）：Nutrition research on calcium homeostasis. I. Lizards（with recommendations）. The International Zoo Yearbook 39, 69-77.

14. SE Knafo.（2019）：Musculoskeletal System. In：Mader's Reptile and Amphibian Medicine and Surgery, 3rd Edition.（SJ Divers, SJ Stahl. eds）, pp895-916, Elsevier, St. Louis.

トカゲの消化器疾患 Gastrointestinal diseases

はじめに

　トカゲの消化管は食道，胃，十二指腸，小腸，大腸に区分される[1~6]．トカゲはカメと比べて体が細く，体長に対する消化管の長さの比が小さい[1]．胃は紡錘形で，括約筋はそれほど発達していない[4]．多くのトカゲの大腸は盲腸を発端に体腔の右尾側1/4に位置し，水分を保持する機能がある[4,5]．盲腸は草食性のイグアナでは発達している[4~6]．大腸は上行，横行，下行に分類され，下降結腸は総排泄腔に連絡する[1,4]（**図3-7**）．

　トカゲの消化器疾患として，消化管内異物，便秘，腹壁ヘルニア，消化管の脱出などの報告[2,4,5,7]があり，本項ではこれらについて紹介する．

　消化管内異物の多くは，床材，飼育環境内のアクセサリーを誤飲した結果生じるが（**図3-8**），多数の寄生虫の塊，腫瘍，膿瘍，それらに伴う腸捻転，腸重積が消化管閉塞の原因となっている場合もある[4]（**図3-9**）．

　便秘は，食欲不振を伴うことが多く，床材の砂や昆虫の外皮に含まれるキチンなどが大腸に停滞する場合が多い[4]．便秘の原因は栄養性二次性上皮小体機能亢進症に起因する異食症，代謝性骨疾患による骨盤や椎体の異常，葉野菜などの繊維質の割合が低い食餌，昆虫の過食，飲水不足，環境変化によるストレス，卵黄形成期，結腸を圧迫する体腔内の塊状物（膿瘍，肥大した腎臓，腫瘍），膀胱を持たない種では総排泄腔内の尿酸結石などが含まれる[2,4]（**図3-10**）．また，環境温度，湿度の低下も原因のひとつと考えられている[4]．

　腹壁ヘルニアは，著者らがヒョウモントカゲモドキでみられた2例を報告[7]しており，同症例は砂の誤飲による便秘が原因と考えられた（**図3-11**）．

　消化管の脱出は，結腸，直腸の脱出がほとんどであり，便秘や消化管内異物，消化管内寄生虫，細菌感染に起因する腸炎が原因になることが多い[4]（**図3-12**）．その他，卵塞，尿路結石，低カルシウム血症や代謝性骨疾患に起因する消化管うっ滞，肥満や筋力の低下，脊椎の異常などが原因となる[4]（**図3-13**）．

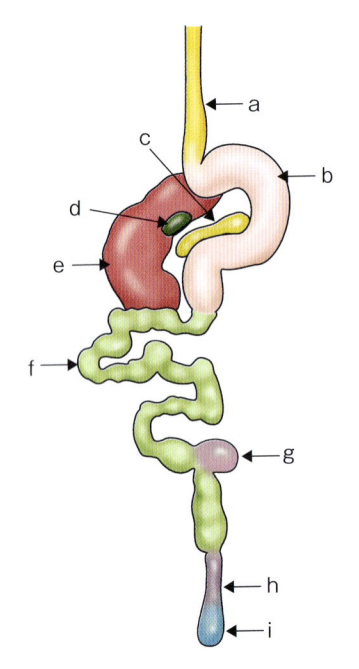

図3-7　トカゲの消化管
a：食道，b：胃，c：膵臓，d：胆嚢，e：肝臓，f：小腸，g：盲腸，
h：直腸，i：総排泄腔

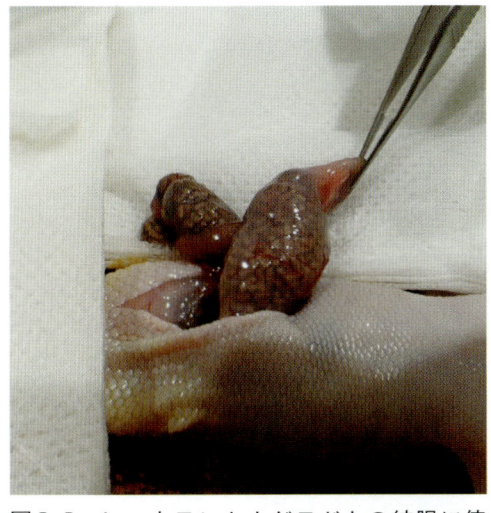

図3-8　ヒョウモントカゲモドキの結腸に停滞した床材の砂
本症例は床材の砂を誤飲したことで便秘を呈していた.

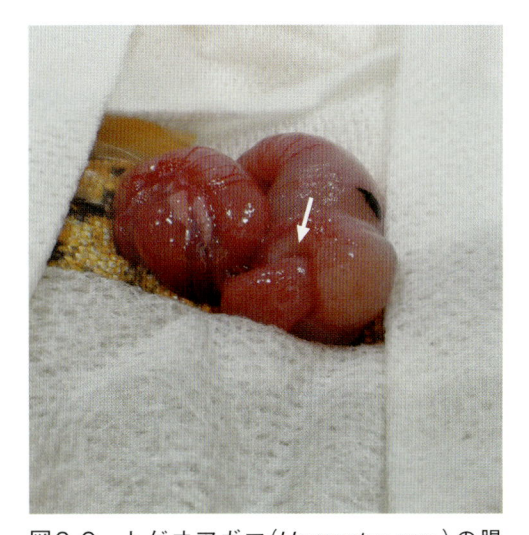

図3-9　トゲオアガマ(*Uromastyx* spp.)の腸重積
直腸が総排泄腔へ陥入している(矢印).

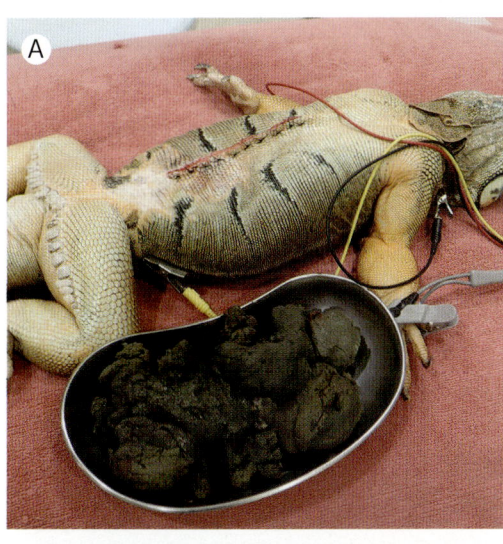

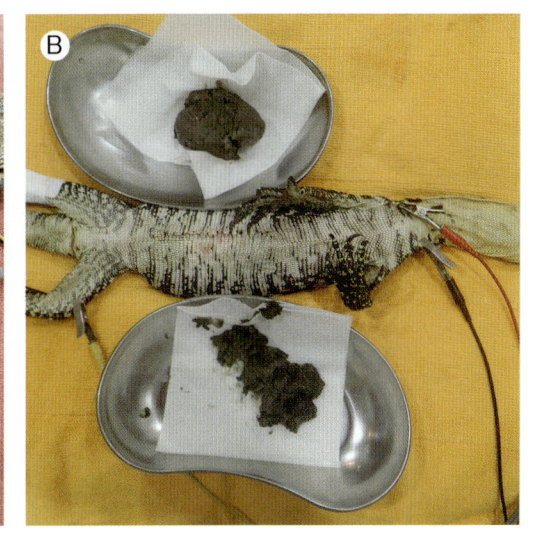

図3-10　便秘のトカゲから外科的に摘出した糞塊
A：グリーンイグアナから摘出した大量の糞塊.
　　便秘の原因は繊維質の割合が低い人工飼料の多給と考えられた.
B：ミズオオトカゲから摘出した糞塊.便秘の原因は環境温度および湿度の低下であると考えられた.
C：ヒョウモントカゲモドキから摘出した糞塊.便秘の原因は床材の砂の誤飲であった.

図3-11　腹壁ヘルニアを呈したヒョウモントカゲモドキ
体腔内臓器が皮下に脱出している.

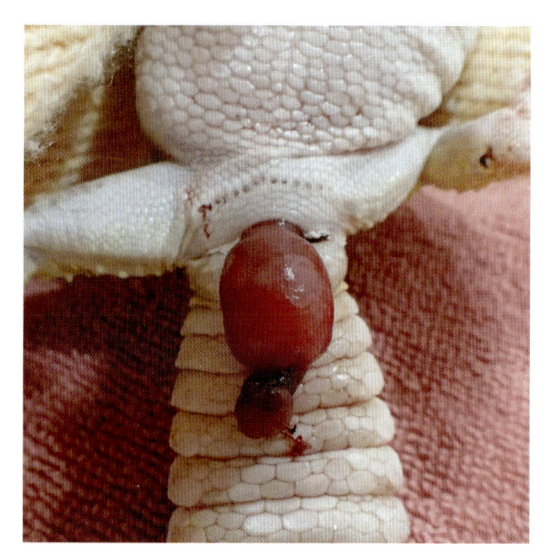

図3-12　直腸脱を呈したヒョウモントカゲモドキ
本例の糞便検査ではクリプトスポリジウムが検出された.

図3-13　結腸脱を呈したヒョウモントカゲモドキ
本例は代謝性骨疾患による脊椎の変形が認められる
（矢印）

症状

　消化管内異物では急性の元気消失，食欲廃絶，嘔吐，吐出，しぶりがみられ，時に下痢やメレナ，血便が生じることもあり，死亡することもある[4, 5]．激しいしぶりによる総排泄腔脱[4, 5]や腹囲膨満が認められることもある．また，ひも状異物の誤飲では，総排泄孔から異物の端がみられることもある（**図3-14**）．不完全閉塞例では慢性的な体重減少，食欲減退，間欠的な嘔吐や吐出を認めることもある[4]．

　便秘は排便の減少あるいは廃絶，食欲減退，元気消失，しぶり，時に総排泄腔の脱出を認めることがある[4]．便秘が重度の場合には，嘔吐や吐出が認められることもあり，体重減少がみられる[4]（**図3-15**）．

　腹壁ヘルニアでは，体腔腹側あるいは外側に局所的な膨隆が認められる（**図3-16**）[7]．その他の症状は便秘と同様である．

　消化管の脱出は，総排泄孔から反転した結腸，直腸，稀に小腸の脱出がみられ，総排泄腔とともに脱出することもある[4]（**図3-17**）．結腸の脱出では，表面が滑らかで筒状の様相を呈していることが多く，管腔内に便を認めることがある[4, 5]．

診断

　消化管内異物は，腹部をやさしく触診することで塊状物を触知できることがある[4, 5]．X線検査では消化管内異物が閉塞を起こしている場合，その異物の近位にループ状のガス陰影が認められること

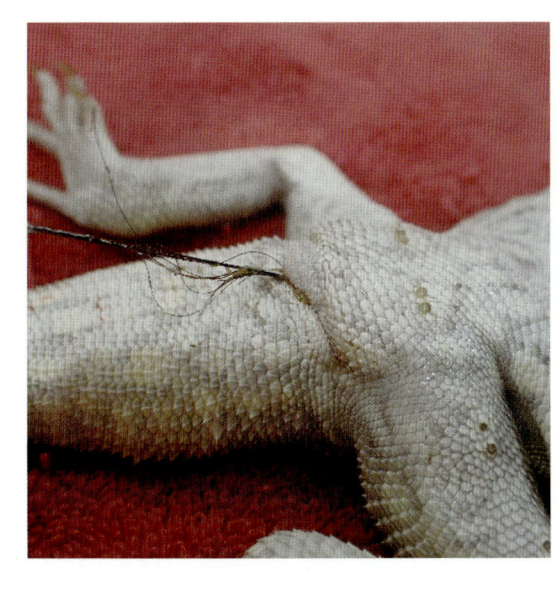

図3-14　総排泄孔から異物の端が排泄されている様子
総排泄孔からひも状異物がみられた場合には，無理に引っ張ってはならない．

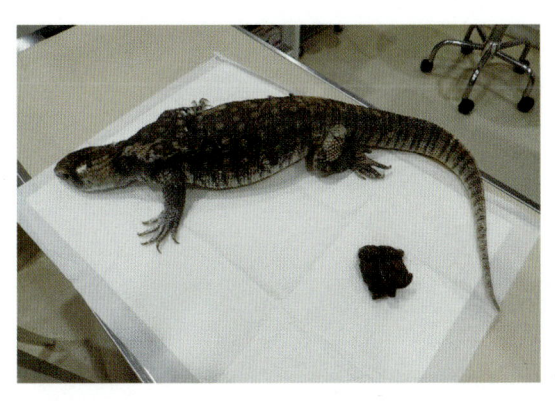

図3-15　慢性的な便秘を呈していたサバンナオオトカゲ
本例の問診では慢性的な食欲減退としぶりが聴取された．

図3-16　腹壁ヘルニアを呈したヒョウモントカゲモドキ
体腔頭側に局所的な膨隆部(矢印)がみられ，腹壁ヘルニアであることが確認された．本例の問診では慢性的な元気消失が聴取された．

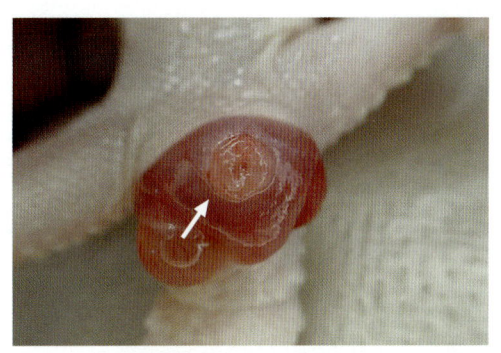

図3-17　総排泄腔とともに直腸が脱出した様子
中央部に見える管腔構造(矢印)が脱出した直腸である．

がある[4]．プラスチックやゴム製の異物の確認には消化管造影が必要となる[4]．トカゲの消化管通過時間は長く，消化管造影検査には数日から数週間を要することもある[4,8]．一方で超音波検査は消化管を描出するのに非常に優れている[4]．

　便秘の症例では，腹部を触診することで，大きく硬い円筒状の結腸を触知できる[4]．しかし，脂肪体，有殻卵，卵胞と誤認する可能性があるため，注意が必要である．これらの鑑別には画像検査が有用である[4]．X線検査では骨格の評価，超音波検査では生殖器の状態，体腔液の有無を同時に確認することができる(図3-18，19)．温めた生理食塩水を用いた浣腸は，結腸内容物を確認できると同時に治

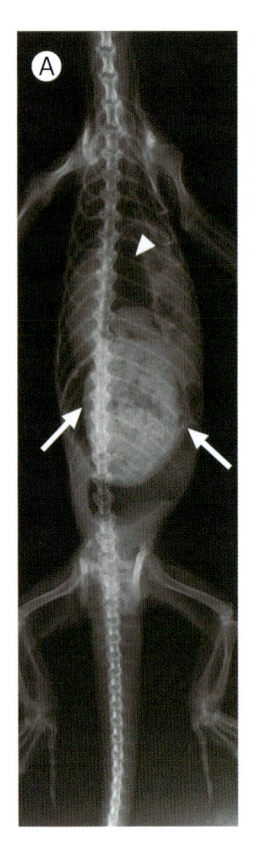
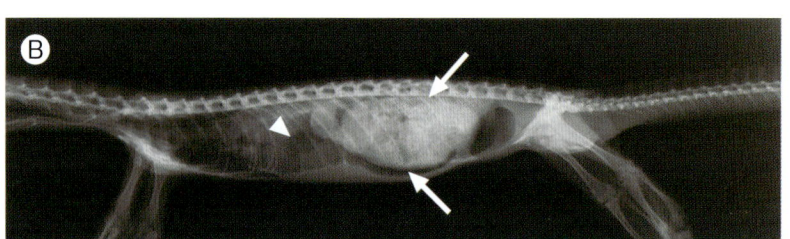

図3-18　便秘を呈したミズオオトカゲのX線検査所見
A：DV像．結腸内に糞塊を認める（矢印）．頭側の消化管内にはガス陰影を
　　認める（矢頭）．
B：右側ラテラル像．結腸内に糞塊を認める（矢印）．頭側の消化管内にはガ
　　ス陰影を認める（矢頭）．

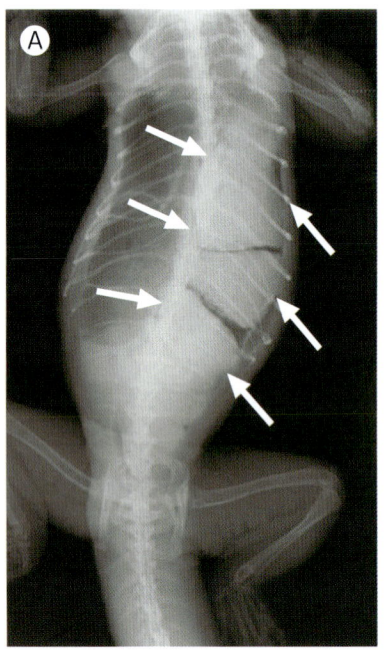
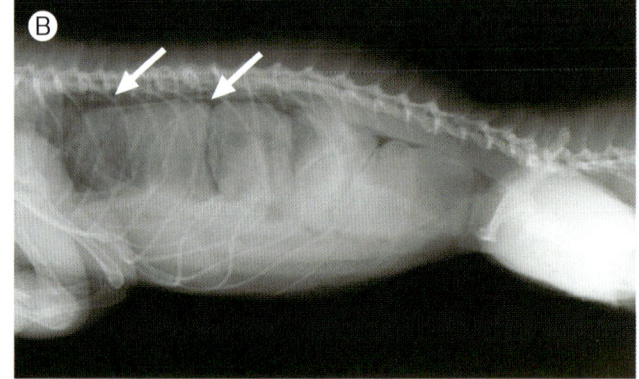

図3-19　便秘を呈したグリーンイグアナのX線検査所見
A：DV像．体腔の半分を糞塊が占拠している（矢印）．
B：右側ラテラル像．糞塊により肺野が圧迫されている（矢
　　印）．

　療の一環ともなる[4]．浣腸により採取した便は，寄生虫の有無を確認することが推奨されている[4]．
　　腹壁ヘルニアは，皮下に脱出した臓器を触診することで診断できることがある．最終的には試験的
開腹術によりヘルニア輪を確認する[7]（**図3-20**）．
　　消化管の脱出は脱出した消化管に外傷や浮腫を伴っている場合には，視診での判別が困難な場合が
ある（**図3-21**）．間違えやすい臓器として卵管が挙げられるが，卵管では長軸方向にのびる溝が確認
できる[4,5]．

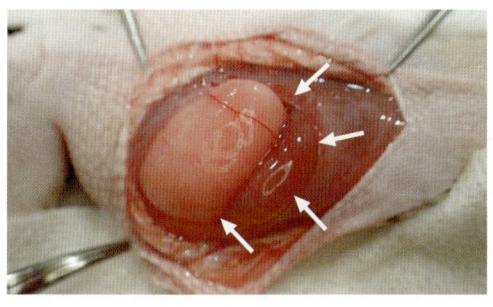

図3-20　腹壁ヘルニアを呈したヒョウモントカゲモドキ
ヘルニア輪(矢印)から脂肪体と小腸が脱出している.

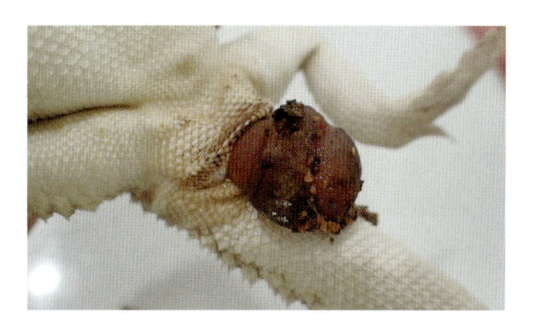

図3-21　総排泄腔脱を呈したフトアゴヒゲトカゲ
脱出臓器が外傷や浮腫を伴っている場合には,視診での臓器の判別が困難である.

治療および予後

　消化管内異物は通常,緊急状態であり,診断と異物摘出を行う目的で外科的に対応する必要がある[4](**手技1, 2**).多くの場合では,胃切開術あるいは腸切開術で対応できるが,稀に腸切除術が必要になることがある[4].トカゲの異物誤飲を飼い主が確認して,すぐに受診した場合,異物が胃内に停滞していることがある.このような場合には,麻酔下にて口から鉗子を胃に挿入して摘出したり,内視鏡によって摘出できることもある(**図3-22**).

　便秘の治療として,水和と排便を促すために,温浴(35〜40度,10〜15分,1日1回)が行われることが多い[4].また,カルシウムの投与,適切な環境温度と紫外線の供給とともに線維を多く含んだ食餌を強制給餌することが推奨されている[4].重症の場合,治療は入院管理下で補液を行う[4].温浴により排便が認められない場合には,綿棒で総排泄孔を刺激すると排便することもある.以上の治療に反応しない症例に対しては,浣腸を行うこともある.浣腸は金属製ゾンデをやさしく総排泄孔から肛門洞まで挿入し,35〜40度のお湯と潤滑ゼリーの混合液を適量注入する[4](**図3-23**).浣腸後も排便がみられない場合には,外科的な介入が必要となり,腸切開術により停滞した糞塊を摘出する[4,5,9](**手技3**).

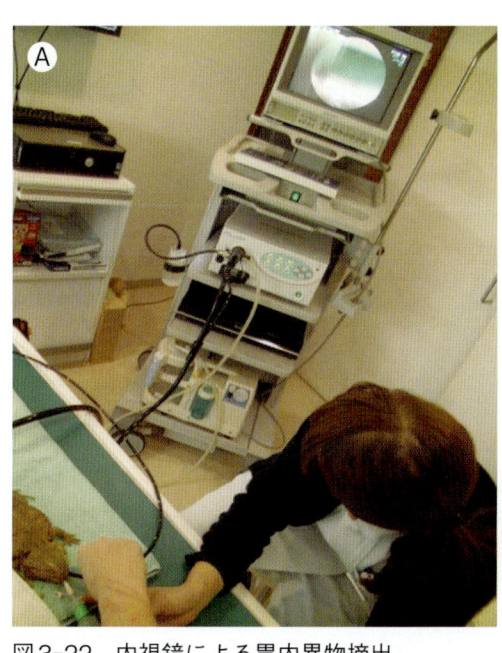
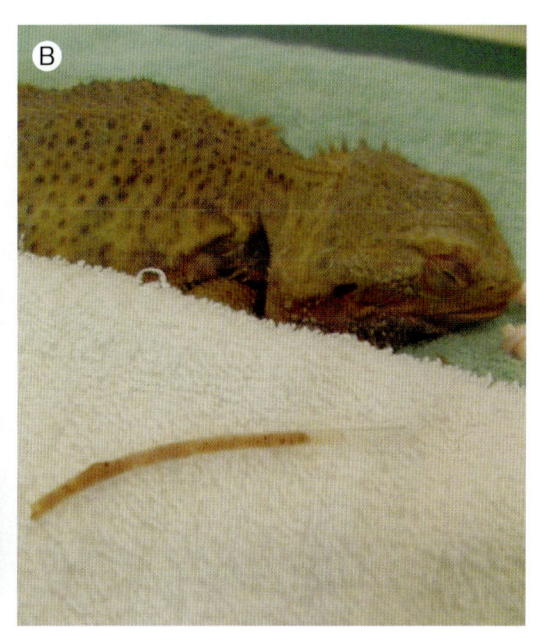

図3-22　内視鏡による胃内異物摘出
A：消化管内視鏡により胃内の異物を確認し,摘出する.
B：術後のフトアゴヒゲトカゲと摘出した強制給餌用の栄養チューブ

腹壁ヘルニアの治療は，外科的に行う．開腹後，腹圧を上昇させていたと考えられる原因（消化管内異物，便秘）を除去したのち，腹壁に生じたヘルニア輪を閉鎖する[7]（**手技4**）．

　消化管の脱出は，脱出した消化管を温かい生理食塩水あるいは希釈したクロルヘキシジンで優しく洗浄する[4]．脱出した消化管が浮腫を呈している場合には，高張食塩水やブドウ糖液で優しくマッサージすることで，浮腫を軽減できることもある[4]．浮腫の改善が認められたら，手術用グローブを装着した指に潤滑ゼリーを塗布して，あるいは綿棒などで脱出した消化管を整復する[4]．この処置を行う際，いきむ症例であれば，鎮静あるいは麻酔が必要になる[4]．リドカインなどの局所麻酔薬を含んだゼリーやクリームを塗布することで，いきみを軽減できることもある[4]．脱出臓器の整復後，管腔内にゾンデを用いて，正常な位置に消化管を戻す[4]．その後，総排泄孔を一時的に狭めるために縫合処置を行う[4]．この時，排尿が可能で，消化管の脱出がない程度に調節する必要がある[4]（**図3-24**）．縫合処置

図3-23　浣腸後，排泄された糞と尿酸
本症例の便秘の原因は総排泄腔内に蓄積した尿酸だった．

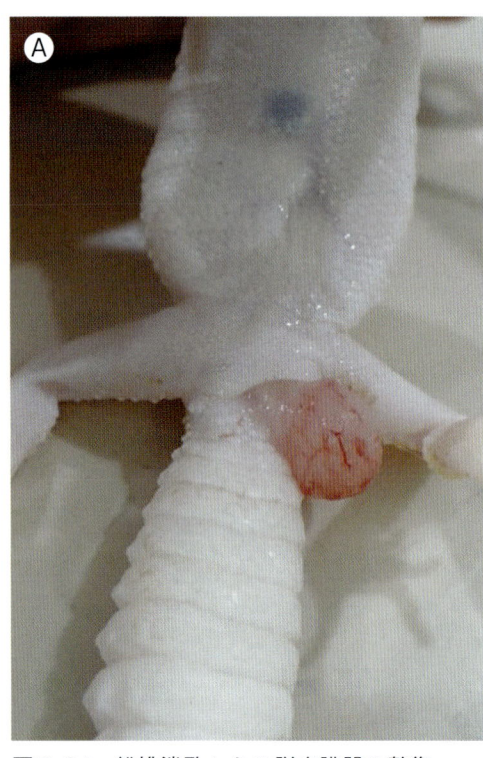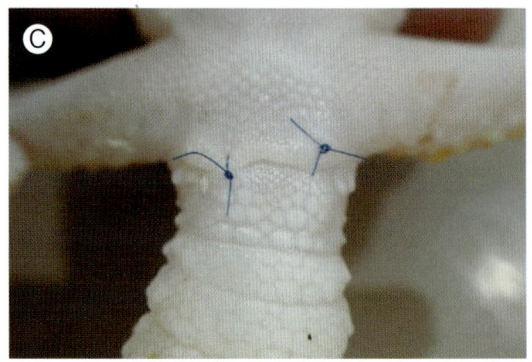

図3-24　総排泄孔からの脱出臓器の整復
　A：総排泄腔脱を呈するヒョウモントカゲモドキ
　B：綿棒に潤滑ゼリーを塗布して，脱出臓器を整復する．
　C：排尿が可能で，消化管の脱出がない程度に総排泄孔を縫合する．

をしてもなお消化管が脱出する場合には，経皮的に腸管固定を行うか，開腹後に結腸固定あるいは総排泄腔固定を行う[4,9]（**図3-25**）．

　処置後は抗生物質と抗炎症剤の投与が推奨されている．また，総排泄腔内へ局所麻酔薬を含んだゼリーやクリームとスルファジアジン銀クリームを注入する方法も知られている[4]．術後管理として，水和を十分に行い，排便させないために数日は絶食させることが重要である[4]．

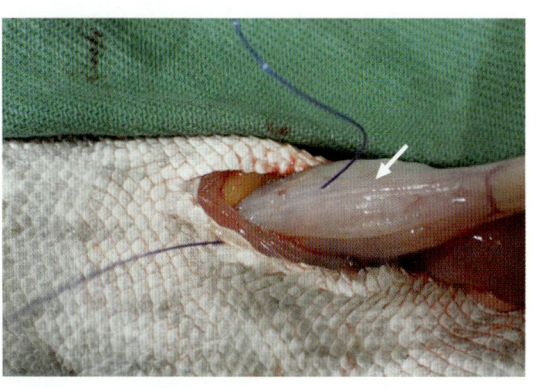

図3-25　結腸固定の様子（フトアゴヒゲトカゲ）
結腸（矢印）は頭側方向に十分に牽引した後，縫合糸を消化管壁全層に貫通させ，腹壁に固定する．

臨床医のコメント

　トカゲの消化器疾患には口内炎，歯牙疾患，顎骨骨折，嘔吐，下痢，総排泄腔炎，肝疾患なども含まれるが，本稿では，臨床で遭遇しやすい疾患に絞ってまとめた．特に，消化管内異物や便秘は飼育環境の整備，適切な給餌により予防できることが多い疾患であるため，飼育者への飼育指導が大切である．また，総排泄孔からの臓器の脱出は，脱出した臓器を整復することだけに終止せず，その原因を明らかにし是正することが重要である．

（高見義紀）

 参考文献

1. 中村健児．1形態．泌尿生殖器系．動物系統分類学脊椎動物（Ⅱb1）第9巻下 B1爬虫類Ⅰ．内田亨，山田真弓監修．中山書店．東京．1988．pp36-44.

2. Barten SL. 2006. Lizards. pp. 59-77. *In*：Reptile medicine and surgery. 2nd ed.（Mader DR. ed.），Elsevier, St Louis.

3. 霍野晋吉．中田友明．爬虫類の身体的・解剖学的・生理学的特徴．カラーアトラスエキゾチックアニマル爬虫類・両生類編-種類・生態・飼育・疾病- 緑書房．東京．2017．pp92-142.

4. Johnson R, Doneley B. 2018. Diseases of the gastrointestinal system. pp. 273-285. *In*：Reptile medicine and surgery in clinical practice.（Doneley B, Monks D, Johnson R, Carmel B. eds.），Wiley Blackwell, Ames.

5. McArthur S, McLellan L, Brown S：消化器系．爬虫類マニュアル第二版．宇根有美，田向健一監修．学窓社．東京．2017．pp. 251-272.

6. O'Malley B. 2005. Lizard. pp. 57-75. *In*：Clinical anatomy and physiology of exotic species. Elsevier, St Louis.

7. 高見義紀．腹壁ヘルニアを認めたヒョウモントカゲモドキの2例（2012）エキゾチックペット研究会症例発表抄録

9. Hernandez-Divers SJ：外科：理論と技術．爬虫類マニュアル第二版．宇根有美，田向健一監修．学窓社．東京．2017．pp. 183-204.

8. Grosset C, Daniaux L, Guzman DS, et al. 2014. Radiographic anatomy and barium sulfate contrast transit time of the gastrointestinal tract of bearded dragons（*Pogona vitticeps*）．*Vet Radiol Ultrasound*. 241-250.

❶異物を含んだ小腸を露出する.

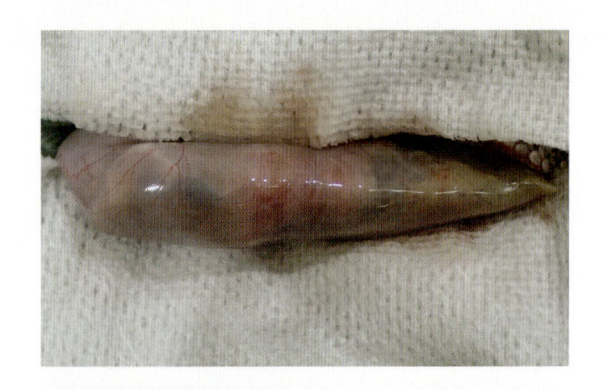

❷小腸に縦切開を加え，異物を摘出する.

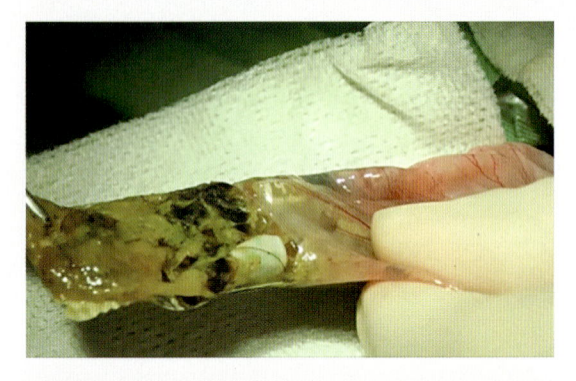

❸切開部位は吸収性縫合糸にて縫合する.

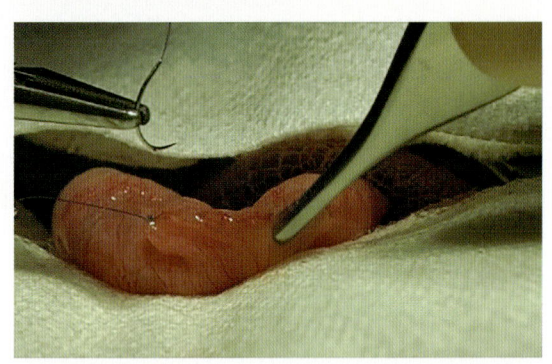

❹術後のフトアゴヒゲトカゲと摘出したプラスチックと髪の毛を含む異物

●手技2　胃内異物摘出術（フトアゴヒゲトカゲ）

❶異物を含んだ胃を露出する.

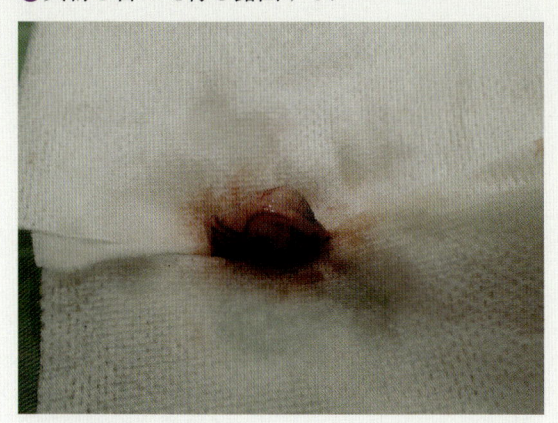

❷胃に小切開を加え，異物を把持する.

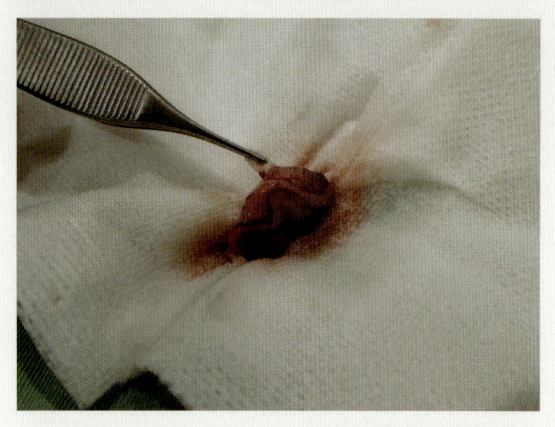

❸異物を摘出する.

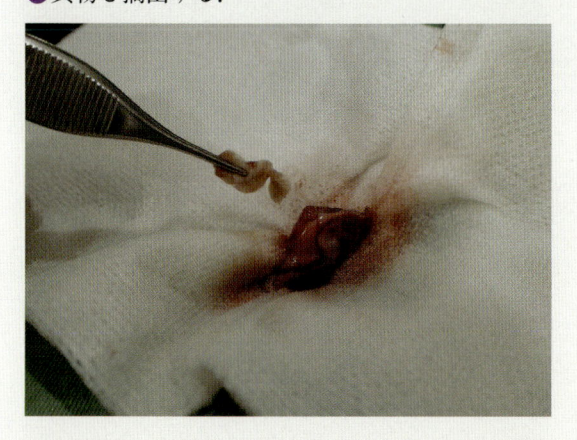

❸切開部位は吸収性縫合糸にて縫合する.

❺術後のフトアゴヒゲトカゲと摘出したスポンジとゴムを含む異物

❶異物を含んだ結腸を露出する.

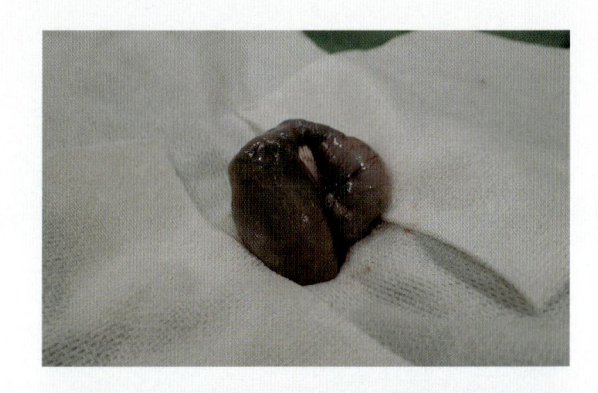

❷結腸に縦切開を加え，糞塊を摘出する.

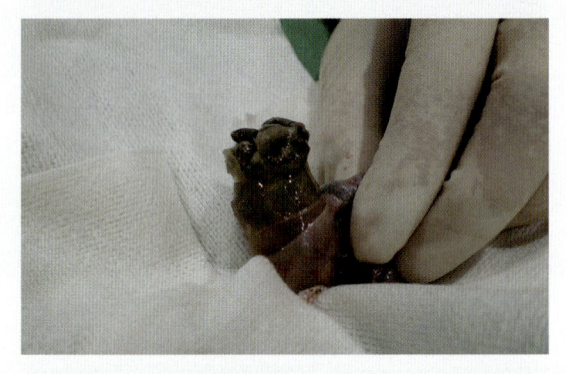

❸切開部位は吸収性縫合糸にて縫合する.

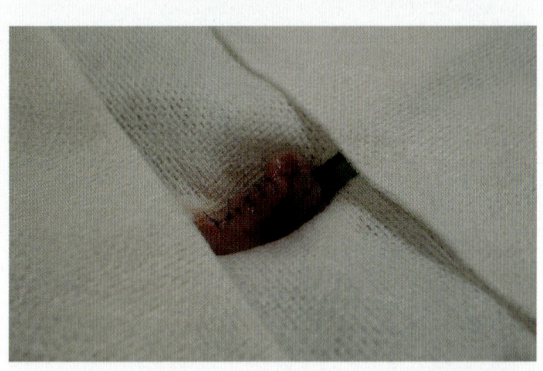

❹術後のフトアゴヒゲトカゲと摘出した糞塊

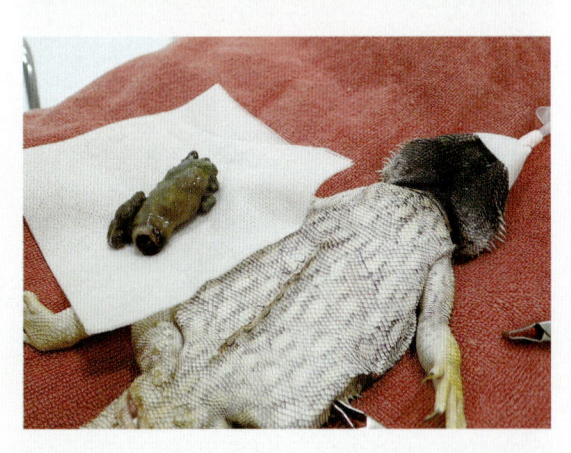

◉手技4　腸閉塞を伴う腹壁ヘルニアの整復術（ヒョウモントカゲモドキ）

❶症例の腹部皮下に脂肪体と異物を含んだ消化管が脱出している.

❷異物（床材の砂）を含む結腸を露出する.

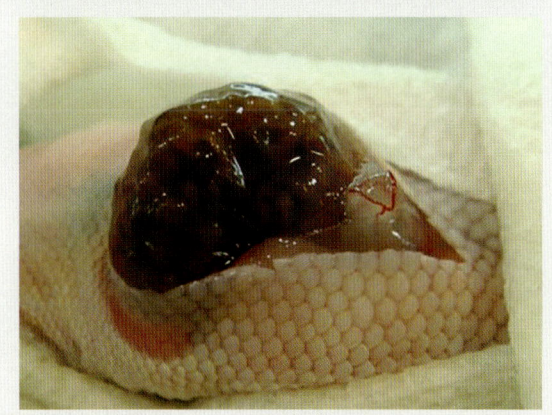

❸結腸に縦切開を加え，結腸内の砂を摘出する.

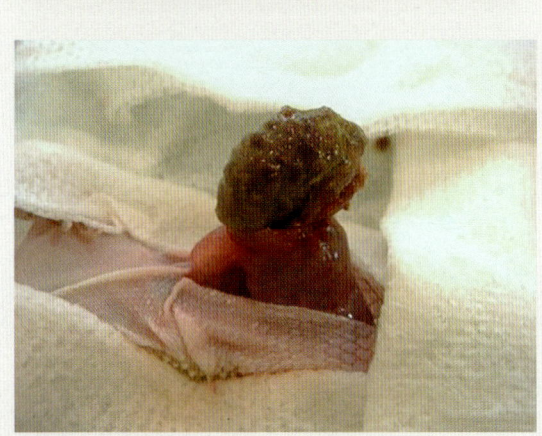

❹切開部を吸収糸にて縫合する.

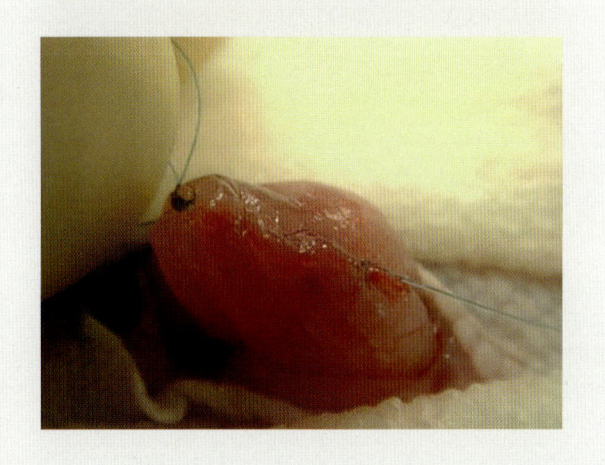

❺脱出臓器を体腔内に還納後，ヘルニア輪を確認する．

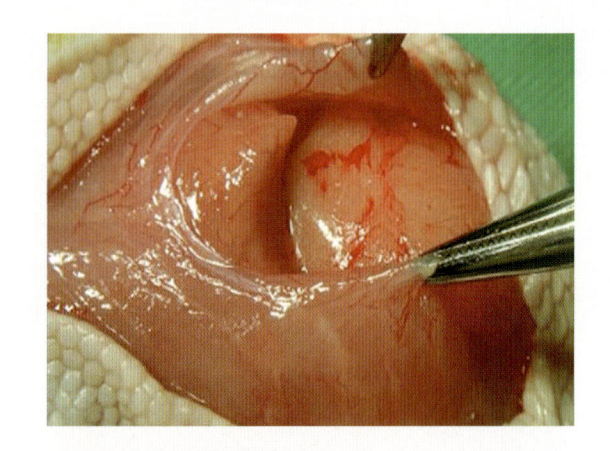

❻ヘルニア輪を縫合する．

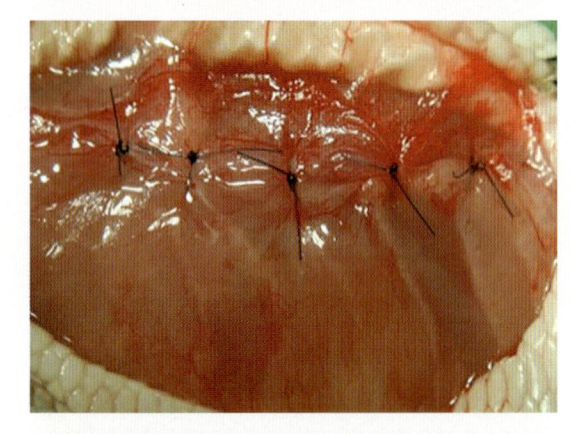

❼皮膚を外反させ，マットレス縫合する．

❽術後の症例

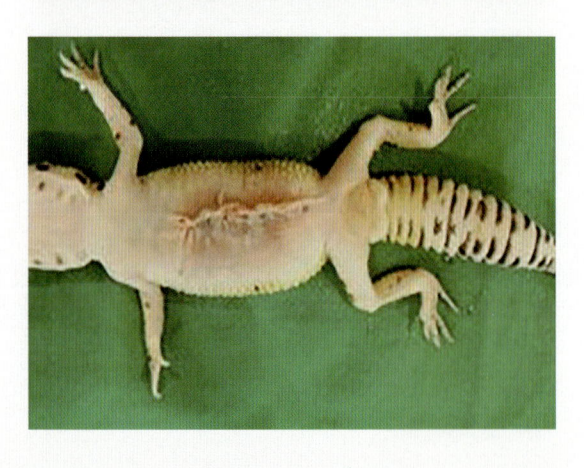

トカゲのクリプトスポリジウム症

Cryptosporidiosis

はじめに

クリプトスポリジウム(*Cryptosporidium*)は，アピコンプレックス門クリプトスポリジウム科クリプトスポリジウム属に属する寄生虫の総称である．

25種類のクリプトスポリジウムが，魚類，両生類，爬虫類，鳥類および哺乳類から記載されており，未記載種として40種類以上の genotypes がさまざまな脊椎動物を宿主としていることが報告されている[1]．

爬虫類におけるクリプトスポリジウム症は，トカゲ目およびカメ目で報告されているが，ワニ目およびムカシトカゲ目からのクリプトスポリジウム検出の報告はない[1]．

トカゲで主に検出される種は，*C. varanii*(syn. *C. saurophilum*)である．*C. varanii* は，多種のトカゲで主に腸および総排泄腔に感染し，病原性を示す[1]．*C. varanii* の感染は，フトアゴヒゲトカゲ(*Pogona vitticeps*)，ヤマカメレオン(*Chamaeleo montium*)，エボシカメレオン(*Chamaeleo calyptratus*)，ニシアフリカトカゲモドキ(*Hemiteconyx caudicintus*)，ツノミカドヤモリ(*Rhacodactylus auriculatus*)，ヒョウモントカゲモドキ(*Eublepharis macularius*)，プレートトカゲの1種(*Gerrhosaurus* sp.)，グリーンイグアナ(*Iguana iguana*)，ミドリカナヘビ(*Lacerta viridis*)，シロテンカラカネトカゲ(*Chalcides ocellatus*)，シュナイダースキンク(*Eumeces schneideri*)，ワキアカマブヤ(*Trachylepis perrotetii*)，サバクオオトカゲ(*Varanus griseus*)，エメラルドツリーモニター(*Varanus prasinus*)などで報告されている[1]．

その他の種としては，ヘビ亜目の胃に感染する *C. serpentis* がフトアゴヒゲトカゲ(*P. vitticeps*)，エリマキトカゲ(*Chlamydosaurus kingui*)，ウスタレカメレオン(*Chamaeleo oustaleti*)，ヤマカメレオン(*C. montium*)，ツノミカドヤモリ(*R. auriculatus*)，ヒョウモントカゲモドキ(*E. macularius*)，ワキアカマブヤ(*T. perrotetii*)，サバクオオトカゲ(*V. griseus*)，エメラルドツリーモニター(*V. prasinus*)，ナイルモニター(*Varanus niloticus*)，サバンナモニター(*Varanus exanthematicus*)で報告されている．また，カメ目から検出される *C. ducismarci* がエボシカメレオン(*C. calyptratus*)から検出された報告[2]がある．*C. parvum*, *C. muris*, *C. tyzzeri* などの主に哺乳類を宿主とする種も複数のトカゲ種から報告されている[3]．*C. parvum*, *C. muris*, *C. tyzzeri* に関しては，食餌として与えられたマウスなどの哺乳類に感染していたものと考えられている．

クリプトスポリジウム症は，爬虫類の臨床において頻繁に遭遇する重要な疾患である．Koudela らは，67種220頭(野生採取個体85頭および飼育個体135頭)のトカゲにおいて便検査を行ったところ，9.1%(20頭)の個体からクリプトスポリジウムのオーシストが検出されたと報告している[4]．Richiter らは，トカゲおよびヘビのサンプル(便または胃内容物)672検体の PCR を行ったところ，17.7%(119検体)でクリプトスポリジウムが検出されたと報告している[5]．

クリプトスポリジウムは，糞便，あるいは汚染された食物や水を介して，オーシストを経口的に摂取することにより感染する．

症状

クリプトスポリジウムによる胃炎および腸炎では，嘔吐，下痢，脱水，食欲不振，削痩(図3-26〜28)などの消化器症状が主症状である．典型例では，脂肪組織が消失し，尾や骨盤部分の骨が目立つようになる(図3-29)．また，消化管は肥厚し，痩せているにもかかわらず腹部が膨満する

図3-26 削痩したヒョウモントカゲモドキ
（*Eublepharis macularius*）

図3-27 脱水がみられるエボシカメレオン
（*Chamaeleo calyptratus*）

図3-28 削痩したフトアゴヒゲトカゲ
（*Pogona vitticeps*）

図3-29 脂肪組織が消失し，尾が細くなり骨盤が目立つヒョウモントカゲモドキ

（**図3-30**）．重症例では腹水の貯留がみられることもある（**図3-31**）．消化器症状は，クリプトスポリジウム症に特異的ではないため，便検査のみでなく，必要に応じて血液検査，尿検査，画像診断なども行い，消化器症状を呈する他の疾患と鑑別する必要がある．初期には，食欲があるにもかかわら

図3-30　腹部膨満がみられるヒョウモントカゲモドキ
腹水の貯留がみられた.

図3-31　腹水貯留がみられるヒョウモントカゲモドキ

ず削痩することが多く，末期になると食欲廃絶，突然死などがみられる．トカゲの種類によっては，クリプトスポリジウムに感染しても無症状の場合や症状が現れても自然治癒することもあるが，ヒョウモントカゲモドキ(*E. macularius*)などの動物種では慢性消耗性に下痢が長期間持続する増殖性腸炎を呈する[6]．また，グリーンイグアナ(*I. iguana*)において，耳咽頭のポリープが *Cryptosporidium* sp. の感染により起こったとの報告がある[7,8]．

診断

　クリプトスポリジウム症の確定診断は，糞便，胃洗浄液，総排泄孔スワブなどからのオーシストの検出によって行う．

　クリプトスポリジウムのオーシストは，*C. serpentis* が 6.2(5.6〜6.6)×5.3(4.8〜5.6)μm(**図3-32**)，*C. varanii* が 4.7(4.2〜5.2)×5.0(4.4〜5.6)μm(**図3-33**)程度と非常に小型であり，生理食塩水を用いた通常の便検査で検出することは困難である．ショ糖溶液浮遊法では，オーシストはピンク〜オレンジ色に輝いて見える(**図3-34**)ため，臨床の現場では，迅速に実施可能な簡易ショ糖浮遊法が用いられる．

　抗酸菌染色(チール・ネルゼン染色)を行うと，クリプトスポリジウムのオーシストは，赤色に染色され，容易に検出可能である(**図3-35**)．ショ糖溶液浮遊法で判断が難しい場合には，抗酸菌染色を併用する．

　犬や猫のクリプトスポリジウム症の診断に利用されている RT-PCR 法は，クリプトスポリジウム属に共通の遺伝子を検出しているため，*C. varanii* や *C. serpentis* も検出可能である．また，簡易ショ糖浮遊法および抗酸菌染色で不検出であっても，RT-PCR 法でクリプトスポリジウム陽性を示す個体が存在するため，検出感度は通常の便検査よりも高いと思われる．

　クリプトスポリジウムのオーシストは，形態的特徴に乏しく，種を同定することは困難である．*C.*

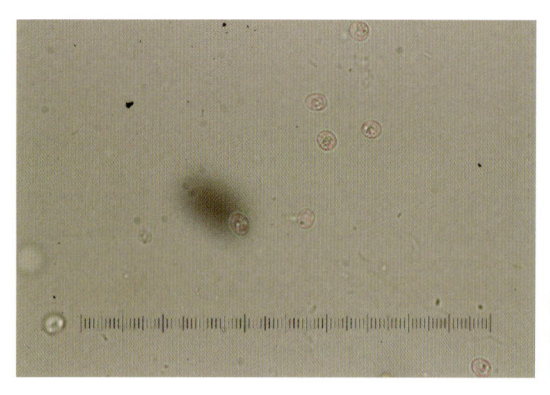

図3-32　コーンスネークから検出された *Cryptosporidium serpentis*（簡易ショ糖溶液浮遊法，×1,000）

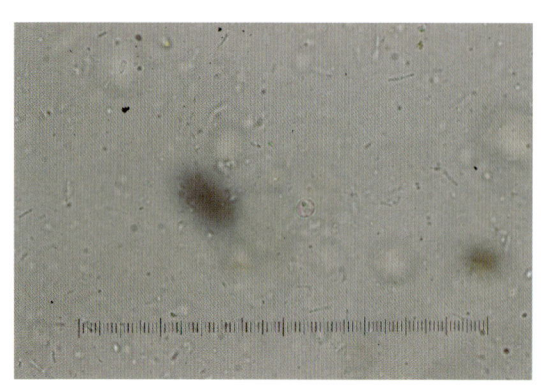

図3-33　フィルビートゲオアガマ（*Uromastyx ornata phylbyi*）から検出された *Cryptosporidium varanii*（簡易ショ糖溶液浮遊法，×1,000）

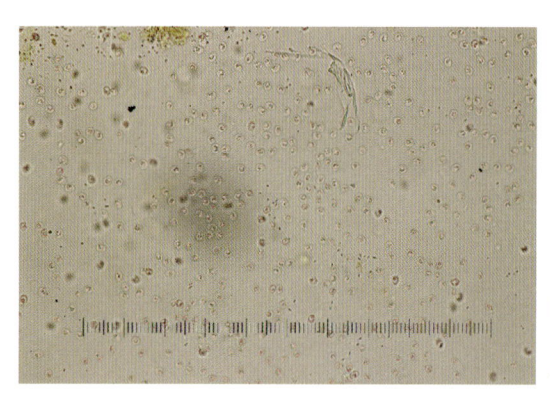

図3-34　簡易ショ糖溶液浮遊法で検出された多量のクリプトスポリジウムオーシスト（×400）

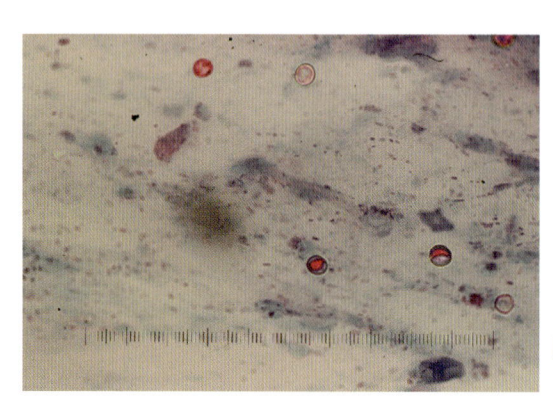

図3-35　抗酸菌染色（チールネルゼン染色，×1,000）

serpentis のオーシストは，*C. varanii* のものより大型だが，この2種以外のクリプトスポリジウムが検出される可能性もあるため，オーシストの形態のみでの同定は避けるべきである．クリプトスポリジウムの種を同定するには，PCR/RFLP法またはダイレクトシークエンス法などを用いて遺伝子型を決定する必要があるが，臨床応用されていない．クリプトスポリジウムの種の同定は，その感染経路やヒトへの病原性などを検証する上で重要である．

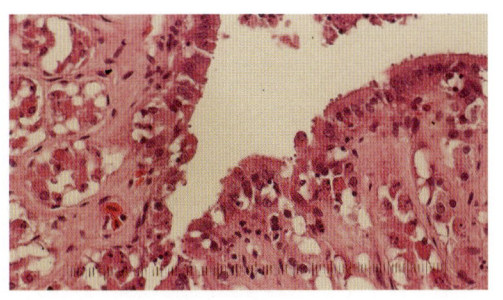
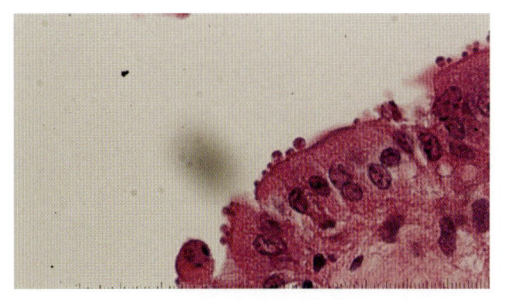

図3-36　病理組織学的検査(HE 染色，×400)
腸上皮細胞の表面にクリプトスポリジウムの寄生がみられた.

図3-37　病理組織学的検査(HE 染色，×1,000)
腸上皮細胞の表面にクリプトスポリジウムの寄生がみられた.

Graczyk らは，ELISA 法により *C. serpentis* のオーシスト壁抗体を検出する方法は感度および特異度に優れていると報告している[9]．この方法も，臨床応用はされていない.

病理組織学的検査では，感染した小腸の上皮細胞表面にクリプトスポリジウムの寄生がみられる（**図3-36，37**）.

Graczyk らは，不顕性感染ヘビの *C. serpentis* オーシストの検出には，少なくとも5〜7回の便検査が必要であると報告している[10]．便検査でのクリプトスポリジウムの検出感度は低く，オーシストは間欠的に排出されるため，複数の検査を組み合わせ，繰り返し行うことにより検出感度を高める必要がある．すべての検査がクリプトスポリジウム陰性の結果でも，クリプトスポリジウム症を完全に否定することはできない.

治療

現在，クリプトスポリジウム症に対する根治治療は，存在しない．緩和治療として，アジスロマイシン(10 mg/kg PO 2〜7日毎)，トリメトプリム・サルファ剤(30 mg/kg PO sid 14日間，その後週1〜3回×3〜6カ月間)，スピラマイシン(160 mg/kg PO sid 10日間，その後週2回×3カ月間)，メトロニダゾール(100〜275 mg/kg PO 1回投与，必要なら2週間後に再投与)，パロモマイシン(300〜800 mg/kg PO sid 10日間)，ニタゾキサニド(5 mg/kg，PO，sid)などが使用される[11, 12]．筆者は，トカゲのクリプトスポリジウム症に対し，ニタゾキサニドおよびパロモマイシンを単独または併用することを第一選択治療としている．これらの薬剤を使用すると，臨床症状の改善およびオーシスト排泄量の減少がみられる．ヒョウモントカゲモドキ(*E. macularius*)[13]，サバンナモニター(*V. exanthematicus*)[14]において高免疫牛初乳を使用して良好な成績を収めた報告があるが，効果を疑問視する意見もある.

嘔吐，下痢による脱水，削痩，二次感染に対しては，保温，補液，強制給餌，抗菌薬投与などの適切な支持療法を行う.

治療に反応し，臨床症状が改善した個体では，外見的に正常にみえることも多い．しかし，クリプトスポリジウムの感染は持続しているため，環境変化，寒冷，疾病などにより免疫状態が悪化すれば容易に再発する．また，臨床症状がなくとも，オーシストの排出は持続しているため，生涯にわたる衛生管理，隔離が必要となる.

重度のクリプトスポリジウム症では，消化管粘膜の障害が不可逆的となり，治療に反応せず予後不良である.

クリプトスポリジウムのオーシストは15℃の水中では7カ月以上感染力をもつ[13]．オーシストは，一般的な消毒薬(塩素，ヨード，アルコール)に耐性のため，64℃以上の熱湯で2分間以上消毒を行う[13]．熱湯を使用できないものに関しては，エタノールでふき取り，完全に乾燥させる．感染個体は，完全に隔離し，扱う際にはディスポーザブル手袋などの使用が推奨される．ケージ，器具などの共用

は避け，感染個体専用とする．コオロギやゴキブリなどのエサ昆虫は，ケージ内に放しておくと便を食べる．したがって，エサ昆虫の使いまわしはクリプトスポリジウムの感染を拡大する要因となる．

新規個体をコロニーに導入する際には，検疫期間を設け，複数回の便検査行う．理想的には，クリプトスポリジウムフリーのコロニー間でのみ繁殖を行う．

不顕性感染個体は，クーリングなどのストレスを避け，適切な環境，食餌，水分を与えて発症を回避する．

臨床医のコメント

クリプトスポリジウムは，それ自体が病原性を持つとともに，他の疾患や寒冷などにより免疫抑制がかかった状態で発症する．クリプトスポリジウム症を診断した場合，環境や食餌などの発症要因を確認し，感染症や腫瘍などの併発疾患の有無を診断する必要がある．問診，臨床検査などを駆使し，総合的に病態を把握しなければ，適切な治療が難しい疾患である．

クリプトスポリジウムの治療にパロモマイシンおよびニタゾキサニドを使用するようになってから，治療成績は良くなったように感じる．鳥類のクリプトスポリジウム症に対し，パロモマイシン（50〜75 mg/kg bid），ニタゾキサニド（50〜100 mg/kg sid〜bid）などの薬用量が報告されている[15]．爬虫類では，鳥類と比較してパロモマイシンは多く，ニタゾキサニドは少なく投薬されている．別種の動物を単純比較することはできないが，筆者の経験では，鳥類と同様の投薬量でも，効果が認められたため，薬用量については再検討が必要かもしれない．

（松原且季）

 **参考文献**

1. Kvac M., McEvoy J., Stenger B., Clark M. 2014. Cryptosporidiosis in other vertebrates. pp237-323. *In*：*Cryptosporidium*：parasite and disease.（Caccio S.M., Widmer G. ed.），Springer, New York.

2. Pedraza-Diaz S., Ortega-Mora LM., Carrion BA., Navarro V., Gomez-Bautista M.（2009）Molecular characterization of *Cryptosporidium* isolates from pet reptiles. Vet. Parasitol. 160（3-4）：204-210.

3. Xiao L., Ryan UM., Graczyk TK., Limor J., Li L., Kombert M., Junge R., Sulaiman IM., Zhou L., Arrouwood MJ., Koudela B., Modry D., Lal AA.（2004）Genetic diversity of *Cryptosporidium* spp. In captive reptiles. Appl Environ Microbial. 70（2）：891-899.

4. Koudela B., Modry D.（1998）New species of *Cryptosporidium*（Apicomplexa：Cryptosporidiidae）from lizards. Folia Parasitologica. 45：93-100.

5. Richter B., Nedorost N., Maderner A., Weissenböck H.（2011）Detection of *Cryptosporidium* species in feces or gastric contents from snakes and lizards as determined by polymerase chain reaction analysis and partial sequencing of the 18S ribosomal RNA gene. J Vet Diagn Invest. 23：430-435.

6. 黒木俊郎．（2007）爬虫類のクリプトスポリジウム症．VEC. 5（1）：58-65.

7. Uhl EW., Jacobson E., Bartick TE., Micinilio J., Schimdt R.（2001）Aural-pharyngeal polyps asoociated with Cryptosporidium infection in three iguanas（*Iguana iguana*）. Vet Pathol. 38（2）：239-242.

8. Fitzgerals SD., Moisan PG., Bennett R.（1998）Aural polyp associated with cryptosporidiosis in an iguana（*Iguana iguana*）. J Vet Diagn Invest. 10（2）：179-180.

9. Graczyk TK., Cranfield MR.（1997）Detection of *Cryptosporidium*-specific immunoglobulins in captive snakes by a polyclonal antibody in the indirect ELISA. Vet Res. 28：131-142.

10. Graczyk TK., Cranfield MR.（1996）Assessment of the conventional detection of facal *Cryptosporidium serpentis* oocysts in subclinically infecter captive snakes. Vet Res. 27：185-192.

11. Jepson L. 2009. Chapter 7 Lizards. Pp268-314. *In*：Exotic animal medicine a quick reference guide. Saunders. New York.

12. Klaphake E., Gibbons PM., Sladlky KK., Carpenter JW. 2018. Chapter 4 Reptiles. pp81-166. *In*：Exotic animal formulary fifth edition.（Carpenter JW., Marion CJ. ed.），Elsevier, St.Louis.

13. Graczyk TK., Cranfield MR., Bostwick EF.（1999）Hyperimmune bovine colostrum treatment of moribund Leopard geckos（*Eublepharis macularius*）infected with *Cryptosporidium* sp. Vet Res. 30：377-382.

14. Graczyk TK., Cranfield MR., Bostwick EF.（2000）Successful hyperimmune bovine colostrum treatment of Savanna monitors（*Varanus exanthematicus*）infected with *Cryptosporidium* sp. J Prarasitol. 86：631-632.

15. 海老沢和荘．第2章嘔吐・吐出．エキゾチック臨床 Vol.7 飼い鳥の鑑別診断と治療 Part1. pp33-84. 学窓社．東京．2012.

トカゲとヘビの泌尿器疾患 Urinary diseases

はじめに

トカゲとヘビの腎臓は左右対をなして体腔内尾側の背側に存在している[1~3]. 腎臓の外形は体型によって異なり, ヘビとトカゲの中で体の細長いものでは紐状であるが, その他のものでは楕円か長楕円形である[1]. 腎臓の内部には, 腎盂はなく, 尿管は樹枝状に分岐している[1].

尿管の後端は総排泄腔の尿生殖洞の背壁に開く[1]. ある種のトカゲでは総排泄腔の腹側の壁から膀胱が膨出していて, 尿は一度総排泄腔に出され, その壁を伝わって膀胱内に溜められる[1]. ヘビと多くのトカゲは膀胱をもたない[1,2]. トカゲの中には尿管の末端が精管または卵管と合して, 総排泄腔壁に突出した尿生殖突起(Papilla urogenitalis)に開くものもいる[1,2].

腎臓の血液循環は, 動脈から毛細血管を経て静脈にいたる一般的な循環のほかに, 静脈から毛細血管を経て, 再度静脈に集まる門脈系の2つが存在する[1~3]. 大動脈から出た腎動脈は分岐して多くの枝をつくり, この枝は毛細血管となって腎小体のなかで糸球体をつくった後, 腎静脈となって後大静脈に連絡する[1]. 腎門脈系は後肢と尾部からの静脈の一部が腎門脈となり, 腎臓内で毛細血管に分岐して尿細管のあいだに分布するが, その末端は腎静脈の枝に連絡する[1].

トカゲとヘビの泌尿器疾患では, 腎疾患のほか, 下部泌尿器疾患として尿路結石が認められる[4,5].

腎疾患の原因は多岐にわたり, 感染性と非感染性に分類できる[4]. 感染性腎疾患では一般的にグラム陰性菌として *Salmonella* や *Pseudomonas* が認められ, 全身性疾患を伴うことが多い[4]. また, 真菌の感染では腎臓に肉芽腫が生じることがある[4]. 病理学的検査ではウイルスの封入体が認められることもある[4]. その他, フトアゴヒゲトカゲの *Microsporidia* 感染[6], ヘビの *Spironucleus* 感染[7], ボア・コンストリクターの *Klossiella* 感染[8]などの報告がある. 非感染性腎疾患では腎嚢胞や形成不全などの先天性疾患[7], 糸球体硬化症などの変性性疾患[7], 腺癌, 腺腫, 移行上皮癌などの腫瘍性疾患[9~13](**図3-38**), サプリメントによるビタミンDの過剰[5], 殺鼠剤に含まれるコレカルシフェロールの摂取による腎石灰化などの報告[4]がある.

尿路結石は, 膀胱結石, 総排泄腔結石が一般的であり, トカゲ科, ヤモリ科, イグアナ科, カメレオン科などの膀胱を持つ種では膀胱結石が, ヘビと膀胱をもたないトカゲでは総排泄腔結石が認められることがある[4]. 尿路結石の原因としてビタミンD, ビタミンAの欠乏, 食餌中の過剰な蛋白質とシュウ酸塩, 細菌感染, 脱水などが知られている[4].

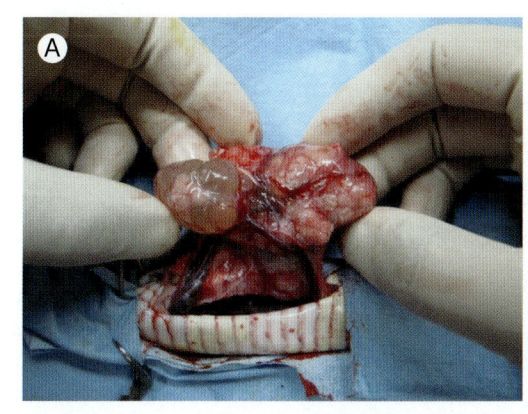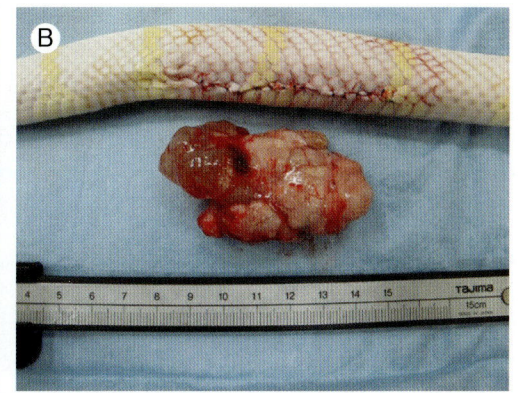

図3-38　コーンスネークの腎臓腫瘍の摘出(田園調布動物病院田向健一先生より提供)
A：体腔外に露出した腫瘍化した腎臓
B：摘出した腫瘍化した腎臓

腎疾患のトカゲとヘビは，全身性疾患を伴っている場合が多い[4,14]．急性腎疾患では，臨床症状は乏しいが，食欲不振，衰弱などといった非特異的な症状が認められることがある[4,14]．慢性腎疾患では体重の減少，衰弱，脱水が認められ，多飲多尿を呈することは稀である（**図3-39**）[4,14]．

尿路結石を持つヘビとトカゲは，いきみ，便秘，食欲不振，麻痺，総排泄腔からの臓器の脱出がみられることがある[4]．

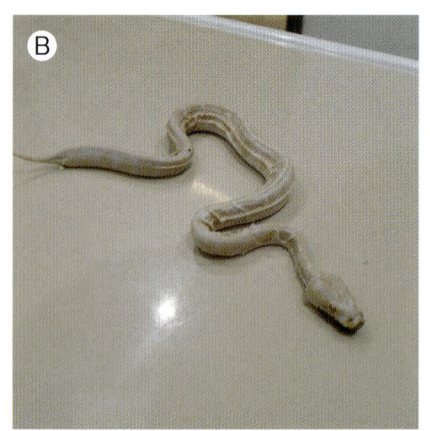

図3-39　慢性腎疾患の症例
A：重度の脱水を呈する削痩したグリーンイグアナ
B：重度の脱水を呈する削痩したボールニシキヘビの幼蛇

診断

腎疾患は，哺乳類のように単一の検査で診断することは困難であり，身体検査と複数の臨床検査が必要となることが多い[4]．問診では，病歴とともに，その種に適切な飼育環境，食餌内容，給水方法が提供されているかを確認する[4]．

臨床検査として，血液学的検査，血液生化学検査，尿検査，X線検査，超音波検査を実施し，潜在疾患の確認あるいは除外を行う[14,15]．血液検査に用いるサンプルは，尾静脈から採取することが多い（**図3-40**）．

血液学的検査では，ヘマトクリット値の著しい上昇が脱水と関連していることがあるが，慢性腎疾患による非再生性貧血のため脱水の存在を確認できないこともある[14]．

血液生化学検査では，腎疾患を早期に検出できる項目は現在のところ存在せず，血液生化学検査で異常値が確認されたときにはすでに腎疾患が進行している可能性が高い[14,15]．診断を補助する項目として，尿酸値，カリウム値，カルシウム値，リン値を測定する[4,14,15]．これらの結果を判断する際には，種，性別，栄養状態，飼育環境，季節，生殖器の状態を加味する必要がある[4]．

尿酸値が，その種の基準値の2倍以上を示す場合には，腎疾患を強く疑う[14,15]．ただし，ヘビや肉食のトカゲでは，採食後に尿酸値の上昇が認められるため，採血は絶食時に行うことが推奨されている[4]．また，リン値とカリウム値は腎疾患で上昇することがある[4,14,15]．腎疾患の確定診断には腎生検が必要となるが，腎生検による腎機能の悪化，血餅による尿管閉塞，出血などの合併症が懸念されている（**図3-41**）[14]．

イオヘキソールクリアランス試験による腎機能検査はグリーンイグアナでの報告がある[16]．

細菌感染，真菌感染，*Microsporidia* 感染などの感染性腎疾患は，病理学的検査によって診断する[4]．*Spironucleus* の感染は尿検査や便検査で診断できることがある[4]．

非感染性腎疾患のうち，腎嚢胞や形成不全，腎臓に生じた塊状物，腎石灰化は，超音波検査やX

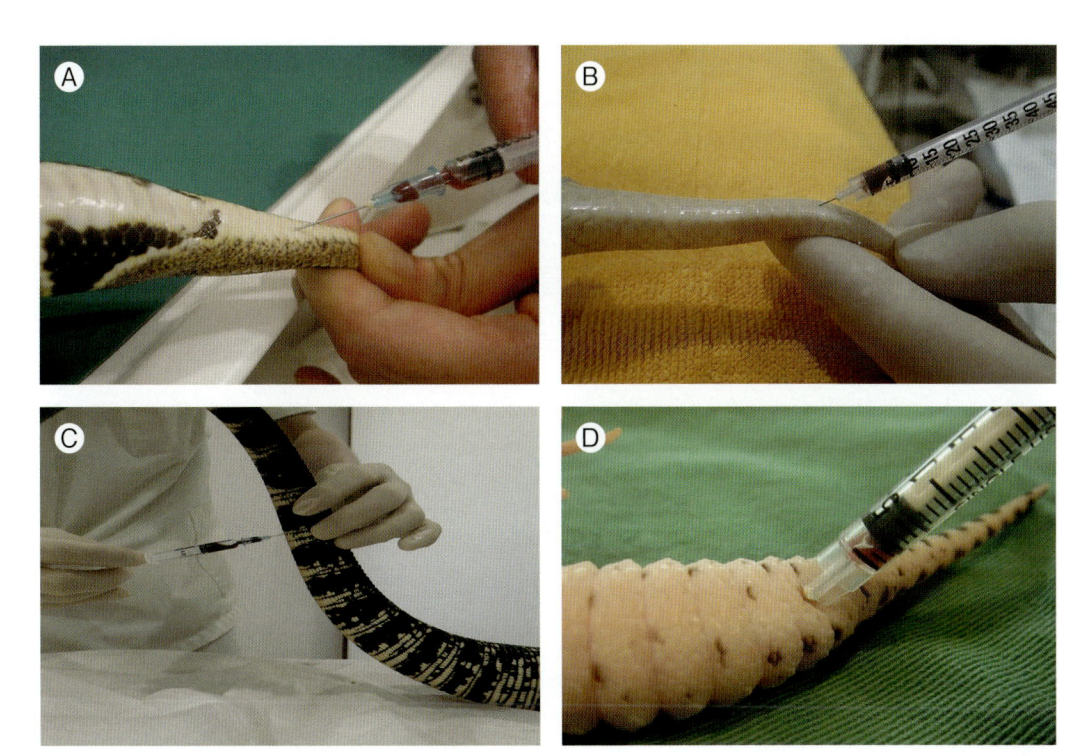

図3-40　尾静脈からの採血
A：ボールニシキヘビの尾静脈からの採血
B：コーンスネークの尾静脈からの採血
C：B & W テグーの尾静脈からの採血
D：ヒョウモントカゲモドキの尾静脈からの採血

図3-41　フトアゴヒゲトカゲの腎生検
腎臓直上の皮膚，筋肉を切開し，腎臓(矢印)を露出した状態

線検査で確認できる可能性があるが，確定診断は病理学的検査による[4].

　尿路結石は触診，総排泄腔内の視診により確認できることもあるが[4]，X線検査，超音波検査，体腔内内視鏡検査で診断できる[4]．尿酸結石は本来，X線透過性であるが，爬虫類では多くの場合，カルシウムやカリウムとの複合体として存在するため，X線不透過性となる[4].

治療と予後

　感染性腎疾患のうち，細菌感染や真菌感染が原因と考えられた場合には，できる限り薬剤感受性試験の結果に従い薬剤を選択する．抗生剤の選択において，腎代謝型抗菌剤を用いなければならない場合は慎重に投与する．*Microsporidia* 感染の治療に関する報告はない．*Spironucleus* の感染の治療として，メトロニダゾール50 mg/kg，2週間毎の投与が推奨されている[4].

爬虫類の腎疾患の長期的な予後はよくない[4]. 脱水時, 爬虫類は高張尿を生成することができないため, 糸球体濾過量を減少させることで水分を担保する[4]. これは結果的に尿細管障害の原因となる[4]. また, 脱水時でも尿酸は近位尿細管に分泌され続けるため, 尿細管閉塞を招く原因にもなる[4]. このため, 治療を行う際に脱水を改善させることは蓄積した尿酸を流しだすのに必須となる[4]. 治療は, 静脈内輸液あるいは骨内輸液により晶質液(20〜40 mL/kg/day)を投与する(**図3-42**). 継続した輸液が困難な場合にはボーラス投与(5〜10 mL/kg/day)を1日に2回行ってもよい(**図3-43**)[4].

静脈あるいは骨内留置を確保できない場合には, 晶質液の体腔内投与や皮下投与(20〜40 mL/kg)を行う(**図3-44**).

爬虫類に用いる晶質液として Normosol-R と5%ブドウ糖液と生理食塩水を混和した爬虫類用リンゲル液が知られているが[17, 18], 晶質液の選択は各症例の血液生化学検査の結果(アルブミン値, ナトリウム値, カリウム値, 血糖値)に従い決定することが望ましい[19]. 血液生化学検査にて高尿酸血症が認められた場合には, アロプリノールの経口投与を行う場合がある. アロプリノールは, 多くの種で10〜20 mg/kg, 24時間毎で用いることが多い[20].

高リン血症に対しては水酸化アルミニウム(100 mg/kg), 1日に1回の経口投与が推奨されている[4]. 食欲不振は長期に及ぶことが多く, 適切な強制給餌を行う必要がある(**図3-45**)[4, 14].

尿路結石と診断し, その症例が尿路結石に関連する症状がみられる場合には, 結石の摘出を行う[4].

尿路結石が総排泄腔内に存在する場合には, 鎮静下あるいは麻酔下にて総排泄孔から手指や鉗子を用いて摘出する[4](**図3-46**). この時, 結石と総排泄腔粘膜の間に潤滑剤を充填させると処置が容易になる. 結石が大きく, 手指や鉗子で取り出せない場合には, 総排泄腔内で結石を破砕あるいは小片に分解した後, 摘出する. 結石がそれほど硬くなければ, 鉗子で挟むことで砕けることがあるが, 結石が硬い場合は, 歯科用の切削研磨バーを用いると結石を分解できることがある. ヘビの総排泄腔内の結石では腹部を総排泄孔の方向に優しく圧迫することで排泄されることもある(**図3-47**).

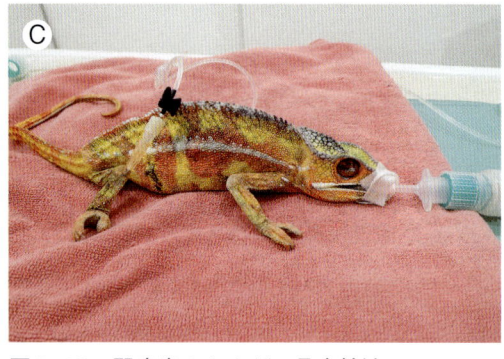

図3-42　腎疾患のトカゲの骨内輸液
A：大腿骨から骨内輸液をしているフトアゴヒゲトカゲ
B：大腿骨から骨内輸液をしているインドシナウォータードラゴン
C：脛骨から骨内輸液をしているパンサーカメレオン
D：脛骨から骨内輸液をしているミズオオトカゲ

膀胱内に結石が存在する場合には，麻酔下にて，腹部の傍正中切開を行い，膀胱にアプローチする[21]．膀胱は，湿らせたガーゼにて他臓器と隔離する．尿貯留を認める場合には穿刺吸引にて抜去するか，膀胱腹側の血管走行の少ない部分に支持糸をかけた後，小切開を加え吸引機あるいはシリンジにて抜去する（**図3-48**）．メスまたは鋏によって，結石を取り出すのに十分な距離を膀胱切開した後，膀胱内の結石を鉗子にて膀胱粘膜を傷つけないように摘出する[21]．結石を取り除いた後，膀胱の切開部を吸収性縫合糸にて単純連続縫合する．縫合後，生理食塩水を膀胱内に注入し，縫合部からの漏れがないことを確認した上で，支持糸を外し，膀胱を体腔内の定位置に戻す．切開した腹壁は吸収性縫合糸にて単純連続縫合を行い，皮膚は外反させて非吸収糸を用いてマットレス縫合する（**図3-49**）[21]．術後は食欲が改善するまでの間，補液，抗生剤の投与，強制給餌による管理を行う．抜糸は脱皮とともに縫合糸が自然に脱落するため，行わないことも多い．

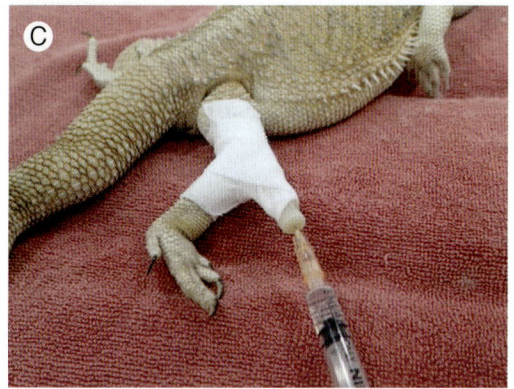

図3-43　トカゲの骨内留置
小型のトカゲには25～30 Gの注射針を用いて骨内留置する．
A：フトアゴヒゲトカゲの大腿骨への骨内留置（25 G注射針を使用）
B：ヒョウモントカゲモドキの大腿骨への骨内留置（30 G注射針を使用）
C：フトアゴヒゲトカゲの大腿骨の骨内留置より晶質液のボーラス投与をしている．

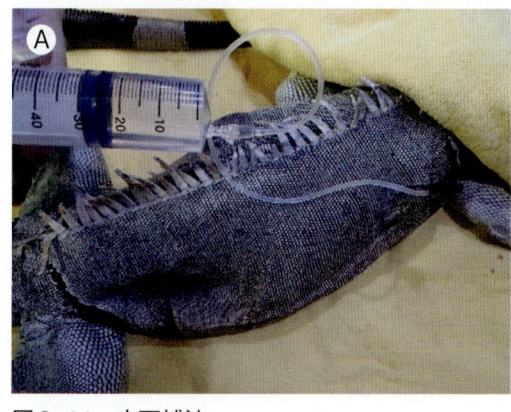

図3-44　皮下補液
皮下補液の際，針先が皮下に挿入されている場合，輸液剤の注入とともに皮膚が膨隆する．
A：グリーンイグアナへの皮下補液
B：カリフォルニアキングスネークへの皮下補液．ヘビの皮下補液は数カ所に分割投与する場合がある．

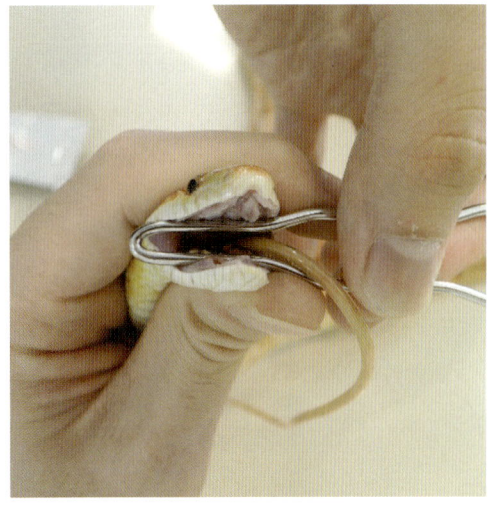

図3-45　コーンスネークの強制給餌
開口器を用いて，口を開け，栄養カテーテルを胃内まで挿入する.

図3-46　麻酔下で総排泄腔内の結石を鉗子で摘出したB&Wテグー

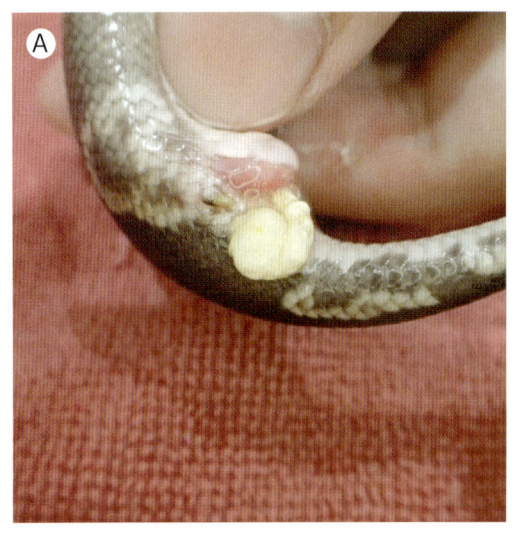

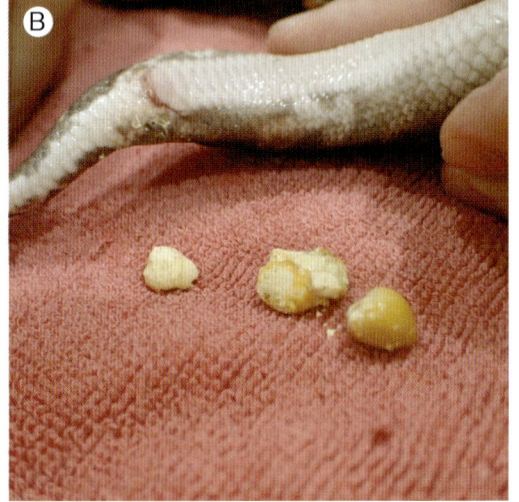

図3-47　ボールニシキヘビの総排泄腔内の結石
A：腹部を総排泄孔に向けて優しく圧迫することで結石の排泄を促す.
B：排泄された結石

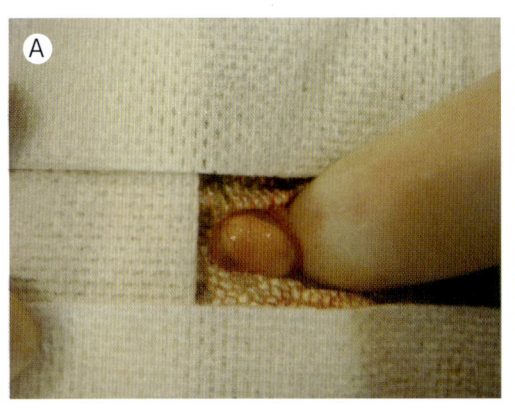

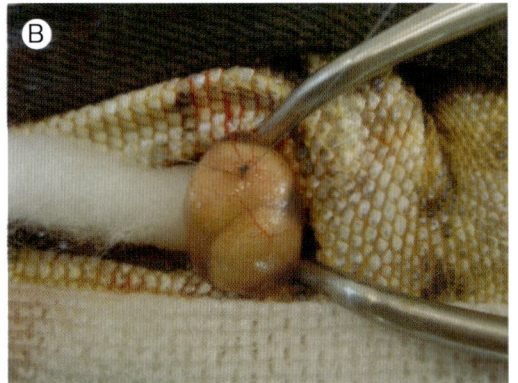

図3-48　膀胱結石摘出時の膀胱の操作
A：傍正中切開により，膀胱を確認する.
B：膀胱腹側の血管走行の少ない部分に支持糸をかけ，やさしく牽引すると膀胱を露出できる.

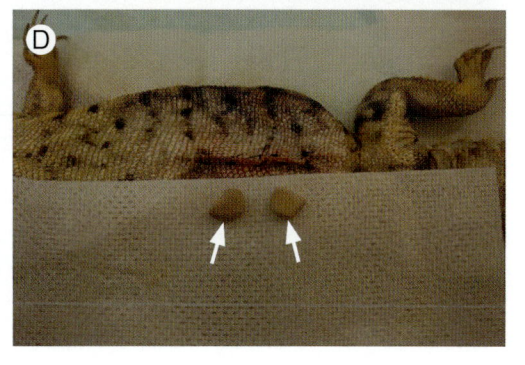

図3-49　膀胱結石摘出術を行ったトカゲ
A：いきみを呈するサンエステバントゲオイグアナ
B：摘出した結石（矢印）．皮膚は外反させてマットレス縫合した．
C：膀胱結石を持つゲイリートゲオアガマ
D：摘出した結石（矢印）．皮膚は外反させてマットレス縫合した．

臨床医のコメント

　トカゲとヘビの腎疾患は，カメのそれと同様に診断が難しく，診断できた時点で，すでに病態が進行していることがほとんどである．特にヘビの腎疾患の治療は，静脈と骨髄の確保が難しく，皮下補液を行う以外に治療の選択肢が少ない．本疾患を診断した時点で，長期的な予後は悪く，治療が奏功しない可能性を十分に説明する必要がある．

　ヘビとトカゲの尿路結石は，カメのそれと比較すると，発生頻度が低いものの，稀に遭遇する疾患であり，適切な治療により治癒させることができる．尿路結石が存在していても，血液生化学検査の結果，尿酸値の上昇を示す症例はほとんど経験がない．

（高見義紀）

 **参考文献**

1. 中村健児．1形態．泌尿生殖器系．動物系統分類学脊椎動物（Ⅱb1）第9巻下 B1爬虫類Ⅰ．内田亨，山田真弓監修．中山書店．東京．1988．pp36-44.
2. O'Malley B. 2005. General anatomy and physiology of reptile. pp17-39. In：Clinical anatomy and physiology of exotic species. (O'Malley B, ed), Elsevier, London.
3. 三輪恭嗣　爬虫類の泌尿生殖器の解剖と生理 Veterinary medicine exotic companions. 2004；2(4)53-64.
4. Holz P. 2018. Disease of the urinary tract. pp323-330. In：Reptile medicine and surgery in clinical practice. (Doneley B, Monks D, Johnson R, Carmel B, eds.), Wiley-Blackwell, Ames.
5. 高見義紀　爬虫類(カメ・トカゲ)の泌尿器疾患 Veterinary medicine exotic companions. 2015；7(1)6-14.
6. Elliott R. Jacobson, D. Earl Green, Albert H. Undeen, et al. 1998. *Journal of Zoo and Wildlife Medicine*. Vol. 29, No. 3, pp. 315-323.
7. Zwart P：Renal pathology in reptiles. 2006. Vet Clin North Am Exotic Anim Pract 9：129-159.
8. Zwart P. 1964. INTRAEPITHELIAL PROTOZOON, KLOSSIELLA BOAE N. SP. IN THE KIDNEYS OF A BOA CONSTRICTOR. *The journal of protozoolozy*. 11：261-163.
9. Barten SL, Davis K, Harris RK, et al. 1994. Renal cell car-cinoma with metastases in a corn snake (Elaphe gut-tata). J Zoo Wildl Med 25：123-127.

10. Burt DG, Gillett CS, Rush HG.1984. Two cases of renal-neoplasia in a colony of desert iguanas. J Am VetMed Assoc 185 : 1423-1425.

11. Gravendyck M, Marschang RE, Schroder-Graven-dyck AS, et al. 1997. Renal adenocarcinoma in a reticu-lated python(Python reticulatus). Vet Rec 140 : 374-375.

12. Jacobson ER, Long PH, Miller RE, et al. 1986. Renalneo-plasia of snakes. J Am Vet Med Assoc 189 : 1134-1136.

13. Miller HA : Urinary diseases of reptiles, 1998. Patho-physiology and diagnosis. Semin Avian Exotic Pet Med 7 : 93-103.

14. Hernandez-Divers SJ, Innis CJ. 2006. Renal disease in reptiles : diagnosis and clinical management. pp878-892. In : Reptile medicine and surgery, 2nd ed. (Mader, D.R. ed.), Elsevier, St Louis.

15. Campbell TW. 2014. Clinical pathology. pp70-92. In : Current therapy in reptile medicine and surgery, Elsevier, St Louis.

16. Hernandes-Divers SJ, et al(2005) : Renal evaluation un the green iguana (Igana iguana) : assessment of plasma biochemistry, glomerular filtration rate, and endoscopic bi-opsy, J Zoo Wildl Med 36 : 155-168.

17. Jarchow JL. 1988. Hospital care of the reptile patient. pp19-34. In : Exotic animals (Jacobson ER and Kollias GV, eds), Churchill Livingstone, New York.

18. Boyer T. 1998. Essential of reptiles : A guide for practi-tioners. Lakewood, Co : American Animal Hospital Asso-ciation.

19. Gibbons PM(2009)Critical care nutrition and flued thera-py in reptiles, Proc 15th Annu Intl Vet Emerg Crit Care Symp.

20. Mader, DR. 2006. Gout. pp793-800. In : Reptile medi-cine and surgery, 2nd ed. (Mader, DR. ed.), Elsevier, St Louis.

21. Di Girolamo N, Mans C. 2016. Reptile soft tissue surgery. Vet Clin North Am Exot Anim Pract. 19(1) : 97-131.

トカゲの生殖器疾患 Reproductive diseases

はじめに

　トカゲの精巣は，精細管，間細胞，血管が結合組織の鞘に収まっており，体腔内に存在する（**図3-50**）．交尾器として，一対のヘミペニスをもち，尾の基部に反転して収まっている（**図3-51**）[1]．

　トカゲの雌の生殖器は，卵巣，卵管からなり，卵巣は上皮細胞，結合組織，神経，血管，胚細胞で構成されている．卵巣には，小型から大型の様々な発育段階の卵胞が形成されている．卵管は，アルブミンおよび卵殻分泌機能を持ち，生殖乳頭を通って総排泄腔に開口している（**図3-52**）[1]．トカゲには，オオトカゲ科およびイグアナ科のような卵生種と，一部のトカゲ科およびカメレオン科のよう

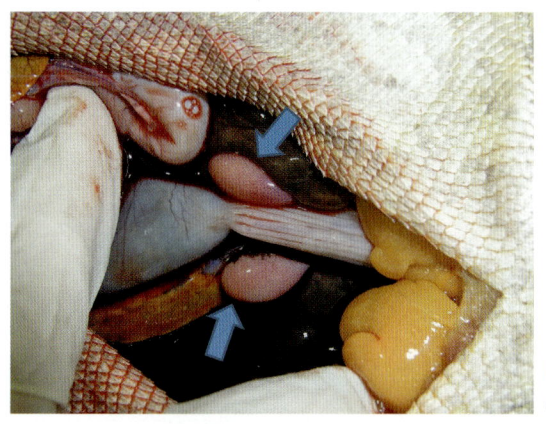

図3- 50　フトアゴヒゲトカゲ（*Pogona vitti-ceps*）の精巣（矢印）

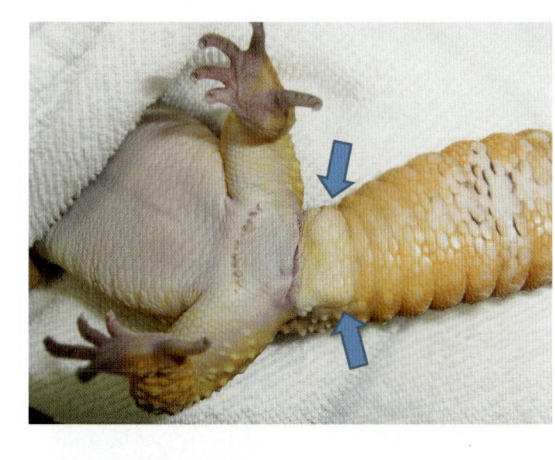

図3-51　ヒョウモントカゲモドキ（*Eublepharis macularius*）の雄
尾の基部にヘミペニスを収納するサックがあり，その部分が膨らんでいる（矢印）．

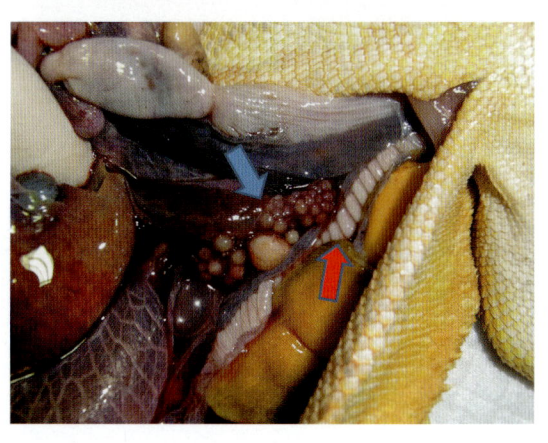

図3-52　フトアゴヒゲトカゲの卵巣・卵管
卵巣には様々な発育段階の卵胞がみられる（青矢印）．卵管は総排泄腔に向かって走行している（赤矢印）．

な卵胎生種が存在する．また，コモドオオトカゲ（*Varanus komodoensis*）などいくつかの種では，単為生殖を行う[2,9]．

雄性生殖器疾患

ヘミペニス脱

トカゲのヘミペニスは，尾の中に反転して収まっているが，交尾の際には，外方向に向け体外に露出する．ヘミペニスが外部に脱出し，引き戻せなくなった状態がヘミペニス脱である（**図3-53**）[3]．ヘミペニス脱は，感染，外傷，過剰な繁殖などが原因となる[2]．脱出したヘミペニス粘膜は，充血・腫脹し，還納できなくなる．さらに時間が経過し，ヘミペニス粘膜が乾燥してしまうと，壊死が起こる[1]．

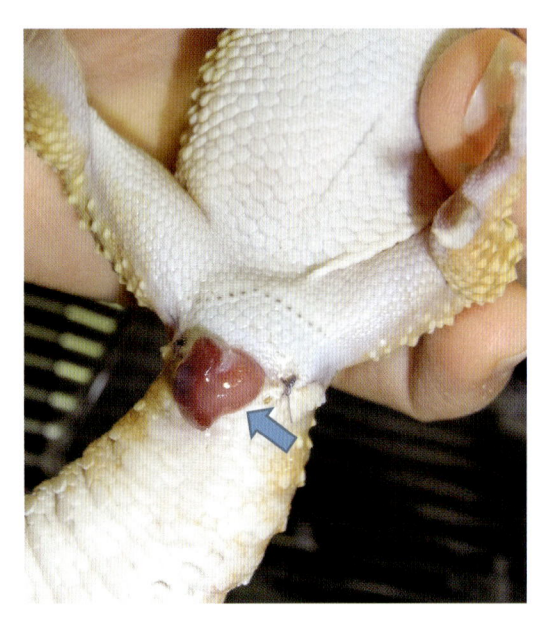

図3-53　ヒョウモントカゲモドキのヘミペニス脱
総排泄孔からヘミペニスが脱出している（矢印）．本症例は，縫合後の再脱出例である．

ヘミペニスプラグ（栓子）

ヘミペニスが収納されている溝に，固いチーズ様または蝋様の栓子が詰まることがある（**図3-54**）．

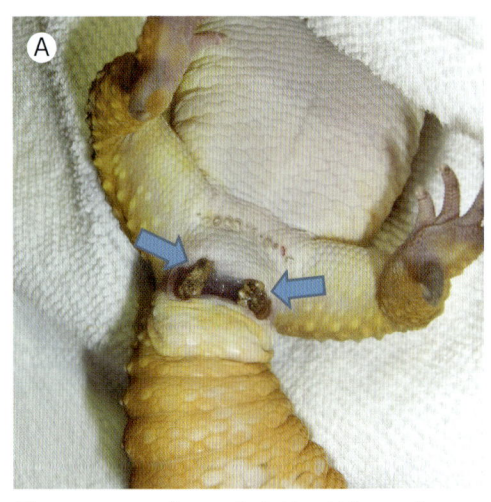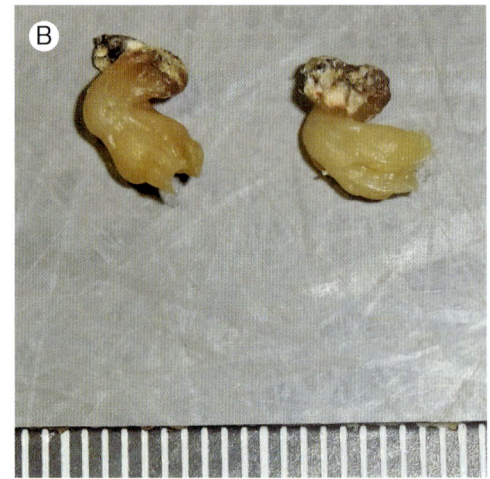

図3-54　ヒョウモントカゲモドキのヘミペニスプラグ
A：ヘミペニスの開口部に栓子が形成されている（矢印）．
B：摘出したヘミペニスプラグ

栓子形成の成因については，不明であるが，脱落した上皮細胞にその他の堆積物や滲出物が蓄積したものと考えられている[3].

雄性生殖器腫瘍

トカゲの雄性生殖器腫瘍は，稀である（**図3-55**）．ホオグロヤモリ（*Hemidactylus frenatus*），アオジタトカゲ（*Tiliqua scincoides*）でセミノーマの報告がある[8].

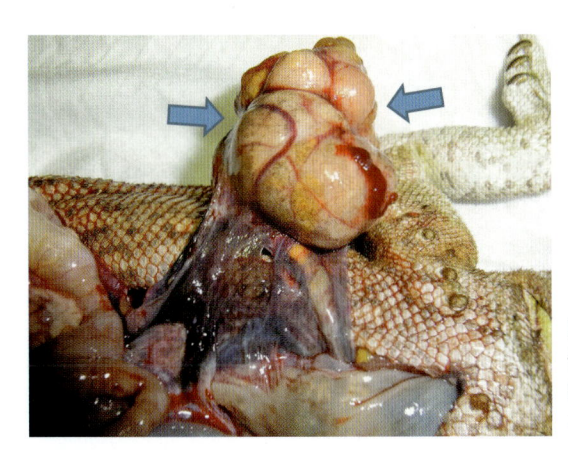

図3-55　フトアゴヒゲトカゲの精巣腫瘍
体腔内に大型の腫瘤（矢印）が形成され，病理組織学的検査で混合型胚細胞性索間質性腫瘍の疑いと診断された.

雌性生殖器疾患

卵巣炎・卵管炎

卵巣炎・卵管炎は，卵管蓄卵材症，卵墜，卵塞，卵胞うっ滞などに続発して発生することが多く，感染性と非感染性に大別される．感染性卵巣炎・卵管炎は，総排泄腔からの上行性感染によるものが多いと考えられる（**図3-56**）．非感染性卵巣炎・卵管炎は，卵黄物質に対する炎症反応で起こることが多い．

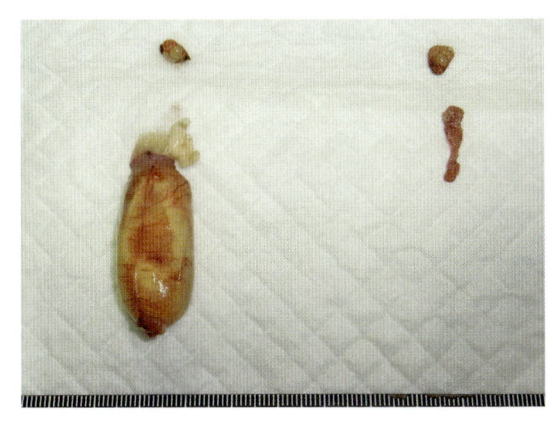

図3-56　ヒョウモントカゲモドキの感染性卵巣炎・卵管炎
本症例は，卵塞および卵管蓄卵材症の治療として，卵巣・卵管摘出を行ったところ，病理組織学的検査で細菌感染性の卵巣・卵管炎と診断された.

卵管蓄卵材症

卵管蓄卵材症は，卵白・卵黄・卵殻などを形成する材料（卵材）が卵管内に蓄積し，卵管が膨大した状態である．蓄積した卵材は，液状，ペースト状，砂粒状，結石状など様々な形態をとる．鳥類での発生が多く，オカメインコ（*Nymphicus hollandicus*），セキセイインコ（*Melopsittacus undulates*）などで好発する．鳥類では，卵材の異常分泌と排出不全により形成されるが，それらが起きる詳細な

機序は明らかでない[7]. トカゲでの発生率や発生原因については, 不明な点が多いが鳥類と類似した機序で発生する可能性があると思われる(**図3-57**).

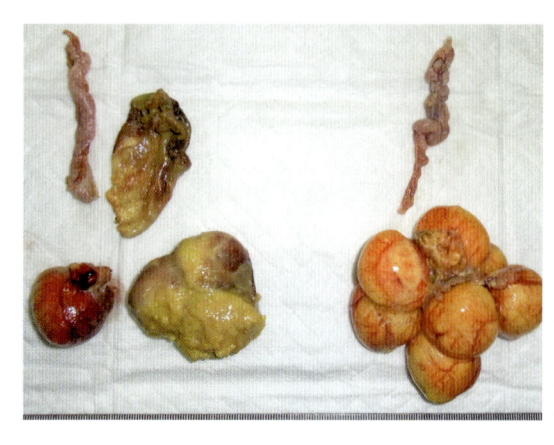

図3-57　エンジェルアイランドチャクワラ(*Sauromalus hispidus*)の卵管蓄卵材症
卵管内には, 多量の卵材が貯留しており, 卵胞うっ滞および卵墜もみられた.

卵巣捻転

　卵巣捻転は, 爬虫類では稀な疾患である. これまでグリーンイグアナ(*Iguana iguana*)の左副腎を巻き込んだ左側卵巣捻転では, 卵巣および左副腎の摘出後, 良好な経過をとったと報告されている[6]. 卵巣捻転の臨床症状は, 腹部膨満, 食欲不振, 削痩, 脱水など非特異的である.

卵墜

　卵胞うっ滞, 卵巣炎, 卵管炎および卵塞に続発して, 卵黄物質による腹膜炎(卵墜性腹膜炎)が発生する[2]. 卵黄は刺激性が高く, 重度の腹膜炎の原因となる(**図3-58**)[4]. 卵墜の臨床症状は, 非特異的で, 食欲不振, 削痩, 下痢, 排便・排尿の停止を含む. 卵墜は無菌的な場合が多いが細菌感染を伴うこともあり, 細菌感染を伴う卵墜は, 敗血症を起こしやすく, 状態が急変することがある[7].

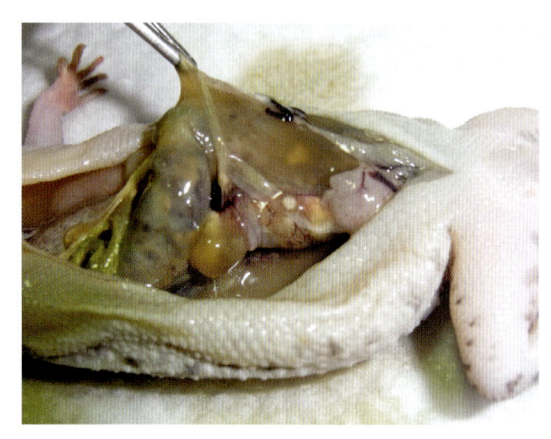

図3-58　ヒョウモントカゲモドキの重度の卵墜性腹膜炎
膿様の腹水貯留がみられ, 急死した.

卵塞・難産

　卵塞・難産は, 飼育下の爬虫類において一般的な疾病である[5]. 1,600頭の爬虫類を調査したところ, 毎年約10%で卵塞・難産が発生し, その42%がヘビ, 39%がカメ, 18%がトカゲで起こったと報告されている[5]. 卵塞・難産は, 解剖学的要因または, 生理学的要因が原因となり引き起こされる. 解剖学的要因としては, 異常な形態の卵, 代謝性骨疾患などによる骨盤の変形, 卵管狭窄, 壊死塊, 肉芽腫, 結石および腫瘍などが含まれる. 生理学的要因としては, 代謝性疾患, 内分泌疾患, 低カル

シウム血症，脱水，肥満，卵管の感染および不適切な飼育環境が含まれる[1]．卵塞・難産の症状は様々であるが，腹部が膨満し，適切な妊娠期間を過ぎても産卵・出産せず，落ち着かないもしくは不活発である（**図3-59**）．

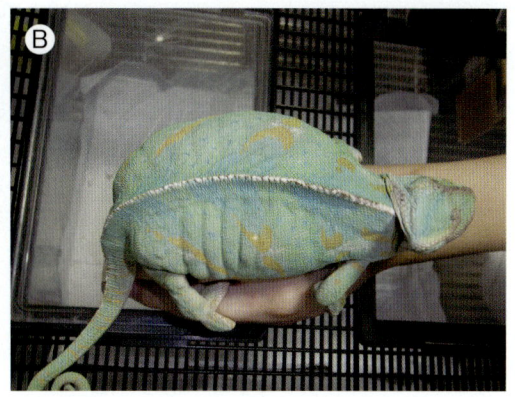

図3-59　エボシカメレオン（*Chamaeleo calyptratus*）の卵塞
A：重度に腹部が膨満している．
B：背側からみると腹部膨満がより顕著である．

卵胞うっ滞

　正常な卵巣周期では，排卵後，黄体が形成される．一方，卵胞うっ滞では，未排卵卵胞が数週間持続する．卵胞は，大型化し卵黄で満たされる（**図3-60**）．卵胞うっ滞は，不適切な飼育環境，栄養不足などが原因となり，単独飼育されている若齢雌で発生することが多い[1]．卵胞うっ滞の症状として，食欲不振，削痩，腹部膨満などがみられる[2]．触診などで動物を扱う際に，卵胞破裂や卵巣炎が起こる可能性があるため注意が必要である．

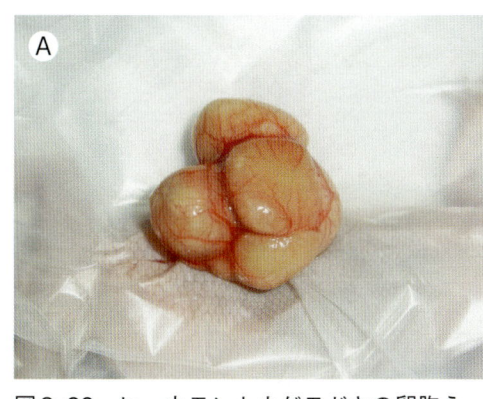
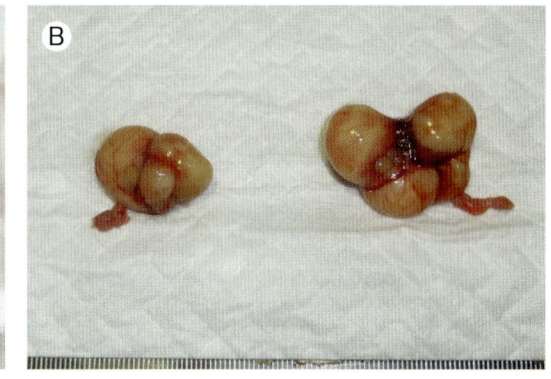

図3-60　ヒョウモントカゲモドキの卵胞うっ滞
A：大型の卵胞が多数形成されている．
B：摘出した卵巣・卵管．卵巣では，左右ともに大型卵胞の形成がみられる．

総排泄腔脱，卵管脱

　総排泄腔脱，卵管脱はトカゲで一般的な疾患である[1]．総排泄腔のみが反転・脱出したものが総排泄腔脱，卵管が脱出したものが卵管脱である（**図3-61**）．原因としては，生殖器疾患および，その他の腹圧が上昇するような疾患が含まれる．

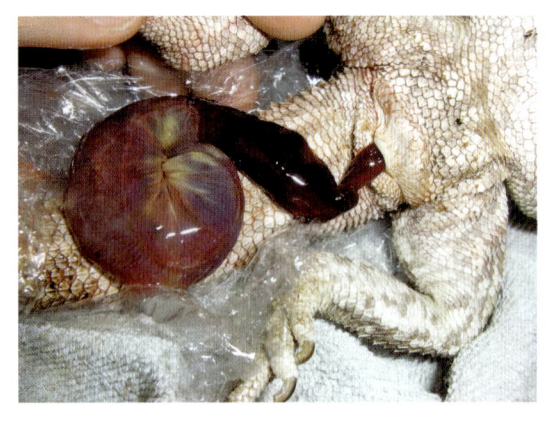

図3-61　フトアゴヒゲトカゲの卵管脱
脱出した卵管は，うっ血・浮腫により腫大している．

雌性生殖器腫瘍

　雌性生殖器腫瘍は，トカゲでの発生がヘビよりも多い．これまでの報告では卵巣腺癌が最も一般的であり，しばしば遠隔転移する．卵管腺癌は，より稀である（**図3-62**）．トカゲ162検体の病理組織学的検査を行った報告では，卵巣腺癌6例，卵管腺癌2例，顆粒膜細胞腫1例，奇形腫2例であった[8]．

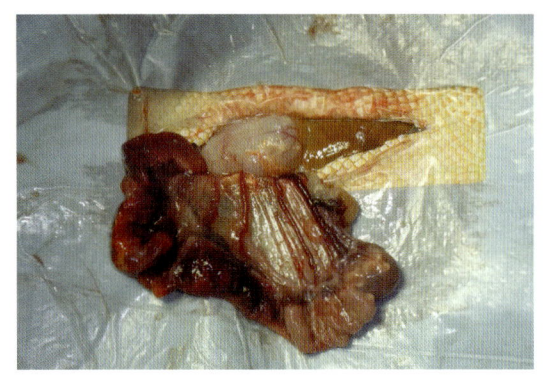

図3-62　フトアゴヒゲトカゲの卵管腺癌
卵管脱および卵管重積がみられ，病理組織学的検査で卵管腺癌と診断された．

雄性生殖器疾患

診断

ヘミペニス脱

　肉眼的に脱出したヘミペニスを確認する（**図3-63**）．ヘミペニスの状態から，壊死の有無を判断する．また，感染が疑われる場合には，細菌培養・薬剤感受性試験を行う[3]．

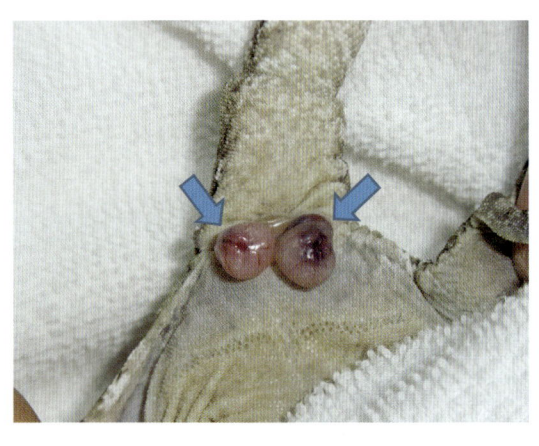

図3-63　ツギオミカドヤモリ（*Rhacodactylus ciliatus*）のヘミペニス脱
肉眼的に脱出したペニスの確認は容易である（矢印）．本症例では，壊死は起こっていない．

ヘミペニスプラグ（栓子）

　総排泄腔内のヘミペニス開口部に詰まっている栓子を確認する（**図3-64**）．膿瘍の併発，感染が疑われる場合には，細菌培養・薬剤感受性試験を行う．

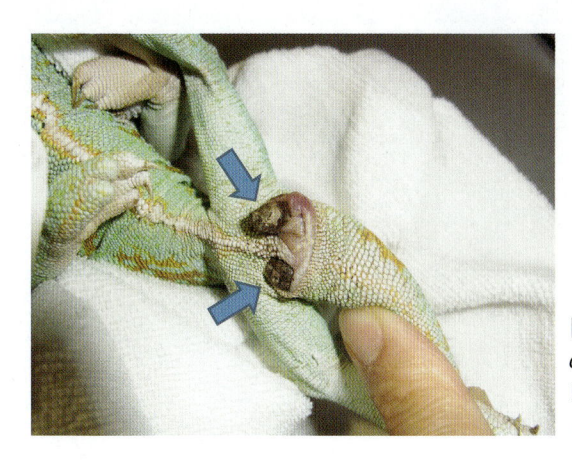

図3-64　エボシカメレオン（*Chamaeleo calyptratus*）のヘミペニスプラグ
肉眼的にヘミペニスプラグの確認は容易である（矢印）．

雄性生殖器腫瘍

　画像診断（X線検査〈**図3-65**〉，超音波検査，CT〈**図3-66**〉，MRIなど）を行い，精巣の位置に腫瘤を確認し，同時に局所浸潤および遠隔転移の有無を確認する．また，細胞診・組織生検を行い，腫瘍の種類，悪性度を確定する．血液検査・尿検査を行い，全身状態，併発疾患，腫瘍随伴症候群の有無を診断する．

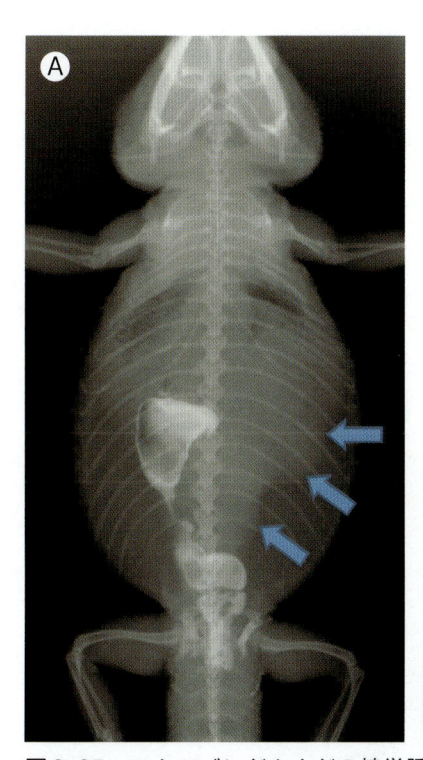
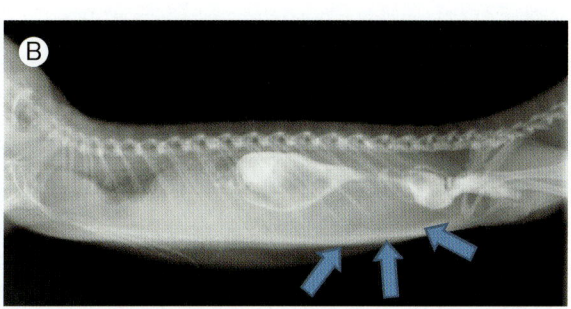

図3-65　フトアゴヒゲトカゲの精巣腫瘍の造影X線検査所見（A：DV像，B：ラテラル像）
A：右下腹部に消化管を圧迫する腫瘤陰影がみられる（矢印）．
B：腫瘤は腹側から消化管を圧迫している（矢印）．

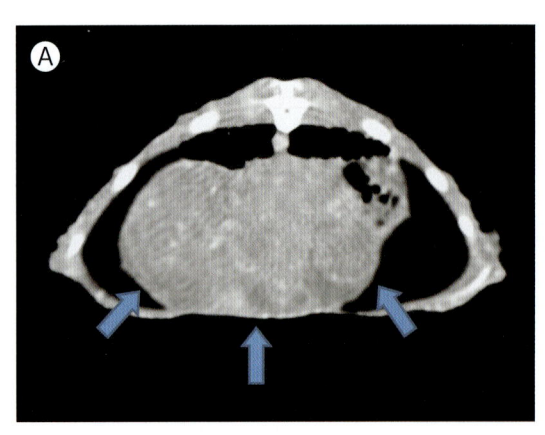
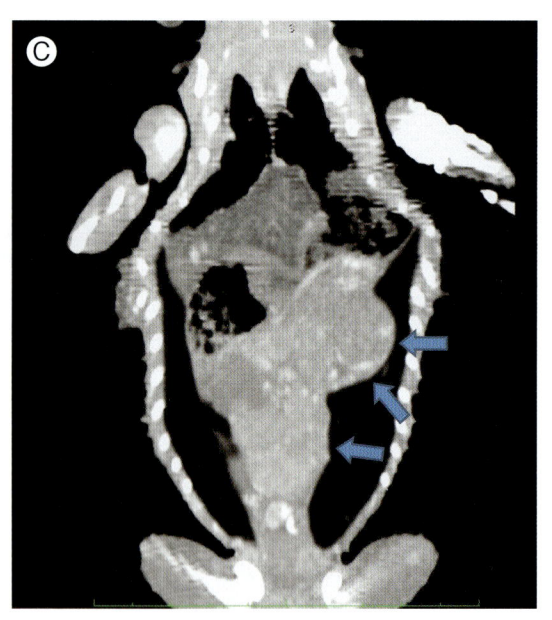
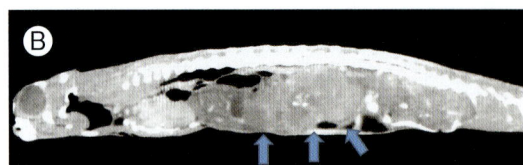

図3-66　図3-65と同症例のCT検査所見
体腔内に大型の腫瘍が形成されている（矢印）.

雌性生殖器疾患

診断

卵巣炎・卵管炎

　卵巣炎・卵管炎の診断は，多くの場合，卵巣・卵管摘出後の病理組織学的検査および細菌培養・感受性試験によって行われる. *Salmonella* spp. または抗酸菌 (*Mycobacterium* spp.) が検出される場合があるため，人獣共通感染症の面からも注意が必要である. 卵管蓄卵材症，卵墜，卵塞，卵胞うっ滞などを併発していることが多いため，画像診断のみでの診断は困難である（**図3-67**）. 超音波検査にて，卵巣の膿瘍，腫大などがみられ，細胞診で炎症細胞が採取された場合に卵巣炎・卵管炎を疑う.

卵管蓄卵材症

　X線検査では，卵材が不透過性の不均一な塊状にみえることが多い（**図3-68**）. 超音波検査で，膨大した卵管内に高〜低エコーの貯留物が充満していることを確認する（**図3-69**）. また，CT検査でも，同様に卵材が不均一な塊状にみえる. 細胞診を行うと，少量のマクロファージおよびヘテロフィルを含んだ卵材が採取される. 確定診断は，卵巣・卵管摘出後の病理組織学的検査および細菌培養・薬剤感受性試験で行われる.

卵巣捻転

　X線検査では，軟部組織デンシティーの腫瘍が肺の尾側から骨盤腔にかけてみられる[6]. また，超音波検査では，不整な形態の卵胞とは異なる腫瘍が卵巣の位置にみられる[6]. CT検査では，より詳細な捻転の所見が得られる可能性がある. 卵巣捻転が疑われる場合，硬性鏡または試験開腹により，卵巣捻転部位を確認する.

卵墜

　X線検査では，液体貯留に伴い体腔内の不透過性亢進と臓器陰影の不鮮明化がみられる（**図3-70**）. 超音波検査では，体腔内に液体貯留，腫瘤状陰影，卵胞の発育などがみられる（**図3-71**）. 貯留液を抜去すると，黄色透明〜半透明，卵黄様，膿様など様々な性状を示す変性漏出液または滲出液が採取さ

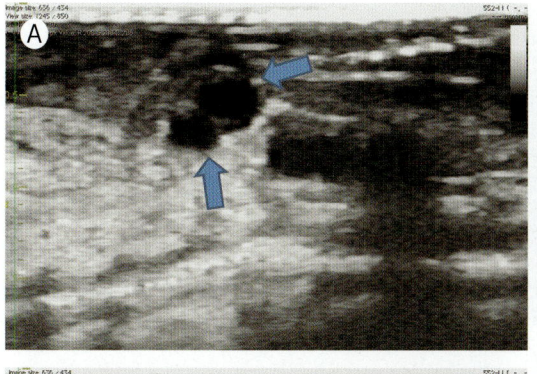
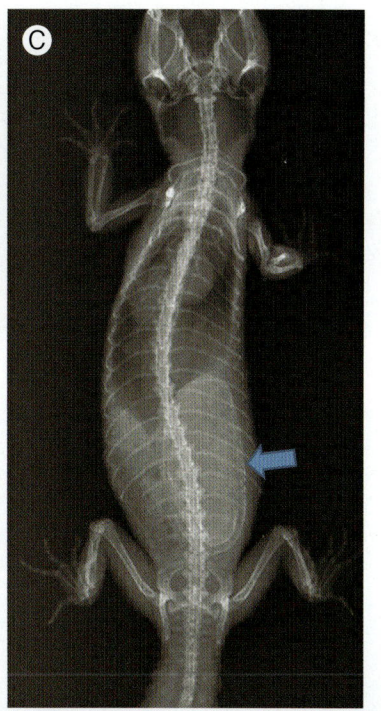
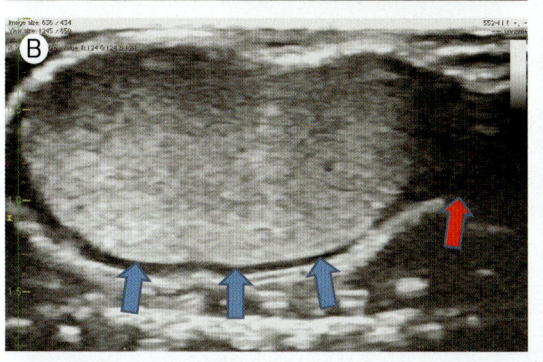
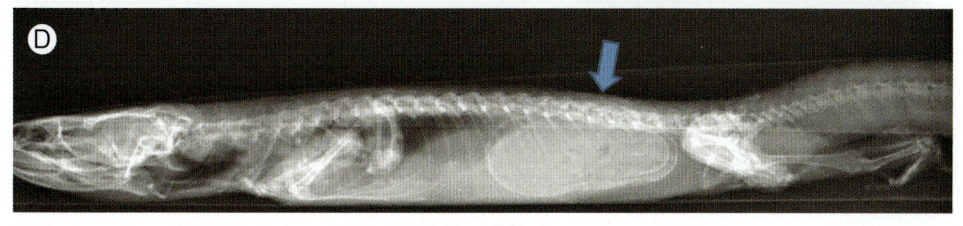

図3-67　ヒョウモントカゲモドキの卵巣炎・卵管炎
（A，B：超音波検査所見，C，D：X線検査所見）
A：卵巣には，小型の卵胞（矢印）が形成されているが，画像上で卵巣炎の診断は困難である．
B：卵管内には形態の異常な卵（青矢印）があり，液体貯留（赤矢印）もみられる．
C：DV像．卵管内に大型の卵（矢印）がみられる．画像上で卵巣炎・卵管炎の診断は困難である．
D：ラテラル像．卵管内に大型の卵（矢印）がみられる．画像上で卵巣炎・卵管炎の診断は困難である．

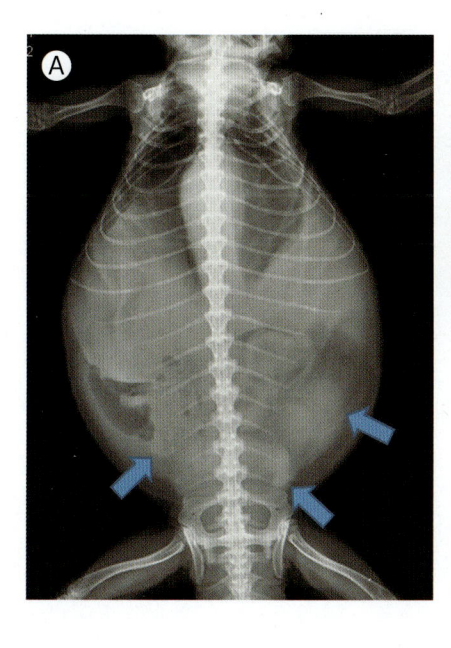
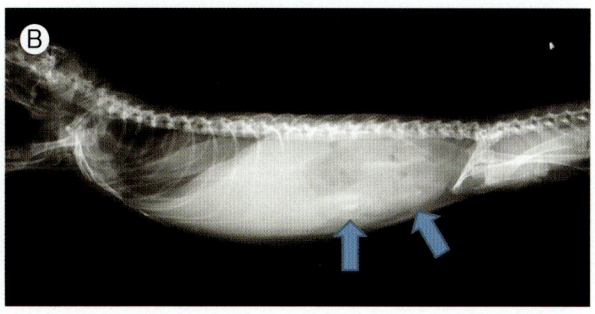

図3-68　エンジェルアイランドチャクワラの卵管蓄卵材症のX線検査所見（A：DV像，B：ラテラル像）
体腔内にX線不透過性の不均一な卵材が充満している（矢印）．

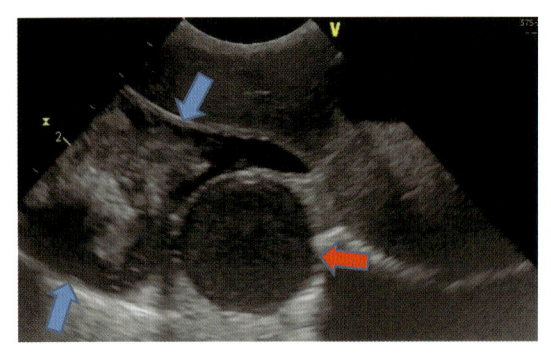

図3-69　エンジェルアイランドチャクワラの卵管蓄卵材症の超音波検査所見
卵管内には高エコーの卵材と液体が混じって貯留している(青矢印).卵胞の発育もみられる(赤矢印).

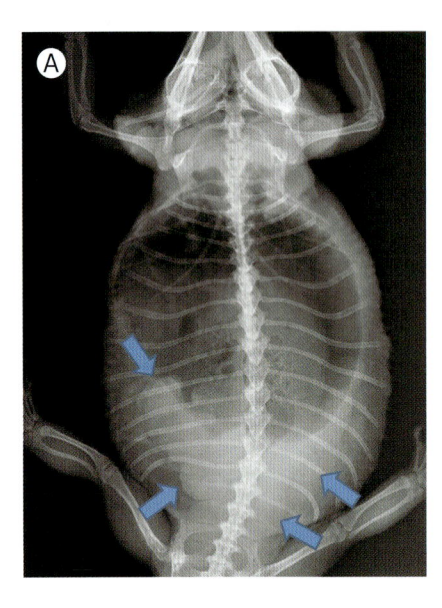
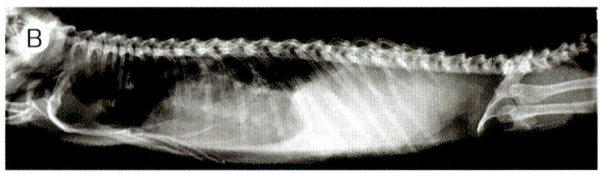

図3-70　フトアゴヒゲトカゲの卵墜・卵塞のX線検査所見(A:DV像，B:ラテラル像)
A：体腔内に多数の卵が確認できる(矢印).卵墜により体腔内のX線不透過性が亢進し，臓器陰影は不明瞭である.
B：卵墜により体腔内のX線不透過性が亢進し，臓器陰影は不明瞭である.

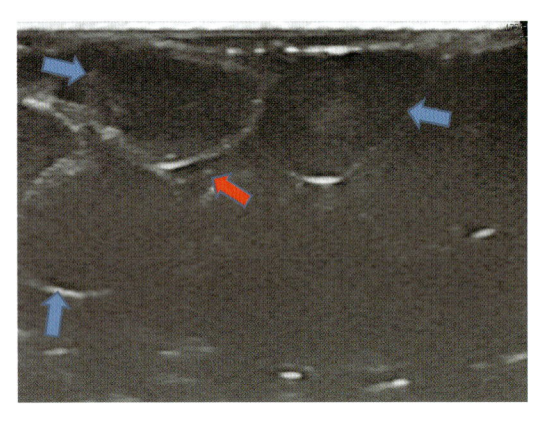

図3-71　図3-70の症例の超音波検査所見
多数の卵が形成されている(青矢印).卵の間に液体貯留がみられる(赤矢印).

れる．貯留液の細胞診では，マクロファージを主体とする炎症細胞が少数～多数観察できる．細菌感染を伴う場合には，細菌や貪食像が検出される．硬性鏡または試験開腹により，卵材の体腔内への貯留と腹膜炎を確認して，確定診断する．

卵塞・難産

　通常の妊娠期間を超えても，産卵・出産できない場合に疑う．X線検査では，卵殻や胎子骨格にカルシウム沈着があれば，容易に位置・サイズ・数を確認できる(**図3-72**)．超音波検査では，卵殻や胎子骨格は，超音波不透過性のため，シャドーを引いてみえる．軟卵や骨格にカルシウムが沈着していない胎子の場合でも，超音波検査で確認可能である(**図3-73**)．また，産卵・出産を阻害する腫瘍，結石，骨格異常などの有無を画像から診断する．血液検査では，低カルシウム血症，代謝性疾患など，

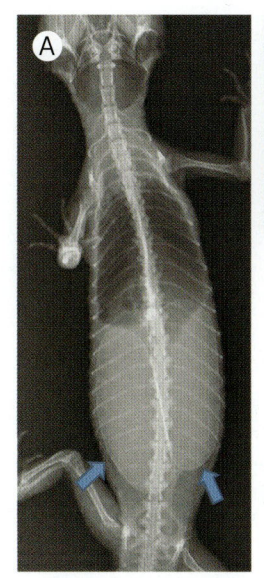
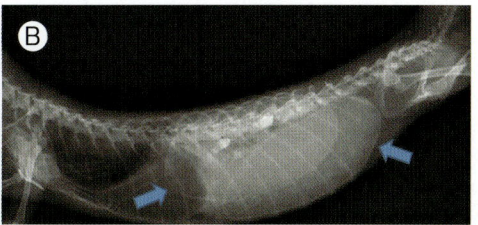

図3-72 オバケトカゲモドキ(*Eublepharis angramainyu*)の卵塞のX線検査所見
(A：DV像，B：ラテラル像)
2個の過大卵が確認できる(矢印).

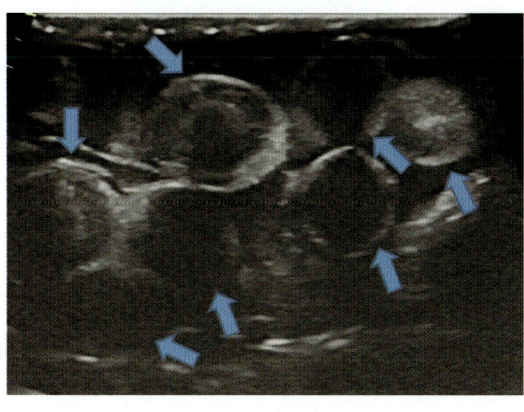

図3-73 エボシカメレオン(*Chamaeleo calyptratus*)の卵塞の超音波検査所見
多数の卵(矢印)が確認できる.

卵塞・難産の原因となり得る疾病を診断する.

卵胞うっ滞

　X線検査および超音波検査で卵胞の発育を確認する．X線検査では，体腔内中央から尾側に卵胞が腫瘤状陰影としてみられるが，はっきりしないことも多い(**図3-74**)．超音波検査では，卵胞が低エコーの円形から楕円形の腫瘤として多数みられる(**図3-75**)．血液検査では，血清中のカルシウム

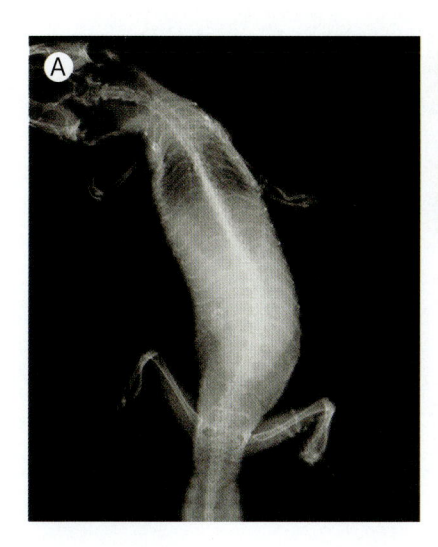
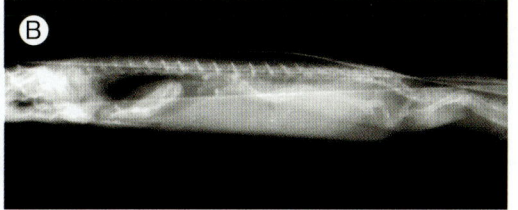

図3-74 ヒョウモントカゲモドキの卵胞うっ滞のX線検査所見(A：DV像，B：ラテラル像)
X線検査で卵胞うっ滞の診断は困難である.

およびリンの濃度増加がみられ，炎症や感染を伴う場合，ヘテロフィルの増加がみられる[2]．正常な卵巣周期との鑑別は，臨床症状と卵胞の持続期間で行うが，判断が難しいことも多い．

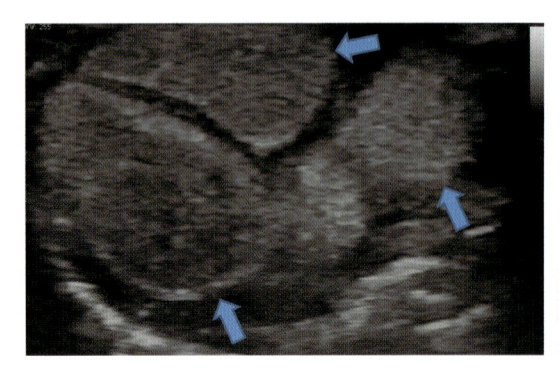

図3-75　ヒョウモントカゲモドキの卵胞うっ滞の超音波検査所見
大型の卵胞が多数みられる（矢印）．

総排泄腔脱，卵管脱

診断は，肉眼的に総排泄腔または卵管の脱出を確認する（**図3-76**）．原因となる疾患（卵管重積，雌性生殖器腫瘍など）を特定するため，画像診断（X線検査，超音波検査，腹腔鏡検査，CT検査），血液検査，便検査などを行う．

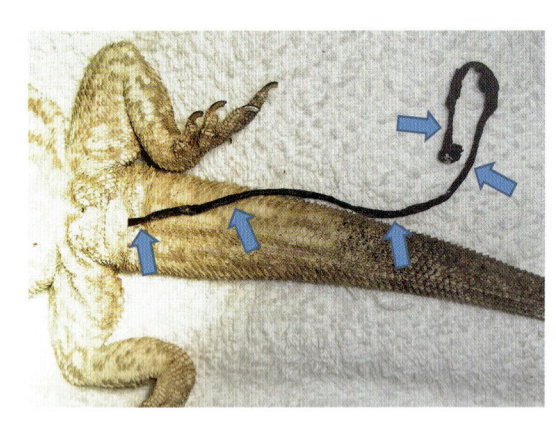

図3-76　フトアゴヒゲトカゲの卵管脱
総排泄孔から卵管（矢印）が脱出している．脱出した卵管は壊死・乾燥している．

雌性生殖器腫瘍

画像診断（X線検査，超音波検査，CT，MRIなど）を行い，卵巣・卵管の位置に腫瘤を確認し，同時に局所浸潤および遠隔転移の有無をみる．また，細胞診・組織生検を行い，腫瘍の種類，悪性度を確定する．血液検査・尿検査を行い，全身状態，併発疾患，腫瘍随伴症候群の有無を診断する．

雄性生殖器疾患

治療および予後

ヘミペニス脱

脱出したヘミペニスを生理食塩水などで洗浄し，尾根部のサック部分に還納する（**図3-77**）．ヘミペニスの開口部は，モノフィラメントの縫合糸で縫合する（**図3-78**）．抜糸は14〜28日後に行う．疼痛管理は，局所麻酔，NSAIDs，オピオイドなどを必要に応じて使用する．ヘミペニスの浮腫が強い場合，高張ブドウ糖液または高張食塩水で浮腫を軽減してから還納する．感染や外傷がある場合に

は，抗生剤を使用する．ヘミペニスが壊死している場合は切断する．片側のヘミペニスを切断しても，繁殖能力は損なわれない[2]．

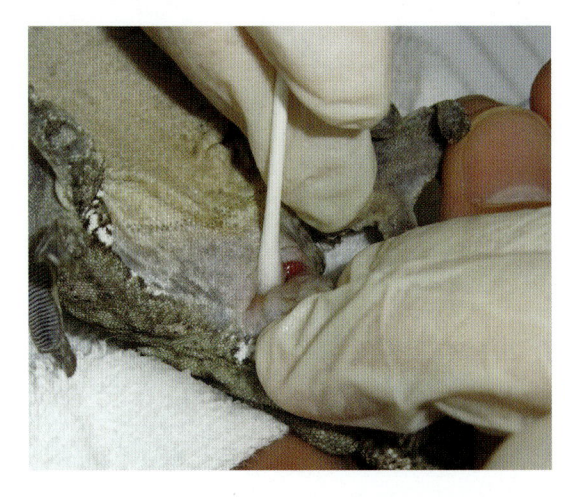

図3-77　ヘミペニスの還納
綿棒およびリドカインゼリーを用いて，ヘミペニスを尾の基部に還納する．

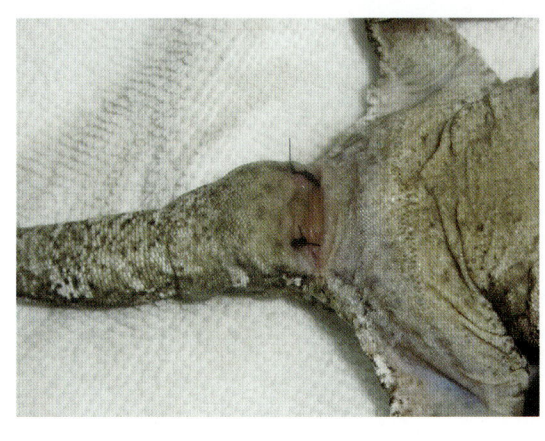

図3-78　ヘミペニスサック開口部の縫合
ヘミペニスを還納後，サックの開口部をモノフィラメント縫合糸で縫合する．

ヘミペニスプラグ（栓子）

　栓子は，鉗子などで把持し，慎重に引き抜くことが可能である（**図3-79**）．栓子を除去後，洗浄し，感染の有無を確認する．疼痛管理は，局所麻酔，NSAIDs，オピオイドなどを必要に応じて使用する．炎症，感染，外傷がみられる場合には，抗生剤を使用する．適切な治療が行われれば完治するが，再発には注意が必要である．

図3-79　ヘミペニスプラグの除去
ピンセットなどでヘミペニスプラグを慎重に除去する．

雄性生殖器腫瘍

　詳細な報告はなく雄性生殖器腫瘍の挙動，予後などは不明である．治療は，外科的摘出が第一選択となる．完全切除ができ，遠隔転移がない場合，予後は良好と考えられる．化学療法および放射線治療の有効性は，不明であるが，不完全切除，遠隔転移，血管・リンパ管侵襲などがあれば考慮する．

雌性生殖器疾患

治療および予後

　雌性生殖器疾患の外科治療として，卵巣・卵管摘出が行われる機会が多い（**手技1**）．

卵巣炎・卵管炎

　軽度の細菌性卵巣炎・卵管炎は抗生剤による内科治療が適応可能となるが，診断が困難である．通常は，卵巣・卵管摘出が第一選択の治療となる（**図3-80**）．周術期を過ぎれば予後は良好である．

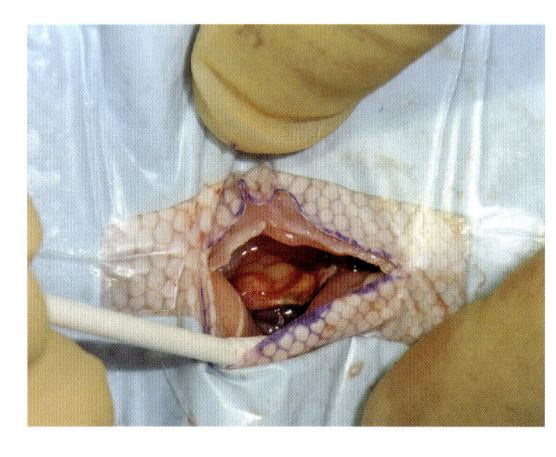

図3-80　ヒョウモントカゲモドキの細菌性卵巣炎・卵管炎
卵巣の充血がみられるが，肉眼的には卵胞うっ滞と鑑別が難しい．本症例は病理組織学的検査により卵巣炎と診断した．

卵管蓄卵材症

　卵管に蓄積した卵材は，再吸収されることはなく，内科治療での完治は困難である．卵巣・卵管摘出が第一選択の治療となる（**図3-81**）．周術期を過ぎれば予後は良好である．

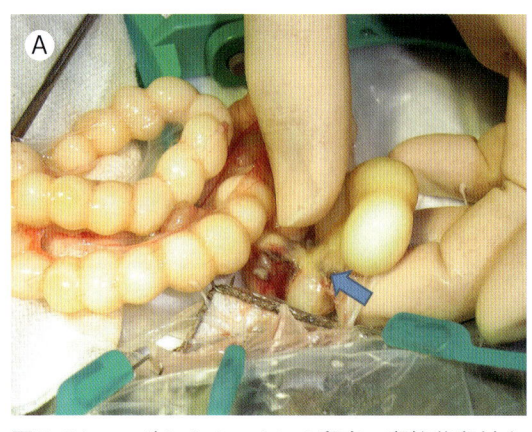
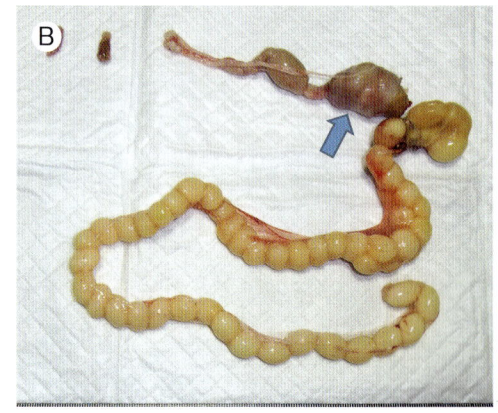

図3-81　エボシカメレオンの卵塞・卵管蓄卵材症
A：卵管内には，多数の卵と卵材の貯留（矢印）がみられる．
B：卵塞が顕著であるが，一部は卵管蓄卵材症を呈している（矢印）．

卵巣捻転

卵巣捻転の治療は，卵巣摘出または卵巣・卵管摘出が第一選択となる．試験開腹を行って診断後，外科治療に移行する．周術期を過ぎれば予後は良好である．

卵墜

卵墜が疑われる場合，開腹し卵材を除去し洗浄する（**図3-82**）．同時に，卵巣・卵管摘出を行い，卵墜の再発を予防する．除去した卵材は，顕微鏡検査および細菌培養・薬剤感受性試験を行い，細菌が検出された場合には，感受性のある抗生剤を使用する．周術期を過ぎれば予後は良好である．

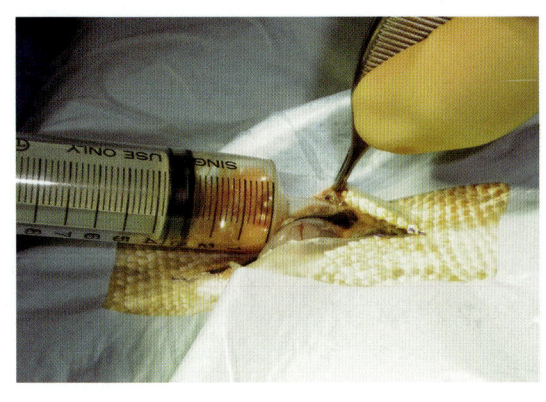

図3-82　フトアゴヒゲトカゲ（の卵墜
体腔内に卵黄様の液体が貯留している．貯留液を除去後，卵巣・卵管を摘出し，体腔内を洗浄する．

卵塞・難産

卵塞・難産の内科治療として，グルコン酸カルシウム（100 mg/kg, IM, SC, 6時間毎に2回）およびオキシトシン（5〜10 U, IM）が使用される[1]．爬虫類では，オキシトシンよりも，アルギニンバソトシン（0.01〜1 µg/kg, IV）が有効であるとされているが，試薬でしか入手できない[2]．また，脱水を改善するため，輸液を行う．体腔および総排泄腔をマッサージし卵を慎重に尾側に牽引することは，停滞した卵を移動させるのに効果的である．経皮的に卵内容物を吸引する方法は，臨床的には危険であるとされている[1]．しかし，筆者は，経皮的吸引が奏功した例を数例経験している．内科的治療に反応しない場合，外科的に卵・胎子を摘出する．外科的治療には，卵巣・卵管を温存する卵管切開または，卵巣・卵管摘出が選択される（**図3-83**）．

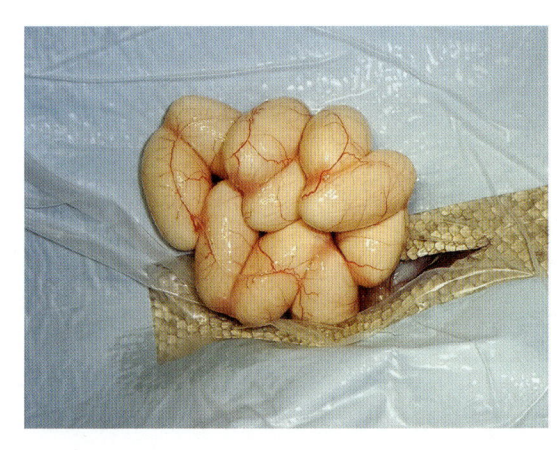

図3-83　フトアゴヒゲトカゲの卵塞
卵管内に多数の卵がみられる．本症例では，卵巣・卵管摘出を行った．

卵胞うっ滞

治療は，卵巣摘出または卵巣・卵管摘出が行われる（**図3-84**）．周術期を過ぎれば予後は良好である．

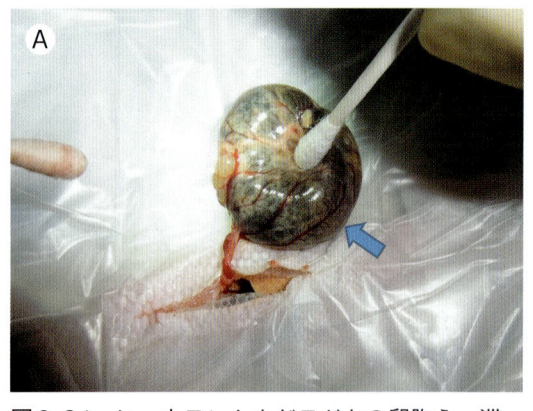 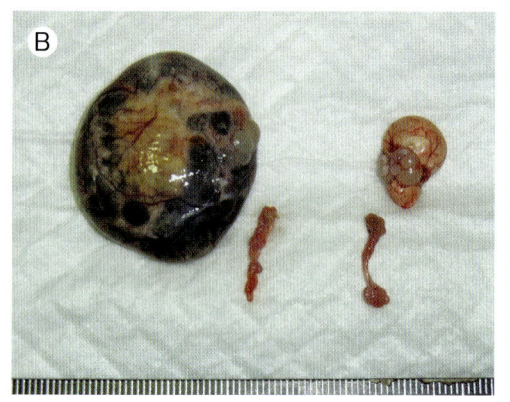

図3-84　ヒョウモントカゲモドキの卵胞うっ滞
A：卵巣には，大型の卵胞（矢印）が形成されている．
B：病理組織学的検査で卵胞の発育と診断された．

総排泄腔脱，卵管脱

　単純な総排泄腔脱で脱出後の経過時間が短いものは洗浄してから還納する．総排泄孔の端をモノフィラメント縫合糸で縫合し，再脱出を防ぐ（**図3-85**）[1]．重度の脱出や基礎疾患のあるものに対しては，開腹または腹腔鏡下での卵巣・卵管摘出を行う．同時に基礎疾患の治療も行う必要がある（**図3-86**）．基礎疾患のないものでは，周術期を過ぎれば予後は良好である．

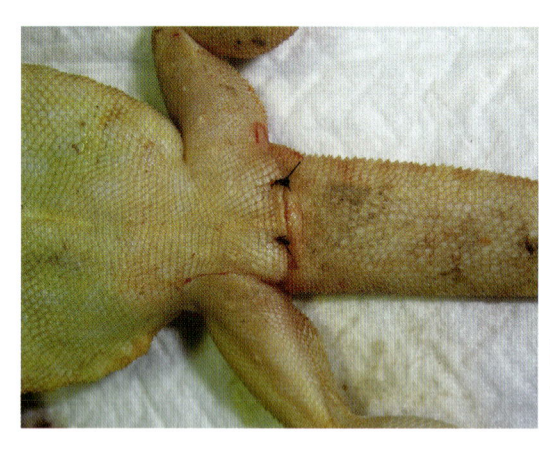

図3-85　総排泄孔の縫合
卵管脱を整復後，総排泄孔の端をモノフィラメント縫合糸で縫合して，再脱出を防ぐ．

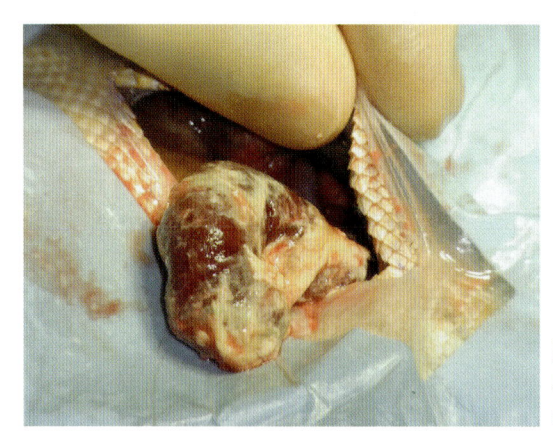

図3-86　フトアゴヒゲトカゲの卵管重積
卵管脱の基礎疾患として，卵管重積などがある場合，卵巣・卵管摘出を選択すべきである．

雌性生殖器腫瘍

　治療は，外科的摘出が第一選択となる（**図3-87**）．卵巣腺癌は，しばしば転移がみられるため，完

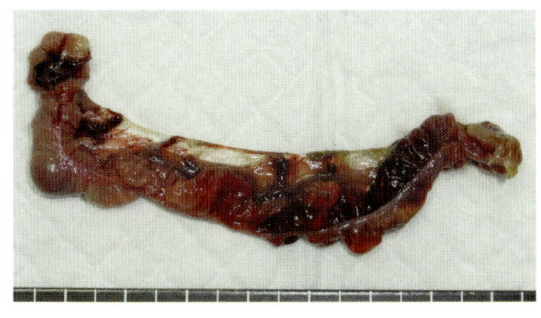

図3-87　図3-86と同症例の卵管
病理組織学的検査で卵管腺癌と診断された.

全切除ができ遠隔転移がない場合でも予後に注意が必要である. 定期的な画像診断を行い, 術後の局所再発および遠隔転移の有無を確認する. 化学療法および放射線治療の有効性は不明であるが, 組織学的に悪性度が高い場合, 不完全切除, 遠隔転移, 血管・リンパ管侵襲などがあれば考慮する.

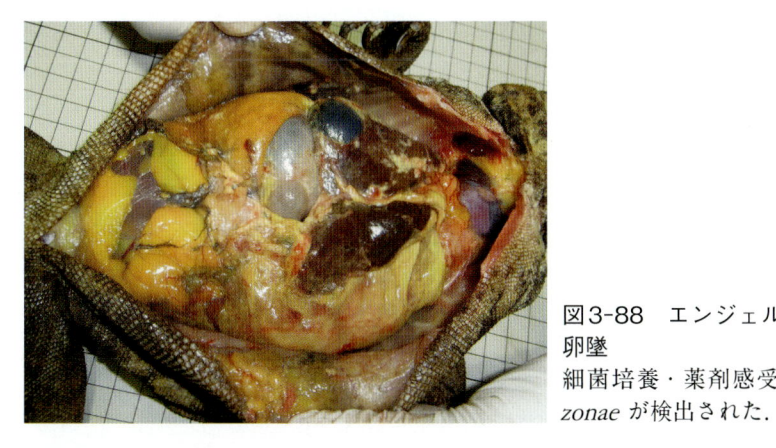

図3-88　エンジェルアイランドチャクワラの卵墜
細菌培養・薬剤感受性試験で*Salmonella arizonae*が検出された.

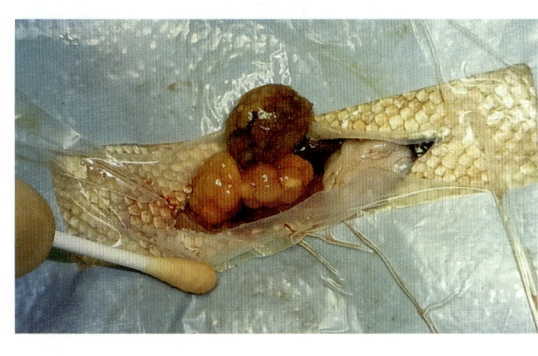

図3-89　フトアゴヒゲトカゲの卵塞
病理組織学的検査で, 抗酸菌症が疑われ, 抗酸菌培養および遺伝子解析で抗酸菌(*Mycobacterium marinum*)が検出された.

臨床医のコメント

　トカゲの生殖器疾患では, 卵巣・卵管摘出を行うことが多いが, 卵胞うっ滞と術前診断した症例でも, 卵巣・卵管炎, 卵墜, 卵塞, 卵巣・卵管腫瘍などが病組織学的検査および細菌培養・薬剤感受性試験で診断されることも多い. これらの疾患は, 単独の疾患というよりも, 生殖器疾患として, 関連し, 併発することを念頭において治療にあたる必要がある.

　筆者は, 卵墜性腹膜炎および卵塞の症例で, *Salmonella arizonae*や抗酸菌(*Mycobactrium marinum*)が検出された例を経験している(**図3-88, 89**). トカゲの生殖器疾患を治療する場合, 人獣共通感染症の可能性を認識し, 獣医療従事者やオーナーへの感染予防をすべきと考えている.

(松原且季)

参考文献

1. Knotek Z., Oliveri M.（2016）：Reproductive medicine in lizards. Vet Clin Exot Anim. 20（2）, 411-438.
2. Sykes J.M.（2010）：Updates and practical approaches to reproductive disorders in reptiles. Vet Clin Exot Anim. 13（3）, 349-373.
3. Johnson J.D.（2004）：BSAVA manual of reptiles（Girling S. J., Raiti P.）, Second edition, 261-272, British small animal veterinary association.
4. Denardo D.（2006）：Reproductive biology. *In*：Mader D.R. Reptile medicine and surgery. Second edition, 376-390, Elsevier Saunders.
5. Lock B.A.（2000）：Reproductive surgery in reptiles. Vet Clin Exot Anim. 3（3）, 733-752.
6. Mehler S. J., Rosenstein D.S., Patterson J.S.（2002）：Imaging diagnosis follicular torsion in a green iguana（Iguana iguana）with involvement of the left adrenal gland. Vet Radiol Ultrasound. 43（4）, 343-345.
7. 小嶋篤史, 眞田靖幸（2010）：卵管蓄卵材症. コンパニオンバード疾病ガイドブック臨床の実践と病理解説, 117-130, インターズー.
8. Garner M.M., Hernandez-Divers S.M., Raymond J.T.（2004）：Reptile neoplasia：a retrospective study of case submissions to a specialty diagnostic service. Vet Clin Exot Anim. 7（3）, 653-671.
9. Watts P.C., Buley K.R., Sanderson S., Boardman W., Ciofi C., Gibson R.（2006）：Parthenogenesis in Komodo dragons. Nature. 444（7122）, 1021-1022.

●手技1　トカゲの卵巣・卵管摘出術

　術前には，血液検査および各種画像診断を行い，疾患の状態および症例の全身状態を把握する．静脈または骨髄にルートを確保し，術前・術中・術後の輸液を行う．

　アンピシリン（10〜20 mg/kg, IM, SC），エンロフロキサシン（5〜10 mg/kg, IM, SC）など広域スペクトルの抗生剤を術前に投与する．ミダゾラム（0.5〜2 mg/kg, IM, SC, IV, IO），酒石酸ブトルファノール（0.3〜2.0 mg/kg, IM, SC, IV, IO），メロキシカム（0.3〜1.0 mg/kg, IM, SC）などを用いて，鎮静・鎮痛を行う．麻酔導入は，アルファキサロン（6〜9 mg/kg, IM, SC, IV, IO）またはプロポフォール（3〜5 mg/kg, IV, IO）で行い，気管挿管後，イソフルラン吸入で麻酔維持を行う（図3-90）．爬虫類では，自発呼吸は停止することが多いため，ベンチレーターで呼吸管理を行う．

　正中には腹側静脈が走っているため，傍正中切開でアプローチする（図3-91）．切開ラインには，局所麻酔薬を浸潤させておく．皮膚および腹筋・腹膜を切開すると体腔内にアプローチできる（図3-92）．ガーゼやリトラクターを用いて，消化管・脂肪をよけると，背側に卵巣がみえる．卵巣を慎重に牽引し，卵巣に分布している血管をバイポーラ，シーリング，吸収糸，ヘモクリップなどを用いて慎重に処理し，摘出する（図3-93）．卵巣の付近には，後大静脈が走行しているため，損傷に注意する．卵巣から骨盤腔に向けて，卵管が伸びている．卵管に分布する血管および間膜は，卵巣同様に処理し，摘出する（図3-94）．肝臓は，脂肪肝を呈していることが多いため，肉眼的に異常があれば生検を数ヵ所行う（図3-95）．他の臓器に異常がなければ，体腔内を洗浄する．最後にガーゼの残留と出血がないことを確認して閉腹する．

　摘出した卵巣・卵管は，病理組織学的検査および細菌培養・薬剤感受性試験に供し，細菌感染があれば，感受性のある抗生剤を使用する．

　術後は，広域スペクトルの抗生剤を8日間程度投与する．また，必要に応じて，NSAIDs，オピオイド，局所麻酔薬などを使用して疼痛管理を行う．脱水を避けるため，輸液も行う．温度管理は，その種の至適温度帯の上限とし，適切な湿度管理を行い，食欲がなければ強制給餌を実施する．6週間程度で抜糸を行う[2]．

❶骨髄留置および気管内挿管を行う（図3-90）

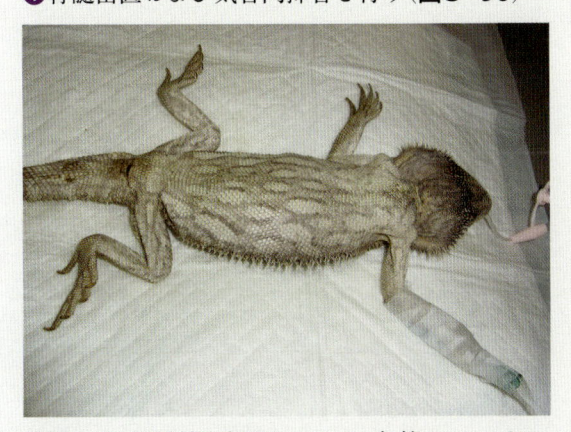

骨髄には，注射針を留置している．気管チューブは，栄養カテーテルで代用している．

❷傍正中切開でアプローチする（図3-91）

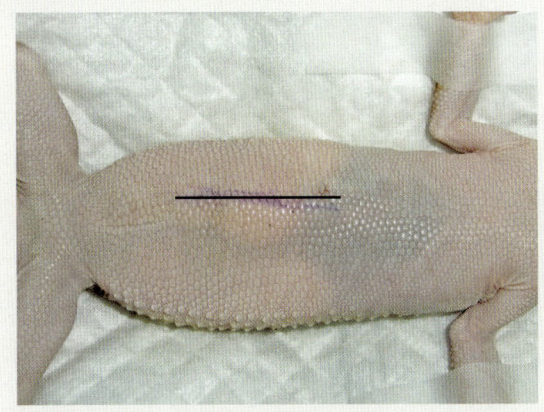

腹部正中には，静脈が走行しているため，少し側方からアプローチする（黒ライン）．

❸体腔内へアプローチする（**図3-92**）

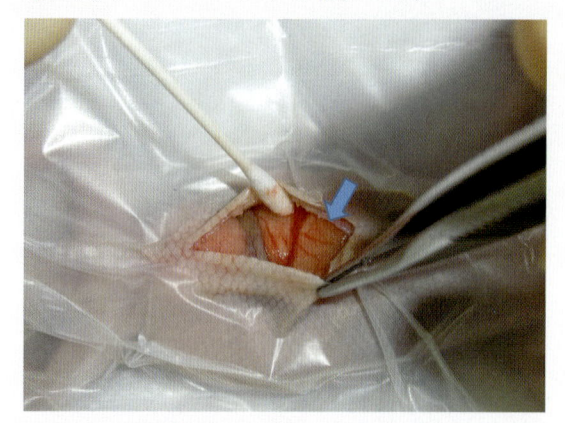

皮膚・腹筋・腹膜をバイポーラで止血しながら切開する．本症例では，発達した卵胞(矢印)が視認できる．

❹卵巣の摘出する（**図3-93**）

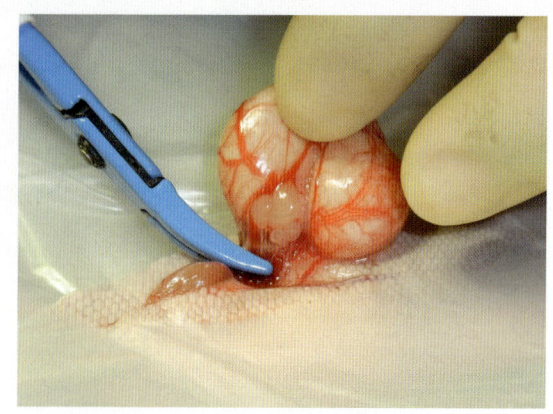

卵巣を牽引し，分布している血管をシーリングなどで処理する．

❺卵管を摘出する（**図3-94**）

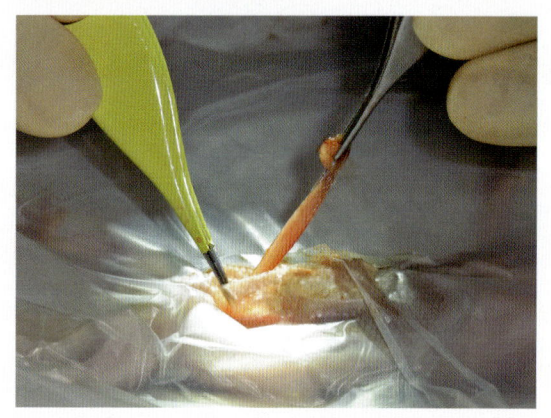

卵巣と同様に分布している血管を処理して摘出する．

❻肝臓の生検を行う（**図3-95**）

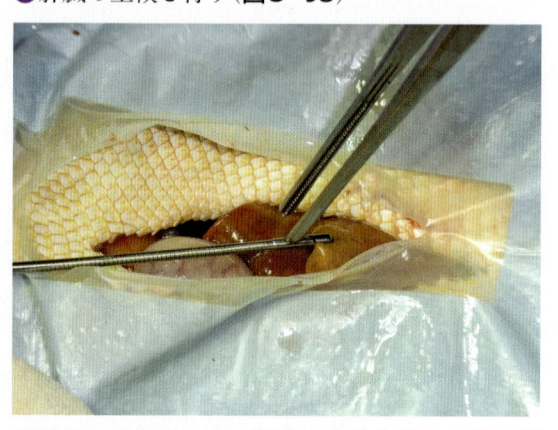

肉眼的に異常があれば肝臓の生検を行う．本症例の肝臓は，黄色を呈し，病理組織学的検査で肝細胞の空胞変性がみられた．

トカゲの抗酸菌症 Mycobacterial infection

はじめに

　Mycobacterium 属は，鞭毛，芽胞，莢膜を有しない，グラム陽性，好気性の桿菌である[1]．抗酸性を示すため抗酸菌と総称され，180種が記載されている．その中でも，結核菌群およびらい菌を除いた171種が非結核性抗酸菌と総称される[2]．

　臨床的に健常な爬虫類223例の便で抗酸菌の検出を試みた報告では，ヘビ亜目の72.2%（13/18），トカゲ亜目の9.7%（13/134），カメ目の15.5%（11/71）で抗酸菌が検出された[3]．この報告で検出された抗酸菌は，*M. fortuitum* 37.8%，*M. fortuitum*-like 45.9%，*M. peregrinum* 10.8%，*M. chelonae* 2.7%といった迅速発育抗酸菌（RGM）が大半を占めていた[3]．RGMはその大多数が雑菌性であり，分離された菌を感染症起因菌とするには複数回の排菌もしくは複数の臓器からの分離が必要とされる．したがって，この報告は，爬虫類が非病原性の抗酸菌を日常的に保菌している可能性を示唆していると考えられる．

　トカゲ亜目において，*Mycobacterium* 属の感染は，複数種で報告がある．ミズオオトカゲ（*Varanus salvator*）における *M. intracelllulare* の内臓への感染，グリーンアノール（*Anolis carolinensis*）における *M. ulcerans* の皮下，消化管，肝臓への感染，エリマキトカゲ（*Chlamydosaurus kingi*）における *M. ulcerans* の心筋，全身への感染，フトアゴヒゲトカゲ（*Pogona vitticeps*）における *M. marinum* の肺，関節への感染，エジプトトゲオアガマ（*Uromastyx aegypticus*）における *M. marinum* の関節への感染，などが報告されている[4]．筆者は，バルカンヘビガタトカゲ（*Ophisaurus apodus*）における *M. marinum* による全身性抗酸菌感染症2例を報告した[5]．これらのバルカンヘビガタトカゲでは，大脳，眼球，心臓，肺，腎臓，大腸，卵巣，精巣などに肉芽腫形成がみられ，斃死した．

　抗酸菌症は，人獣共通感染症であるため，動物取扱業者，飼育者，獣医師などの関係者には，感染の危険が伴う．抗酸菌症を疑う動物を扱う際には，感染に対して注意を払う必要がある．

症状

　抗酸菌症の臨床症状は，感染部位にもよるが，食欲不振，嗜眠，削痩など非特異的である．重症例では，突然死することもある．消化管への感染では，下痢，嘔吐などの消化器症状，肺への感染（**図3-96**）および貯留液による圧迫では，開口呼吸，努力性呼吸などの呼吸器症状，関節や神経系へ

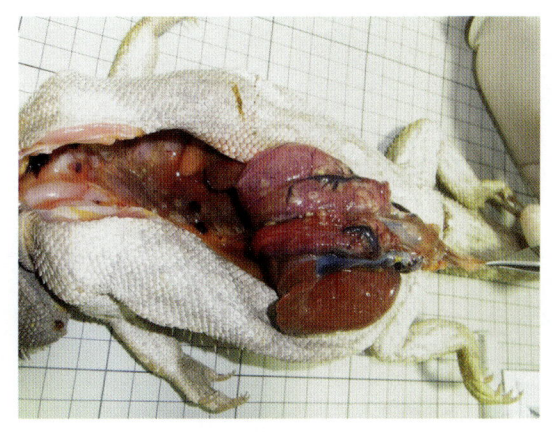

図3-96　フトアゴヒゲトカゲ（*Pogona vitticeps*）
の抗酸菌症でみられた肺病変

の感染（**図3-97**）では，跛行，麻痺などがみられる．また，結膜への感染による結膜炎（**図3-98**），眼球内への感染によるブドウ膜炎が起こることがある（**図3-99**）．肝臓，脾臓および腎臓などに感染すると臓器の腫大や機能不全を呈する．

　爬虫類でみられる典型的な病変は，ヒトの抗酸菌症に類似し，多臓器に小結節がみられる[6]．また，体腔内，心嚢内に液体貯留を認めることがある（**図3-100**）．

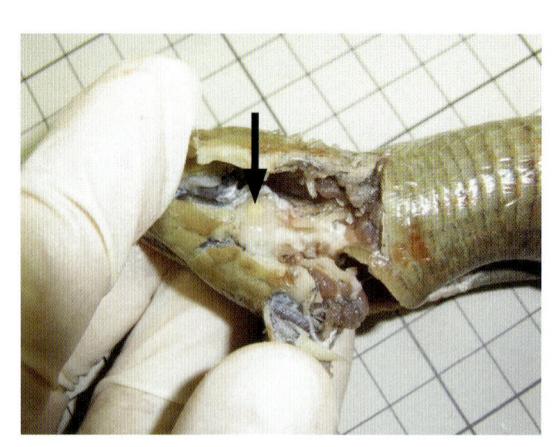

図3-97　バルカンヘビガタトカゲ（*Ophisaurus apodus*）の *Mycobacterium marinum* 感染症でみられた脳に形成された結節病変（矢印）

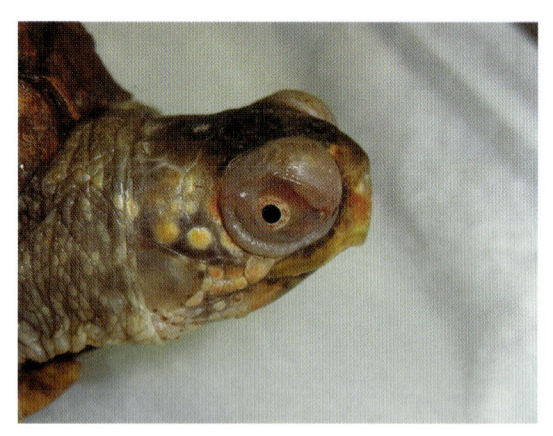

図3-98　ミツユビハコガメ（*Terrapene carolina triunguis*）の肉芽腫性結膜炎 *Mycobacterium stomatepiae* が分離された．

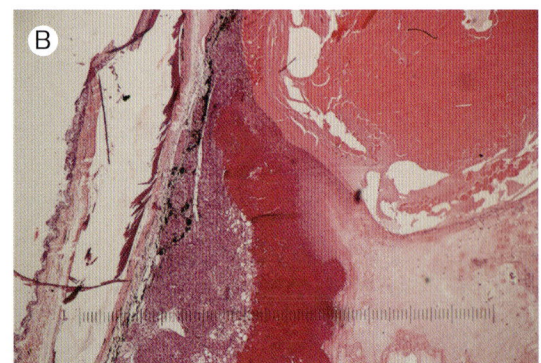

図3-99　図3-97と同一症例のブドウ膜炎
A：房水フレアーが明瞭である．
B：同症例の眼球の病理組織像．眼球内に肉芽腫性炎症病変形成がみられた．

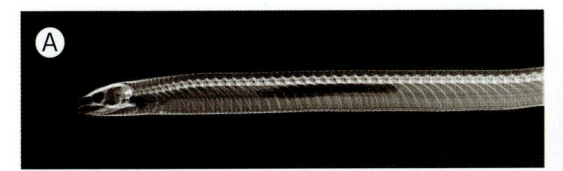
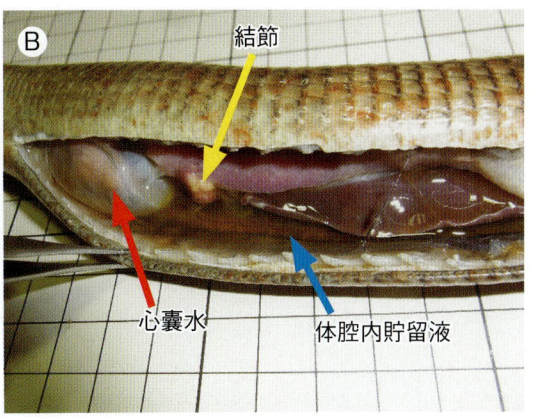

図3-100 バルカンヘビガタトカゲ(*Ophisaurus apodus*)の *Mycobacterium marinum* 感染症
A:X線検査にて,気管および肺の挙上,圧迫所見がみられる.
B:同一症例の剖検所見.心嚢水(赤色矢印)および体腔内貯留液(青色矢印),肺の結節病変(黄色矢印)がみられる.

(図B内ラベル)
結節
心嚢水
体腔内貯留液

診断

抗酸菌症の診断は,一般的に肉芽腫等の病変部から *Mycobacterium* 属菌を分離することで行われる.

抗酸菌症を疑う症例の病変部,貯留液または便の細胞診を行うと,マクロファージおよびヘテロフィルを背景に,ライトギムザ染色では染色されない桿菌がみられる(**図3-101**).また,抗酸菌染色(チール・ネルゼン染色)を行うと抗酸菌は,赤色に染色される(**図3-102**).

病理組織学的検査では,肉芽腫性炎症がみられる(**図3-103**).抗酸菌染色では,病変内に抗酸性を示す桿菌が検出される.爬虫類の腫瘤を生検し,肉芽腫性炎症がみられた場合,鑑別診断のひとつとして抗酸菌症を挙げる必要がある.爬虫類は,一般的な細菌・真菌感染によっても,肉芽腫性炎症

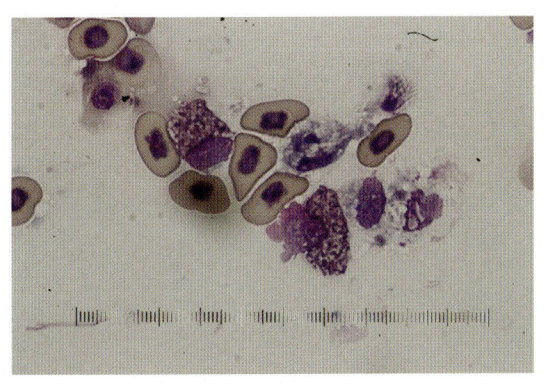

図3-101 バルカンヘビガタトカゲの *Mycobacterium marinum* 感染症病変部の細胞診
マクロファージの細胞質に染色されない桿菌がみられる(ライトギムザ染色).

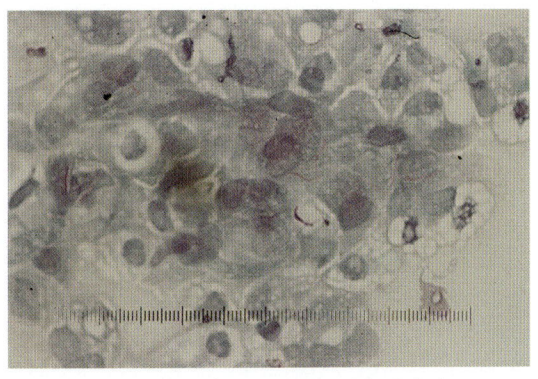

図3-102 図3-101と同症例の抗酸菌染色
赤色に染色される桿菌がみられる(チールネルゼン染色).

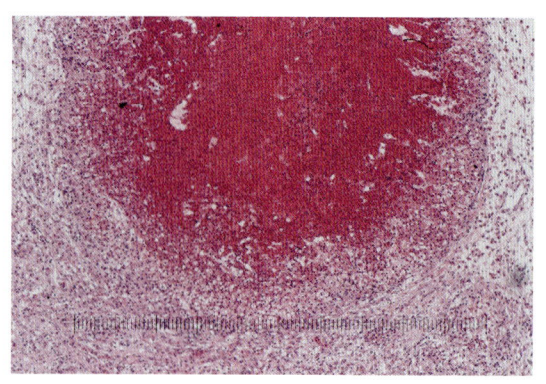

図3-103　抗酸菌による肉芽腫性炎症病変の病理組織像(HE 染色)

病変を形成することが多いため，病変部からの抗酸菌分離を行う．

蛍光染色は，抗酸菌染色と比較して検出感度が高いが，擬陽性が出る場合があるため，陽性検体をチール・ネルゼン染色で確認することが推奨される．

小川培地・液体培地による抗酸菌培養検査は，4週間から8週間程度の時間がかかるが，薬剤感受性試験を行うために実施すべきである．

Mycobacterium 属菌は，発育が遅い菌も多く，培養は時間がかかるため，一般の検査機関では，核酸を標的とした抗酸菌同定キット(DDH法)が汎用されている[7]．しかし，DDH法は同定対象菌種が18菌種に限られているため，対象外の菌種の同定はできない[7]．また，DDH法では *M. marinum* の近縁菌である *M. ulcelans* や *M. shinshuense* との鑑別はできない．正確な起因菌の同定は，感染源および感染経路等の探索をする際に重要である．したがって，DDH法の対象外の菌種が検出された場合や，*M. marinum* の亜種鑑別には，ハウスキーピング遺伝子(*rpoB*, *hsp65*)を用いたシークエンス解析が必要とされる[8]．

治療

爬虫類で抗酸菌症を診断した場合，国外では安楽死が推奨されている[9]．しかし，国内では，コンパニオンアニマルの安楽死は，忌避される傾向にある．

トカゲの抗酸菌症の治療法は，確立されていない．薬剤感受性試験の結果が出た時点で，それに基づいて複数の薬剤(3剤以上)を選択する．鳥類の抗酸菌症の治療法として，①ストレプトマイシン(10～20 mg/kg bid IM)，エタンブトール(15～25 mg/kg sid PO)，リファンピシン(10～20 mg/kg sid～bid PO)1カ月間，②エンロフロキサシン(20～30 mg/kg sid PO)またはシプロフロキサシン(40～50 mg/kg sid PO)，エタンブトール(30 mg/kg sid PO)，リファンピシン(45 mg/kg sid PO)12～18カ月間，③エンロフロキサシン(15 mg/kg bid IM 7～10日間)，シプロフロキサシン(20 mg/kg bid PO 7～10日間)またはストレプトマイシン(20～40 mg/kg/day IM 7～10日間)のうち1剤，クロファジミン(1.5 mg/kg sid)，シクロスポリン(10 mg/kg/day 3～12カ月間)，エタンブトール(40 mg/kg/day 3～12カ月間)などが行われる[10]．治療が成功したとしても，再発率が高く，長期に渡る投薬が必要となる．単独または少数の結節性病変は，外科的に摘出も行う．

嘔吐，下痢による脱水，削痩，二次感染に対しては，保温，補液，強制給餌，抗菌薬投与などの適切な支持療法を行う．

ヒトや他の動物への感染を防ぐため，感染が疑わしい個体および接触した個体は，隔離する．環境，飼育器具およびケージは，*Mycobacterium* 属菌に効果を示す消毒薬(アルコール類，ヨード等)を用いて，徹底的に消毒する．感染個体を扱う際には，使い捨てゴム手袋，マスクなどを着用する．

臨床医のコメント

　筆者は，トカゲの抗酸菌症に対し，ヒトの標準治療や鳥類で行われている治療法[10]を参考に治療を試みている．クラリスロマイシン（15 mg/kg sid PO），エタンブトール（30 mg/kg sid PO）およびリファンピシン（45 mg/kg sid PO）を併用しているが，現在までのところ奏功していない．爬虫類の抗酸菌症において，ヒトや鳥類同様の治療法の有効性を論じる上で更なる症例の蓄積が求められるとともに，投薬量やレジメンの選択は慎重にすべきと考えられた．

（松原且季）

 **参考文献**

1. 後藤義孝．放線菌関連菌．獣医微生物学．第2版．見上彪監修．pp102-109．文永堂出版．東京．2003.
2. 御手洗聡．抗酸菌の分類．結核　改訂版．光山正雄，鈴木克洋編．pp43-55．医薬ジャーナル社．大阪．2017.
3. Ebani VV., Fratini F., Bertelloni F., Cerri D., Tortoli E. 2012. Isolation and identification of mycobacteria from captive reptiles. Res Vet Sci. 93(3)：1136-1138.
4. Mitchell MA. 2012. Mycobacterial infections in reptiles. Vet Clin North Am Exot Anim Pract. 15(1)：101-111.
5. 松原且季，吉田志緒美，須藤菫，本郷覚．2018．バルカンヘビガタトカゲ（Ophisaurus apodus）の抗酸菌症の2例．エキゾチックペット研究会2018年度症例検討会抄録．72-75.
6. Marschang RE., Chitty J. 2004. Infectious deseases. pp330-345. In：BSAVA manual of reptiles second edition.（Girling SJ., Raiti P. ed.），BSAVA, Gloucester.
7. 向川純，遠藤美代子，柳川義勢，諸角聖．2005．16S rRNA遺伝子及びrpoB遺伝子解析による非結核性抗酸菌の同定．東京健安研セ年報．56：31-33.
8. 山本宣和，向川純，三宅啓文，福田貢，貞升健志，甲斐明美．2010．東京健安研セ年報．61：145-148.
9. Jepson L. 2009. Lizards. pp268-314. In：Exotic animal medicine a quick reference guide. Saunders. Philadelphia.
10. 小嶋篤史，眞田靖幸．2010．鳥の抗酸菌症．pp15-24. In：コンパニオンバード疾病ガイドブック臨床の実践と病理解説．インターズー．東京.

第4章
ヘビの疾患

ヘビの呼吸器疾患 Respiratory diseases

はじめに

　呼吸器疾患は，爬虫類，特にカメおよびヘビでは一般的な疾患である[1]．呼吸器疾患は，疾患の経過から急性と慢性に分類される．また，疾患の原因により，感染性と非感染性に大別されるが，複数の要因が関連して呼吸器疾患を発症することが多く，二次感染により症状の悪化がみられることも多いため，明確に区別することは困難である．

　爬虫類の呼吸器系も，哺乳類や鳥類と同様に，外鼻孔から喉頭までの上部呼吸器とそれより肺側の下部呼吸器に分類される[1]．ヘビでは，吸気は，外鼻孔（**図4-1**），鼻腔，内部鼻腔を通り，口腔から声門に入る．声門（**図4-2**）は，口腔の吻側に位置し，大型の食餌を飲み込む際には声門が移動することで呼吸することを可能にしている．気管（**図4-3**）は，気管軟骨の不完全なリングで構成されており，心臓の位置で短い気管支に分岐する．ある種のヘビは，呼吸器組織から構成される気管支肺をもっている．肺（**図4-4**）は，細長い，袋状の器官で，ボア科を除いて左肺は痕跡のみとなっている．右肺は呼吸器上皮で構成され，非呼吸器上皮嚢状肺（**図4-5**）に続く[1]．ヘビは，横隔膜を欠くため，有効な発咳はできない[2]．

　上部呼吸器疾患と下部呼吸器疾患の臨床徴候を**表4-1**に示す．ヘビの上部呼吸器疾患は，口内炎や口腔疾患からの波及を除き稀であるが，外鼻孔の脱皮殻またはダニによる物理的閉塞が報告されている[4]．以下，主に下部呼吸器疾患について述べる．

図4-1　ボールパイソン（*Python regius*）の外鼻孔（矢印）

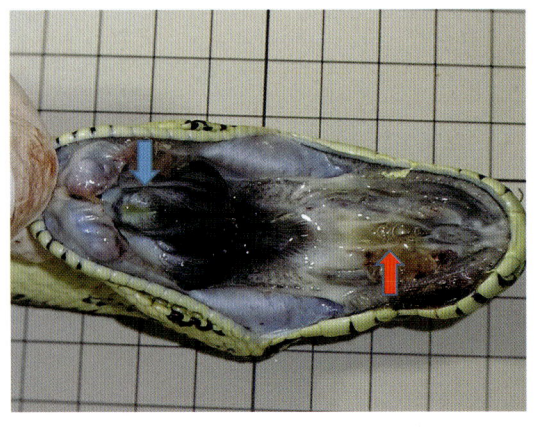

図4-2　ダイヤモンドパイソン（*Morelia spilota spilota*）の声門
声門（青矢印）は口腔の吻側に位置する．後鼻孔（赤矢印）に粘液貯留がみられる．

図4-3　ボールパイソンの気管
C字状の気管軟骨で構成されている.

図4-4　ボールパイソンの気管(青矢印)・肺
(黄色矢印)・囊状肺(赤矢印)

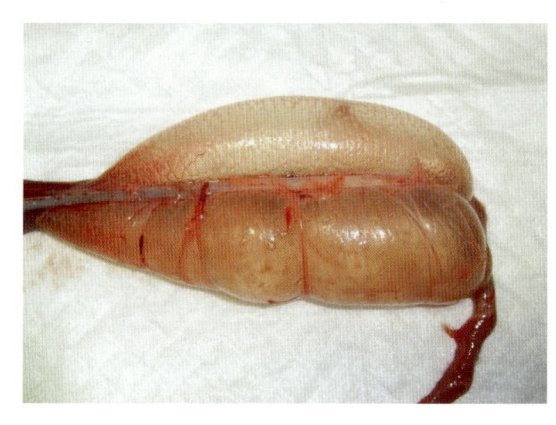

図4-5　ボールパイソンの囊状肺(気囊)

表4-1　上部および下部呼吸器疾患の臨床症状(参考文献4を一部改変)

臨床症状	上部呼吸器疾患	下部呼吸器疾患
鼻汁	あり	なし
後鼻孔汁	あり	なし
スペクタクル下の混濁	時々みられる	なし
声門分泌物	なし	時々みられる
呼吸雑音	時々みられる	通常あり
肺雑音	ほとんどみられない	時々みられる
全身症状	ほとんどみられない	通常あり
開口呼吸・呼吸困難	よくみられる	よくみられる
欠伸	なし	時々みられる
咳	なし	時々みられる
チアノーゼ	なし	時々みられる
習性の変化	二次的疾患がない限りほとんどみられない	よくみられる
頻呼吸	ほとんどみられない	あり

ウイルス

封入体病（Inclusion Body Disease：IBD）は，reptarenavirus がボア科のヘビに感染することによって発症する[3]．ヘビオオサシダニ（*Ophionyssus natricus*）（**図4-6**）がウイルスを伝播することが知られている[2]．IBD は，食欲不振，嘔吐，下痢，活動性の低下，呼吸器症状，神経症状などの多様な症状を示す．呼吸器系，消化器系および骨格系への二次的な細菌感染も一般的に起こる．

Paramyxovirus は，呼吸器に感染するウイルスで，脱力，開口呼吸，気管・食道の粘液分泌・出血，痙攣，突然死などの症状を示す[2]．Paramyxovirus は，最初にクサリヘビ科で発見されたが，他科のヘビにも感染する．ボア科の Paramyxovirus 感染の症状は，IBD と類似するため鑑別が必要である[2]．Paramyxovirus の感染は，呼吸器分泌物によって起こると考えられている．

近年，飼育頭数が増加しているボールパイソン（*Python regius*）では呼吸器疾患が好発する（**図4-7**）．1990年代の後半から，飼育下のボールパイソンで深刻で時に致死的な呼吸器疾患が発生することが観察されていた[6]．この疾患は，感染力が非常に高く，同室で飼育されている複数の個体が発症することも稀ではない．2014年にこの疾患の病原体が新種の Nidovirus であることが報告された[6]．

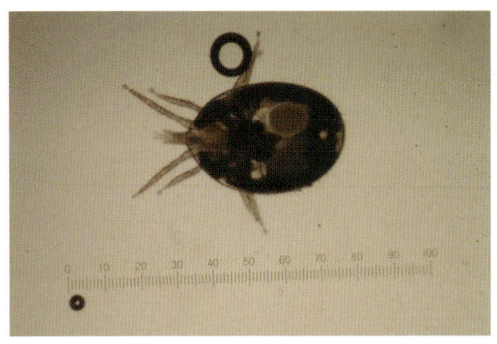

図4-6　ヘビオオサシダニ（*Ophionyssus natricus*）

図4-7　呼吸器疾患に罹患したボールパイソン
開口呼吸がみられる．

細菌

呼吸器の病原性細菌として，グラム陰性好気性細菌の *Pseudomonas* sp.，*Klebsiella* sp.，*Aeromonas* sp.，*Escherichia coli* および *Proteus* sp. などが一般的に分離される[2]．また，*Mycoplasma* sp.，*Chlamydia* sp.，*Mycobacterium* sp. などが時折みられる[2]．

真菌

重度の免疫不全または，長期の抗生物質の投与をしている動物以外では稀である[4]．*Coccidioides immitis* 感染による肺炎がソノラゴファースネーク（*Pituophis catenifer affinis*）で報告されている[2]．

寄生虫

舌虫類および肺線虫（*Rhabdias* spp.）の感染が肺でみられる[2]．

舌虫類（**図4-8**）は，舌形動物門に分類される内部寄生虫で人獣共通感染症としても注意が必要である[5]．舌虫類は，肺および肝臓に寄生し，哺乳類または節足動物の中間宿主を介して感染する．これらは，血液や粘液を摂取しながら，宿主体内で2年以上生存する．

Rhabdias 属線虫は，両生類および爬虫類で一般的な肺寄生虫である[7]．世界中から40種以上が記載されている[7]．*Rhabdias* 属線虫は，単為生殖のメスのみが寄生性であり，オスは自由生活をしている．

生活環には中間宿主を必要とせず，感染子虫が皮膚および口腔粘膜から感染する．感染子虫は，肺で成熟する．メス成虫は含子虫卵を産み，それが宿主の便に排出される[7]．

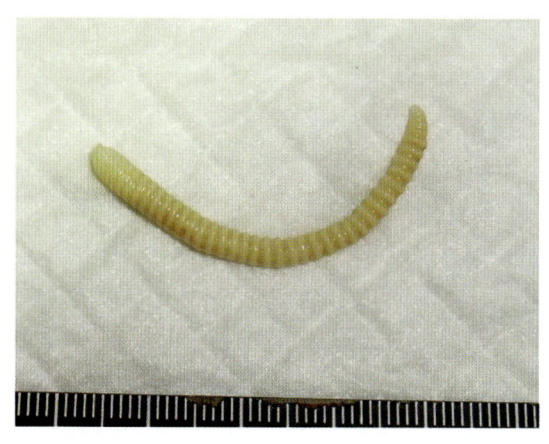

図4-8　グリーンパイソン(*Morelia viridis*)が喀出した舌虫の1種

非感染性要因

不適切なケージサイズ

狭すぎるケージは，ヘビの運動不足，不適切な温度・湿度，ケージ内の衛生状態の悪化を招きやすい[8]．

温度・湿度

飼育環境は，その種ごとの至適環境温度(Preferred Optimum Temperature Zone：POTZ)に設定すべきである．低温に長くさらされると，免疫力が低下し，感染症に対する感受性が高くなる[8]．また，不適切な高温の持続により脱水しやすくなり，腎臓疾患や消化器疾患，呼吸器疾患などを助長する[8]．湿度は，体温制御に影響し，ヘビの呼吸器の健康状態を保つのにも重要である．

腫瘍

腫瘍が気道や肺に形成されると，結果として呼吸器症状を示すことがある．リンパ腫は，ヘビの口腔粘膜および肺に発生することが報告されている[1]．また，他の部位の腫瘍の転移性病変がみられることもある(**図4-9**)．

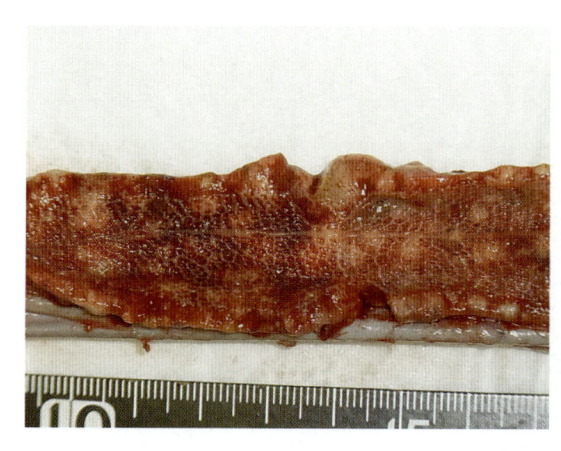

図4-9　ダイヤモンドパイソン(*Morelia spilota spilota*)の腺癌の肺転移巣
肺に白色結節が多発している．

診断

問診

　症状，既往歴，飼育環境などについて問診を行う．また，新規に飼育個体群に導入した個体の有無についても確認する．

身体検査

　視診により，呼吸器疾患に特徴的な症状の有無，削痩や脱水の程度，外部寄生虫の有無などを確認する（図4-10, 11）．器具を用いて開口させ，後鼻孔，口腔粘膜，声門の状態を確認する（図4-12）．分泌物がある場合は採取し，細胞診（図4-13）および細菌培養・感受性試験に供する．聴診は，異常な呼吸音が聴取できる可能性があるが，爬虫類での有効性は限定的である．

図4-10　肺炎のミドリナメラ（*Rhadinophis prasinus*）
頸部を伸展させ上を向く姿勢（スターゲイジング）がみられる．

図4-11　開口呼吸がみられるホソツラナメラ（*Gonyosoma oxycephala*）

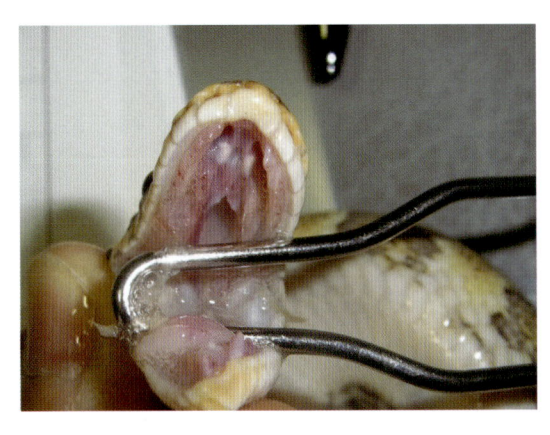

図4-12　ボールパイソンの呼吸器疾患
泡状の分泌物，口腔粘膜の点状出血がみられる．

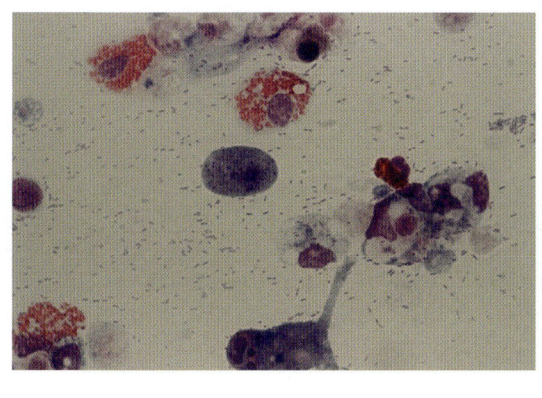

図4-13　図4-12の口腔内分泌物塗抹所見
ヘテロフィルと多数の桿菌がみられる.

X線検査

　X線検査は，肺が袋状の構造をしているため，軽度の炎症では画像上の変化を確認しにくい.気管内分泌物の有無,肺の不透過性亢進(**図4-14,15**),体腔内液体貯留(**図4-16**)などに注意して読影する.

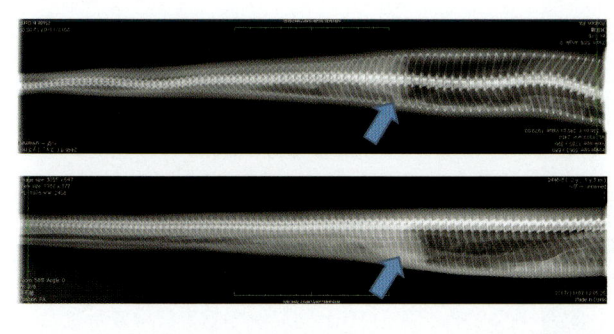

図4-14　ボールパイソンの呼吸器疾患
肺の頭側部分(矢印)にX線不透過性亢進がみられる.

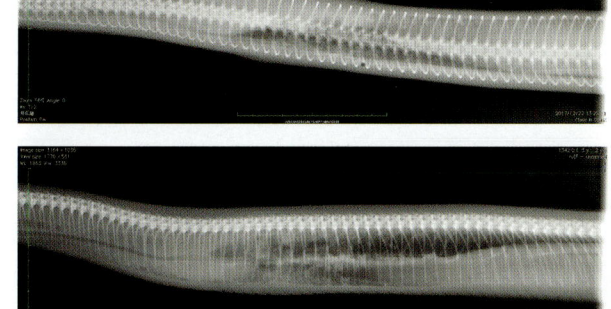

図4-15　ダイヤモンドパイソンの腺癌の肺転移巣
肺に多数の結節陰影がみられる.

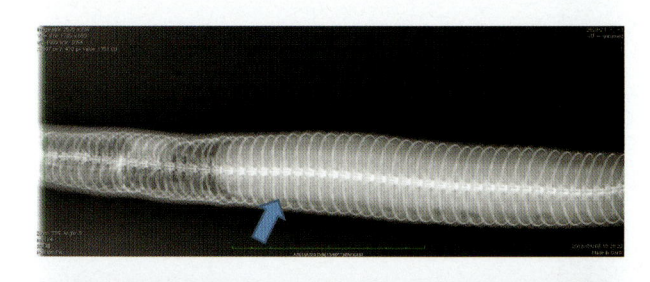

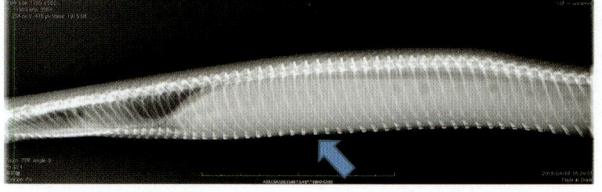

図4-16　呼吸器症状を示したセイブシシバナヘビ(*Heterodon nasicus*)
体腔内に液体貯留がみられる.本症例は,卵墜性腹膜炎であった.

超音波検査

　超音波検査は，肺病変（**図4-17**），体腔内の液体貯留（**図4-18**）の描出において X 線検査よりも感度が良い．

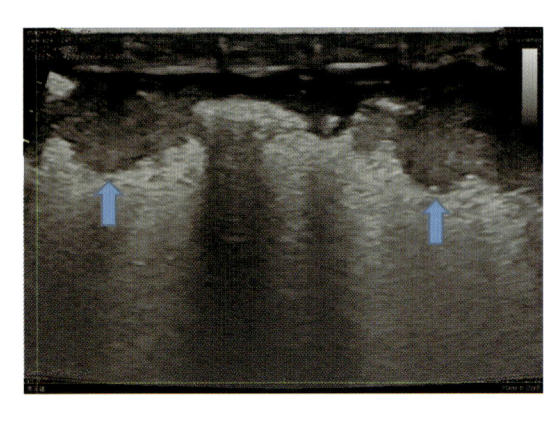

図4-17　セントラルパイソン（*Morelia bredli*）の肺の超音波検査所見
多数の腫瘤（矢印）がみられる．本症例は，病理組織学的検査で腺癌の肺転移と診断された．

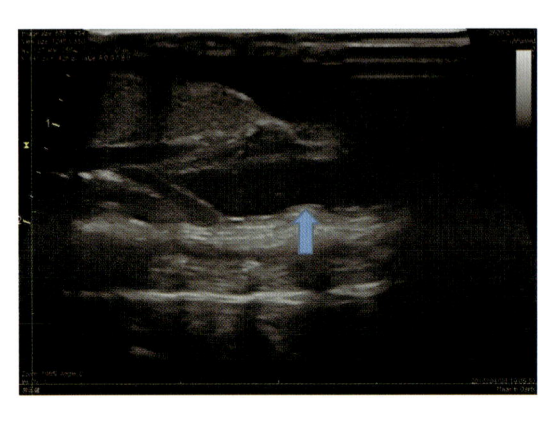

図4-18　図4-16と同症例の超音波検査所見
体腔内に液体貯留（矢印）がみられる．

CT 検査

　X 線検査や超音波検査では診断が困難な場合やより詳細な病変を検出したい場合には CT 検査（**図4-19**）が有効である．頸静脈を確保し，造影検査も実施できる．

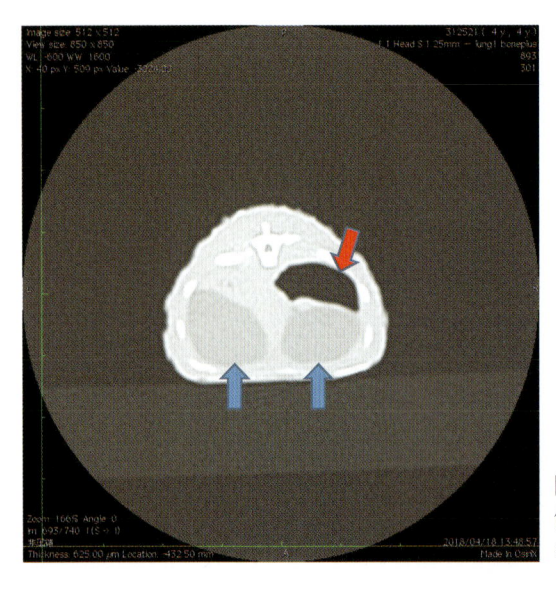

図4-19　図4-16と同症例の超音波検査所見
体腔内貯留液（青矢印）による囊状肺（赤矢印）の圧迫がみられる．

血液検査

血液検査は，呼吸器疾患で特異的な所見はないものの炎症の状態，併発疾患の有無を確認することができる．

便検査

肺線虫などの寄生虫卵の有無を確認する．

細胞診

分泌物，病変部，気管支洗浄液の細胞診では，細菌，真菌，寄生虫卵の有無，炎症細胞の種類と量，腫瘍細胞の有無を確認する．

内視鏡検査

軟性内視鏡（**図4-20**）では，ヘビのサイズにもよるが，口腔，食道，胃（**図4-21**），小腸，大腸が観察可能である．硬性内視鏡（**図4-22**）では，気管，肺（**図4-23**），囊状肺，肝臓，腎臓などの観察が可能である．封入体病の診断には，内視鏡を用いて消化管粘膜，腎臓，肝臓などの組織を採取し，

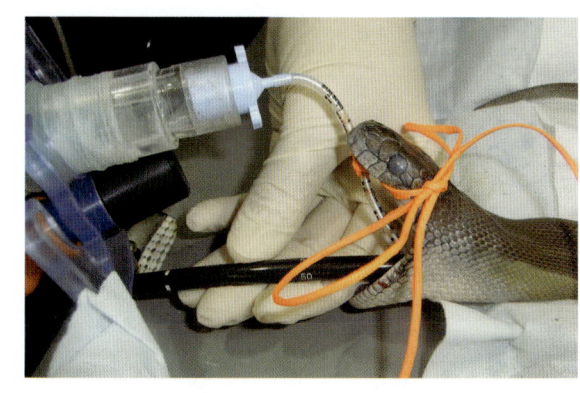

図4-20　パプアンパイソン（*Apodora papuana*）の軟性内視鏡検査

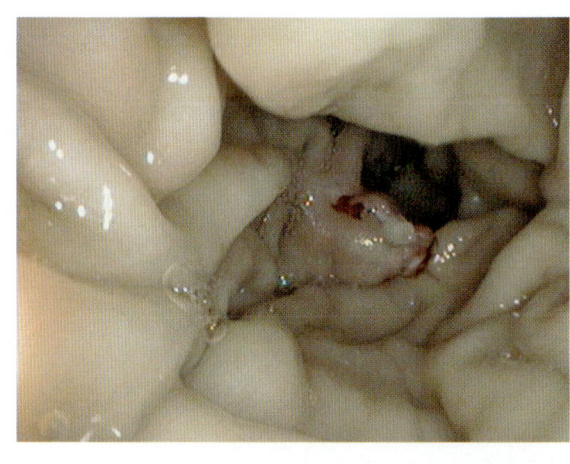

図4-21　図4-20と同症例の胃粘膜面
出血は生検によるものである．

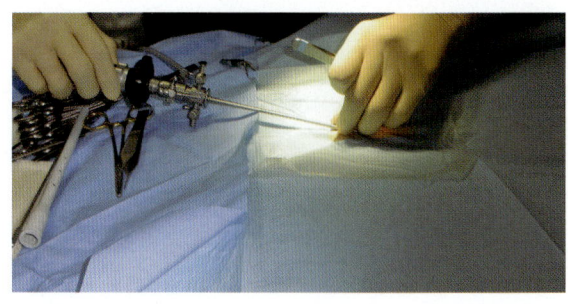

図4-22　グリーンパイソンの舌虫感染症例の硬性内視鏡検査
肋間から肺内に内視鏡を挿入している．

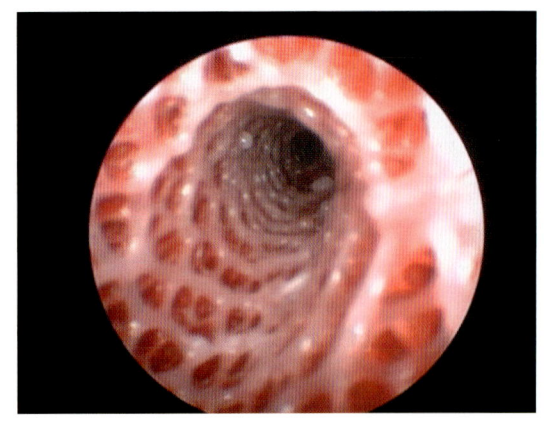

図4-23　図4-22と同症例の肺
本症例は，舌虫を喀出したため，肺の硬性内視鏡検査を行った．肺では，舌虫寄生による炎症がみられたが，虫体は検出されなかった．

封入体を確認する．また，肺粘膜を採材することにより，炎症の状態，腫瘍の有無を診断し，細菌培養・薬剤感受性試験も行うことができる．舌虫の治療には，肺に硬性鏡を挿入し，虫体の摘出を行う．

細菌培養・薬剤感受性試験

　細菌の一次的または二次的感染を診断するために，分泌物，気管洗浄液，生検組織などを材料として，細菌培養・薬剤感受性試験を行う．口腔内や呼吸器系には，常在細菌叢が存在するため，極力病変部位から採材し，結果の解釈は慎重に行う必要がある．薬剤感受性試験の結果に基づいて，使用薬剤を選択する．

組織生検

　呼吸器系の腫瘍を疑う，適切な治療に反応しない，封入体病を疑う，他の方法で診断ができないなどの場合には，外科的に，肺，消化管，腎臓，肝臓などの組織生検を行う（**図4-24**）．採材した組織は，細胞診，病理組織学的検査，細菌培養・薬剤感受性試験に供する．

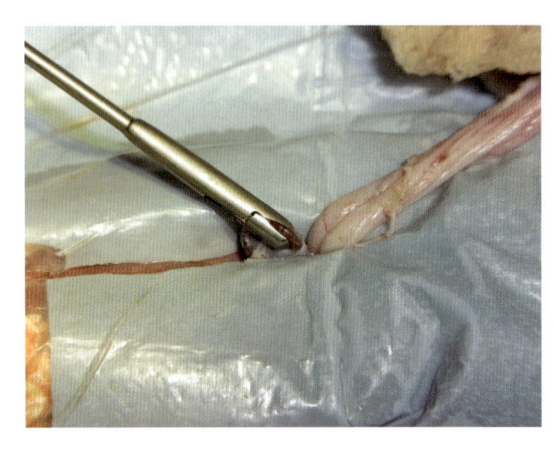

図4-24　セイブシシバナヘビの腎臓生検
体腔内貯留液により呼吸器症状を呈していたため，診断のため開腹を行った．生検鉗子を用いて組織を採材している．

治療および予後

　呼吸器疾患の治療は，適切な環境設定，支持療法を行い，可能であれば原因治療を行う．
　温度は，その種の至適環境温度の上限近くに設定し，ある程度の湿度を保てるようにする．温湿度計は必ず設置し，広めのケージに移す．
　ヘビの呼吸器疾患では，気管に粘液の塞栓が起こり死に至ることがある（**図4-25**）ため，こまめに後鼻孔や気管の分泌物を除去する[4]．樹上性のヘビでは，止まり木を設置し，高さのあるケージを用いることで重力による嚢状肺からの粘液排出をしやすくすることができる[8]．

チアノーゼや呼吸困難を示す場合には，酸素化を行う．爬虫類は，高濃度の酸素に暴露されると，呼吸抑制および分泌物除去率の低下を起こす．このため，酸素療法を実施する場合には30〜40％の酸素濃度で行い，保温および加湿することが推奨される[4]．

支持療法として，輸液，広域スペクトルの抗生剤の投与を行い，抗生剤については，細菌培養・薬剤感受性試験の結果に基づいて必要があれば変更する．ネブライザーや鼻腔・肺への薬剤の局所投与も治療に有効である．

絶食期間の長い個体については，ぬるま湯や爬虫類用リンゲル液の経口給与から開始し，徐々に高カロリーの流動食を与えていく．

感染個体は，完全に隔離し，器具，ケージなどは専用のものとし，使い捨てゴム手袋の使用，手指の消毒を徹底する．

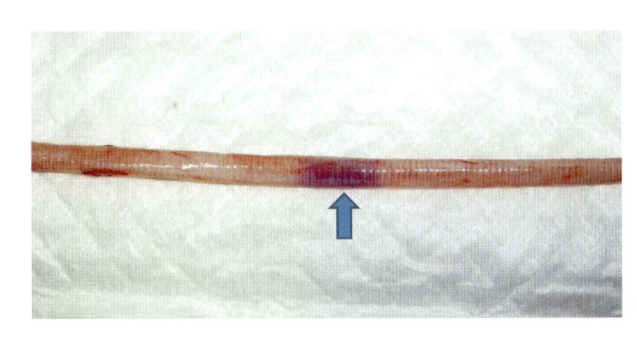

図4-25　分泌物による気管塞栓（矢印）

ウイルス

封入体病，Paramyxovirus，Nidovirus などのウイルス感染に対する有効な治療法はない．日本国内では，封入体病以外のウイルス感染は，確定診断も困難である．封入体病は，食道扁桃，肺，消化管，肝臓，脾臓，腎臓などの組織生検により，封入体を確認する．感染個体の隔離と感染防止対策を徹底し，感染個体は，適切な飼育環境，栄養補給，支持療法を行う．ダニなどの外部寄生虫がいる場合には適切に駆除する．ウイルス性疾患は基本的に予後不良であり，他個体への感染源となる可能性もあるため，安楽死も考慮する．症状が治まった個体も，キャリアーとして扱い，非感染個体との接触は避ける．

細菌

細菌感染に対しては，分泌物，気管洗浄液，病変部組織などの細菌培養・薬剤感受性試験の結果に基づき，適切なスペクトルの抗生剤を使用する．また，抗生剤の選択の際には，呼吸器に分布しやすく，グラム陰性桿菌，*Mycoplasma* などにも効果のあるものを選ぶ．細菌培養・薬剤感受性試験の結果が得られるまでの間は，エンロフロキサシン（5〜10 mg/kg, SC, PO, sid），セフタジジム（20 mg/kg, SC, IM, IV, q72h），アミカシン（5 mg/kg, IM，その後2.5 mg/kg, IM, q72h）などの広域スペクトルの抗生剤を使用する[4]．ボールパイソン（*P. regius*）の呼吸器疾患に対し，抗マイコプラズマ剤としてチアムリン（10 mg/kg, SC, q1week）を使用し，6例中4例に改善を認めた報告がある[9]．

真菌

臨床症状を伴うヘビの病変部から真菌が検出されれば，真菌感染を疑う．特に，免疫抑制された個体や長期間の抗生剤投与を行っている個体では真菌感染症を疑い，可能であれば真菌培養・薬剤感受性試験を実施して，抗真菌剤を選択する．抗真菌剤としてはイトラコナゾール（5〜10 mg/kg, PO, sid）などが使用される[4]．

寄生虫

　舌虫では，フェンベンダゾール（100 mg/kg，7日後に再投与）が使用される[10]．舌虫は，虫体が大型で，死に至った虫体が問題を起こすこともあるため，外科的摘出も考慮する必要がある．

　肺線虫に対し，イベルメクチン（0.2 mg/kg，PO，SC，IM，14日毎）やレバミゾール（5〜10 mg/kg，SC，14日毎）などの使用が報告されている．

腫瘍

　肺に原発する腫瘍は，可能であれば切除する．リンパ腫では化学療法を考慮する．転移性腫瘍に対する有効な治療法は確立されておらず，予後は不良である．

臨床医のコメント

　ヘビの呼吸器疾患では，抗生剤が濫用されている場合が多い．気管洗浄液や肺組織の細菌培養・感受性試験を行うと，多剤耐性の緑膿菌（*Pseudomonas aeruginosa*）や *Stenotrophomonas maltophilia* がしばしば検出される．これらの薬剤耐性菌にやみくもに抗生剤を使用することは，感染を悪化させる危険性がある．また，細菌感染は，二次感染であることも多く，潜在する環境因子，ウイルス，真菌，寄生虫，腫瘍などを診断せずに治療しても，治療効果は乏しい．呼吸器症状の原因を確定し，細菌培養・薬剤感受性試験の結果に基づく抗生剤の適正使用をすることが重要であると考えている．

　　　　　　　　　　　　　　　　　　　　　　　　　　　　　　　　　　（松原且季）

 **参考文献**

1. Schumacher J. (2003) Reptile respiratory medicine. Vet Clin Exot Anim. 6：213-231.
2. Driggers T. (2000) Respiratory diseases, diagnostics, and therapy in snakes. Vet Clin Nor Am. 3(2)：519-530.
3. Stenglein M.D., Sanchez-Migallon Guzman D., Garcia V.E., Layton M.L. et al. (2017) Differential disease susceptibility in experimentally reptarenavirus infected boa constrictors and ball pythons. J virol. 91(15)：e00451-17.
4. Girling S.J., Raiti P. (2017)：爬虫類マニュアル （宇根有美，田向健一），第二版，273-286，学窓社.
5. Ayinmode A.B., Adedokun A.O., Aina A., Taiwo V. (2010) The zoonotic implications of pentastomiasis in the royal python (*Python regius*). Ghana Med J. 44(3)：115-118.
6. Stenglein M.D., Jacobson E.R., Wonzniak E.J., Wellehan J.F. et al. (2014) Ball python nidovirus：a candidate etiologic agent for severe respiratory disease in Python regius. 5(5)：e01484-14.
7. Mihalca A.D., Miclaus V., Lefkaditis M. (2010) Pulmonary lesions caused by the nematode Rhabdias fuscovenosa in a grass snake, Natrix natrix. 46(2)：678-681.
8. 赤羽良仁 (2018) ヘビの3大疾患その2ヘビの呼吸器疾患：エキゾチック診療，10(2)，86-91.
9. 渡邊岳大，武山航，高木佑基，高見義紀 (2018)：口腔内に泡沫状の流涎を認めたヘビに対するチアムリン製剤の有効性の検討．エキゾチックペット研究会2018年度症例検討会抄録，33-35.
10. Gałęcki R., Sokół R., Dudek A. (2016) Tongue worm (Pentastomida) infection in ball pythons (*Python regius*) a case report. Ann Parasitol. 62(4)：363-365.

ヘビの消化器疾患 Gastrointestinal diseases

はじめに

　ヘビの消化管は比較的単純であり，口腔から総排泄腔まで直線状の管腔構造を呈する（**図4-26**）[1]．胃は紡錘形であり，食道と比較して腺粘膜が発達している．胃は小さく，飲み込んだ食物すべてを胃に収容できないため，食道が食物を貯蔵する働きも担う[1]．噴門の括約筋は十分に発達していないため，食道への逆流が生じやすい[1]．飲み込んだ食物は，胃に到達した部分から消化がはじまる[1]．すべての食物が消化されるまでには長期間を要し，例えば大型のヘビが1匹のラットを消化するのには5日間ほどかかるといわれている[1]．

　肝臓は細長く2から3葉にわかれている[1]．胆嚢は脂肪の消化に関与している[1]．膵臓は卵形で胆嚢の尾側に位置している[1]．小腸はほとんど直線状であり，盲腸を持たない種も多いがボア科の中には盲腸を持つ種も確認されている[1]．結腸と総排泄腔は明確に分かれている．総排泄腔は粘膜の襞で3つに区分されている[1]．

　本稿ではヘビの消化器疾患として，食道，胃，腸，総排泄腔の疾患について紹介する．ヘビの食道の疾患は，マイコプラズマ感染による咽喉頭炎[2,3]，封入体病（Inclusion body disease：IBD）による吐出が知られている[4]．胃の疾患は，異物の誤飲，クリプトスポリジウムの感染（「爬虫類の寄生虫」を参照）[4]，腸の疾患は，腸炎，下部消化管の脱出[4,5]，総排泄腔の疾患は総排泄腔炎[4,5]，総排泄腔の脱出などがある[4,5]．

　マイコプラズマの咽喉頭炎は国内の複数のボールニシキヘビの繁殖施設で冬季に流行することが確認されている[2,3]．IBDによる吐出は，アレナウイルス（Arenavirus）の感染が原因で引き起こされる[4]．

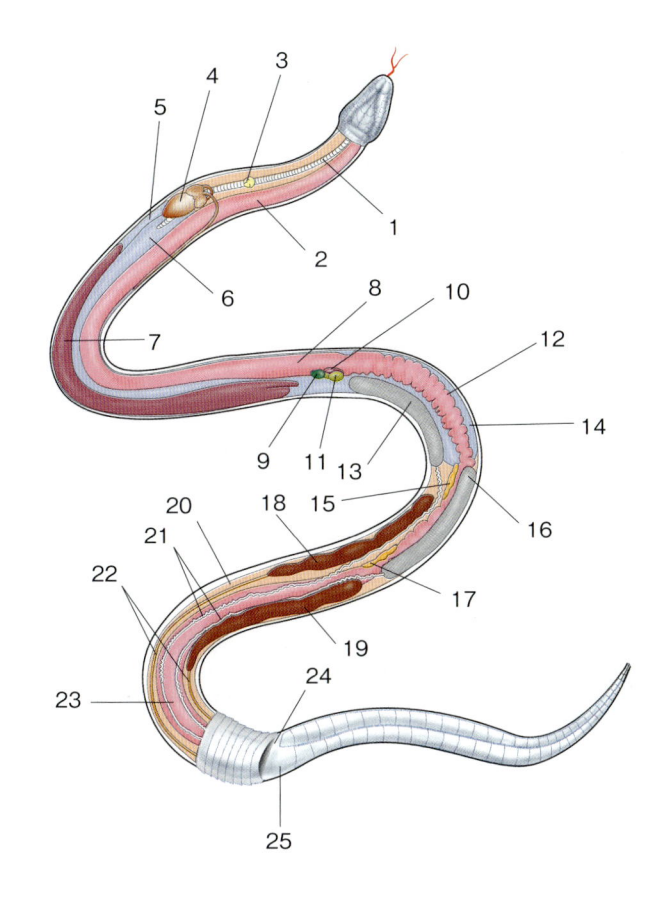

図4-26　ヘビ（雄）の内臓の解剖図
（参考文献1から引用，和訳）
ヘビでは肝臓と胆嚢が離れている．
1：気管，2：食道，3：甲状腺，
4：心臓，5：左側の肺，6：右側の肺，
7：肝臓，8：胃，9：胆嚢，
10：脾臓，11：膵臓，12：小腸，
13：右側の精巣，14：右側の気嚢，
15：右側の副腎，16：左側の精巣，
17：左側の副腎，18：右側の腎臓，
19：左側の腎臓，20：結腸，
21：精管，22：尿管，23：直腸，
24：総排泄孔，25：肛板

異物の誤飲は中型から大型のヘビでみられ，食餌とともに底面に敷いたペットシーツなどを飲み込むことなどが原因となる[6].

腸炎の原因は，非感染性のものでは，食餌の変更，過食，異物誤飲，感染性のものでは細菌，真菌，ウイルス，寄生虫の感染がある．一般的に細菌による日和見感染が主な原因と考えられている[4,5].

総排泄腔炎の原因は，腸炎からの炎症の波及，便秘や脱水に関連する総排泄腔内の尿酸塩の蓄積による二次的な炎症，交配後の炎症であるといわれている[4,5].

下部消化管の脱出，総排泄腔の脱出は腸炎や卵塞などによるいきみ，肥満や筋力の低下，脊椎の異常などが原因と考えられている[4,5].

症状

マイコプラズマ感染による咽喉頭炎はボールニシキヘビでみられることが多く，開口呼吸，流涎，口腔内の過剰な泡沫状の滲出液などの特徴的な症状がみられる（**図4-27**）[2,3].

IBDでは，一般的に吐出と体重減少がみられる[4]．ニシキヘビの仲間では神経症状が最も多くみられるが，感受性や臨床徴候はヘビの種類によって大きく異なる[4]．ボア・コンストリクターは，本ウイルスのキャリアである可能性が高い[4].

異物の誤飲では，食欲不振，腹部の疼痛，嘔吐，体重減少が認められることがある．視診では異物の大きさに応じて，体幹部の膨隆を確認できることがある（**図4-28**）[4,6].

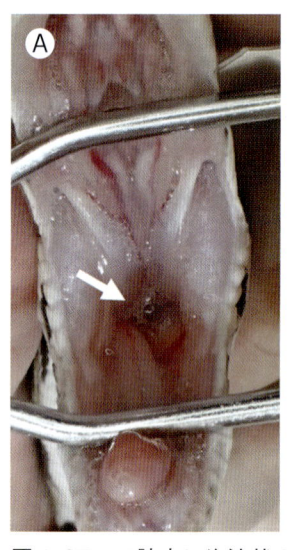

図4-27　口腔内に泡沫状の滲出液を呈するボールニシキヘビ
A：口腔内の視診．咽頭部に泡沫状の滲出液（矢印）が認められる．
B：吻部の視診．口角より泡沫状の滲出液（矢印）が認められる．

図4-28　異物を誤飲したカーペットニシキヘビ
体幹の視診にて胃付近の体幹に膨隆（矢印）が認められる（神領ビーイング動物病院　赤羽良仁先生より提供）.

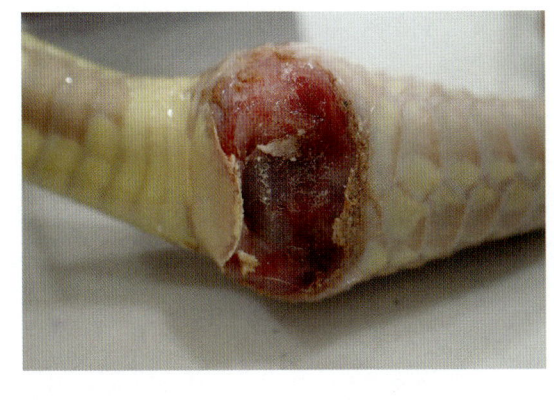

図4-29　総排泄腔炎を呈したコーンスネーク
総排泄孔の周囲の粘膜に浮腫と糜爛が認められる.

図4-30　総排泄腔脱を呈したヤブコノミ
試験的開腹にて直腸の生検を実施した. 病理組織学的検査では重度の増殖性混合細胞性直腸炎と診断された(神領ビーイング動物病院赤羽良仁先生より提供).

腸炎では食欲不振, 下痢などがみられるが, ナミヘビの仲間は, 健康であってもボアの仲間より便が軟らかいため, 注意が必要である[4]. 下痢が認められる場合, 体重の減少, 脱水, 衰弱を呈することがある. 血便や粘血便が排出されることもある[4,5].

総排泄腔炎では, 悪臭のある悪露, 血様の排出液が認められ, 総排泄孔に浮腫や潰瘍が生じる場合がある[4,5](図4-29). 進行すると, 総排泄腔周囲の組織も腫脹する[4]. 最終的には, 二次感染により消化管, 泌尿器, 生殖器への上行性感染が生じる可能性がある[4].

下部消化管の脱出, 総排泄腔の脱出は, 総排泄孔から反転した結腸, 直腸, 稀に小腸の脱出がみられ, 総排泄腔とともに脱出することもある[5](図4-30). 結腸の脱出では, 表面が滑らかで筒状の様相を呈していることが多く, 管腔内に便を認めることがある[5,7].

診断

マイコプラズマ感染による咽喉頭炎は, 口腔内の視診で, 特徴的な泡沫状の滲出液を認めることが多い[2,3]. 病理検査では咽喉頭部から食道全域の粘膜上皮の変性, 過形成が認められ, ポリメラーゼ連鎖反応(Polymerase chain reaction：PCR)ではマイコプラズマが検出される[2,3].

IBDは, 血液検査で白血球増加症, 白血球減少症が認められることがある[4]. 末梢血の血液塗抹検査では, リンパ球内やその他の細胞内に封入体を認めることがあるが, 検出感度は限られている[4]. 確定診断は, 剖検によりなされることが多いが, PCRや肝臓, ボアの仲間に存在する食道扁桃腺(Esophageal tonsils), 膵臓の生検により生前診断できる可能性がある[4].

異物の誤飲は, 飼育環境から敷材がなくなったという禀告により診断できることが多い. X線検査を行うことで, 異物を確認できることもある[4~6].

腸炎と総排泄腔炎は検査によって確定診断することが困難なため, 下痢や脱水などの臨床症状と抗生剤投与に対する反応から臨床診断することが多い[4]. 内視鏡や耳鏡を用いた総排泄腔内の検査では, 病変の程度を確認することができ, 細菌培養, 病理組織検査のための採材が可能である[5].

消化管の脱出，総排泄腔の脱出では，脱出した消化管に外傷や浮腫を伴っている場合には，視診での脱出臓器の判別が困難な場合がある[5].

治療

マイコプラズマ感染による咽喉頭炎の治療に関して，抗マイコプラズマ剤としてプレウロムチリン系の抗生物質であるチアムリンを投与すると，マイコプラズマが検出されなくなったという報告がある[2,3]（**図4-31**）．爬虫類のマイコプラズマ感染に対して，フルオロキノロン，アミノグリコシド，マクロライド，テトラサイクリンなどの抗生剤が用いられることがある[8].

IBDの治療は確立されておらず，他の個体と隔離して管理することが推奨されている[4]．他種のヘビであっても，同一の部屋で管理すべきではなく，検疫期間は6カ月以上とされている[4].

異物の誤飲は，嘔吐によって排出されない場合は，外科的に摘出する[4~6]（**図4-32**）．

腸炎は，前述のとおり，細菌による日和見感染がほとんどであるため，抗生剤投与を中心とした支持療法を行う（**図4-33**）．支持療法は，適切な環境の提供，水和を目的とした補液，強制給餌などが

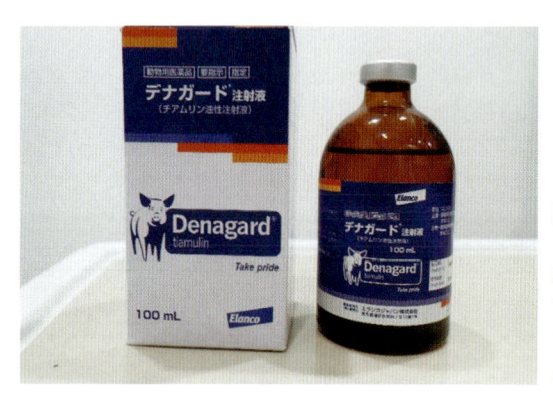

図4-31　チアムリンを主成分とした注射液
デナガード注射液(エランコジャパン株式会社)チアムリン10 mg/kg を経口，筋肉内，皮下のいずれかの経路で投与する．皮下へ投与した場合，皮膚に発赤を生じることがあるため，注意が必要である．

図4-32　胃内から摘出したペットシーツとカーペットニシキヘビ(神領ビーイング動物病院赤羽良仁先生より提供)

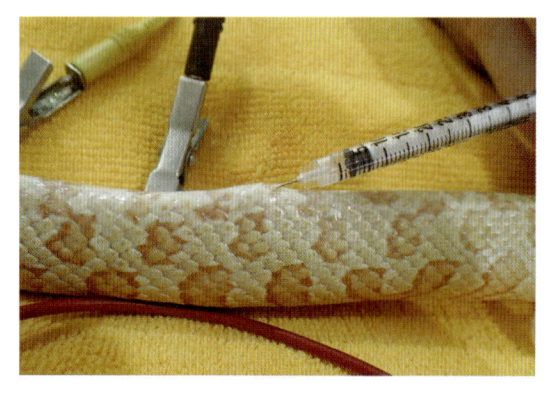

図4-33　抗生剤の皮下投与
ヘビへの抗生剤の皮下投与は体幹頭側の鱗間より注射する．

図4-34　便秘を呈したカーペットニシキヘビの結腸脱の整復
A：いきみにより結腸が脱出している
B：脱出した結腸内に糞塊が認められる.
C：結腸切開により摘出した糞塊
D：結腸の切開部位は吸収糸を用いて連続縫合する.
E：ゾンデにより結腸を正常な位置に整復した後の総排泄孔
F：総排泄孔を一時的に狭めるために縫合処置を行う.

挙げられる[4,5].

　総排泄腔炎は，希釈したクロルヘキシジンで，総排泄腔内を優しく洗浄し，抗生剤を含むクリームを注入する．全身症状を呈している場合には，抗生剤の全身投与を行う[5].

　消化管の脱出は，脱出した消化管を温かい生理食塩水あるいは希釈したクロルヘキシジンで優しく洗浄する[5]．脱出した消化管が浮腫を呈している場合には，高張食塩水やブドウ糖液で優しくマッサージすることで，浮腫を軽減できることもある[5]．浮腫の改善が認められたら，手術用グローブを装着した指に潤滑ゼリーを塗布して，あるいは綿棒などで脱出した消化管を整復する[5]．この処置を行う際，いきむ症例であれば，鎮静あるいは麻酔が必要になる[5]．リドカインなどの局所麻酔薬を含んだゼリーやクリームを塗布することで，いきみを軽減できることもある[5]．脱出臓器の整復後，管腔内にゾンデなどを用いて，正常な位置に消化管を戻す[5]．その後，総排泄孔を一時的に狭めるために縫合処置を行う[5]（**図4-34**）．この時，排尿が可能で，消化管の脱出がない程度に調節する必要がある[5]．縫合処置をしてもなお消化管が脱出する場合には，経皮的に腸管固定を行うか，開腹後に結腸固定あるい

は総排泄腔固定を行う[5].

　処置後は抗生物質と抗炎症剤の投与が推奨されている．また，総排泄腔内へ局所麻酔薬を含んだゼリーやクリームとスルファジアジン銀クリームを注入する方法も知られている[5]．術後管理として，水和を十分に行い，排便させないために数日は絶食させることが重要である[5].

臨床医のコメント

　ヘビの消化器疾患には，口内炎，口腔内腫瘍，肝疾患なども含まれるが，本稿では，臨床で遭遇しやすい疾患に絞ってまとめた．特に異物の誤飲は，適切な給餌法により予防できるため，飼育者への飼育指導が大切である．また，総排泄孔からの臓器の脱出は，脱出した臓器を整復することだけに終止せず，その原因を明らかにし是正することが重要である．

（高見義紀）

 ## 参考文献

1. O'Malley B. 2005. Snake. pp. 77-93. *In*：Clinical anatomy and physiology of exotic species. Elsevier, St Louis.
2. 前野愛，津郷孝輔，常盤俊大，小林秀樹，柏木由夏，鈴木哲也，三輪恭嗣，宇根有美（2015）ボールニシキヘビ（*Python regius*）におけるマイコプラズマ症の流行，第158回日本獣医学会学術集会誌，290.
3. 前野愛，津郷孝輔，常盤俊大，小林秀樹，宇根有美（2016）ボールパイソンのマイコプラズマ症の再現実験，第15回爬虫類・両生類の臨床と病理に関する研究会　ワークショップ　抄録，32.
4. Welle KR. 2016. Gastrointestinal system. pp. 221-276. *In*：Current therapy in exotic pet practice. (Mitchell MA, Tully TN. eds), Elsevier, St Louis.
5. Johnson R, Doneley B. 2018. Diseases of the gastrointestinal system. pp. 273-285. *In*：Reptile medicine and surgery in clinical practice. (Doneley B, Monks D, Johnson R, Carmel B. eds.), Wiley Blackwell, Ames.
6. 赤羽良仁高見義紀　2017はじめてみる動物の診療アプローチ10）ヘビ．エキゾチック診療（9）：76-86.
7. McArthur S, McLellan L, Brown S：消化器系.爬虫類マニュアル第二版．宇根有美，田向健一監修．学窓社．東京．2017．pp. 251-272.
8. Cowan ML. 2018. Diseases of the respiratory system. pp. 299-306. *In*：Reptile medicine and surgery in clinical practice. (Doneley B, Monks D, Johnson R, Carmel B. eds.), Wiley Blackwell, Ames.

ヘビの卵塞と卵管蓄卵材症

Egg binding and Oviductal impaction

はじめに

　ヘビは，繁殖様式により，卵生および胎生に分類される．ボアコンストリクター(*Boa constrictor*)やグリーンアナコンダ(*Eunectes murinus*)などの種は胎盤をもつが，ほとんどのマムシ科の種は胎盤結合をもたず分娩前に卵が体内で孵化する(卵胎生)[1]．ブラーミニメクラヘビ(*Ramphotyphlops braminus*)は，単為生殖を行うが，タイパン(*Oxyuranus scutellatus*)やコモンデスアダー(*Acanthophis antarcticus*)でも単為生殖の報告がある[2]．

　ヘビの雌は，普通一対の卵巣および卵管をもつが，ボウシヘビ属(*Tantilla* sp.)など少数の種では，左側の卵管が痕跡的または欠いている種もいる[1]．卵巣は細長く，様々なサイズの白色から黄色の卵胞が存在する(**図4-35**)．卵巣は，卵巣間膜で吊り下げられ，繁殖期には非常に大きくなる．卵管は，卵巣から尿生殖洞に走行し，生殖乳頭に開口する(**図4-36**)[1]．

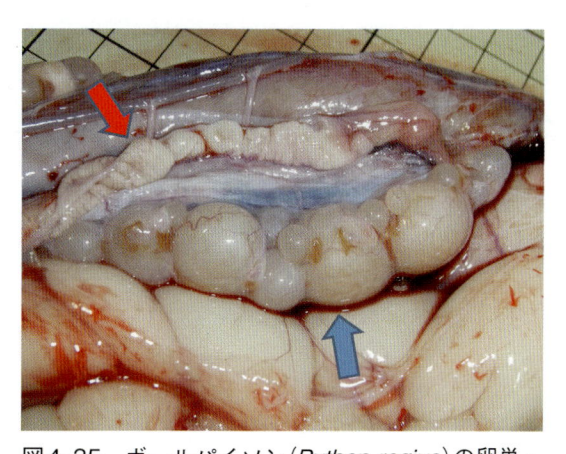

図4-35　ボールパイソン(*Python regius*)の卵巣・卵管
様々な発育段階の卵胞がみられる(青矢印)．卵管が尾側へ向けて長く伸びている(赤矢印)．

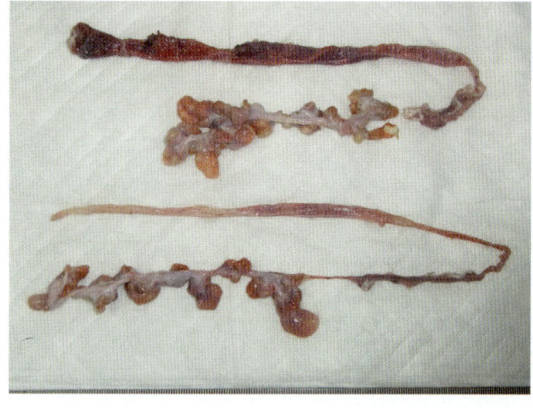

図4-36　カリフォルニアキングスネーク(*Lampropeltis getula californiae*)の卵巣・卵管
非常に細長く，摘出には広範囲の切開または，複数カ所の切開が必要である．

卵塞・難産

　ヘビでは，卵塞・難産が最も一般的な雌性生殖器疾患である[1]．1,600頭の爬虫類を調査したところ，毎年約10％で卵塞・難産が発生し，その42％がヘビ，39％がカメ，18％がトカゲで起こったと報告されている[3]．卵塞・難産を治療しなければ，卵管脱および死に至ることがある[1]．

　卵塞・難産は，解剖学的要因または，生理学的要因が原因となり引き起こされる．解剖学的要因としては，異常な形態の卵（過大卵，奇形卵），代謝性骨疾患による骨変形，卵管狭窄，壊死塊，肉芽腫および腫瘍が含まれる．生理学的要因としては，代謝性疾患，内分泌疾患，低カルシウム血症，脱水，肥満，卵管の感染および不適切な飼育環境が含まれる[1,4]．

　卵塞・難産の症状は，食欲不振，削痩など非特異的である[1]が，ヘビでは腹部の膨満部分がわかりやすいため，外観から卵塞・難産を疑うことができる（**図4-37**）．ヘビでは，腫瘍および体腔内貯留液も多発するため，これらの疾患との鑑別が必要である．

図4-37　卵塞による腹部膨満がみられるコーンスネーク（*Pantherophis guttatus*）
腫瘍，卵管蓄卵材症および体腔内貯留液などとの鑑別が必要である．

卵管蓄卵材症

　卵管蓄卵材症は，卵白・卵黄・卵殻などを形成する材料（卵材）が卵管内に蓄積し，卵管が膨大した状態である．蓄積した卵材は，液状，ペースト状，砂粒状，結石状など様々な形態をとる（**図4-38**）．本疾患は鳥類での発生が多く，オカメインコ（*Nymphicus hollandicus*），セキセイイン

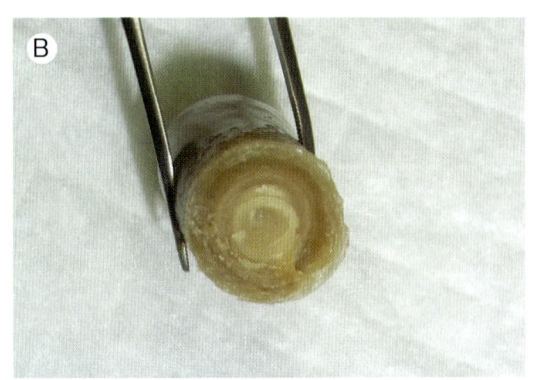

図4-38　固形の卵材
A：超音波検査では，卵塞との鑑別が困難である．
B：断面

図4-39　卵管蓄卵材症による腹部膨満がみられるカリフォルニアキングスネーク(*Lampropeltis getula californiae*)
腫瘍，卵塞および体腔内貯留液などとの鑑別が必要である．

コ(*Melopsittacus undulates*)などで好発する．鳥類では，卵材の異常分泌と排出不全により形成されるが，それらが起きる詳細な機序は明らかにされていない[5]．ヘビでの発生率や発生原因については，不明な点が多いが鳥類と類似した機序で発生する可能性がある．

卵管蓄卵材症の症状は，腹部膨満(**図4-39**)，食欲不振，削痩など非特異的である．

診断

卵塞・難産

ヘビの妊娠期間，卵のサイズ，出産様式などには幅があるため，卵塞・難産の診断にあたって，種ごとの正常な繁殖サイクルを理解しておくことが重要である[1]．通常，出産を開始してから，48〜72時間でプロセスを完了しなければ卵塞・難産を疑うべきである[6]．

X線検査では，卵殻や胎子骨格にカルシウム沈着があれば，容易に位置・サイズ・数を確認できるが，ヘビの卵殻は軟らかく，単純X線検査で検出しにくい場合がある(**図4-40**)．超音波検査では，軟卵や骨格にカルシウムが沈着していない胎子の場合でも，確認可能である(**図4-41**)．また，産卵・出産を阻害する腫瘍，骨格異常などの有無を画像から診断する．卵胞うっ滞(**図4-42**)，卵墜(**図4-43**)，卵巣炎・卵管炎(**図4-44**)，雌性生殖器腫瘍(**図4-45**)など，他の雌性生殖器疾患を併発することも多いため，それらの有無を診断する．血液検査では，低カルシウム血症，代謝性疾患など，卵塞・難産の原因となり得る疾病を診断する．硬性鏡を総排泄腔内に挿入すると卵管遠位を観察できる．CTおよびMRIは，少数の報告しかないが，特定のケースでは診断に有用かもしれない[1]．

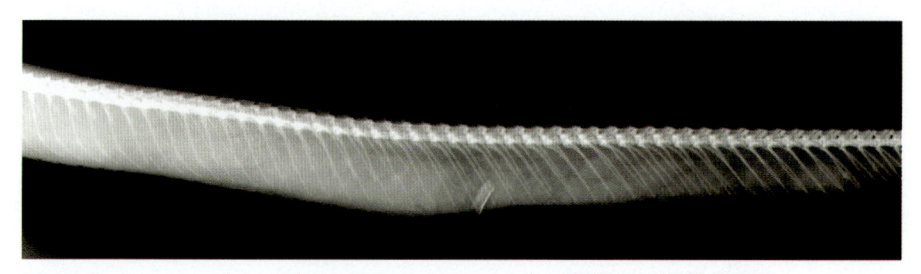

図4-40　コーンスネーク(*Pantherophis guttatus*)の卵塞のX線検査所見
ヘビの卵殻は軟らかく，X線検査では写りにくい．

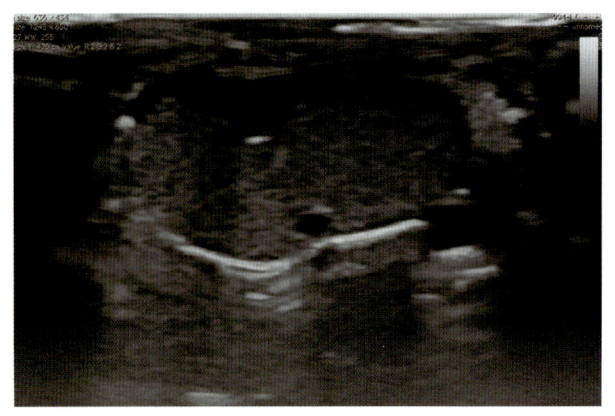

図4-41　図4-40と同症例の超音波検査所見
超音波検査では，X線検査で写らなかった卵および卵胞
が検出できる．

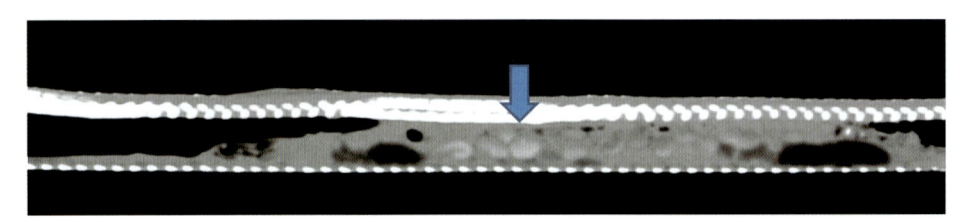

図4-42　セイブシシバナヘビ（*Heterodon nasicus*）の卵胞うっ滞のCT検査所見
卵胞がCT値の高い腫瘤状に複数見える（矢印）．

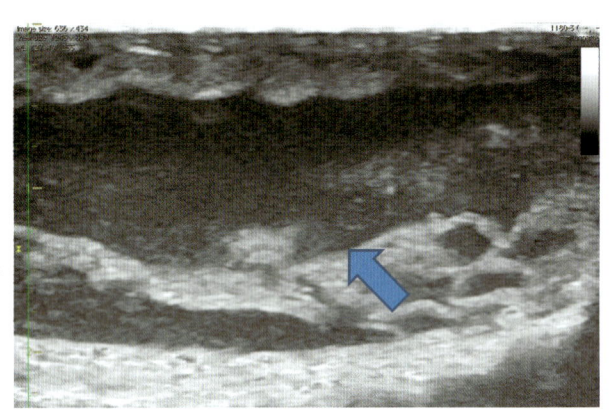

図4-43　コーンスネーク（*Pantherophis guttatus*）の卵墜
の超音波検査所見
大量の体腔内貯留液がみられる（矢印）．

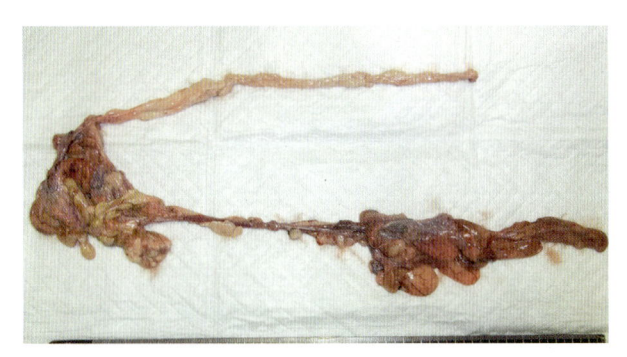

図4-44　コーンスネーク（*Pantherophis guttatus*）の肉芽
腫性卵巣炎・卵管炎
卵塞および卵胞うっ滞で卵巣・卵管摘出を行ったとこ
ろ，病理組織学的検査で肉芽腫性卵巣炎・卵管炎と診断
された．

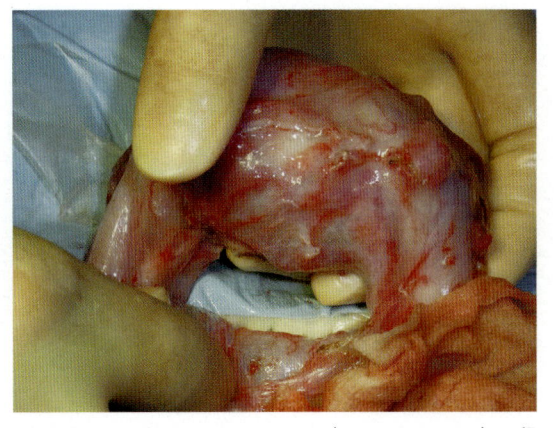

図4-45　セントラルパイソン(*Morelia bredli*)の卵管腺癌
腫瘍による物理的な閉塞は，卵塞の原因となることがある．

卵管蓄卵材症

　X線検査では，卵材が不透過性の不均一な塊状に見えることが多い(**図4-46**)．超音波検査で，膨大した卵管内に高〜低エコーの貯留物が充満していることを確認する．重度の卵管蓄卵材症では，内容物が腫瘤状に見えることがあるため，卵，腫瘍，肉芽腫などとの鑑別が必要である(**図4-47**)．細胞診を行うと，少量のマクロファージおよびヘテロフィルを含んだ卵材が採取される．また，CT検査でも，同様に卵材が不均一な塊状に見える(**図4-48**)．卵塞同様，卵胞うっ滞，卵墜，卵巣炎・卵管炎，雌性生殖器腫瘍など，他の雌性生殖器疾患を併発することも多いため，それらの有無を診断する．確定診断は，卵巣・卵管摘出後の病理組織学的検査および細菌培養・薬剤感受性試験で行う．

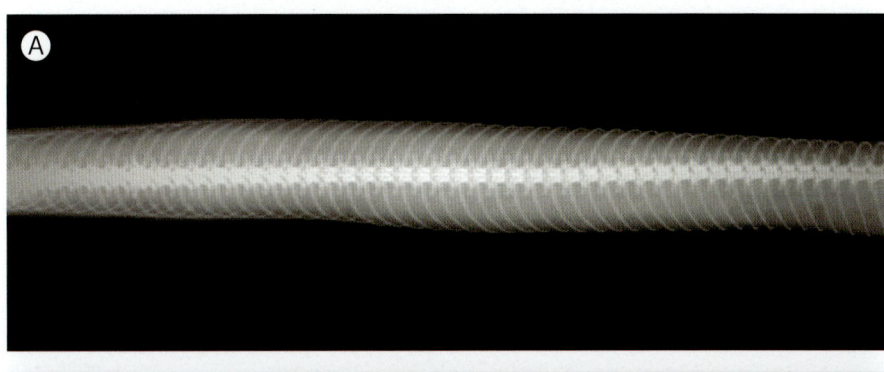
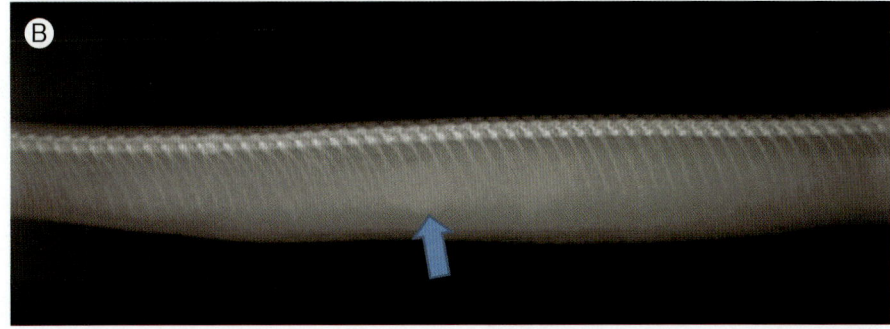

図4-46　カリフォルニアキングスネーク(*Lampropeltis getula californiae*)の卵管蓄卵材症のX線検査所見
A：体腔内にX線不透過性の不均一な塊として膨大した卵管が見える．
B：同症例のラテラル像．一部石灰化している卵材が見える(矢印)．

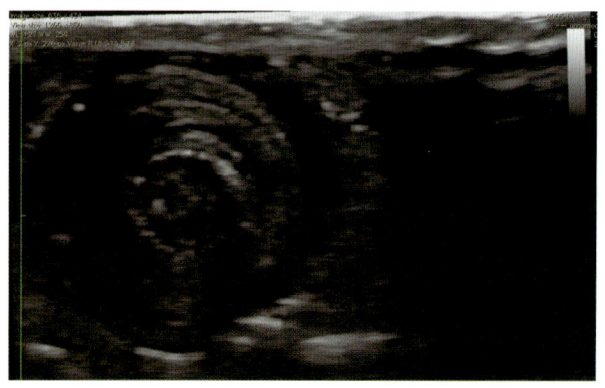

図4-47　カリフォルニアキングスネーク(*Lampropeltis getula californiae*)の卵管蓄卵材症の超音波検査所見
本症例の卵材は，層状構造をしており，卵との鑑別が困難である．

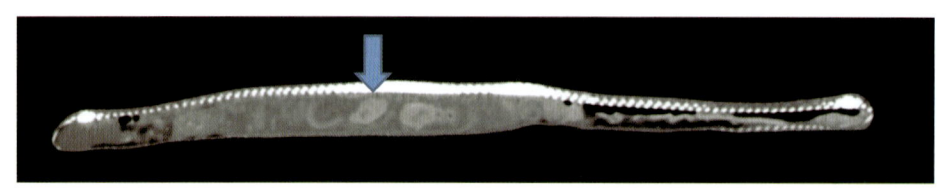

図4-48　図4-46と同症例のCT検査所見
卵管内にCT値の高い卵材が大量に貯留している(矢印)．

治療および予後

　雌性生殖器疾患の外科治療として，卵巣・卵管摘出が行われる(**手技1**)．ヘビの卵巣・卵管は，細長く体腔内の広範囲に伸びているため，トカゲやカメと比較して摘出の難易度が高い．

卵塞・難産

　卵塞・難産の内科治療として，輸液，グルコン酸カルシウム(100 mg/kg, IM, SC, 6時間毎に2回)，オキシトシン(0.4～10 IU/kg, IM)の投与が行われる．解剖学的要因が存在する場合，内科治療は通常無効である[6]．爬虫類では，オキシトシンよりも，アルギニンバソトシンが有効であるとされているが，試薬でしか入手できない[3]．用手で卵を圧迫して，総排泄孔から排出する方法は，卵管損傷や卵墜を引き起こすリスクがある(**図4-49, 50**)．安全に行うためには，ヘビを不動化し，慎重に圧

図4-49　コーンスネーク(*Pantherophis guttatus*)の卵塞
本症例は，卵が総排泄孔近くで閉塞していたため，圧迫排卵を試みた．

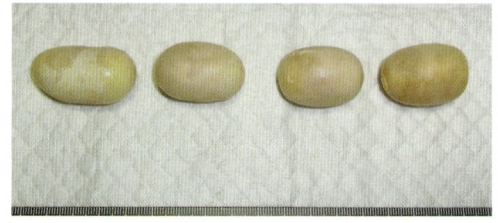

図4-50　圧迫排卵で排出された卵
正常卵に近い形態である．

迫する必要がある．総排泄孔から卵が確認できれば，内容物を吸引し，残った殻を除去する[6]．卵の移動が困難な場合，卵管切開を行う．また，卵墜，卵胞うっ滞，卵巣炎・卵管炎，雌性生殖器腫瘍などが併発している場合，卵巣・卵管摘出を行う．周術期を過ぎれば予後は良好である．

卵管蓄卵材症

卵管に蓄積した卵材は，再吸収されることはなく，内科治療での完治は困難であるため卵巣・卵管摘出が第一選択の治療となる（**図4-51**）．周術期を過ぎれば予後は良好である．

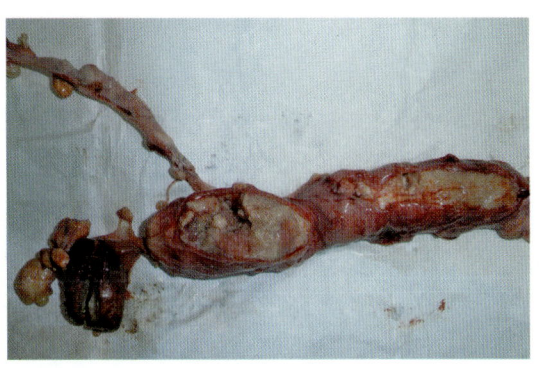

図4-51　図4-46の症例の卵管
卵管内には，卵材が充満している．

臨床医のコメント

　ヘビでは，トカゲと比較して卵巣・卵管摘出の難易度が高いが，卵塞には，卵巣・卵管腫瘍，卵胞うっ滞，卵墜などが併発している症例も多いため，筆者は卵巣・卵管摘出を第一選択としている．卵管切開のみでは，上記の併発疾患に対応することはできない．卵巣・卵管腫瘍の場合は，慎重な経過観察と補助治療を行う．卵墜があれば，体腔内を洗浄し，細菌培養・薬剤感受性試験に基づいて抗生剤を使用する．

（松原且季）

 参考文献

1. Girolamo N.D., Selleri P. (2017)：Reproductive disorders in snakes. Vet Clin Exot Anim. 20(2), 391-409.
2. Allen L., Sanders K.L., Thomson V.A. (2018)：Molecular evidence for the first records of facultative parthenogenesis in elapid snakes. R Soc Open Sci. 5(2), 171901.
3. Lock B.A. (2000)：Reproductive surgery in reptiles. Vet Clin Exot Anim. 3(3), 733-752.
4. Johnson J.D. (2004)：BSAVA manual of reptiles(Girling S. J., Raiti P.), Second edition, 261-272, British small animal veterinary association.
5. 小嶋篤史，眞田靖幸(2010)：卵管蓄卵材症．コンパニオンバード疾病ガイドブック臨床の実践と病理解説，117-130，インターズー．
6. Sykes J.M. (2010)：Updates and practical approaches to reproductive disorders in reptiles. Vet Clin Exot Anim. 13(3), 349-373.

●手技1 ヘビの卵巣・卵管摘出術

　術前には，血液検査および各種画像検査を行い，疾患の状態および症例の全身状態を把握する．頸静脈に静脈カテーテルを留置し，術前・術中・術後の輸液を行う（**図4-52**）．

　アンピシリン（10～20 mg/kg, IM, SC），エンロフロキサシン（5～10 mg/kg, IM, SC）など広域スペクトルの抗生剤を術前に投与する．ミダゾラム（0.5～2 mg/kg, IM, SC, IV），酒石酸ブトルファノール（0.3～2.0 mg/kg, IM, SC, IV），メロキシカム（0.3～1.0 mg/kg, IM, SC）などを用いて，鎮静・鎮痛を行う．麻酔導入は，アルファキサロン（6～9 mg/kg, IM, SC, IV）またはプロポフォール（3～5 mg/kg, IV）で行い，気管内挿管後，イソフルラン吸入で麻酔を維持する（**図4-53**）．爬虫類では，自発呼吸は停止することが多いため，ベンチレーターで呼吸管理を行う．

　腹板の切開は避け，体側切開で体腔内にアプローチする（**図4-54**）．卵巣・卵管を全摘出するには，広い切開ラインが必要となる．侵襲性を減らすため，数カ所のより短い切開を行う方法もある（**図4-55**）．切開ラインには，局所麻酔薬を浸潤させておく．皮膚および腹筋・腹膜を切開すると体腔内にアプローチできる．ガーゼやリトラクターを用いて，消化管・脂肪をよけると卵胞が発育した卵巣が見える．卵巣を慎重に牽引し，卵巣に分布している血管および間膜をバイポーラ，各種シーリング装置，吸収糸，ヘモクリップなどを用いて慎重に処理し摘出する（**図4-56**）．卵巣から

❶静脈カテーテルを留置する（図4-52）

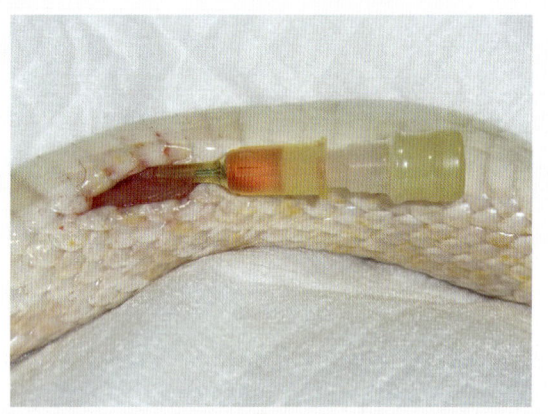

ヘビでは，切皮を行い，頸静脈に留置針を設置する．

❷吸入麻酔にて麻酔を維持する（図4-53）

気管内挿管を行い，吸入麻酔で麻酔を維持する．

❸皮膚および腹筋・腹膜を切開する（図4-54）

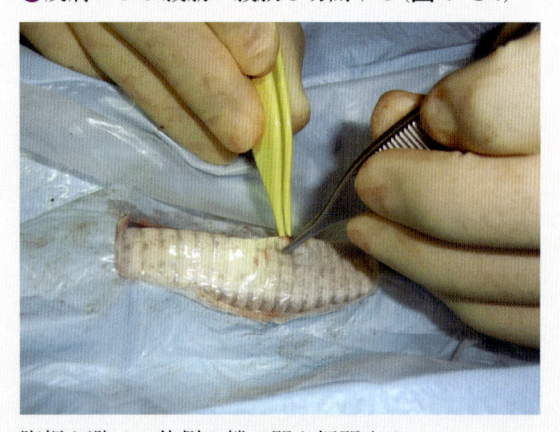

腹板を避け，体側の鱗の間を切開する．

❹卵巣・卵管摘出の切開創（図4-55）

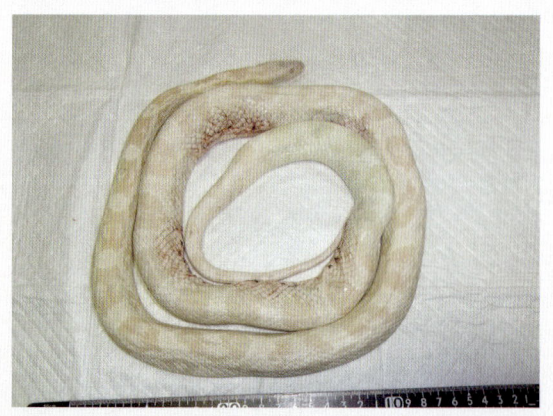

本症例では，卵巣・卵管摘出に5カ所の切開が必要であった．

❺卵巣を摘出する（図4-56）

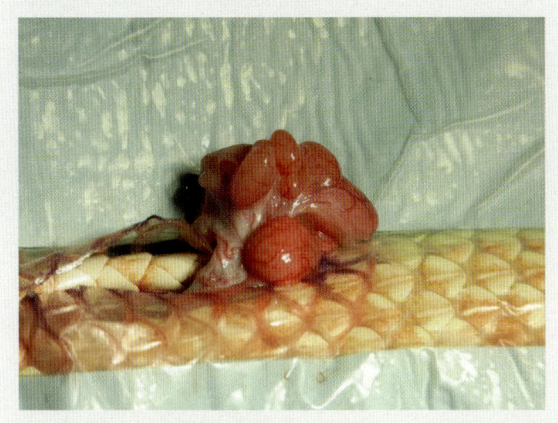

卵巣に多数の卵胞の発育がみられる．分布する血管を処理し，摘出する．

❻卵管を摘出する（図4-57）

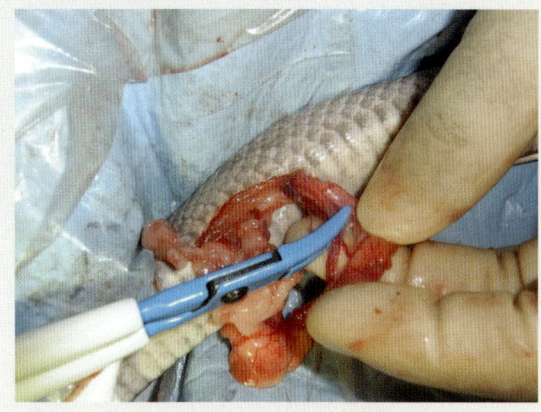

卵巣と同様に，卵管に分布する血管を処理して摘出する．

尾側に向けて，卵管が伸びており，卵管に分布する血管および間膜は，卵巣同様に処理し摘出する（図4-57）．他の臓器に異常がなければ，体腔内を洗浄する．最後にガーゼの残留と出血がないことを確認して閉腹する．

摘出した卵巣・卵管は，病理組織学的検査および細菌培養・薬剤感受性試験に供し，細菌感染があれば，感受性のある抗生剤を使用する．

術後は，広域スペクトルの抗生剤を8日間程度投与し，必要に応じて NSAIDs，オピオイド，局所麻酔薬などを使用して疼痛管理を行う．脱水を避けるため，輸液(爬虫類用リンゲル液，10〜20 mL/kg/day)も行う．温度管理は，その種の至適温度帯の上限とし，適切な湿度管理を行う．食欲がなければ，必要に応じて強制給餌を行い6週間程度で抜糸を行う[6]．

第5章
爬虫類の疾患

爬虫類の皮膚疾患 Dermatological diseases

はじめに

　爬虫類の皮膚も外側の表皮と内側の真皮で構成される点は哺乳類と同様であるが，最大の特徴は鱗の存在である．爬虫類の表皮は，表層から高度に角化した角質層，発生の段階で構成される中間層，最深部の立方上皮細胞で構成される胚芽層からなる．真皮には結合組織，感覚器に関連した組織，脈管，色素細胞および皮下骨(osteoderm)が含まれる[1,2]．カメレオンは色素細胞の複数の層が含まれる独特な皮膚構造を持ち，体色を変える能力があることがよく知られている[1]．

　爬虫類は成長に伴い脱皮するが，ヘビは一度に全身の皮膚を脱皮し，多くのトカゲやカメでは小片または部分的に脱皮を行うなど種によって脱皮の仕方は異なる．カメは表皮が絶えず剥がれていく傾向にあるが，トカゲとヘビでは周期的に脱皮が行われる．爬虫類の脱皮は新しい角質層が胚芽層の下に発生し，それぞれの層が分離される．この過程は平均で2週間ほどかかり，新たに形成された皮膚は古い皮膚よりも透過性があるため，薬剤や刺激物などに反応しやすい特徴がある[1]．脱皮は様々な要因により影響を受け，年齢，環境(照明，温度，湿度など)，栄養状態，水和状態および疾患などによって頻度や脱皮の成否が変わってくる[1,3]．

　爬虫類では皮膚疾患にしばしば遭遇する．皮膚疾患は様々な要因により発症するが，特に不適切な飼育管理や全身性疾患と関連していることが多く，29〜64%の症例が飼育管理に関連していたと報告されている[4,5]．

　爬虫類の皮膚疾患には様々な疾患が含まれている．感染性疾患として細菌性，真菌性，ウイルス性および寄生虫があり，非感染性疾患として脱皮不全，擦過傷，咬傷や熱傷などの飼育，環境要因に起因した疾患やビタミンA欠乏症および尾の損傷などが挙げられる．

　細菌性皮膚炎は感染性皮膚疾患の中では最も多く，不適切な飼育管理(温度管理の不手際，多湿，不衛生な環境など)や外傷に起因する二次感染が原因で発症する[6]．爬虫類では原発性の細菌性皮膚炎は稀である[4]．細菌性皮膚炎には主に *Aeromons* spp., *Citrobacter* spp., *Escherichia coli*, *Klebsiella* spp., *Proteus* spp., *Pseudomonas* spp., *Salmonella* spp., *Serratia* spp. などのグラム陰性菌が関与している[6]．初期症状は腫脹や紅斑などの皮膚の変色であり，進行に伴い局所または全身性のびらん，水疱，潰瘍，痂皮や肉芽腫が認められる[6]．潰瘍が生じた症例では筋肉など皮膚の下の組織にまで炎症が波及することにより，菌血症や敗血症にまで陥り点状出血などが認められることもある[1,6](**図5-1**)．点状出血や出血斑は敗血症に伴う症状であり，敗血症と診断または疑われた症例の47%で点状出血

図5-1　背甲に内出血が認められたヨツユビリクガメ(*Agrionemys horsfieldii*)
元気食欲もなく敗血症が疑われた．敗血症では皮下出血やヘテロフィルの中毒性変化がみられる．

が認められ，種類別ではカメが最も多く，82%の症例で点状出血が認められたと報告されている[5,6].

　水疱性皮膚炎は様々な爬虫類で認められるがヘビでの発症が多く，水疱病(blister disease)とも呼ばれている[6,7]. 湿度が過度に高い環境や不衛生な環境などでの飼育が発症要因とされており，典型的には腹側の皮膚に無菌性の水疱や膿疱が生じ，これが自潰して潰瘍となり細菌の二次感染が起こる[1,5〜8]. 初期症状が紅斑のこともある[1,8](**図5-2**). 細菌としては *Aeromonas* spp. や *Pseudomonas* spp. が関連していることが多く，進行すると潰瘍，壊死および膿瘍を形成し重症例では敗血症に陥る場合がある[6](**図5-3**).

　敗血症性皮膚潰瘍性疾患(SCUD：Septicemic Cutaneous Ulcerative Disease)は水質が悪い環境で飼育されている水棲ガメでしばしば発症する[6]. 皮膚や甲羅の外傷などによる損傷部位に細菌が感染し壊死性の潰瘍が発生する[7]. *Citrobacter freundii, Aeromonas hydrophila* および *Serratia* 属菌などが原因となり，細菌が産出する外毒素により病変が形成されると報告されている[6]. 病変は皮膚以外に甲羅にも認められ，特に腹甲に潰瘍や浸食病変が認められることが多い[6](**図5-4**). 病気の進行が早ければ出血を伴うこともあるが，ほとんどの症例では慢性経過で非出血性病変である[6]. 細菌感染

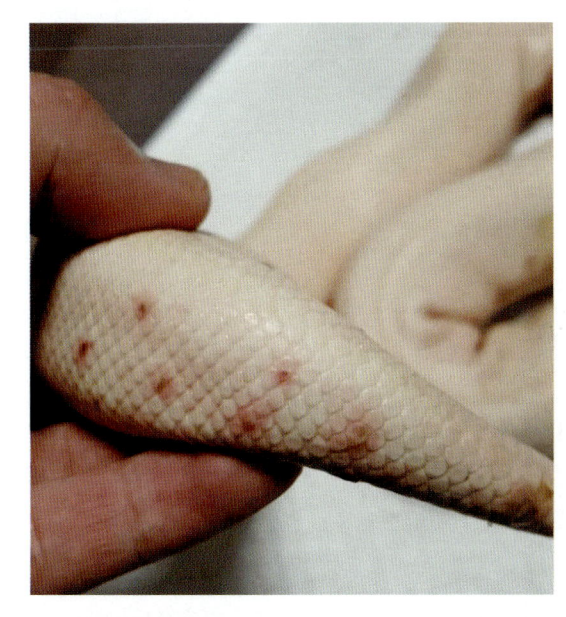

図5-2　紅斑と水疱が認められたボールパイソン(*Python regius*)
病変から水疱性皮膚炎が疑われた.

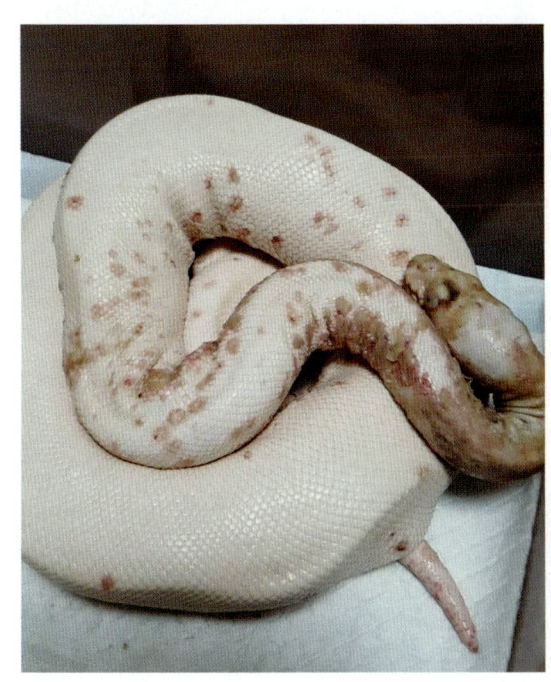

図5-3　頭部の鱗の壊死脱落が認められるボールパイソン(図5-2と同症例)
水疱性皮膚炎の進行により病変の拡大および悪化が認められた.

が悪化すると，全身性に感染が進行し敗血症に陥る[8].

　デルマトフィルス症は放線菌である *Dermatophilus congolensis* の感染により発症し，人獣共通感染症でもある[7]．すべての爬虫類で感染するがトカゲでの発症が多いとされており，全身性に形成される多数の皮下結節または膿瘍が特徴的な症状としてみられる[1,7,9]（**図5-5**）．

　膿瘍は最も多い皮膚疾患の一つであり真菌，異物，寄生虫なども原因となるが細菌感染が最も一般的な原因である[6]．膿瘍は咬傷，引っ掻き傷や外傷などでみられる皮膚損傷部位への日和見感染により発生する[6].

　真菌感染はヘビとトカゲでは皮膚で最も多くみられ，主な真菌としては *Aspergillosis* spp., *Candida* spp., *Fusariun* spp., *Geotrichum* spp., *Mucor* spp., *Oospora* spp., *Paecilomyces* spp., *Penicillium* spp., *Trichoderma* spp., *Trichophyton* spp. などが関与している[5,6,8,10]．これらの真菌のほとんどは環境中に存在しており，不適切な飼育管理（温度，湿度および食餌）や不衛生な飼育環境に伴い日和見感染が成立する[1,4,5,6,8]．しかしながら，すべての真菌感染が飼育管理に関連しているわけではない[6]．真菌は局所的または全身の皮膚に感染するが，重症例では全身性疾患へと進行する[6]．病変は細菌性皮膚炎と類似しており臨床症状のみで鑑別はできない[1,4,6,8,10]．表層の真菌感染では浸出液を伴う紅斑，潰瘍および水疱病変がみられ，痂皮や過角化を伴っていることもある．感染が深部まで

図5-4　甲羅に細菌感染が認められたイシガメ（*Mauremys japonica*）
甲板が融解し骨板が露出している．培養検査で *Citrobacter freundii* と *Aeromonas hydrophila* が検出され，敗血症皮膚潰瘍性疾患（SCUD）が疑われた．イシガメは飼育水の汚染により細菌や真菌感染に特に罹患しやすい．

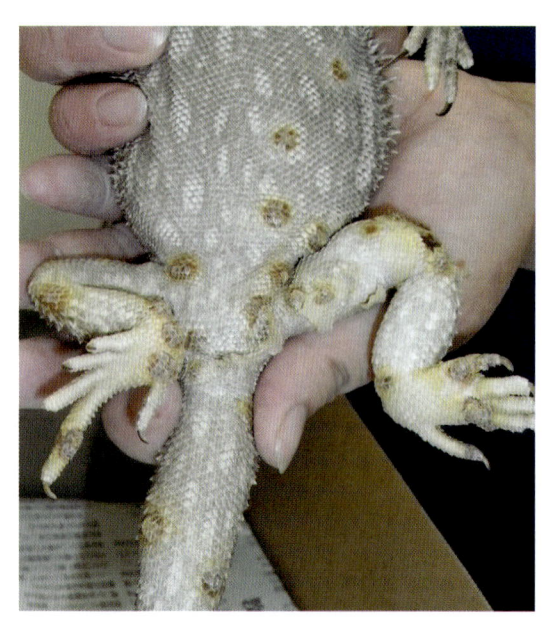

図5-5　デルマトフィルス症が疑われたフトアゴヒゲトカゲ（*Pogona vitticeps*）
結節が散在性に認められ，特徴的な所見からデルマトフィルス症が疑われた．

進行すると結節や腫脹を伴い，全身症状を呈することもある[5].

　Chrysosporium anamorph *Nannizziopsis vriesii*（CANV）は真菌の一つであるが，フトアゴヒゲトカゲ（*Pogona vitticeps*）のYellow fungus disease（YFD）の原因として知られている[5, 11, 12]. 本真菌は，上記の真菌のような二次的な日和見感染ではなく，原発性の感染を引き起こす病原体である[4]. トカゲで問題になることが多く，特にフトアゴヒゲトカゲでの発症が多いが，グリーンイグアナ（*Iguana iguana*），様々な種類のカメレオンやボールパイソン（*Python regius*）などのヘビでも確認されている[5, 10, 11, 12]. 痂皮，皮膚色の変化および壊死が一般的に認められる症状であり，フトアゴヒゲトカゲでは痂皮または落屑が黄色くなる傾向にある[11, 12]. 侵襲性が強いため進行すると肉芽腫を形成し，病変は局所から徐々に全身に広がる．感染は骨にまで浸潤することもあり，致死的な場合もある[5, 11].

　ウイルス性ではウイルス自体が原発性の皮膚疾患の要因となるものもあれば，二次的な細菌感染をもたらすものもある[4, 8]. ポックスウイルスはテグー（*Tupinambis* spp.）やヘルマンリクガメ（*Testudo hermanii*）などの丘疹病変の原因として報告されている[1, 4, 6, 13]. パピローマウイルスはミドリカナヘビ（*Lacerta viridis*）とヒラタヘビクビガメ（*Platemys platycephala*）で報告されており，肉眼的には丘疹病変で乳頭腫と診断されている[1, 4, 8, 13]. パラミクソウイルスはヘルマンリクガメの皮膚炎の原因として確認されている[4, 13].

　外部寄生虫において，爬虫類で最も一般的に認められるダニはヘビダニ（*Ophionyssus natricis*）であり，通常はヘビに寄生するがトカゲでも認められる[7, 8]. このダニは黒色で光沢があり，肉眼でも確認できる[8]. ヘビでは鱗の下や眼，鼻孔および喉の周囲で認められることが多く，トカゲでは腋窩や後肢で認められることが多い[1, 5]. トカゲダニ（*O. acertinus*）は通常赤色でヘビダニよりも大きい．皮膚の皺襞に集まる傾向があり，特にトカゲの頸部および尾根部周囲の皮膚皺襞に寄生することが多い[8]. 一般的に野外捕獲個体の方が飼育個体より外部寄生虫の発生率は高いと考えられがちである．しかし，これは根拠がなく間違いであり，実際は高い飼育密度や不十分な検疫などが原因となり飼育個体での外部寄生虫の発生率は高いことが報告されている[6]. 外部寄生虫でみられる一般的な症状は瘙痒，不快感，重度の皮膚炎，脱皮の異常（頻繁な脱皮または脱皮不全），貧血や成長不良などである[1, 5, 6, 8]. 治療のためには寄生虫のライフサイクルを知ることが重要であり，症例の治療とともに環境を見直す指導が必要である[6].

　脱皮不全とは表皮の外層が正常に剥がれない状態のことを指す．主な原因は環境中の湿度不足で，不適切な湿度や給水環境により全身の脱水や古い皮膚の脱水が起こり古い皮膚が剥がれにくくなり遺残する．また，代謝性骨疾患などの疾患による骨格の異常，外傷，熱傷，腫瘍や外部寄生虫の寄生などが原因で二次的に脱皮不全が起こることもある[1]（**図5-6**）．脱皮不全は体躯だけであれば臨床的に大きな問題とならないことが多いが，指や尾の先端部，眼瞼部で脱皮不全を呈した場合はしばしば臨床的に問題となる（**図5-7**）．このような状態はヤモリやスキンク類で特に多くみられ，手根関節から遠位で脱皮不全が起きた場合には残存した脱皮片が乾燥し収縮することで組織が絞扼され虚血性壊死が起きる[1]（**図5-8**）．その結果，脱皮不全により四肢の先端を失ってしまうこともある（**図5-9**）．慢性的に脱皮不全を繰り返すと古い皮膚が重積することで硬結が生じる．特にトカゲモドキなどの一部のヤモリやスキンク類は眼の周囲に古い皮膚が遺残し，それらの刺激により結膜炎や角膜炎が引き起こされ，羞明感や閉眼，眼部腫脹などの症状がみられることがある[1, 3]（**図5-10**）．また，ヒョウモントカゲモドキ（*Eublepharis macularius*）やフトアゴヒゲトカゲなどは短い外耳道があるが，そこに脱皮片が遺残してしまう場合もある[1].

　擦過傷はガラスケージや狭いケージで飼育しているトカゲやヘビでよくみられる．擦過傷は体のどの部位にも起こり得るが，ケージから脱出を試みることで吻部を壁や網に擦り付けるため吻側部でみられることが非常に多い[6, 7]. 特にインドシナウォータードラゴン（*Physignathus cocincinus*），グリーンイグアナおよびボアコンストリクター（*Boa constrictor*）で多く認められる[6]（**図5-11，12**）．その他，水棲ガメでは水深が浅すぎることにより，足底に体重の過剰な負荷が常時かかったり，尻尾が床

に擦れたりすることで傷が生じることがある（**図5-13**）．これらの創傷部に細菌の二次感染が起これば，潰瘍，膿瘍や重度の場合は骨髄炎にまで進行する[1,6]．

図5-6　脱皮不全のヒョウモントカゲモドキ（*Eublepharis macularius*）
代謝性骨疾患や一般状態の悪化に伴った脱皮不全（矢印）と考えられた．

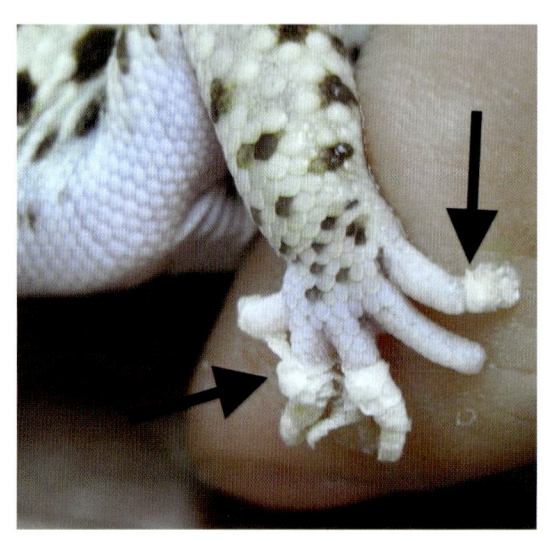

図5-7　指先に脱皮片（矢印）が残っているヒョウモントカゲモドキ
指先は脱皮不全が起こりやすい部位である．

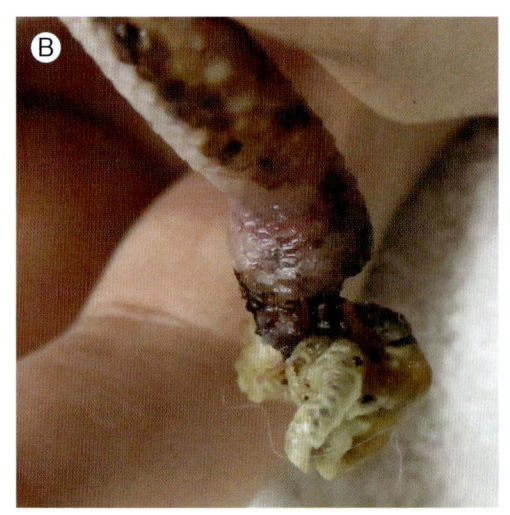

図5-8　脱皮不全により絞扼がみられたニシアフリカトカゲモドキ（*Hemitheconyx caudicinctus*）
A：右後肢．指の先端に脱皮片が残っており，その近位に痂皮が付着している（矢印）．
B：左後肢．指が絞扼により虚血性壊死を起こしている．

図5-9　左前肢の指の先端を脱皮不全により失ったヒョウモントカゲモドキ
右前肢の指と比較して，左前肢の指が短いのが確認される（矢印）.

図5-10　眼に脱皮片が入りこんでいるヒョウモントカゲモドキ
眼の周囲に残存した脱皮片（矢印）は角膜潰瘍や角膜炎の原因となる.

図5-11　吻部を受傷しているインドシナウォータードラゴン
インドシナウォータードラゴンやグリーンイグアナでは吻部の擦過傷がよく認められる.

図5-12　右右前肢の掌部に潰瘍があるグリーンイグアナ
鼻先や前肢などを床や壁に何度も擦り付ける行動によりこのような擦過傷が生じる.

　熱傷はトカゲとヘビで多く，不適切な保温器具の使用（器具の故障や不適切な設置位置，大型個体に小さな熱源の使用など）または一般状態の悪化により動物が動かなくなることにより起こる[5,6]. 爬虫類は引き込み反射がないため熱傷が起こりやすい[1,6]. 特に，大型個体に対して小さな熱源しか供給されていない場合には体全体が温まらず，熱源（保温球やスポットライト）の下に長時間いることで局所的な熱傷がみられることが多い[14]. また，プレートヒーターなどをケージ内に直接入れている場

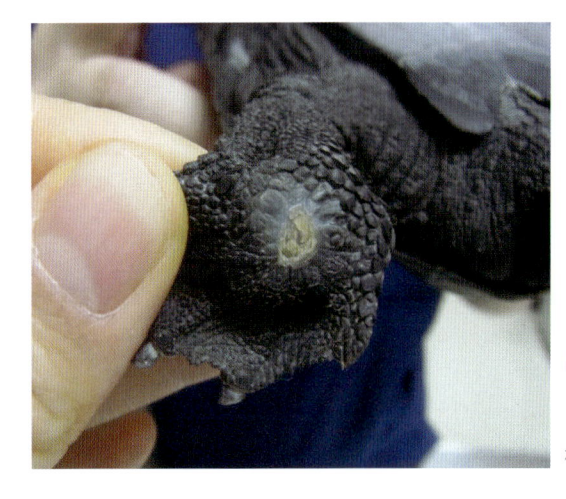

図5-13　後肢の足底皮膚炎が認められたクサガメ (*Mauremys reevesii*)
このような病変は浅すぎる水深で飼育された水棲種のカメでしばしばみられる.

図5-14　腹部の皮膚に紅斑が広範囲に認められたボールパイソン
飼育環境と症状から熱傷が疑われた.

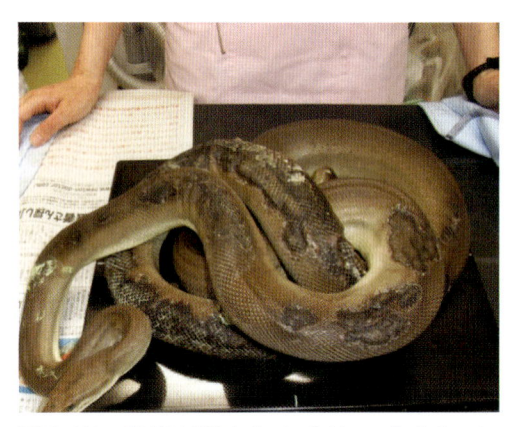

図5-15　熱傷が疑われたオリーブパイソン (Liasis olivaceus olivaceus)
稟告と皮膚病変の部位から, プレートヒーターの下に潜り込むことにより低温火傷を受傷し, 二次感染を起こしたと思われた

図5-16　コオロギによる咬傷(矢印)がみられたコバルトツリーモニター (*Varanus macraei*)
衰弱しており, ケージ内に放たれた餌用のコオロギにより受傷したと思われた.

合にはヘビなどがその下に潜り込むことで熱傷を負うこともある(**図5-14, 15**). 熱傷は損傷した組織の深度によって四段階に分類される[1,6,15]. Ⅰ度は表皮だけの損傷, Ⅱ度は真皮に至る損傷, Ⅲ度は皮膚の構造すべての損傷, Ⅳ度は皮膚だけでなく筋肉や骨にまで損傷が及んでいる状態とされている[6,15]. 病変としては紅斑, 腫脹, 滲出液, 変色, 水疱および痂皮形成などがみられる[6].

　咬傷は同居動物や与えられた生き餌による受傷が原因である. 局所的な受傷が多いが, 全身を受傷する場合もある. マウスなど哺乳類の生き餌から受傷することが多いが, 小型のトカゲや衰弱した個体ではコオロギなどにより重症を負うこともある[6](**図5-16**).

尾の損傷は様々な原因により起こり，細菌性皮膚炎，真菌性皮膚炎，咬傷，接触性皮膚炎，脱皮不全などによる絞扼，自切および飼い主による外傷（尾を引っぱる，扉に挟むなど）などが挙げられる[16]．その他，ヘビやトカゲで尾の先端から虚血により徐々に壊死する症状がみられることがあり，腎不全が原因となっている場合もある[17]（**図5-17**）．

　前述のようにトカゲでは尾を自切することがあるが，自切は尾の椎間ではなく椎骨の部分で切断されるようになっており，その部位は自切面と呼ばれる[18~21]．自切面は尾側の尾椎の一つひとつにあるが，頭側の尾椎にはない[18, 20, 21]．自切はすべての種類で起こるわけではなく，アガマ科，カメレオン科，ドクトカゲ科，ミミナシオオトカゲ科，コブトカゲ科およびオオトカゲ科では自切能がない[19]．イグアナでは幼若時には自切面があるが，成熟に伴いなくなるため成熟個体では自切をほとんどしない[18, 21]．自切能がある種類では，飼い主が尾を引っ張ったり，物に尾が引っかかったり強い力が掛かると尾が切れる．特にヤモリ科は自切能が他の種類よりも発達しており，尾に直接触れなくても体に触れただけなどでも強いストレスがかかると突然自切することもある[22]．切れた尾は再び生えてくる種とこない種に分かれるが，生えてくるものでも元の尾と模様や色が異なり，小型で短く形状も異なることが多い[18, 22]（**図5-18**）．生えてきた尾は再生尾と呼ばれる．失われた尾骨は再生しないため，代わりに軟骨が中心となり再生尾は形成される．イシヤモリ科では尾の再生能力が低く，再生尾が生えてこないことが多い（**図5-19**）．

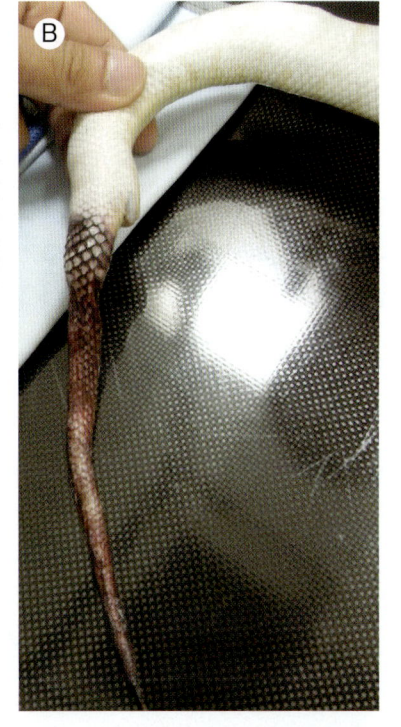

図5-17　尾の先端の壊死が認められた症例
A：フトアゴヒゲトカゲ，
B：コーンスネーク（*Elaphe guttata*）
尾の先端から徐々に病変が拡大進行し，両症例とも先端は骨が露出している．虚血性もしくは感染性が原因と考えられた．

図5-18　再生尾が生えているヒョウモントカゲモドキ
再生尾は元の尾と模様や色も異なり，小型で短く形状も異なることが多い．

図5-19 尾を自切したオウカンミカドヤモリ (*Correlophus ciliatus*)
尾の自切後も尾は抜けたままである(矢印).
イシヤモリ科であるオウカンミカドヤモリは
再生尾が生えてこない事で有名である.

診断

　皮膚疾患は肉眼で病変を確認できるため, 飼い主が見つけた皮膚病変部を主訴に来院することが多い. まずは病変の状態, 発生部位, 発症様式(局所または多発)などを確認する. また, 飼育環境および飼育管理について詳細な問診を行う. 具体的には爬虫類の由来(野生捕獲個体か飼育下繁殖個体かなど), 飼育ケージの大きさおよびレイアウト, 床材, 湿度や温度管理(温熱源の種類, 個数や設置場所などの詳細), 掃除や水換えの頻度とその方法, 食餌内容および頻度, 食餌の与え方, サプリメント使用の有無, 同居動物の有無などである[1,8].

　次いで病変から採材し, 細菌培養感受性検査および真菌培養により感染の有無を確認する. 丘疹, 結節, 水疱, 膿疱, 膿瘍および肉芽腫が疑われる病変はFNAにより採材し, 上記の検査および細胞診を行う. これらの検査でも診断できない場合には皮膚生検による組織学的検査を検討する. 特にデルマトフィルス症を疑う場合は病原体の培養による診断は困難なため, 組織学的検査を行うことが望ましい[1]. ウイルス疾患は国内では確定診断は困難である. また, 爬虫類の皮膚疾患は全身性疾患と関連していることが多いため身体検査をしっかり行い一般状態を評価する[4]. 必要に応じて血液検査およびX線検査などを検討し, 敗血症が疑われた場合は血液培養まで考慮する.

　臨床症状から外部寄生虫の感染が疑われる場合にはアセテートテープ法で採材し, 鏡検により虫体や虫卵を確認して診断する.

　脱皮不全は問診による経過の確認と病変により診断する. 例えば, トカゲでは指や尾の先端およびクレスト, 体躯などに脱皮片ないし幾層にも重なった角質を認める場合に脱皮不全と診断する. しかしトカゲの中には部分的に脱皮する種類も多く, 正常な脱皮の途中なのか脱皮不全なのかの判断に苦慮することも多い(**図5-20**). ヘビでは通常全身の皮膚が一気に脱皮するため, 部分的に古い皮膚が

図5-20 正常に脱皮をしている症例
A:オウカンミカドヤモリ, B:オニプレートトカゲ(*Broadleysaurus major*)
トカゲでは種類により脱皮の仕方が異なる. ヘビのように一気に脱皮する種類(A)もいれば, 部分的に脱皮をする種類(B:矢印)もいる.

図5-21　脱皮不全を起こしているミドリタマゴヘビ (*Dasypeltis gansi*)
ヘビでは通常は一気に脱皮するため，部分的な脱皮や脱皮片が残っていれば脱皮不全と診断する.

残っている場合は脱皮不全と判断できる (**図5-21**). また，脱皮後に閉眼などの眼に症状がでている場合は脱皮時に残存した脱皮片による結膜炎や角膜炎なども考慮し，眼科検査を実施する.

　擦過傷，熱傷および咬傷は病変の部位や状況および飼育環境により判断する. また吻部の欠損，特に骨が露出している症例では同部のX線検査を行い病変部の広がりを確認する. 二次感染などが疑われる症例では細菌培養感受性検査を実施する.

　尾の損傷は肉眼的に診断できるが，尾骨の状態確認のためにX線検査を検討する. 環境要因で損傷の原因が不明な場合は，感染症の確認のため培養検査を行う.

　最終的には病変，飼育環境および病原体の有無，その他の検査結果などにより総合的に診断する. 皮膚疾患を診察するにあたり一番大切なことは，皮膚病変にとらわれて局所の確認をするだけではなく，全身状態や飼育環境の評価も忘れずに行うことである.

治療

　皮膚疾患の種類にかかわらず，まずは飼育環境を見直し，問題点があれば具体的に指摘し，改善案を指導する. 感染が確認された症例では抗生剤および抗真菌薬を用いる. 抗生剤は薬剤感受性検査の結果に基づき選択する. 敗血症が疑われた場合は，血液培養検査により抗生剤を選択することができれば理想的である[4].

　ヘビダニやトカゲダニではライフサイクルのほとんどで宿主から離れて環境中に生存するため，治療には薬剤の投与だけでなく環境の清浄化 (床材の除去，ケージの洗浄) が必須である. チップや砂，流木など衛生管理が困難なものは治療中は原則使用を中止するとともに，治療後は原則新しいものに交換するか再使用に際しては完全に消毒したものを使用するように指導する. 治療はイベルメクチンの注射および経口投与が有効であるが，カメ，インディゴスネーク (*Drymarchon corais*) およびスキンク類にはイベルメクチンの使用は禁忌であるため注意する. また環境に対してもイベルメクチンスプレー (1 Lの水に対してイベルメクチン5 mg) を用いることができる[1,8]. 他の治療薬としてはフィプロニル (フロントライン®) があり，スプレーをガーゼなどに付けて体表面に擦り付けるように用いる[1]. ケージ内に同居個体がいる場合はもちろん，必要に応じて同居個体だけではなく隣接するケージや同じ部屋にいる他の個体の治療も同時に行わなければならないこともある.

　脱皮不全では体躯や指端部，尾先端部などに除去可能な脱皮片が遺残している場合は，爪や指先を欠損させないように注意しながら鑷子や綿棒などを用いるか，用手にて古い脱皮片を除去する. 脱皮不全の原因の多くは環境湿度の低下であり，空中湿度を高めることで残った脱皮片が脱落するのを促すことができることが多い[1,3]. 湿度を維持する方法としては加湿器や霧発生器の使用，ケージ内への定期的な霧吹き，吸水性や保湿性が高い水苔などの床材を入れた容器の設置，市販のウエットシェルターの使用および濡らしたタオルをケージにかけるなどがある[1] (**図5-22**). 温浴や直接個体に霧

図5-22　市販のウエットシェルター(矢印)を使用しているケージレイアウト
素焼きのウエットシェルターを用いることにより，シェルター内の湿度を高めることができる.

吹きをすることで乾燥し拘縮した脱皮片をふやかし，はがしやすくできる[3]. しかし，脱皮直前の皮膚を濡らしてしまうと古くなって脱落しようとしている皮膚がその下の新しい皮膚に張り付いてしまい，かえって脱皮不全に陥ってしまうこともあり，特に皮膚の繊細なヤモリ類では注意が必要である. 結膜炎や角膜炎などで羞明感がみられたり，閉眼している場合には生理食塩水による眼の洗浄や脱皮片の除去，抗生剤などの点眼薬で治療するが繰り返しの処置が必要となることも多い. カメレオンはビタミンA欠乏症で眼周囲に脱皮不全が発生することもあり，ビタミンA製剤の非経口投与により改善がみられると報告されている[8].

　擦過傷に対しては飼育ケージを大きくしたり，適切に体を隠せる場所やシェルターなどを用意し，透明なガラス部分などはバックスクリーンを張り，ケージの隅でこすり続ける場合には隅に物を置くなどして傷の再発や悪化を防ぐ. 咬傷では同居動物がいる場合は個別飼育に変更してもらい，生き餌を与えている場合はピンセットからの給餌または生き餌以外の餌へ変更する.

　熱傷では急性期は水で患部を冷やし，状況に応じてNSAIDsや抗生剤を用いる. Ⅱ度以上の場合はショックの軽減と体液の損失に対して輸液を行う[1, 15]. Ⅳ度の熱傷では外科的な治療も検討する[6]. また，熱傷を負った原因を特定し保温環境を見直す. 前述したように環境温度が低いと温熱球やパネルヒーターなどに接近しすぎるため，環境温度を温度計で測定し適切な温度になるように保温器具を整える. さらに飼育個体に対して熱源が小さすぎる場合にも体全体が温まらず，常に熱源に近い場所にとどまり局所の熱傷の原因となることがある. このため，用いる保温器具の大きさやワット数などにも注意が必要である. また直接熱源に接触しないように設置場所を調整し，パネルヒーターは床面の33〜50%以上にならないように設置し，熱源からの逃げ場所を確保する[14]. また，熱源の過度の加熱を防ぐためにサーモスタットを用いる.

　尾が壊死している症例では壊死部位より近位で断尾を行うこともあるが，実施する前にX線検査により尾骨に異常がないか確認し，異常がある場合にはその頭側で断尾を行う. 尾を自切する種類であれば用手で行い，自切能がない種類では断尾手術を行う[23, 24]. 用手で断尾を行う際にも麻酔の使用が推奨されている[23, 24]. 自切能がある種では尾が再生するため，切断面の皮膚縫合は不要である[21, 23, 24]. 尾を自切した場合や用手で断尾を行なった場合は通常その後は無治療で問題ないが，トカゲモドキなど尾に栄養を蓄える種では必要に応じて給餌回数を増やしたり，栄養剤の使用を検討する[19, 21, 22, 23].

臨床医のコメント

　基本的にはどのような皮膚疾患であっても不適切な環境を見直し，感染の確認を行う. 爬虫類の皮膚疾患は局所の問題のみではなく全身性疾患による一症状であることも多いため，皮膚の治療のみでなく基礎疾患の治療や飼育環境の整備も必要となることが多い.

(西村政晃)

参考文献

1. Fraser M.A., Girling S.J.（2004）：BSAVA Manual of Reptiles（Girling S. J., Raiti P. eds.）, 2nd ed., 184-198, British Small Animal Veterinary Association.
2. O'Malley B.（2005）：Clinical Anatomy and Physiology of Exotic Species, 15-40, Elsevier.
3. Fitzgerald K.T., Vera R.（2006）：Reptile medicine and surgery（Mader D.R. ed.）, 2nd ed., 778-786, Elsevier.
4. Maas Ⅲ A.K.（2013）：Veterinary Clinics of North America：Exotic Animal Practice 16, 737-755.
5. Palmerio A.S., Roberts H.（2013）：Veterinary Clinics of North America：Exotic Animal Practice 16, 523-577.
6. Perry S.M., Sander S.T., Mitchell M.A.（2016）：Current Therapy in Exotic Pet Practice（Mitchell M., Tully Jr. T.N. eds.）, 17-75, Saunders.
7. Cooper J.E.（2006）：Reptile medicine and surgery（Mader D.R. ed.）, 2nd ed., 196-216, Elsevier.
8. Harkewicz K.A.（2001）：Veterinary Clinics of North America：Exotic Animal Practice 4, 441-461.
9. Jacobson E.R.（2007）：Infectious Diseases and Pathology of Reptiles（Jacobson E.R. ed.）, 461-526, CRC Press.
10. Schumacher J.（2003）：Veterinary Clinics of North America：Exotic Animal Practice 6, 327-335.
11. Mitchell M.A., Walden M.R.（2013）：Veterinary Clinics of North America：Exotic Animal Practice 16, 659-668.
12. Pare J.A., Jacobson E.R.（2007）：Infectious Diseases and Pathology of Reptiles（Jacobson E.R. ed.）, 527-570, CRC Press.
13. Marschang R.E., Chitty J.（2004）：BSAVA Manual of Reptiles（Girling S. J., Raiti P. eds.）, 2nd ed., 330-345, British Small Animal Veterinary Association.
14. Varga M.（2004）：BSAVA Manual of Reptiles（Girling S. J., Raiti P. eds.）, 2nd ed., 21-33, British Small Animal Veterinary Association.
15. Mader D.R.（2006）：Reptile medicine and surgery（Mader D.R. ed.）, 2nd ed., 916-923, Elsevier.
16. Funk R.S.（2006）：Reptile medicine and surgery（Mader D.R. ed.）, 2nd ed., 913-915, Elsevier.
17. Hernandez-Divers S.J., Innis C.J.（2006）：Reptile medicine and surgery（Mader D.R. ed.）, 2nd ed., 878-892, Elsevier.
18. Barten S.L.（2006）：Reptile medicine and surgery（Mader D.R. ed.）, 2nd ed., 683-695, Elsevier.
19. Lock B.A.（2006）：Reptile medicine and surgery（Mader D.R. ed.）, 2nd ed., 163-179, Elsevier.
20. McFadden M.S.（2016）：Current Therapy in Exotic Pet Practice（Mitchell M., Tully Jr. T.N. eds.）, 352-391, Saunders.
21. O'Malley B.（2005）：Clinical Anatomy and Physiology of Exotic Species, 57-75, Elsevier.
22. Redrobe S., Wilkinson R.J.（2002）：BSAVA Manual of Exotic Pets（Meredith A., Redrobe S. eds.）, 4th ed., 193-207, British Small Animal Veterinary Association.
23. Hernandez-Divers S.J.（2004）：BSAVA Manual of Reptiles（Girling S. J., Raiti P. eds.）, 2nd ed., 147-167, British Small Animal Veterinary Association.
24. Mader D.R., Bennett R.A., Funk R.S. et. al.（2006）：Reptile medicine and surgery（Mader D.R. ed.）, 2nd ed., 581-630, Elsevier.

爬虫類の痛風 Gout

はじめに

　爬虫類では窒素の最終代謝産物は尿酸，尿素，アンモニアのいずれかで排泄されるが，それぞれの代謝の割合は種によって異なる．トカゲやヘビを含む有鱗目はほとんどが尿酸として排泄し，カメ目では陸棲種では尿酸と尿素で排泄するが，水棲種はアンモニアと尿素がほぼ等しい割合で排泄し，半水棲種では尿素の比率が増加する．ワニ目では尿酸とアンモニアが主体となる[1,2]．

　痛風は高尿酸血症が持続することで体内や体表に痛風結節と呼ばれる不溶性の尿酸ナトリウム結晶が沈着し，それに伴い炎症や様々な機能障害がみられる疾患である．痛風結節は腎臓，肝臓，脾臓，肺，心膜，皮下，滑膜，腱，軟骨，脳等様々な部位に形成されるため[3]，滑膜や関節周囲への沈着では局所の腫脹や疼痛（**図5-23**），内臓や中枢神経への沈着では元気消失や食欲低下といった非特異的な症状を示す．

　ヒトの痛風は尿酸産生過剰型，尿酸排泄低下型，両者の混合型に分類される．発生要因として，遺伝，腫瘍性の細胞増殖による組織破壊の亢進，高プリン食，薬剤性等の尿酸産生過剰と，腎疾患や脱水，鉛中毒等による尿酸排泄低下が挙げられる．食餌や薬剤，肥満等の環境因子と遺伝的素因が痛風の発生に関与する[4]．

　爬虫類においても様々なリスク因子が関与すると思われるが，環境因子が一般的な要因となる．具体的には脱水や尿細管障害などの腎機能障害，不適切な温度や食餌での飼育などが高尿酸血症の原因となる．また，アミノグリコシド系抗生物質やサルファ剤，利尿剤等の腎毒性の可能性のある薬剤の使用も高尿酸血症の要因となり得る[3,5]．その他，局所的な炎症の存在により痛風結節の沈着がより起こりやすくなり，血清中の尿酸値が低い場合でも沈着が起こる可能性もある[5]．

　窒素代謝産物として，アンモニアや尿素より尿酸としての排泄の割合が多い種で痛風の発生はより起こりやすいと考えられる[5]．

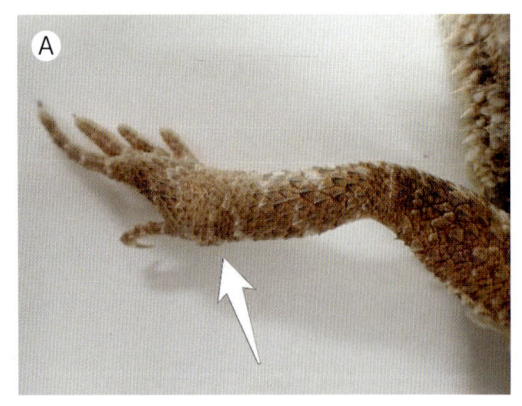

図5-23　痛風による関節の腫脹を呈するフトアゴヒゲトカゲ（*Pogona vitticeps*）
正常反対側（B）と比較して左足根関節の腫脹が認められる（A：矢印）．

診断

　痛風は元気消失，食欲不振，脱水，関節の腫脹，疼痛等の非特異的な症状を呈することが多く，問診時に薬剤の使用歴，食餌や飲水，温度などの飼育環境を正確に確認することが重要となる．

　身体検査で肉眼的に体表や関節周囲に痛風結節がみられる症例では痛風結節や関節部の細針生検が

有用であり，生検材料の偏光顕微鏡検査では特徴的な針状結晶が観察される．また，生検を行うことで偽痛風や膿瘍との鑑別も可能となる[3,6]．

血液生化学検査では痛風の診断は確定的ではないが有用であり，尿酸値の測定と腎障害や脱水等の高尿酸血症の原因となる基礎疾患の評価を行う．前述のように高尿酸血症が持続し痛風結節の沈着を伴ってはじめて痛風となるため，高尿酸血症のみで痛風とは診断できない．また，尿酸値は長期的な拒食の影響などで低下する可能性があり，採血時期により必ずしも異常値を検出できるとは限らず，数値が正常化したあとも痛風結節が存在している場合もある[3,6]．

爬虫類の腎機能評価において尿素窒素とクレアチニンの有用性は限定的であるため，尿酸，カルシウム，リン，アルブミン，ナトリウム，カリウム等とともに総合的に評価する[3,7]．

脱水の評価には PCV と TP，アルブミンを測定する．慢性疾患による貧血や低アルブミン血症が存在する場合は脱水の影響を過小評価してしまう可能性があるため注意が必要である．逆に，雄の PCV の基準値が雌よりも高い種が存在することや，多くの種において繁殖期の雌のアルブミン値が上昇することが過大評価に繋がる場合もある[8]．

また，軟部組織や骨の傷害の程度によっては AST と ALP の上昇がみられることもある[6,9]．

X 線検査では痛風結節は X 線透過性であるが，関節周囲の軟部組織の腫脹や骨構造の変化が認められる場合もある[6]（図5-24）．その他，超音波，CT，MRI を用いた画像検査で心臓や腎臓，脳等に沈着した痛風結節が描出される場合がある[5]．

関節の腫脹などは感染症などでもしばしばみられるため，確定診断には痛風結節からの尿酸塩の検出が必要となるが，内臓痛風では生前の診断が困難な場合もあるので，これらの検査を組み合わせて総合的に診断する．

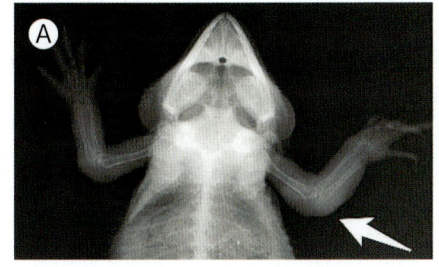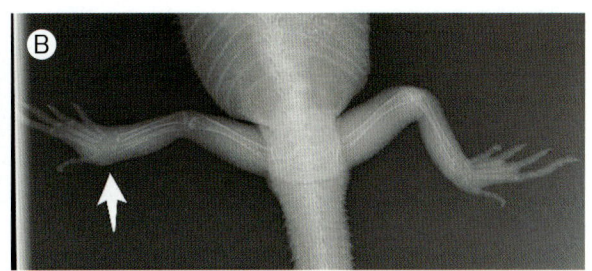

図5-24　痛風による関節の腫脹を呈するフトアゴヒゲトカゲ（*Pogona vitticeps*）X 線検査所見
肘（A：矢印）と足根部（B：矢印）において軟部組織の腫脹による左右のサイズの違いが認められるが，骨構造には異常は認められない．痛風結節は X 線透過性である．

治療

痛風の治療は高尿酸血症の管理と症状の緩和が主体となる．

輸液は脱水補正と血清尿酸値低減のため，ほとんどの症例で推奨される．輸液経路としては，静脈内，骨髄内への持続点滴や体腔外，体腔内，皮下等へのボーラス投与が利用できる．嘔吐がなく飲水可能であれば1日あたり体重の1〜2%量の飲水により利尿を促す．その後は定期的に排尿が確認されれば維持量として体重の0.5〜1%量の飲水を続けることで糸球体濾過量の増加と，血清尿酸値の低下により尿酸塩の溶解を促すことができる[5]．

痛風結節は温度による結晶の溶解性が関係しており，ヒトでは手指の関節や耳介等の比較的低温となりやすい部位に発生しやすい．爬虫類は変温動物であるため一般状態や末梢循環の改善，薬剤の吸収と代謝効率を上げるためにも適切な温度での管理は重要であるが，痛風結節の溶解という観点においても保温に注意し，治療中はその種の至適温度の上限での管理が望ましい．

食餌中のプリン体と蛋白質の制限も高尿酸血症の管理に必要となる．草食性の種に動物性蛋白質と

いったような，食性に合わない蛋白質の給餌や，単純に蛋白質の過給は高尿酸血症の一因となる[3,5,9]．また，自力採食ができない症例では食道瘻チューブの設置を検討する[5]．

　痛風の発生にサルファ剤やアミノグリコシド系抗生物質，利尿剤等の薬剤が関与していると考えられる症例では投薬を中止する．特にフロセミドは獣医療領域でよく使用される利尿剤であるが，尿細管からの尿酸の排泄を減少させるため痛風が疑われる症例や，脱水，高尿酸血症を呈している症例での使用は禁忌である[3]．

　尿酸合成阻害薬であるアロプリノールはキサンチンオキシダーゼを阻害し，肝臓においてヒポキサンチンからキサンチン，キサンチンから尿酸への合成を抑制する．3.31〜50 mg/kg，12〜72時間ごとと様々な用量が報告されている[3]が，15〜20 mg/kg，24時間毎の経口投与が一般的に利用されている[3,5,6,9,10]．飼養管理の改善や基礎疾患が取り除かれ，高尿酸血症が改善すれば尿酸合成阻害薬の投与は必要なくなるが[5]，長期的な投与が必要となるケースや投与中止後に症状の再発がみられることも多い[9]．

　尿酸排泄促進剤であるプロベネシドは尿細管からの尿酸の再吸収を抑制することで排泄量を増加させる．脱水時も近位尿細管からの尿酸の分泌は続くため，尿細管腔に蓄積した尿酸により尿細管の障害が起こる危険があり[5,8]，十分な糸球体濾過量が確保されていない場合は尿酸排泄促進剤の使用は勧められない．体重1.15 kgのギリシャリクガメにおいて250 mg/頭 12時間毎の経口投与が報告されている[9]．

　爬虫類においてもヒトと同様に痛風治療中の血清尿酸値は5〜6 mg/dL以下を目標値とすることが痛風結節の溶解と予防に有効と考えられる[3,4]．

　ヒトの急性通風性関節炎の疼痛管理にはコルヒチンやNSAIDs，コルチコステロイドなどが使用される．爬虫類においても疼痛の緩和は一般状態の改善に有効であると考えられるが，鳥類や哺乳類と同様に腎機能や肝機能の低下している症例に対するNSAIDsの使用は注意が必要である[5]．爬虫類でのNSAIDSの投与量としてカルプロフェン1〜4 mg/kg 24時間毎，皮下投与，筋肉内投与，ケトプロフェン2 mg/kg 24〜48時間毎の筋肉内もしくは静脈内投与，メロキシカム0.2〜0.3 mg/kg 24時間毎の皮下投与，筋肉内投与，静脈内投与，経口投与が報告されている[11]．

　外科的な痛風結節の切除も可能であるが，結晶が析出する時点で既に関節へのダメージが存在しており，さらに外科的侵襲が加わることで関節への影響が恒久的なものとなることが多く，重度の痛風では一般に予後は良くない[3]．

臨床医のコメント

　痛風結節は指や四肢の関節などの腫瘤として時折みられる．しかし，これらの腫瘤は膿瘍や肉芽腫であることも多く，その他，腫瘍の可能性もあるため，細針生件などによる鑑別が必要である．爬虫類の痛風は脱水や腎疾患，不適切な餌などが原因となることが多いと思われるため，適切な飼養管理を行い予防することが最も重要である．

（岩井　匠／三輪恭嗣）

 **参考文献**

1. Dantzler WH.（1995）：Nitrogen Excretion in Reptiles. *In*：Nitrogen Metabolism and Excretion.（Patrick J. Walsh, Patricia A. eds.），pp179-190，CRC Press, London.
2. 内山実，今野紀文，兵藤晋（2009）：尿素を利用する体液調節：その比較生物学. 比較内分泌学，35，175-189.
3. DR Mader.（2006）：Gout. *In*：Reptile Medicine and Surgery. 2nd ed., pp793-800, Elsevier, St. Louis.
4. Khanna D, FitzGerald JD, Khanna PP, Bae S, Singh MK, Neogi N, et al.（2012）：2012 American College of Rheumatology guidelines for management of gout. Part 1：systematic nonpharmacologic and pharmacologic therapeutic approaches to hyperuricemia. Arthritis Care Res, 64, 1431-46, Hoboken.

5. McArthur S. (2008) : PROBLEM-SOLVING APPROACH TO COMMON DISEASES OF TERRESTRIAL AND SEMIAQUATIC CHELONIANS. *In* : Medicine and Surgery of Tortoises and Turtles. (McArthur S, Wilkinson R, Meyer J. eds), pp330-332, Wiley-Blackwell, Hoboken.

6. Figueres JM. (1997) : Treatment of articular gout in a Mediterranean pond turtle, Mauremys leprosa. Bulletin of the Association of Reptile and Amphibian Vets, 7, 5-7.

7. TW Campbell. (2014) : Clinical Pathology. in : Current Therapy in Reptile Medicine and Surgery. (DR Mader, SJ Divers. eds), pp70-92, Saunders, Philadelphia.

8. Wilkinson R. (2008) : Therapeutics. *In* : Medicine and Surgery of Tortoises and Turtles. (McArthur S, Wilkinson R, Meyer J. eds), pp465-485, Wiley-Blackwell, Hoboken.

9. Martinez-Silvestre A. (1997) : Treatment with allopurinol and probenecid for visceral gout in a Greek tortoise, Testudo graeca. Bulletin of the Association of Reptile and Amphibian Vets, 7, 4-5.

10. SJ Hernandez-Divers, et al. (2008) : Effects of allopurinol on plasma uric acid levels in normouricaemic and hyperuricaemic green iguanas (*Iguana iguana*), Vet Rec, 162, 112-115.

11. K Sladky. (2014) : Analgesia. *in* : Current Therapy in Reptile Medicine and Surgery. (DR Mader, SJ Divers. eds), pp217-228, Saunders, Philadelphia.

爬虫類の腫瘍 Neoplasia

はじめに

　腫瘍性疾患は，来院1,000頭あたり犬223.2頭，猫158.6頭で診断されたと報告されており[1]，死因となることも多い重要な疾患である．爬虫類の臨床においても，腫瘍を診断する機会は比較的多い．

　Garnerらは，爬虫類の病理検査サンプル5353検体中，527検体（9.9%）が腫瘍性疾患であり，ヘビ2186検体中326検体（15%），トカゲ1909検体中162検体（8.5%），カメ1067検体中29検体（2.7%），ワニ185検体中4検体（2.2%），種類不明6検体が腫瘍性疾患であったと報告している[2]．爬虫類477症例（カメ66症例，ヘビ282症例，トカゲ129症例）の腫瘍症例の報告では，最も腫瘍の発生が多い器官は，造血器系（14.9%）で，肝胆管系（13.1%）および外皮系（12.8%）がそれに次いで多かった[3]．

　爬虫類の中ではヘビが特に腫瘍の発生が多く，アメリカのZoo Atlantaで1992年から2012年に剖検された255頭のヘビのうち37頭（14.5%）で腫瘍が診断された[4]．同報告では，悪性腫瘍は83.3%であり，そのうち54.3%が間葉系腫瘍，40%が上皮性腫瘍であった[4]．また，ワシントンDCのThe National Zoological Parkで1978年から1997年の間に剖検されたヘビ291頭中36頭（12.4%）が腫瘍性疾患であり，その内31検体（79.5%）が悪性腫瘍であったと報告[5]されている．その中でも，19検体（61.3%）が間葉系，11検体（35.5%）が上皮系，1検体（3.2%）が色素胞腫瘍であった[5]．ヘビの中でも，ナミヘビ科が最も腫瘍の発生率が高く（21.8%），マムシ亜科（15.9%），クサリヘビ亜科（12.7%），ボア科（8.6%）の順に高い[2]．腫瘍の種類としては，**表5-1**に示す腫瘍がみられたと報告されている[2]．

　トカゲは，爬虫類の中では，ヘビに次いで腫瘍の発生が多い．腫瘍の発生は，オオトカゲ科（9.9%），

表5-1　ヘビにみられた腫瘍（参考文献2から引用改変）

腫瘍の種類	全腫瘍に対する割合（n=326）	腫瘍の種類	全腫瘍に対する割合（n=326）
軟部組織肉腫（**図5-25**）	12.6%	血管肉腫	1.5%
リンパ腫（**図5-26**）	10.7%	白血病	1.5%
腎腺癌	8.3%	脂肪腫	1.5%
線維肉腫	6.7%	腎腺腫	1.5%
黒色素胞腫	5.5%	顆粒膜細胞腫	1.5%
胆管腺癌	4.3%	膵臓腺房腺腫	1.2%
扁平上皮癌	3.4%	胃腺癌	1.2%
肝細胞癌（**図5-27**）	3.4%	平滑筋肉腫	0.9%
卵巣腺癌	3.1%	骨肉腫	0.9%
その他の体腔内腺癌	3.1%	総排泄孔腺癌	0.6%
肝細胞腺腫	3.1%	卵管腺癌	0.6%
その他の内分泌腫瘍	2.8%	腎内細胞腺癌	0.6%
軟骨肉腫	2.8%	精上皮腫	0.6%
腸管腺癌	2.5%	骨髄増殖性疾患	0.6%
組織球性肉腫	2.5%	中皮腫	0.6%
独立円形細胞腫瘍	2.1%	横紋筋肉腫	0.6%
膵臓腺癌	2.1%	粘液肉腫	0.6%
胆管嚢胞腺腫	2.1%	神経鞘腫	0.6%

トカゲ科(9.2%)，アガマ科(8.6%)，ヤモリ科(7.7%)，イグアナ科(4.8%)，その他(3.9%)，カメレオン科(3.4%)の順で多い[2]．腫瘍の種類としては，**表5-2**に示す腫瘍がみられたと報告されている(**図5-31**)[2]．

図5-25　軟部組織肉腫
カリフォルニアキングスネーク(*Lampropeltis getula californiae*)の体腔内に腫瘤が形成され，病理組織学的検査で軟部組織肉腫と診断された．

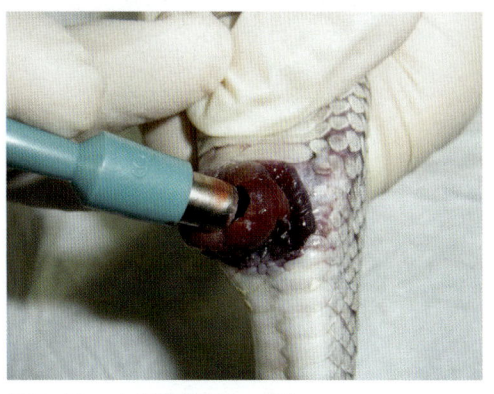

図5-26　大細胞性リンパ腫
トランスペコスラットスネーク(*Bogertophis subocularis*)の総排泄孔に腫瘤が形成され，病理組織学的検査で大細胞性リンパ腫と診断された．

図5-27　肝細胞癌
ピッカリングガータースネーク(*Thamnophis sirtalis pickeringii*)の肝臓に腫瘤が形成され，病理組織学的検査で肝細胞癌と診断された

表5-2　トカゲにみられた腫瘍(参考文献2から引用改変)

腫瘍の種類	全腫瘍に対する割合(n=162)	腫瘍の種類	全腫瘍に対する割合(n=162)
軟部組織肉腫	11.7%	血管腫	2.5%
リンパ腫	9.3%	脂肪腫	1.9%
扁平上皮癌(**図5-28**)	5.6%	独立円形細胞腫瘍	1.9%
体腔内腺癌	4.3%	腎臓腺癌	1.2%
線維肉腫	4.3%	胆嚢腺癌	1.2%
胆管腺癌(**図5-29**)	3.7%	肝細胞腺腫	1.2%
黒色素胞腫(**図5-30**)	3.7%	総排泄孔腺腫様ポリープ	1.2%
肝細胞癌	3.7%	卵管腺癌	1.2%
卵巣腺癌	3.7%	奇形腫	1.2%
白血病	3.7%	精上皮種	1.2%
横紋筋肉腫	3.7%	涙腺腺腫	1.2%
腎臓腺腫	2.5%	粘液肉腫	1.2%
口腔腺腫様ポリープ	2.5%		

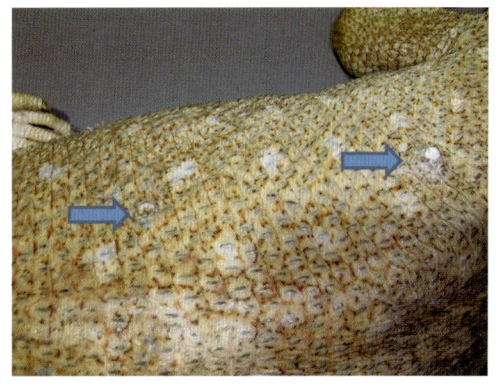

図5-28 扁平上皮癌
サバンナモニター(*Varanus exanthematicus*)の体表に複数の結節(矢印)が形成され,病理組織学的検査で扁平上皮癌と診断された.

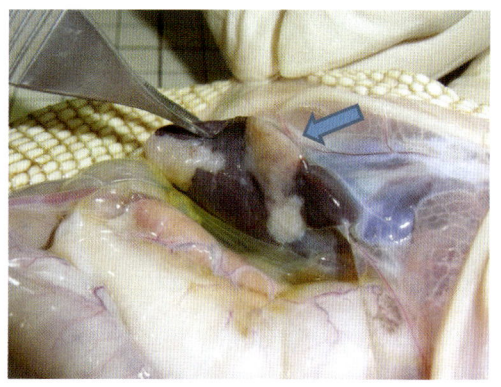

図5-29 胆管腺癌
サバンナモニターの剖検時,肝臓に白色化した病変(矢印)がみられ,病理組織学的検査で胆管腺癌と診断された.

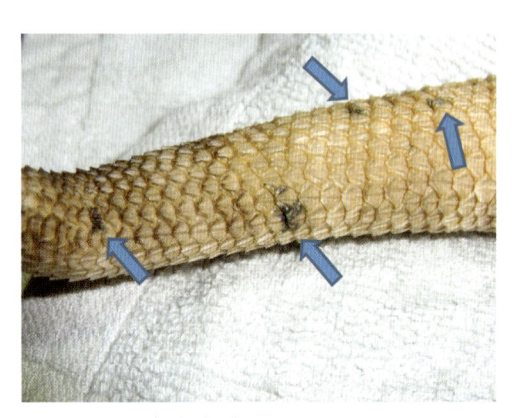

図5-30 黒色素胞腫
フトアゴヒゲトカゲ(*Pogona vitticeps*)の体表に黒色結節(矢印)が多数形成され,病理組織学的検査で黒色素胞腫と診断された.剖検時,心臓,肝臓,腎臓,精巣,腹膜,脂肪への転移が確認された.

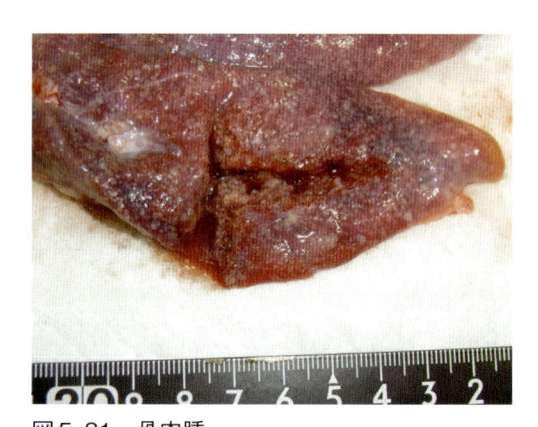

図5-31 骨肉腫
サバンナモニターの剖検時,肺に石灰化がみられ硬固であった.病理組織学的検査で骨肉腫の肺転移が疑われたが,原発巣は不明であった.

　カメは,全体的に腫瘍の発生が少ないが,水棲種の腫瘍の発生(3.2%)と比較して,陸棲種(1.4%)ではより少ない[2].腫瘍の種類としては,**表5-3**に示す腫瘍が報告されている(**図5-32**)[2].

　ワニでは,カメよりもさらに腫瘍の発生は少なく,脂肪腫および乳頭腫がみられたのみであったと報告されている[2].

　腫瘍は,由来する組織に基づいて,間葉系腫瘍,上皮性腫瘍,独立円形細胞腫瘍に大別される.爬虫類の腫瘍の種類,発生率,挙動,予後などは不明な点が多いが,**おそらく8割程度が悪性腫瘍**[4]であることを考えると,早期に積極的な診断・治療が必要である.

表5-3 カメにみられた腫瘍(参考文献2から引用改変)

腫瘍の種類	全腫瘍に対する割合(n=29)	腫瘍の種類	全腫瘍に対する割合(n=29)
線維乳頭腫	34.4%	膵臓腺癌	3.4%
乳頭腫	20.6%	組織球性肉腫	3.4%
扁平上皮癌	10.3%	リンパ腫	3.4%
線維肉腫	6.9%	軟部組織肉腫	3.4%
線維腫	6.9%		

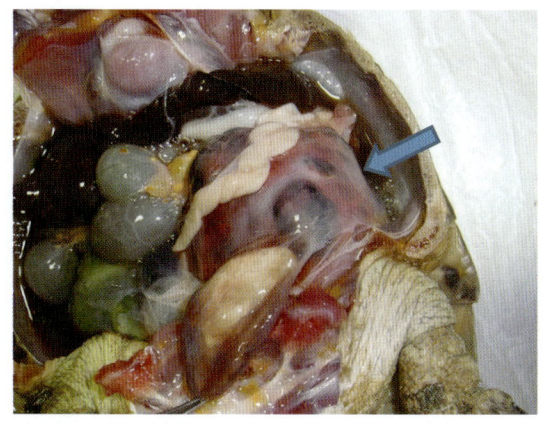

図5-32 卵巣腺癌
ヨツユビリクガメ(*Agrionemys horsfieldii*)の
剖検時，体腔内に腫瘤(矢印)がみられ，病理
組織学的検査で卵巣腺癌と診断された．

診断

　腫瘍の診断は，腫瘍の種類，組織学的悪性度，原発部位での浸潤度，遠隔転移の有無，腫瘍随伴症
候群の有無を確認する．治療を行う際には症例の一般状態，代謝機能，併発疾患の有無を確認する必
要があるため，問診，身体検査，血液検査，血液生化学検査，尿検査，画像診断，細胞診，組織生検
などを行う．

① 問診

　動物の情報(動物の種，品種，年齢，性別，既往歴，現病歴，飼育環境，食事内容)，腫瘍につい
ての情報(形成場所，数，増大傾向)，全身状態(活動性，食欲，排泄物の状態)などについて，問診
を行う．

② 身体検査

　体重，呼吸数，心拍数を測定する．筆者は，変温動物である爬虫類では，体温測定を行っていな
い．また，腫瘍の場所，サイズ，数，硬さ，色，固着の有無などを記録する．その際に，写真を撮
ることが望ましい(**図5-33，34**)．

図5-33 大細胞性リンパ腫
ジャガーカーペットパイソン(*Morelia spilota mc-
dowelli*)に口腔内腫瘤(矢印)がみられ，病理組織
学的検査で大細胞性リンパ腫と診断された．

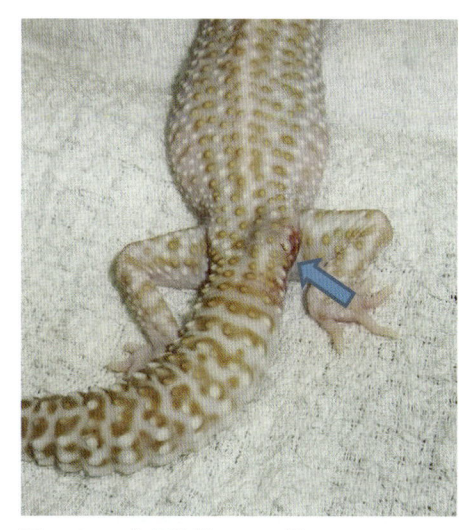

図5-34 大細胞性リンパ腫
ヒョウモントカゲモドキ(*Eublepharis mac-
ularius*)の尾根部に腫瘤(矢印)が形成され，
病理組織学的検査で大細胞性リンパ腫と診
断された．

③ 血液検査

　血液検査では，CBCと血液生化学検査を行う．CBCでは，Natt and Herrick法，ミクロヘマトクリット法，血液塗抹標本作成を行う．爬虫類は，有核赤血球をもつため，全自動血球計数機の有用性は，限定的である．血液塗抹標本では，おおまかな白血球数，栓球数，赤血球の再生像を確認し，白血球の百分比を行う．また，腫瘍細胞や細菌の有無を確認する（**図5-35，36**）．血液生化学検査では，肝臓機能，腎臓機能，脂質代謝異常の有無，血糖値，血清蛋白値などを確認する．爬虫類の血清蛋白値を正確に判定するには，血清蛋白電気泳動を行う必要がある．

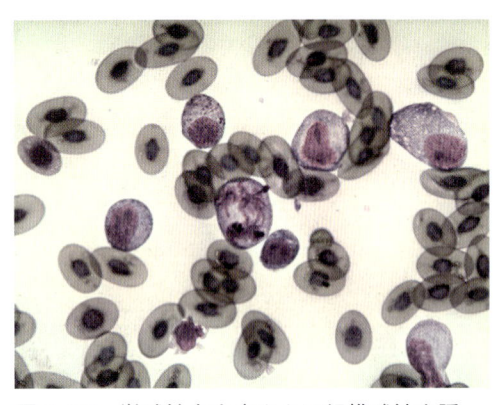

図5-35　単球性白血病または組織球性肉腫
著しい単球数増加（単球数75,068/μL）がみられたフトアゴヒゲトカゲの血液塗抹標本．単球は，大小不同で核異型が強く，異常分裂像も散見された．剖検で，単球性白血病または組織球性肉腫が疑われた．

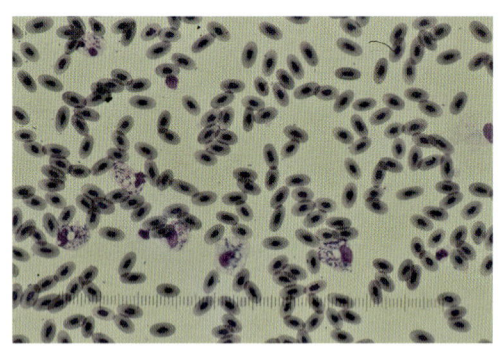

図5-36　敗血症のフトアゴヒゲトカゲの血液塗抹標本
桿菌（*Providencia rettgeri*）とマクロファージによる細菌貪食像がみられた．このような場合，化学療法剤の使用は制限され，感染症の治療が優先される．

④ 尿検査

　尿検査では，泌尿器系の感染や腫瘍細胞の出現を確認する．

⑤ X線検査

　肺転移，体腔内貯留液，体腔内腫瘤，骨融解などを確認する．肺は3方向からの撮影を行う（**図5-37，38**）．

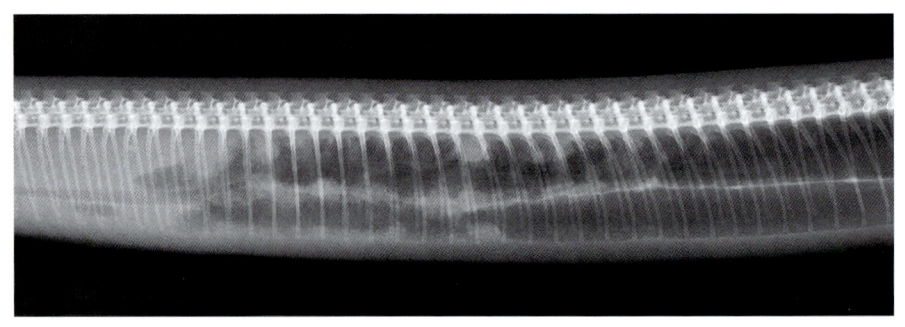

図5-37　卵管腺癌の肺転移
セントラルパイソン（*Morelia bredli*）の肺に多数の結節陰影がみられ，病理組織学的検査で卵管腺癌の肺転移と診断された．

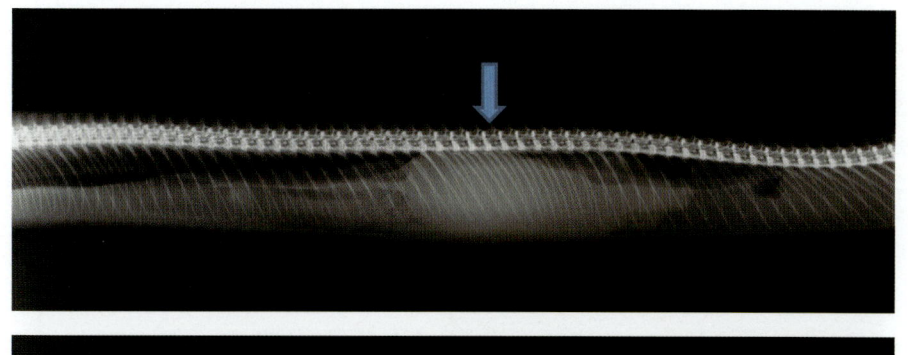

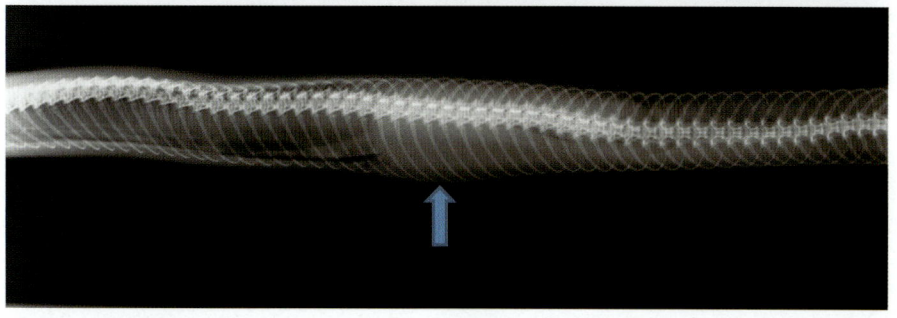

図5-38　胃腺癌
ジャングルカーペットパイソン(*Morelia spilota cheynei*)のX線検査で，胃の部分に
X線不透過性の高い腫瘤がみられた(矢印). 病理組織学的検査で胃腺癌と診断された.

⑥　超音波検査

　　体腔内液体貯留，体腔内腫瘤，肺病変，体腔内臓器の形態確認などを行う. また，体腔内腫瘤で
は，超音波ガイド下での細胞診・Tru-cut生検を行う(**図5-39**).

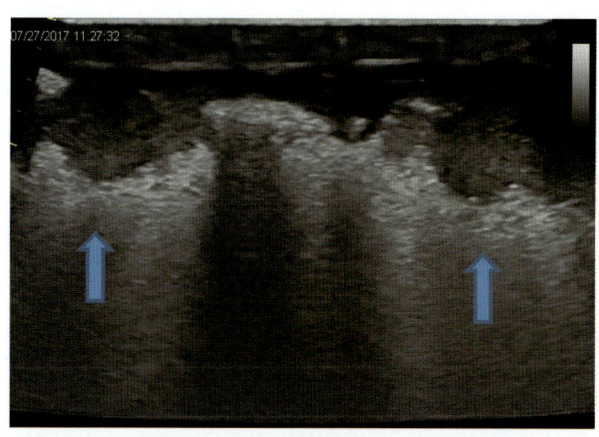

図5-39　卵管腺癌の肺転移
図5-37で示したセントラルパイソンの肺の超音波
検査所見. 多数の腫瘤陰影(矢印)がみられた.

⑦　内視鏡検査

　　軟性鏡は，主に消化管内腔の評価と生検を行う. 特にヘビでは消化管病変の有用な診断ツールと
なる(**図5-40**).

　　硬性鏡は，体腔内臓器，体腔内腫瘤，肺などの観察と生検を行う(**図5-41**).

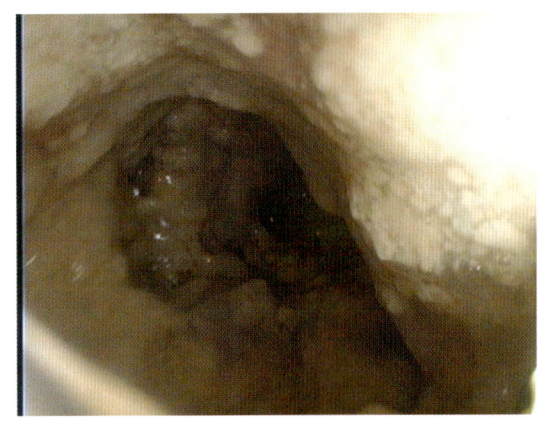

図5-40　胃腺癌
図5-38で示したジャングルカーペットパイソンの胃の軟性内視鏡所見．粘膜面の不整がみられ，病理組織学的検査で胃腺癌と診断された．

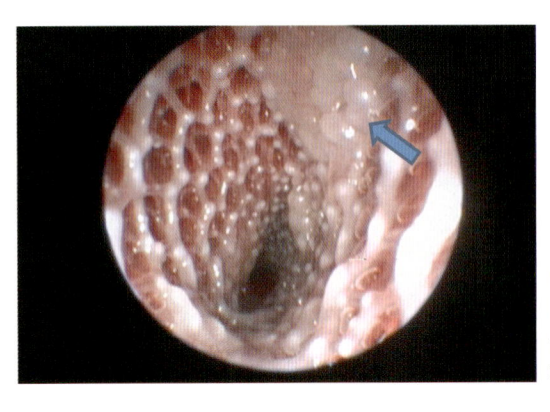

図5-41　卵管腺癌の肺転移
図5-37で示したセントラルパイソンの肺の硬性鏡所見．病変部(矢印)の生検により，卵管腺癌の肺転移巣と診断された．

⑧　CT

　X線検査で検出できない小型の腫瘤の検出や，巨大な腫瘤の浸潤範囲確認，遠隔転移や骨破壊の確認などを行う(**図5-42, 43**)．

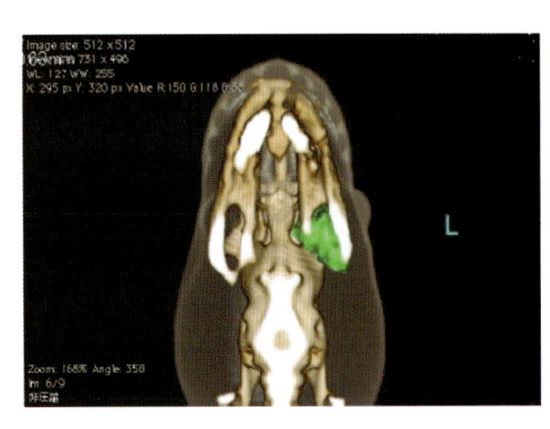

図5-42　眼球突出を呈したボールパイソン
(*Python regius*)の頭部CT検査所見
病理組織学的検査で腺癌と診断された．

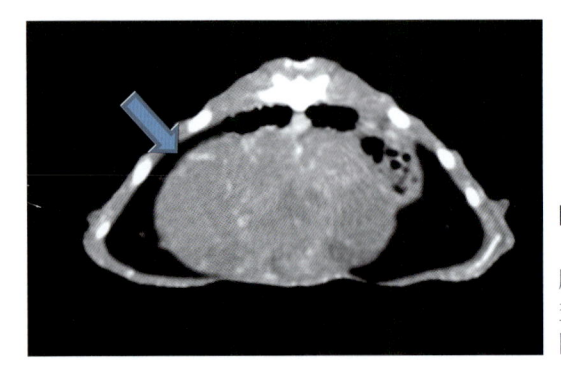

図5-43　混合型胚細胞性索間質性腫瘍
フトアゴヒゲトカゲのCT検査で，巨大な体腔内腫瘤(矢印)がみられた．病理組織学的検査で混合型胚細胞性索間質性腫瘍の疑いと診断された．

⑨　MRI

中枢神経系の腫瘍の診断を行う．また，軟部組織の解像度も優れている（**図5-44**）．

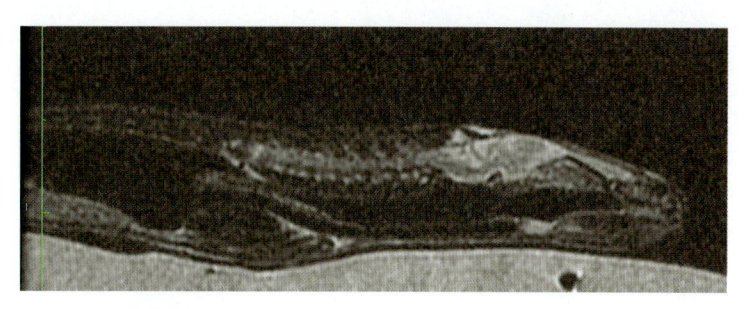

図5-44　痙攣発作を呈したヒョウモントカゲモドキの頭部MRI検査所見
脳の器質的病変はみられず特発性てんかんと診断した．

⑩　細胞診

　23〜26G程度の注射針を用いて細胞診を行う．細胞診では，採取された細胞が，上皮系細胞（**図5-45**），紡錘形細胞（**図5-46**），独立円形細胞（**図5-47**），炎症細胞，その他（**図5-48**）のいずれかを判定する．腫瘍性が疑われる，または細胞診での判断が困難である場合には，組織生検へと進む．筆者は，大細胞性リンパ腫は，細胞診での診断も可能ではあるが，類似した独立円形細胞腫瘍（組織球性肉腫など）や悪性度が高く細胞間結合が消失した上皮性細胞腫瘍などとの鑑別のため，できるだけ組織生検をすべきと考えている．また，炎症細胞のみが採取されたとしても，治療反応性が悪い場合，組織生検を考慮する．細胞診は，病変の一部のみを採取して観察しているため，偽陰性結果が発生し得る．結果が疑わしい場合には，再検査または組織生検を行う必要性がある．

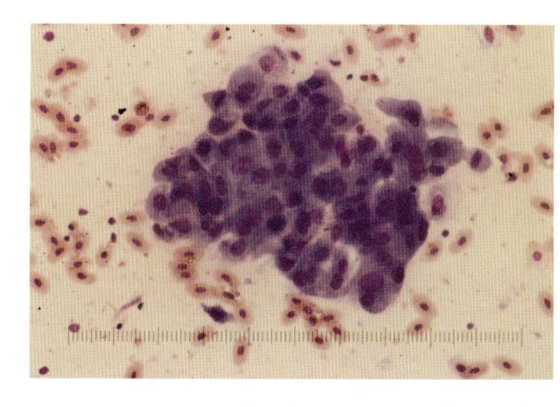

図5-45　腺癌
ボールパイソンの頭部腫瘤に細胞診を実施したところ上皮系細胞が採取された．病理組織学的検査で腺癌と診断された．

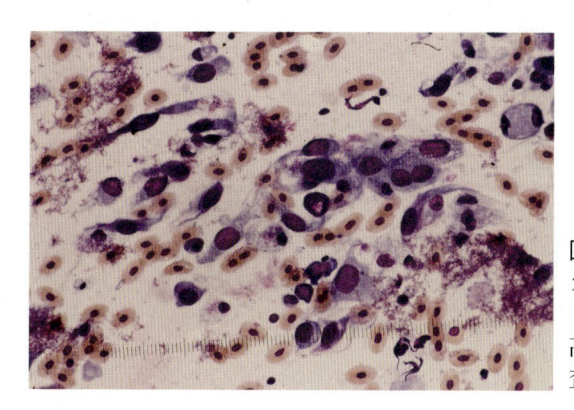

図5-46　軟部組織肉腫
カリフォルニアキングスネークの体腔内に発生した腫瘤に細胞診を実施したところ，異型性の高い紡錘形細胞が採取された．病理組織学的検査で起源不明の肉腫と診断された．

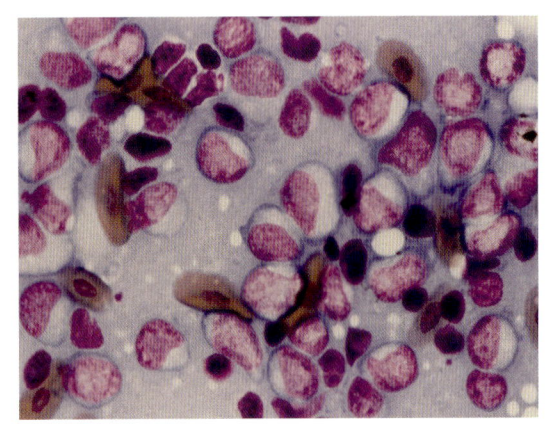

図5-47　大細胞性リンパ腫
ヒョウモントカゲモドキの尾根部に発生した腫瘍の細胞診を実施したところ，有核赤血球と近いサイズの異常リンパ球が採取された．病理組織学的検査で大細胞性リンパ腫と診断された．

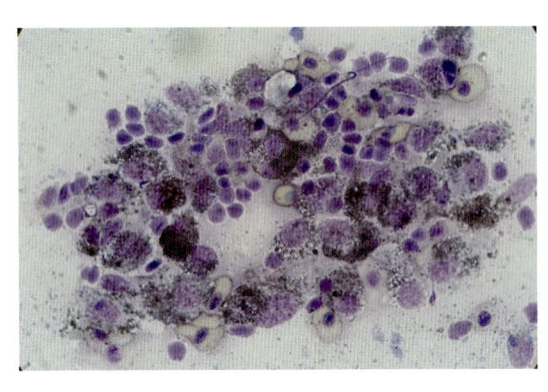

図5-48　黒色素胞腫
フトアゴヒゲトカゲの体表に発生した腫瘍の細胞診を実施したところ，細胞質に黒色顆粒をもつ細胞が採取された．病理組織学的検査で黒色素胞腫と診断された．

⑪　組織生検

　腫瘍の種類，悪性度を診断するには，組織生検が必要である（**図5-49**）．外科治療を行う場合，生検経路はすべて切除しなければならないため，手術計画の支障にならない経路を選択し，必要最小限の組織を採取する．

　腫瘍の治療を開始する前に確定診断を得ることが望ましいが，小型種・小型腫瘍で部分切除が困難な場合，症例の全身状態が悪く治療を急ぐ場合，良性病変が疑われる場合などは，組織生検を省略し，治療として切除生検を行うこともある．

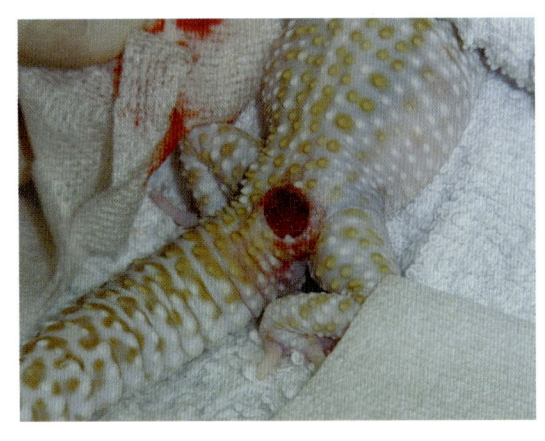

図5-49　パンチ生検
ヒョウモントカゲモドキの尾根部腫瘍に対し，パンチ生検を行った．

治療

　腫瘍の治療は，外科手術，化学療法および放射線治療が選択肢となる．爬虫類での標準的な治療法は確立されていないが，哺乳類の類似した腫瘍の治療方法を外挿して行う．

① 外科手術

　外科手術は，腫瘍の減容積効果が高い局所治療でり，多くの腫瘍症例において，治療の柱となる．

　外科手術の計画は，腫瘍の種類，悪性度，浸潤範囲，遠隔転移の有無，症例の全身状態などを考慮して行う．細胞診および組織生検を行った経路は，腫瘍細胞が播種している可能性があるため，一括して切除する．

　悪性腫瘍の場合，ある程度のマージンを確保して切除を行う（**図5-50，51**）．小動物では，犬猫で行うような広いマージンの確保は困難であるが，できる限り広く切除する．

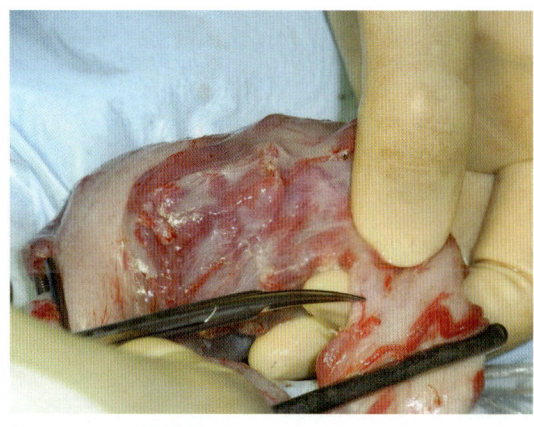

図5-50　卵管腺癌
セントラルパイソンの卵管腺癌．周囲組織との癒着が高度であったため，1 cm程度マージンを確保し，腸管と一括切除した．

図5-51　ボールパイソンの頭部の腺癌
A：手術前の外観
B：腫瘍周囲の正常組織および眼球を含めて一括切除した．病理組織学的検査では，マージンクリアーであった．

② 化学療法

　爬虫類における化学療法は，散発的に文献に記載されている程度で，標準治療は確立されていない．遠隔転移が疑われる，または今後遠隔転移をする可能性が高い腫瘍，リンパ腫を含む独立円形細胞腫瘍，中皮腫（**図5-52**），不完全切除（**図5-53**），ネオアジュバント化学療法（**図5-54**）などの場合には，化学療法を考慮する．爬虫類で報告のある化学療法剤を**表5-4**に示す．

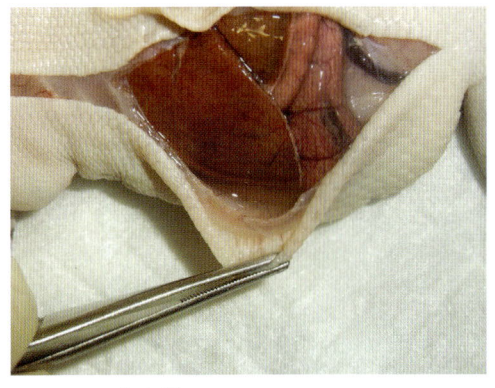

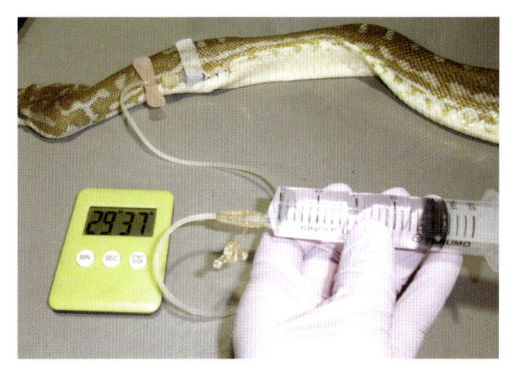

図5-52 中皮腫
体腔内貯留液がみられたヒョウモントカゲモドキ.病理組織学的検査で中皮腫と診断された.

図5-53 化学療法
図5-37で示したセントラルパイソンの卵管腺癌の肺転移に対し，カルボプラチンの静脈内投与による化学療法を行った．本症例の生存期間は51日間であった．

図5-54 ボールパイソンの頭部の腺癌
A：カルボプラチンの局所投与前
B：カルボプラチンの局所投与後．ネオアジュバント化学療法後，外科的に完全切除可能であった．

表5-4 爬虫類で使用される化学療法剤[5～7]を改変

薬剤名	薬用量	適応
L-アスパラギナーゼ	400U/kg SC, IM, 心臓内投与	400U/kg SC, IM, 心臓内投与
カルボプラチン	2.5～5.0 mg/kg IV, 心臓内投与	腺癌，骨肉腫，中皮腫， 癌腫症
クロラムブシル	0.1～0.2 mg/kg PO	リンパ腫，白血病， 骨髄増殖性疾患
シクロホスファミド	10 mg/kg SC, IM, IV, IC 1～5 mg/kg PO	リンパ腫，白血病， 骨髄増殖性疾患
シスプラチン	0.5～1.0 mg/kg IV, 心臓内投与，組織内投与	腺癌，骨肉腫，肉腫， 中皮腫，癌腫症
ドキソルビシン	1 mg/kg IV q7d ×2回 その後 q14d ×2回 その後 q21d ×2回	ヘビの肉腫，リンパ腫， 腺癌など
メルファラン	0.05～0.1 mg/kg PO	リンパ腫，白血病， 骨髄増殖性疾患
メトトレキサート	0.25 mg/kg PO, SC, IV	リンパ腫，白血病， 骨髄増殖性疾患
ビンクリスチン	0.025 mg/kg IV	リンパ腫，白血病， 骨髄増殖性疾患
プレドニゾロン	0.5～1.0 mg/kg PO, SC, IM, IV	リンパ腫，白血病， 骨髄増殖性疾患

③　放射線治療

　放射線治療は，実施可能な施設が限られており，使用の報告も少数例しかない．グリーンイグアナ(*Iguana iguana*)のリンパ腫に対し，10 Gy 単回照射した報告では，腫瘍サイズの約90％の減少がみられた[8]．マダガスカルボア(*Acrantophis madagascariensis*)の咽頭部扁平上皮癌に10 Gy を週1回3週間照射した報告では，腫瘍サイズの縮小はみられず，安楽死となった[9]．

　放射線治療は，放射線感受性の高い腫瘍，不完全切除，手術の適応とならない全身状態が不良な症例，手術で切除困難な腫瘍などで適応となる．外科手術および化学療法と組み合わせることで，さらに良好な治療効果を得られる場合がある．

④　支持療法

　腫瘍や治療に起因する疼痛，脱水，感染，食欲不振などについては，鎮痛，輸液，抗生剤投与，強制給餌など適切な支持療法を行う．

臨床医のコメント

　爬虫類の腫瘍については，外科手術以外の治療法が行われずにいる例が多い．理論上，複数の治療法を組み合わせ，集学的治療を行うことにより，生存期間の延長がみられる可能性が高いが，化学療法の使用薬剤，投与間隔，投与量などは今後の検討が必要である．また，放射線治療についても，実施可能な施設が増えることが望まれる．

（松原且季）

 **参考文献**

1.　信田卓夫. 2013. 第1章診断学総論. pp1-25. *In*：獣医腫瘍学テキスト. （日本獣医がん学会獣医腫瘍科認定医認定委員会監修）. ファームプレス. 東京.

2.　Garner MM., Hernandez-Divers SM., Raymond JT. (2004) Reptile neoplasia：a retrospective study of case submissions to a specialty diagnostic service. Vet Clin Exot Anim. 7：653-671.

3.　Christman J., Devau M., Wilson-Robles H., Hoppes S., Rech R., Russell KE., Heatley JJ. (2016) Oncology of reptiles diseases, diagnosis, and treatment. Vet Clin Exot Anim. 20：87-110.

4.　Page-Karjian A., Hahne M., Leach K., Murphy H., Lock B., Rivera S. (2017) Neoplasia in snakes at Zoo Atlanta during 1992-2012. J Zoo Wildli Med 48(2)：521-524.

5.　Catão-Dias JL., Nichols DK. (1999) Neoplasia in snakes at The National Zoological Park, Washington, DC (1978-1997). J Comp Path. 120：89-95.

6.　Klaphake E., Gibbons PM., Sladky KK., Carpenter JW. 2018. Reptiles. pp81-166. *In*：Exotic animal formulary 5th ed.. (Carpenter JW. Ed.), Elsevier, St. Louis.

7.　Carpenter JW., Klaphake E., Gibbons PM. 2014. Reptile fomulary and laboratory normal. Pp382-410. *In*：Current therapy in reptile medicine & surgery (Mader DR., Divers SJ. Ed.), Elsevier, St. Louis.

8.　Folland DW., Johnston MS., Thamm DH., Reavill D. (2011) Diagnosis and management of lymphoma in a green iguana (*Iguana iguana*). JAVMA. 239 (7)：985-991.

9.　Steeil JC., Schumacher J., Hecht S., Baine K., Ramsay EC., Ferguson S., Miller D., Lee ND. (2013) Diagunosis and treatment of a pharyngeal squamous cell carcinoma in a Madagascar ground boa (*Boa madagascariensis*).

爬虫類の寄生虫 Parasitic diseases

はじめに

　爬虫類に含まれる動物種は多彩で，その寄生虫も様々である．爬虫類の寄生虫は，輸入爬虫類に随伴して国内に入ってくることも多く，ペットショップ，動物園等からの報告も多数あり[1~9]，診療現場での遭遇率も高い．しかし，爬虫類の寄生虫は，一般の獣医学的な教科書には載っていないことがほとんどで，生活環についても分かっている種の方が少ない．ただ，治療法としては，寄生虫種，寄生部位によって駆虫薬の投与や虫体摘出と限られているため，臨床現場で知っておきたい寄生虫について紹介し，一般的な対処法について述べたい．中には，病原性や治療法も不明，剖検でしか検出されないような寄生虫も含まれるが，遭遇する可能性のあるものをいくつか選抜し，記載しておく．検出された寄生虫がどの分類群に属するか，見当がつけば，治療法の選択が可能となる．宿主や寄生虫の分類については，今後，分子系統学的な再検討により大幅な変更も見込まれるが，臨床現場への影響はほとんどないだろう．検査に関しては，消化管内寄生であれば，定法に従い，直接法，浮遊法などで糞便検査を行えば良いし，血液内寄生であれば，塗抹標本の鏡検で検出できる．浮遊法では，ショ糖液を用いると，長時間放置しても浸透圧による虫卵の変形が少なく，邪魔な結晶の析出がほとんどない．浮遊液を満たした後，管口にカバーグラスを設置してから静置すると，検査済検体との区別がつきやすく，液の蒸発も防げる．

原虫 Protozoa

　医学・獣医学的用語として，原生生物，原生動物と呼ばれてきた動物性真核単細胞微生物を総称したものであり，多種多様な生物群を含む．原虫といっても，種によって有効な駆虫薬が異なるのはこのためである．赤痢アメーバやジアルジアなどミトコンドリアを欠く種もいるが，これらはミトコンドリア獲得以前の原始的な生物ではなく，寄生生活への進化の過程で選択的にミトコンドリアを捨ててきた結果と推察されている．現在の生物分類では，原生生物門はすでになく，これまでの形態学的分類とは全く異なる分類へと変遷していく可能性が高いが，診療現場では，従前どおり，原虫として今後も扱われていくと思われる．

　鞭毛を持つ原虫の塗抹標本の作製では，完全に乾燥させるのではなく周辺部がやや濡れている状態で固定した方が虫体の状態にバリエーションが出て，きれいな染色像が標本のどこかに見つかる可能性が高い．

鞭毛虫類 Flagellata

　鞭毛を持つ単細胞で動物群．活発に運動するものが多い．

ジアルジア Giardia（図5-55）

　腸管内に寄生し，運動性を持つ栄養型は洋梨状で，左右対称の円盤状，8本の鞭毛と腹面前部に吸着円盤がある．シスト（嚢子）は卵円形で，外界抵抗性が強い．糞便中に排出されたシストに汚染された食物や水の摂取によって直接感染する．腸炎および下痢を引き起こす可能性がある．メトロニダゾールで治療可能であるが，耐性のものも出現しているようである．その場合は，チニダゾールなど他の薬剤の使用を検討する．

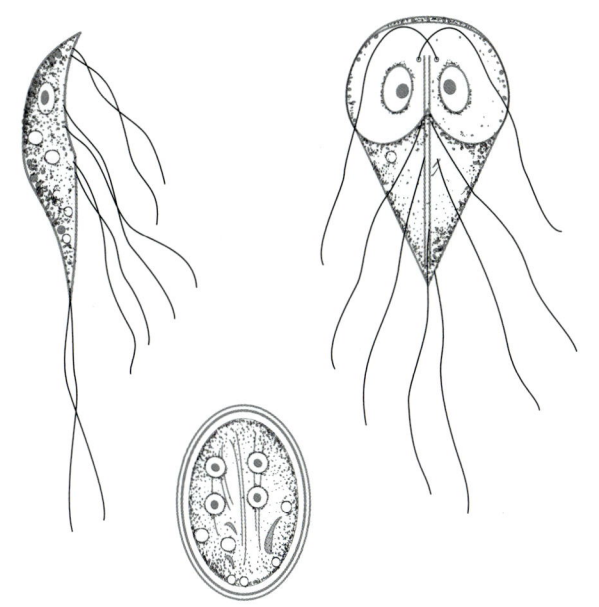

図5-55　ジアルジア *Giardia*
上：吸着円盤が特徴的な栄養型，下：シスト（囊子）
Barnard, S.M., Durden, L.A. (1994): A veterinary guide to the parasites of reptiles. Vol. I Protozoa. Krieger Publishing Company より引用・改変

ヘキサミタ *Hexamita*（図5-56）

　ヘキサミタ症の原因として知られている．*Spironucleus*, *Diceromonas*, *Hexamitus*, *Octomastix*, *Octomitus*, *Urophagus* などがシノニムとされることもあるが，古くから通称されるヘキサミタ *Hexamita parva* としてここでは扱う．栄養型はジアルジアに似た形態で，吸着円盤を持たない．シストを形成し，生活環はジアルジアと同様．カメ類にとって病害性の強い原虫であり，寄生によって腎臓，腸管への障害に加え，肝障害を伴うこともある．主に泌尿器に寄生し，治療の遅れにより致命的な腎臓障害を引き起こす．尿中や糞便中に排出されたシストの摂取によって直接感染する．感染個体では強いアンモニア臭を発する粘稠な尿を排泄する．血液が混じることもあり，時には緑色がかった色の尿になることもある．飲水量が増加し，体重は減少する．嗜眠，成長の遅れなどもみられる．臨床現場では，詳細な同定は難しいので，検査で疑わしい原虫が検出され，臨床症状を伴っていれば，試験的に治療を行うことを検討したい．

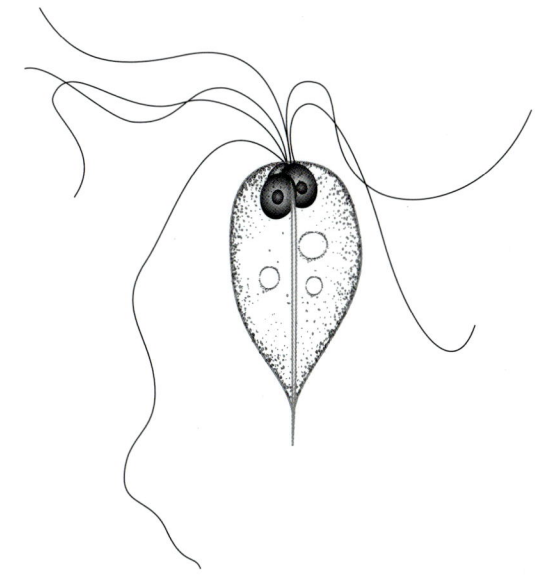

図5-56　ヘキサミタ *Hexamita* 栄養型
Barnard, S.M., Durden, L.A. (1994): A veterinary guide to the parasites of reptiles. Vol. I Protozoa. Krieger Publishing Company より引用・改変

モノセルコモナス *Monocercomonas*

　ヘビの消化管に普通にみられ，稀に腸炎を起こす．肺炎，胆嚢炎等も報告されているが，ほとんどは他の病原体と関連した日和見的な感染であると思われる．

　この他，爬虫類の腸管には，鞭毛の数や走行の異なるプロテロモナス *Proteromonas*，レトルタモナス *Retortamonas*，トリコモナス *Trichomonas* など様々な種が存在する．病原性が不明なものも多く，下痢便中に鞭毛を持つ活発に動く虫体が見つかっても，それが下痢の主因であるのかは判断できない．臨床症状と併せ，対症療法的に駆虫を行っても良いが，糞便中の原虫残存を指標に薬剤を使い続けると，薬剤性菌交代症による下痢を誘発することがあるため，注意が必要である．

トリパノソーマ *Trypanosoma*（図5-57）

　1本の鞭毛と波動膜を有する錘鞭毛型（Trypomastigote）が血中に寄生する．サイズは種によって異なるが10〜30 μm×1〜5 μm 程度である．血液塗抹標本で検出できるが，新鮮血の直接鏡検では，運動性のある虫体が確認できる．組織中には，上鞭毛型（Epimastigote）および無鞭毛型（Amastigote）が認められる．ベクターとなる節足動物やヒルの吸血時に感染する．いくつかの種では，ベクターを摂食することによっても感染すると考えられている．症状は爬虫類では報告がなく，治療法も知られていないが，ベクター防除によって感染は予防可能である．

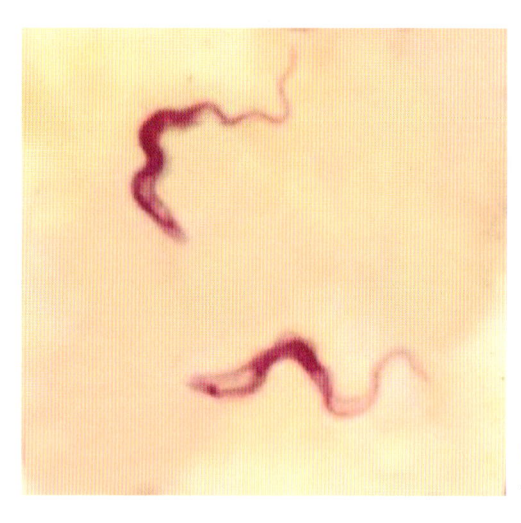

図5-57　トリパノソーマ *Trypanosoma* 錘鞭毛型（ギムザ染色）

アメーバ類 Amoebida
エントアメーバ・インバデンス *Entamoeba invadens*（syns. *E. serpentis*，*E. varani*）

　栄養型は様々なサイズを示し，シストは4つの核を持つ（**図5-58**）．主に腸管に寄生するが，胃，肝臓，脾臓，腎臓，肺からも検出される．シストの摂食による直接感染であるが，ハエやゴキブリなどが機械的ベクターとなる可能性や，感染爬虫類を捕食することでも感染する．シストは外界抵抗性が強く，

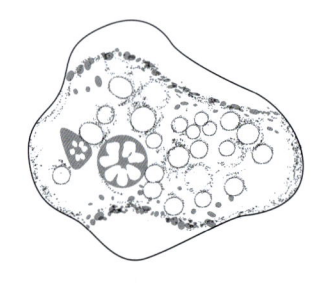 

図5-58　アメーバ Amoebida
左：栄養型，右：4つの核を持つシスト
Barnard, S.M., Durden, L.A. (1994): A veterinary guide to the parasites of reptiles. Vol. I Protozoa. Krieger Publishing Company より引用・改変

8℃で14日以上，37℃で数日生存する．症状は食欲不振，体重の減少，血便や粘液便の排出，嘔吐である．重篤な場合は死亡する．ヘビでは重篤な感染を起こしやすく，死亡個体の剖検では肝臓病変や消化管の潰瘍が顕著である．診断は新鮮便からのシストや栄養型の検出であるが，糞便が採取できない場合は生理食塩水で浣腸し，回収液を遠心した後，沈渣を検査する．ゾウガメでは感受性が高いと言われているが，その他多くの草食性のカメは無症状でアメーバを保有することが多いので，同居を避けるのはもちろん飼育者を介した接触にも注意した方が良い．予防としては，種や生息域の異なる爬虫類を同居させないこと，飼育環境の清掃が挙げられる．臨床的には，いわゆる爬虫類のアメーバ症と扱っても支障はないが，分子生物学的病原検索の進歩により，*E. invadens* 以外の原虫が関与する症例も多いことが判明してきている．

アカントアメーバ *Acanthamoeba*

栄養型は小さく，卵形，三角形あるいは不正形である．虫体表面に多数の棘状偽足が観察される．シストを形成する．自由生活性であり，アメーバを含む水との接触によって感染する．通常は不顕性感染であると考えられるが，腸管のみならず呼吸器や中枢神経系に侵入すると髄膜脳炎などを引き起こすことがある．神経系が侵された場合は，スターゲイジングや運動失調などの神経症状がみられる．診断は糞便や脊髄液からの栄養型やシストの検出である．機械的なベクターとしてはハエやゴキブリが考えられる．

ネグレリア *Naegleria*

飼育下の爬虫類から報告されているが，自然状態での変温動物への感染の有無は不明である．生活環に栄養型，長短2本の鞭毛を持つ鞭毛型および嚢子型の3型があり，環境によって変化する．ヒトへの感染例も知られており，湖沼などでの遊泳中に水中に存在する栄養型が鼻粘膜に付着し，嗅神経に沿って脳に侵入する．栄養型は脳内で急激に増殖，脳を壊死，融解し，髄膜脳炎を起こす．爬虫類でも同様に発症すれば，神経症状が現れる．有効な治療法はないが，ヒトの原発性アメーバ性髄膜脳炎では，アンホテリシンBとサルファ剤が併用されることがある．

アピコンプレックス類 Apcomplexa

生活環の一時期に，虫体前端に，アピカル・コンプレックス(頂端複合構造)を持つ単細胞生物群．アピカル・コンプレックスは，極輪，コノイド，ロプトリー，ミクロネーム，ペリクル下微小管の5つからなり，宿主細胞との接触や侵入のための構造と考えられている．いわゆるコクシジウムなど消化管内に寄生するもの，マラリアなど血液に寄生するもの等々多彩な種が含まれる．ここでは，別項で扱われるクリプトスポリジウムを除く代表的な種について述べる．

消化管内寄生性
アイメリア *Eimeria*

オーシストは円形や長円形で種によって様々な大きさを示し，4つのスポロシストの中に各2つのスポロゾイトを入れる．胞子(スポロゾイト)形成オーシストを摂食することで感染する．寄生部位は胃，腸管上皮，胆管，胆嚢，時に腎臓であり，元気消失，食欲不振，体重の減少，嘔吐，腸炎を呈す．診断は糞便検査によるオーシストの検出による．治療には，サルファ剤，ST合剤，トルトラズリル等が用いられる．

イソスポーラ *Isospora*（図5-59）

オーシストは2つのスポロシストとその中に4つのスポロゾイトを含む．感染様式は *Eimeria* と同様である．

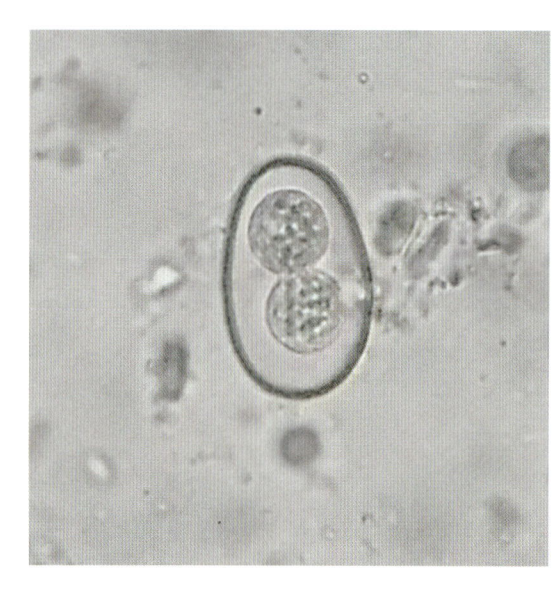

図5-59　イソスポーラ
Isospora オーシスト

パイソネラ *Pythonella*（図5-60）

　その名が示すようにパイソンから発見された．オーシストは，非常に特徴的で，16ものスポロシストが含まれ，それぞれに4つのスポロゾイトが形成される．腸管に寄生する．

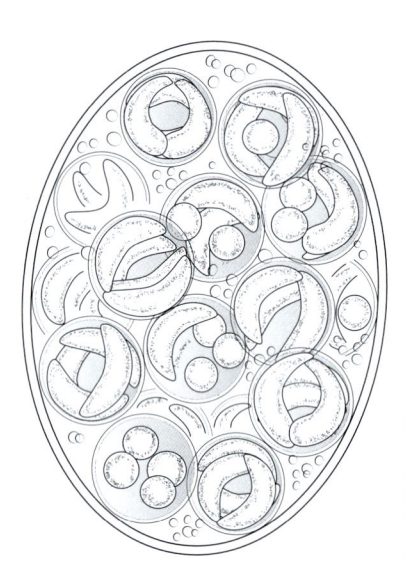

図5-60　パイソネラ *Pythonella* オーシスト
多数のスポロシストが特徴（Barnard，S.M.，Durden，L.A. (1994): A veterinary guide to the parasites of reptiles. Vol. I Protozoa. Krieger Publishing Company より引用・改変）

組織内寄生性

住肉胞子虫 *Sarcocystis*

　オーシストの形状は，*Isospora* に似るが，糞便中に排出されたオーシストはすでに胞子形成が完了しており，その壁は薄く，スポロシストが糞便や尿中に遊離していることがある．この遊離スポロシストをクリプトスポリジウム *Cryptosporidium* のオーシストと誤認しないよう注意が必要である．疑わしい場合は，市販されている子牛のクリプトスポリジウム用イムノクロマトキットが鑑別に有効である[10]．終宿主は肉食性や腐肉食性の動物であり，爬虫類ではヘビなどである．カメでは中間宿主として，筋肉内にこの原虫が寄生することがある．感染しても重篤な症状が現れることはないと考えられるが，摂食や飲水が困難になることもある．筋肉内寄生原虫についての治療法は知られていないので，症状に合わせた対症療法を行う．マレーシアでは，観光客の住肉胞子虫症によるアウトブレイ

クが発生しており，その原因はニシキヘビなどを終宿主とする *Sarcocystis nesbitti* のオーシストによって汚染された水であると推測されている[11]．ミズオオトカゲもまた，*S. nesbitti* の終宿主になり得ることが示唆されており，人獣共通寄生虫症として飼育者への注意喚起が必要であろう．ヒトでの感染では，発熱，頭痛，不快感，重度の筋肉痛が現れる．

トキソプラズマ *Toxoplasma*

Toxoplasma gondii 一属一種のみが報告されている．ネコ科動物のみが終宿主となり，オーシストを排出する他，様々な温血動物(哺乳類・鳥類)が中間宿主になる．世界的な拡散が知られ，陸上で排出されたオーシストが貝などのフィルターフィーダーによって濃縮され，それを補食する海生哺乳類のトキソプラズマ感染による個体数減少への影響が懸念されている[12,13]．また，ヒトを含む様々な動物の行動を操作する可能性が示唆されてきている[14]．過去に爬虫類から分離された *Toxoplasma* が，哺乳類と同一種であるかどうかについては議論の余地が残るが，最近では，ヘビからの *T. gondii* の遺伝子検出も報告され[15]，世界的な拡散に爬虫類も寄与している可能性が考えられる．爬虫類における症状，治療法ともに報告はない．

ベスノイチア *Besnoitia*

家畜のベスノイチア症の原因として知られるが，爬虫類に寄生する種もある．終宿主はアフリカアダーなどのヘビであり，イグアナ科，カナヘビ科およびテユー科などのトカゲ類が中間宿主となる．タキゾイトは小さく，シストは薄い壁に覆われた球形で数百のブラディゾイトを含み，結合織内で検出される．オーシストはトキソプラズマ様である．症状，治療法は報告されていない．

血液内寄生性

ヘモグレガリナ *Haemogregarina* およびヘパトゾーン *Hepatozoon*

異宿主性で，感染無脊椎動物(ヒルや節足動物)の吸血時に感染し，爬虫類の赤血球に寄生する．重度の感染では貧血や衰弱を起こす．診断は血液塗沫標本を作成し，赤血球中のバナナ状の虫体の確認によって行う．治療法は報告がないが，犬のヘパトゾーン症で用いられるドキシサイクリン等の試験的使用も一法かもしれない．衛生状況の改善やベクターとなる外部寄生虫の防除によって予防する．また，野生捕獲個体では感染していることも多いので，十分な検疫期間を取った方が良い．肺炎症状を呈する個体では，これらの原虫寄生による体力の低下も疑われる．

マラリア *Plasmodium*

主にトカゲでみられるが，ヘビでも時折報告されている．シゾゴニーは網内系および赤血球内で，ガメトゴニーは赤血球内で行われマラリア色素が産生される．

ヘモプロテウス *Haemoproteus*(syns. *Haemamoeba*, *Haemocystidium*, *Halteridium*, *Parahaemoproteus*, *Simondia*)

主に鳥の寄生原虫であるが，爬虫類でも報告されている．ベクターはアブ，カ，ブユなどで，ダニもベクターとなる可能性がある．シゾゴニーとガメトゴニーは爬虫類で，スポロゴニーは節足動物体内で行う．赤血球内にガメートサイトがみられる．稀に貧血がみられるが，爬虫類では無症状のことが多い．診断は血液塗沫の鏡検で行う．治療法は知られていないが，ヒトのマラリア治療薬(アトバコン・プログアニル合剤など)での治験例が猛禽類では報告されている[16]．

ピロプラズマ *Piroplasmida*

カメレオンやその他のトカゲから *Sauroplasma* が報告されている．無性増殖ステージが赤血球内

に感染しているのが観察される．ベクターとしてダニが関与すると考えられている．症状，治療法については知られていない．

　試験的ではあるが，これら血球内寄生原虫には，サルファ剤の使用を検討しても良いかもしれない．

繊毛虫類 Ciliophora

バランチジウム *Balantidium*

　栄養型は，細胞全体が繊毛に覆われ，細胞前端部の細胞口は繊毛が密集している．シストの経口感染により，腸管に寄生し，時に大腸炎を起こす．症状がなければ治療の必要はないが，他の寄生虫や病原菌などとの混合感染で病状を悪化させる可能性がある．アメーバ症に準じた治療を行う．

ニクトセルス *Nyctotherus*（図5-61）

　栄養型は，繊毛に覆われた平らな豆状で，比較的大きく活発に動くため目立つ．シストの経口摂取によって，主に草食性カメの腸管に寄生するが，その他爬虫類でも検出される．糞便検査をするとよくみられる原虫であるが，病原性はないと考えられている．シスト化（**図5-62**）すると，一見，有蓋の吸虫卵に似るので，誤認しないよう注意が必要である．

　繊毛虫類は，上述の鞭毛虫類と同様に，下痢便で，しばしば検出されるが，おそらくは腸内環境の変化で二次的に増加し，蠕動亢進で流されてきただけではないかと思われる．

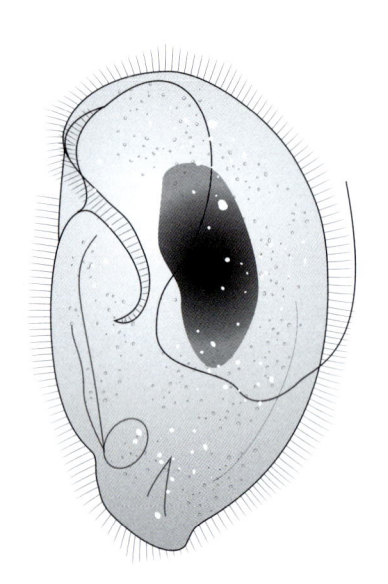

図5-61　ニクトセルス *Nyctotherus* 栄養型
Barnard, S.M., Durden, L.A. (1994): A veterinary guide to the parasites of reptiles. Vol. I Protozoa. Krieger Publishing Company より引用・改変

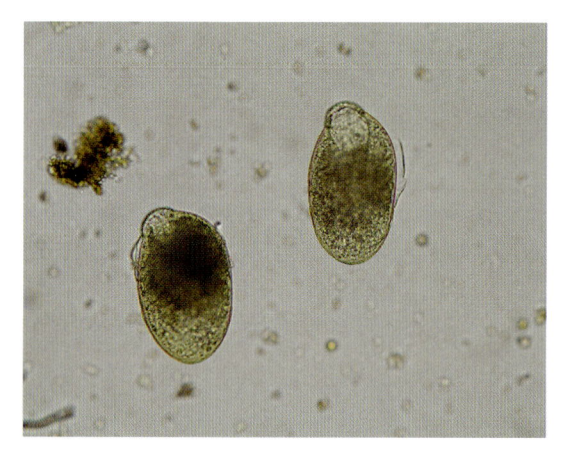

図5-62　ニクトセルス *Nyctotherus* シスト

粘液胞子虫類（ミクソゾア）Myxozoa

　主に変温動物（特に魚類）に寄生し，腸管，腎臓，胆囊，膀胱やその他臓器に認められる．近年では，クドアによるヒトの食中毒の発生から研究が進み，原虫ではなく，刺胞動物に近縁の多細胞生物として分類されるようになった．淡水カメから *Henneguya* と *Myxidium* の2属が報告されている．爬虫類における治療法の報告はない．

微胞子虫類 Microspora

　非常に小さく，すべて動物細胞内に寄生して生活する．宿主は原生生物から哺乳動物まで広範囲に及ぶ．感染すると嗜眠，食欲不振，体重減少を経て，死に至ることがある．筋肉やその他組織に寄生することが多い．治療法は報告されていない．近年の分子生物学的系統解析により，接合菌などに近縁な菌類が寄生生活に適応してミトコンドリアが退化したものと考えられるようになり，原虫には含まれなくなっている．

蠕虫 Helminth

　医学・獣医学的用語で，原虫に対し，多細胞の寄生虫を総称したものである．線虫，吸虫，条虫，鉤頭虫，舌虫などが含まれる．

線虫 Nematoda

　線形動物門に属し，左右対称の糸状の体を持つ．体節はなく，口から食道，腸管を経て肛門に至る消化管を持つが，呼吸器，循環器を欠く．雌雄異体で，一般的に，雌は雄よりも大きく，寿命も長い．種の同定には，鉤や歯などの口器構造，雄の交接刺，交接嚢，尾部乳頭などの他，雌の子宮の分岐等も分類のための鍵(key)として用いられる．種同定を依頼する場合は，雌雄の虫体(特に雄)が必要となるので，様々な体長の虫体を満遍なく採材することが望ましい．大きな虫体のみを拾うと雄が入っておらず，種の特定に至らないことがある．中間宿主を必要としない直接発育を行うもの，中間宿主，待機宿主を介して間接発育を行うものがいる．爬虫類寄生種では，生活環が明らかでないものも多く，その宿主の中で発育ステージが進む(線虫では脱皮)中間宿主であるのかそのままのステージで次の宿主に捕食されるのを待つ待機宿主であるのかの区別がつかないため，本稿中の表記の揺らぎもご容赦願いたい．

鞭虫科 Trichuridae

キャピラリア *Capillaria*

　一般にキャピラリアと称される両端に栓状構造(プラグ)を持つ虫卵が特徴的な線虫は爬虫類でも報告されている(**図5-63**)．キャピラリアは，最も分類が混乱している線虫群の一つであり，研究者によっては，Capillaria 亜科は16もの属に分けられる．医学・獣医学的に重要な種である *Capillaria hepatica*(げっ歯類などの肝臓に寄生)，*C. philippinensis*(フィリピン毛細虫：ヒトの小腸に寄生．フィリピンで死亡率10%の爆発的流行が記録されており，淡水魚が感染に関与すると考えられてい

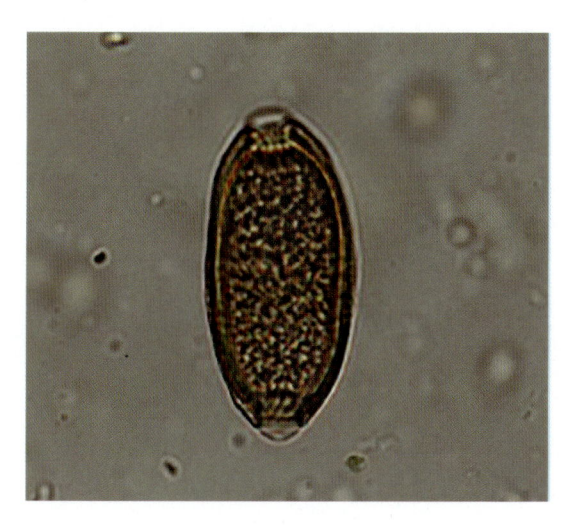

図5-63　キャピラリア *capillaria* 虫卵
虫卵両端の栓状構造(プラグ)が特徴

る．日本でも数例の人体症例が報告されている），*C. aerophila*（イヌ科，イタチ科の気管系に寄生）などは *Capillaria* 属ではなく，それぞれ *Calodium hepaticum*，*Aonchotheca philippinensis*，*Eucoles aerophilus* に分類されることがある．しかしながら，これらの分類も確定的なものではなく，教科書などでは採用されていないことが多いため，文献を検索する際には注意が必要である．

　寄生部位は小腸および大腸の粘膜と粘膜下である．時に肝臓や生殖器に寄生し，トカゲ類の肝臓からもしばしば検出される．ワニでは *Paratrichosoma* による皮膚炎が問題となっており，ヘビの皮膚に寄生するものもいる．皮膚病変では搔爬材料の鏡検で特徴的な虫卵が検出できる．いずれも感染個体の捕食によって直接発育すると考えられる．糞便検査で見つかる虫卵には，餌として与えられたネズミなどの肝臓から遊離したものも含まれることもあり，このような偽寄生との区別は困難である．

旋毛虫科 Trichinellidae
旋毛虫（トリヒナ）*Trichinella*（図5-64）

　旋毛虫は，世界的には豚肉，我が国ではクマ肉がヒトへの感染源として知られているが，爬虫類にも感染する．台湾の日本料理店で養殖スッポンの生の肉・血・肝臓・卵から日本人が感染した例では *T. papuae* の関与が示唆されており，病死した豚の肉が餌としてスッポンに与えられていたことが判明している[17]．この他，ワニから *T. zimbabwensis* やスッポンと同じ *T. papuae* が報告されている．国内流通の豚肉にはトリヒナ感染は認められていないものの，海外繁殖輸入爬虫類では，餌からの感染があるかも知れない．生で食べない限り，感染の心配はない．ただ，乳幼児の爬虫類からのサルモネラ感染が，ミドリガメを口腔内に入れて遊ぶなどで多いとされていることから，旋毛虫に限ったことではないが，乳幼児や犬といった同居者への感染には注意した方が良いだろう．

図5-64　旋毛虫（トリヒナ）*Trichinella*
筋肉中のトリヒナ幼虫

蟯虫科 Oxyurida（図5-65）

　多くの爬虫類から報告されており，特にリクガメで多数の種が知られる[18]．体長1cm以下の小形の線虫で，食道の下部に食道球と呼ばれる構造を持つことや雄の尾部形態から同定可能である（図5-66）．1個体の宿主への複数種の寄生が普通にみられる．中間宿主を必要とせず，経口的に摂取された虫卵が消化管内で孵化し，そのまま腸管後部に寄生し，成熟する直接発育を行う．蟯虫の増殖形態は独特で未受精卵が雄に，受精卵が雌になる半倍数体増殖である．雄は雌に比べ寿命は短いが，雌の約1/2の期間で成熟し，自身の親である雌と交接する母子交接が知られている．これによって雌のみの寄生であっても未受精卵から雄が生まれ，母子交接によってさらに次世代を生み出していくことができる．*Alaeuris*（図5-67）や *Tachygonetria*（図5-68）では自家感染が知られている．蟯虫は主に大腸内容や腸内細菌を餌にしており，腸内環境を構成する一員とも考えられている．病原性は強いものではないが，重度の蟯虫感染において消化管粘膜の侵襲や腸閉塞の原因となることがあるとさ

れる．またアメーバ感染病巣中に虫体がみられることがあり，他の病原体との混合感染下での宿主への傷害性は否定できない．

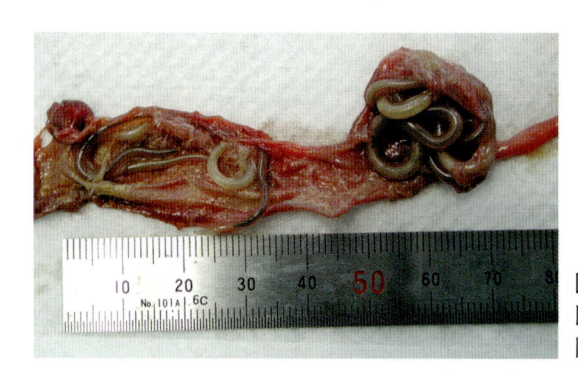
図5-65　リクガメ腸管内の回虫と蟯虫
回虫との大きさの違いが顕著（児玉どうぶつ病院児玉恵子先生提供）

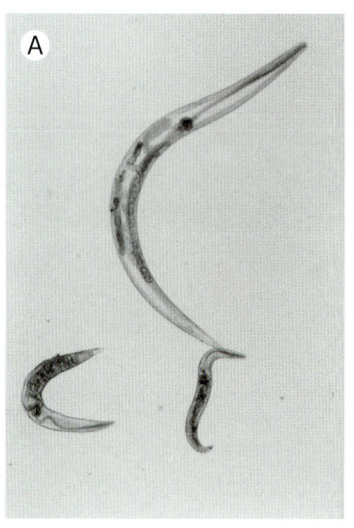
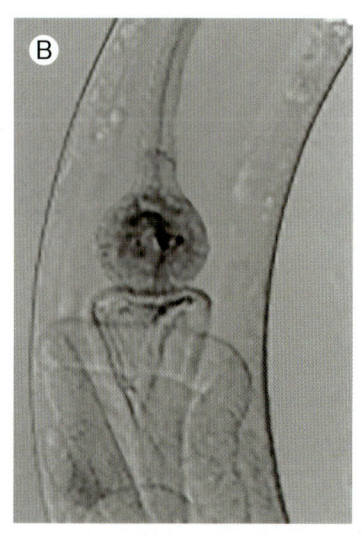
図5-66　リクガメから回収された蟯虫
A：3虫体はそれぞれ別種
B：蟯虫で顕著な食道球

図5-67　*Alaeuris*
A：雄交接翼
B：頭部

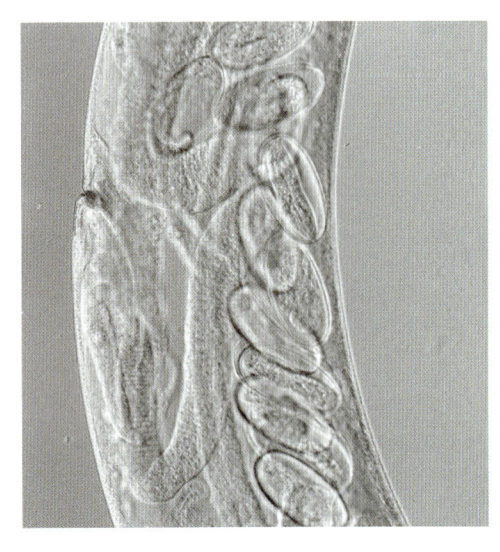

図5-68　*Tachygonetria* 雌子宮内仔虫形成卵

回虫科 Ascarididae

　爬虫類に寄生する線虫のうち病原性の高いものの一つである．リクガメに寄生する *Angusticae-cum holopterum* では，感染は幼虫の形成された虫卵（含子虫卵）を経口摂取することによって直接的に起こる．孵化した幼虫はまず肺へ移動し，気管，食道を経て再度消化管に戻る体内移行を行う．肺を移行中の幼虫は体長2 mm 程度から2 cm 近くにまで成長するため，宿主への傷害性は大きい．幼虫移行期には主に呼吸困難などの症状がみられ，成虫になると10 cm 前後に達し，消化管の閉塞を引き起こすことがある．回虫は産卵数が多いことと外界での虫卵の抵抗性が強いため，飼育環境が虫卵で汚染されると再感染や他個体への感染が容易に起こる．駆虫と同時に飼育環境の清浄化が予防として重要である．回虫卵はイヌ・ネコの回虫と同様に表面にタンパク膜を有し，他科の線虫卵と区別することができる（**図5-69A**）．この他，*Freitasascaris*，*Hexametra*，*Kreffetascaris*，*Ophidascaris*，*Orneoascaris*，*Sulcascaris* 等々が爬虫類から報告されており，トカゲやヘビに寄生する回虫は基本的に中間宿主（待機宿主）を介した間接発育とされている．大型のトカゲやヘビに寄生する種では，カエルや小型のトカゲ，哺乳類が，カナヘビやカメレオンなどに寄生する種では昆虫が待機宿主として感染に寄与していると考えられる．また，湿度の高い地域では直接発育あるいは無脊椎動物を介し，乾燥地域では脊椎動物を介した感染が起こるのではないかという考察もある．いずれも大型の虫体であること，体内移行を行うことから多数寄生での傷害性は高いと考えられる．駆虫薬投与後の脱落虫体による腸閉塞や体内移行中の虫体の死滅によるショック症状の発現にも注意が必要である．*Hexametra* は雌の子宮の分岐が6つであることから同定されるため，他の線虫と異なり，種の確定に雌虫が重要となる．最終的な寄生部位は消化管であるが，体内移行中に迷入することもあり，体内各所で検出されることも珍しくはない（**図5-69B**）．

盲腸虫科 Heterakidae

　Africana，*Meteterakis*，*Spinicauda*，*Strongyluris* などが，消化管に寄生する．トカゲ寄生の *Strongyluris*（**図5-70**）では，節足動物を中間宿主とし，トカゲに摂食されると肺で成虫と同等の体長の第4期幼虫に発育し，咽頭へ出て飲み込まれ，最終的に直腸辺りで成熟するため，見かけ上，寄生部位の異なる他種の線虫が寄生しているかのように見える．近年，生活環へのアフリカマイマイの関与も示唆されている[19]．

コスモセルカ科 Cosmocercidae

　Aplectana，*Cosmocerca*，*Cosmocercoides*，*Raillietnema* 等が知られる．この科の線虫は主に魚

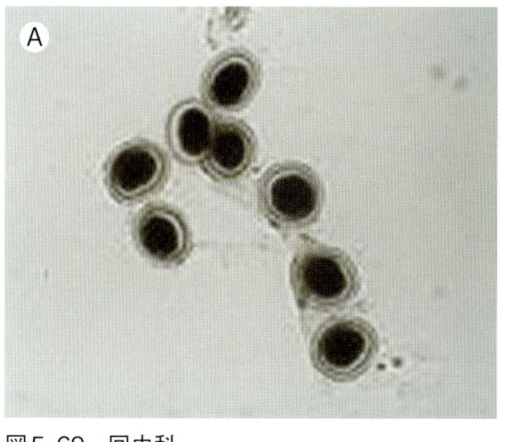

図5-69 回虫科
A：回虫卵. 厚いタンパク膜が特徴. 表面は粘着性を有する.
B：皮下で検出された回虫幼虫

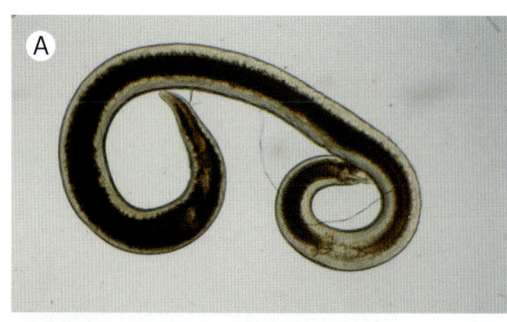

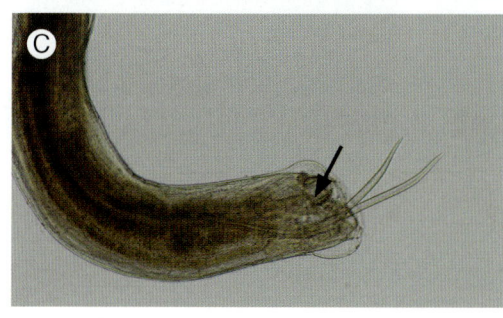

図5-70 *Strongyluris*
A：雌虫体
B：雄虫体
C：雄尾端
交接刺と盲腸虫科に特徴的な前肛吸盤(矢印)

や両生類に寄生するが，爬虫類からも報告されている．寄生部位は消化管であるが，種によっては体内移行を経て腸管に寄生するものもある．*Cosmocercoides* は，外界で発育した幼虫が経皮的に侵入することにより感染する．ナメクジなどが待機宿主になる場合もある．その他の属では生活史について不明なものが多い．

アトラクティス科 Atractidae（図5-71, 72）

アトラクティス科線虫は蟯虫に類似した1 cm 以下の小型の線虫であり，臨床現場では，蟯虫と混同されている可能性が高いが，駆虫薬も同じなので診療上特に問題はない．虫卵ではなく子虫を産出し，自家感染による発育を行う．寄生部位である大腸には多数の子虫がみられ，粘膜は損傷を受け肥厚する．この結果として食欲不振や嗜眠，体重の減少などの臨床症状が現れる．腸アメーバ症と混合感染し，病状を悪化させることも多い．

カソラニア科 Kathlaniidae

生活環はほとんどわかっていない．特徴的な頭部構造を持つカソラニア科の *Cissophyllus roseus* では生鮮標本では虫体が赤く見えることから吸血性が疑われる（**図5-73**）．*Falcaustra* では巻貝や淡

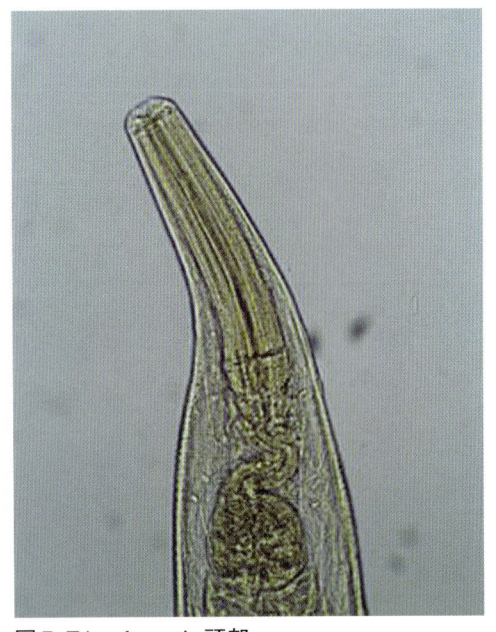

図5-72 *Labidirus*
頭部のクチクラの遊離が特徴

図5-71 *Atractis* 頭部

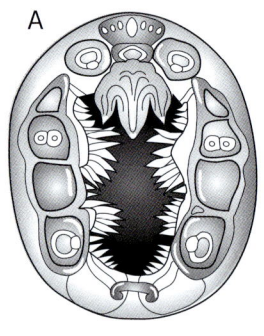

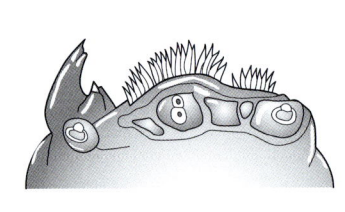

図5-73 *Cissophyllus*
A：複雑な構造を持つ頭部（Anderson, R.C., Chabaud A. G., Willmott S. eds (1974-1983): CIH keys to the nematode parasites of vertebrates, No. 6. CAB International より引用・改変）
B：リクガメ大腸に大量寄生する *Cissophyllus*（レプタイルクリニック小家山仁先生提供）.

水魚が待機宿主として生活環に関与していると考えられている.

円虫目 Strongylida

　円虫科やモリネウス科の線虫は細長い体と雄の尾端部に明瞭な交接嚢を有することから同定できる. しかし, 糞便中の虫卵で寄生虫種を推定するのは困難である. 生活環は直接発育をするものがほとんどである. 家畜などに寄生する他種の病原性から考えると円虫目線虫では吸血するものも含まれると考えられる. 爬虫類寄生のものに限らず, 寄生虫の食性はほとんど解明されていない. 今後, 寄生虫感染における臨床所見と病理学的観察を総合することで寄生虫の生態が明らかになっていくことが期待される. 国内外の爬虫類の飼育書などに鉤虫の寄生という表現がよく見受けられるが, いわゆる爬虫類の鉤虫と呼ばれているのは, Diaphanocephalidae に属する *Kalicephalus* で, 哺乳類寄生の鉤虫科（Ancylostomatidae）線虫とは全く異なる. 消化管に寄生し, 硬い口部で腸管壁に咬着, 吸血するため, 出血, 潰瘍, 腸炎, 二次的な細菌感染等を引き起こすなど, その病原性は高い. 糞便中に排出された *Kalicephalus* の虫卵から孵化した幼虫が経皮感染するか経口的に取り込まれて感染する.

桿線虫科 Rhabdiasidae

　この科に属する線虫は肺に寄生し，肺で生み出された虫卵は，喀痰に包まれて飲み込まれ，糞便とともに外界に出る．トカゲでは，*Entomelas* や *Pneumonema* が，ヘビでは *Rhabdias* の寄生が知られている．後述の糞線虫科線虫と同様に自由生活世代と寄生世代の2つの世代を持つ．カエル寄生の *Rhabdias* では経皮感染が主であるが，ヘビやトカゲ寄生種では巻貝，ナメクジ，オタマジャクシ，カエルなど待機宿主の捕食による経口感染が成立すると考えられている．重度の寄生では，開口呼吸，喘鳴，泡状分泌物を伴う肺炎を引き起こす．

糞線虫科 Strongyloididae

　爬虫類での生活環は報告されていないが，哺乳類寄生の *Strongyloides* 属と同様，自由生活世代では雌雄の両性が存在し，寄生世代は雌のみになると考えられる．腸管に寄生した雌虫から産み出された虫卵は外界で孵化し，自由世代あるいは寄生世代の仔虫へと発育する．寄生世代の感染期幼虫は経口あるいは経皮的に宿主に侵入し，血流に乗り，肺に移行する．稀に呼吸器症状が現れる．そして，肺から咽頭へ移動し嚥下され，腸管へ辿り着き，性成熟が始まる．哺乳類では種によって胎盤感染や経乳感染も知られているが，爬虫類での垂直感染については不明である．下痢や消化管障害を起こし，粘液便の排出がみられることもある．

旋尾虫目 Spirurida

　中間宿主を必要とする線虫群である．病原性についての報告は少ない．

カマラヌス科 Camallanoidae

　Camallanus の中間宿主としてケンミジンコが知られており，*Serpinema*（図5-74）も同様の生活環を取ると考えられる．また待機宿主として淡水魚，水棲巻貝が報告されている．*Camallanus* は腸管に咬着し，吸血するため，腸管粘膜の傷害による腸炎や貧血の原因となる．カメの鉤虫と呼ばれることもある[20]．

胞翼虫科 Physalopteroidae

　ほとんどの種がバッタ，ゴキブリなどの昆虫を中間宿主にしていると考えられる．摂食により取り込まれた幼虫は体内を移行した後，胃に寄生する．*Abbreviata* は胃壁に被嚢して寄生し，ゴキブリ，バッタ，コオロギ，ゴミムシダマシなど様々な昆虫が中間宿主になる．カエルやヤモリが待機宿主になる種もある．*Physaloptera* のトカゲでの生活環は知られていないが，哺乳類寄生のものでは，ゴキブリやバッタ，ハサミムシなどが中間宿主になる．カエル寄生の *Skrjabinoptera* では，虫卵は子宮内で厚い嚢に包まれており（1つの嚢に5〜69の虫卵が含まれる），雌虫は虫卵を産出することなく，虫卵を包んだままともに外界に排出されるため，虫卵の外界抵抗性は非常に高い．アリが中間宿主である．*Heliconema* は硬骨類，エイの他，水棲ヘビから報告されている．幼虫はエビ類から検出されている．

糸状虫上科 Filaroidea（図5-75）

　Conispiculum はアガマ科の結合織への寄生が報告されている．ミクロフィラリアは *Culexs* 属の蚊によって媒介される．*Foleyella* はアガマ科，カメレオン科から報告されており，皮下織や体腔に寄生し，*Anopheles* 属や *Culexs* 属の蚊によって媒介される．トカゲの *Macdonaldius* は体腔下に寄生し，*Culexs* 属が媒介するが，ヘビに寄生するものではダニがベクターとなり，寄生部位は心臓，大動脈，結合織，体腔などで，成虫やミクロフィラリアによって循環障害が起こり，栓塞，浮腫や壊死などが起こる．寄生部位，寄生数によっては重度な障害を引き起こすと考えられる．*Ozwaldfilaria*

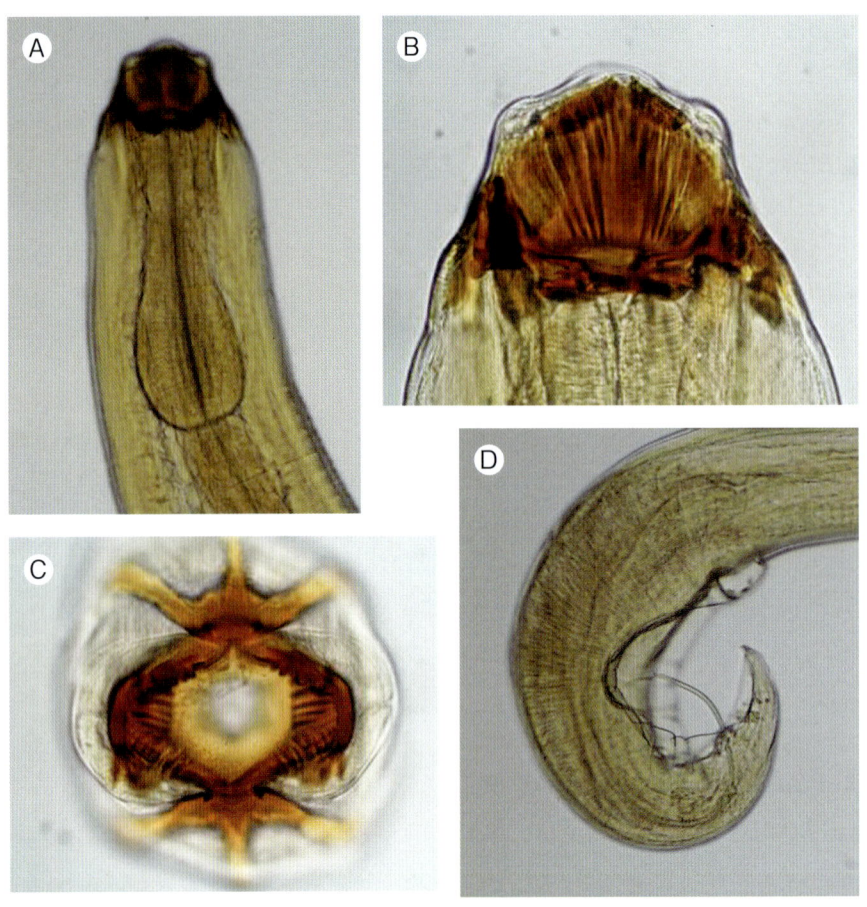

図5-74　*Serpinema*
A：頭部
B：クチクラの発達した口器
C：口器上面図
D：雄尾端部

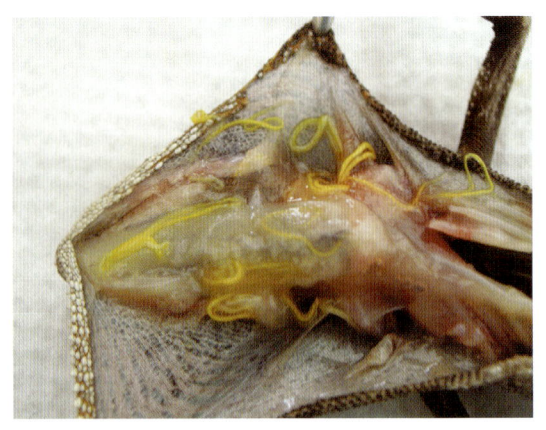

図5-75　カメレオン皮下に寄生する糸状虫（児玉
どうぶつ病院児玉恵子先生提供）

は種によって胸筋，肺，心臓，大動脈，大静脈，皮下織，体腔，腸間膜，腸壁，腋窩腺膜など様々な部位に寄生する．ミクロフィラリアは*Anopheles*比属や*Culexs*属の蚊の体内で感染期幼虫に発育し，吸血時に次の宿主へ感染する．*Saurositus*は腸間膜に寄生し，ベクターは*Anopheles*属である．この科に含まれる他属の線虫も吸血節足動物を介した感染環であろうと考えられる．駆虫を試みても良いが，死滅虫体の栓塞によってさらに状態が悪化する可能性もある．予防は生活環に関与する節足動物の排除である．

Diplotriaenoidea

Hastospiculum がトカゲやヘビの体腔や肺から報告されている（**図5-76**）．これらは原始的な糸状虫類と考えられている．

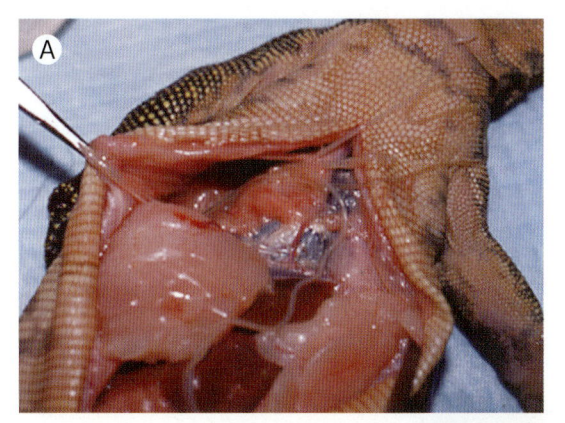
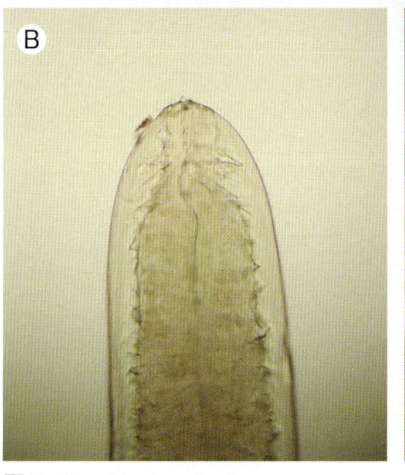
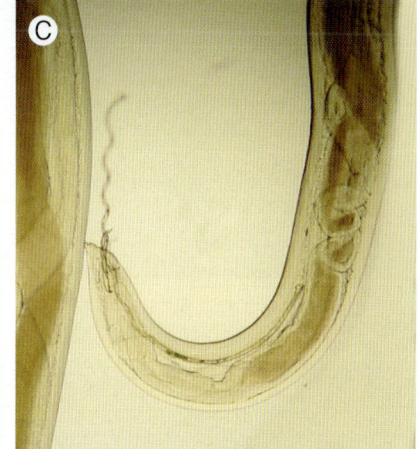

図5-76 *Hastospiculum*
A：ミズオオトカゲ体腔の *Hastospiculum*
　　（レプタイルクリニック小家山仁先生提供）
B：*Hastospiculum* 頭部
C：雄尾部

ドラクンクルス上科 Dracunculoidea

Dracunculus は，主にヘビから報告されている．ケンミジンコが中間宿主となり，成虫は皮下に寄生し，水疱を形成する．宿主が水に入ると水疱は破れ，幼虫を水中に放出する．*Micropleura* はワニやスッポンなどの体腔に寄生することが知られている．

上記3上科の線虫は，文献によって分類が混乱しているが，臨床上は爬虫類の糸状虫（フィラリア）類として認識しておいて問題はない．

顎口虫科 Gnathostomatoidae

ケンミジンコが中間宿主になり，その体内で感染期幼虫にまで発育する．水棲巻貝や魚，両生類などが待機宿主になる．カメやヘビに寄生する *Spiroxys* は，ケンミジンコを中間宿主とし，ドジョウやオタマジャクシが待機宿主となる．Klingenberg の Understanding Reptile Parasites[20]の中で，カメの鉤虫 *Spineoxys controtus* と記載されているのは，おそらく *Spiroxys contortus* の誤記載であり，それがそのままコピペされ，様々な HP 等で使用されていると思われる．しかし，顎口虫を鉤虫

と呼ぶのは無理があるし，この他，同著の中に，トカゲの鉤虫としてモリネウス科の*Oswaldocruzia*（同著内で，*Oswalsocruzia*）が記載されているが，この仲間の線虫は特に硬い口器や鉤は持たないので，これも鉤虫というには違和感がある．いくつかの爬虫類寄生虫関連の書物を見ても，共通していわゆる鉤虫と扱われているのは，上述のヘビの*Kalicephalus*のみであるように思われる．

オオトカゲやヘビなどから報告のある*Spiroxys*と同じ顎口虫科の*Tanqua*（**図5-77**）の生活環は明らかではないが，同様に，ケンミジンコが中間宿主になり，水棲巻貝や魚，両生類などが待機宿主になると思われる．いずれも主な寄生部位は腸管である．

図5-77　*Tanqua*
特徴的な王環状構造を持つ頭部

吸虫 Trematoda

扁形動物門に属し，基本的に雌雄同体．消化管は，口吸盤に囲まれた口から始まり，咽頭，食道を経て，左右2本の腸管に分岐するが，肛門を欠くため，盲端に終わる．不要なものは口から排出される．基本的な発育環は，虫卵→ミラシジウム→スポロシスト→レジア→セルカリア→メタセルカリア→成虫である．スポロシスト期やレジア期を繰り返す種もいるが，スポロシストとレジアの違いは，咽頭を含む消化管を持つか否かで区別される（咽頭を持つのがレジア）．口吸盤，腹吸盤を持つものは，2つの口を持つように見えるため，ジストマ（di＝2, stoma＝口）と呼ばれることがある．

二生類 Digenera

後述の単生類とともに吸虫として扱われていた際に，中間宿主を必要とせず，単一宿主で生活環を全うする単生類に対し，中間宿主を必要とする吸虫を2つの宿主で生きるということでこの名称で総称していた．現在では，ほぼ吸虫と同意として扱われる．様々な種が爬虫類から報告されている．

Spirorchidae 科

爬虫類寄生吸虫の中でも病原性が強い．カメの心臓，血管系に寄生するため，カメの住血吸虫と称されるが，雌雄同体で，吸虫の中では例外的に雌雄異体であるヒトなど哺乳類に寄生する住血吸虫科Schistosomatidaeとは全く違う種類である．成虫は心臓や血管に寄生し，そこで産卵するため，あらゆる末梢血管に虫卵が栓塞し，肉芽腫性炎を起こす．病変は消化管粘膜，脾臓，肝臓，心臓，腎臓，肺などで顕著である．臨床的には四肢の浮腫や腹甲，背甲の潰瘍がみられるようになる．軽度から中程度の感染では臨床症状は通常現れない．水棲巻貝が中間宿主となることから，巻貝の駆除が予防の上で重要である．治療にはプラジカンテルを用いる．この吸虫は生活環の中で水棲無脊椎動物を中間

宿主とするため，陸棲のカメでの寄生はほとんどないと考えられる．しかし，飼育下では時に自然環境下では考えられないような状況が起こるので，注意が必要である．

斜睾吸虫科 Plagiorchiidae

　脊椎動物全般に広く寄生する吸虫である．爬虫類では問題となるのは，いわゆるレニファーとして総称されるヘビの口腔や上部消化管，呼吸器系に寄生する吸虫で，*Dasymetra*，*Lechriorchis*（syn. *Mediorima*），*Ochetosoma*（syn. *Renifer*），*Stomatrema*，*Zeugorchis* が含まれる．ヘビはメタセルカリアを保有したカエルなどの両生類を捕食することで感染する．顕著な病原性は報告されていないが，閉口障害などの症状が発現する可能性はあるだろう．国内のシマヘビでも報告があり[21]，北米産と同じ *Ochetosoma kansense* が確認されたことから，北米からのウシガエル導入に伴う移入があったと推察されている[22]．

　その他，爬虫類の消化管からは，棘口吸虫科 Echinostomatidae，Brachycoeliidae，Cephalogonimidae，Opisthorchiidae，Pronocephalidae，Urotrematidae などが，肝臓や胆管系からは，二腔吸虫科 Dicrocoeliidae（**図5-78**）などが報告されている．いずれも，水棲巻貝，陸棲巻貝，昆虫，甲殻類などの節足動物，魚，両生類，爬虫類などを中間宿主にする．第二中間宿主といわれている種を欠いても実験的に生活環が成立する種もあることから，中間宿主と待機宿主の区別は厳密なものではないと考えられる．

図5-78　二腔吸虫科 Dicrocoeliidae 吸虫（カーミン染色）

楯吸虫 Aspidocotylea

　吸虫の中の小さな分類群である．体長は 1 mm から数 cm で，淡水，海水棲の貝類，軟骨魚類，硬骨魚類およびカメに寄生する．後述の単節条虫と同じく系統発生的に非常に古いと考えられている脊椎動物群に多く寄生が認められる．内部寄生性であるが，数日から数週間は宿主を離れて生存可能であり，稀に宿主の体表から見つかることがある．二生類と比べ生活環は単純であり，二生類のような多様な幼虫形をとらない．その生活環には貝類（二枚貝，巻貝）と脊椎動物宿主が含まれるが，性成熟のために脊椎動物を必須とするものと，性成熟は貝類中で起こるものの 2 つの生活環が知られている．一般に宿主特異性は低い．Aspidogasteridae 科の *Cotylaspis*，*Lissemysia*，*Lophotoaspis*，*Multicotyle* などがチズガメ，スッポン，カミツキガメなどで報告されている．いずれも病原性や治療法については知られていない．

単生類 Monogenea

現在は吸虫とは独立して扱われることが多い．中間宿主を必要としないことから，単一の宿主で生きるという単生類の名称が与えられている．虫体前端に一個の口を持ち，後端には吸盤や鉤，把握器を備えた固着器官がある．ニホンイシガメやミシシッピアカミミガメ，リュウキュウヤマガメなどを含む様々なカメの膀胱や鼻腔，口腔，食道から *Neopolystoma*, *Polystomoidella*, *Polystomoides* が報告されている[23]．いずれも体長3 mm以下で直接発育をし，単為生殖も可能である．臨床症状や治療法は知られていない．魚に寄生する種では，宿主の行動や寄生部位に合わせた産卵や孵化の日周性が確認されているものもあり，生存戦略の巧みさを感じさせてくれる寄生虫の一つである[24]．

条虫 Cestoda（図5-79）

吸虫と同じく，扁形動物門に属する．口，消化管はなく，外皮を通じて宿主より栄養を吸収する．雌雄同体である．

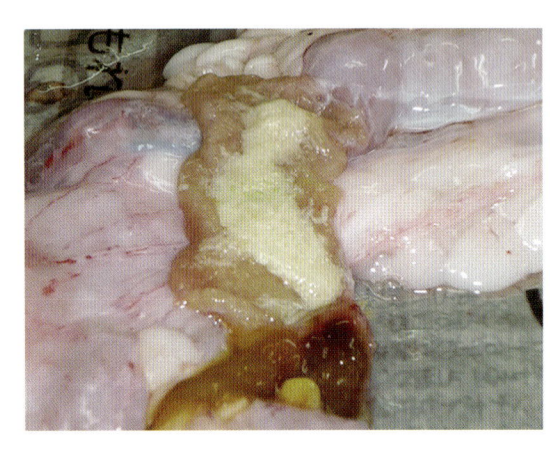

図5-79　ヘビ消化管内に大量寄生する条虫

単節条虫 Cestodaria

条虫の中の小さな分類群で，頭節および片節を持たない．主に魚の腸管や体腔に寄生する．獣医学を修めていても知る者は少ないと思われる．

Gigantolina elongata

淡水ガメの一種であるオーストラリアナガクビガメへの寄生が知られているが，他種のカメにも寄生可能であると考えられる．成虫は扁平で黄色を呈し，体長は150 mm以上に達し，体幅14 mmを超える．虫体前部に発達した一群の腺組織につながる筋肉質の吻を持つ．成虫は体腔に寄生するが，虫卵がどのような経路で外界に排出されるかは不明である．総排泄腔や肺で成虫が検出される例もあることから，体腔からこれら組織へ穿孔し，糞便あるいは喀痰を通じて外界へ虫卵を送り出していると推察されている．虫卵には繊毛に覆われた十鉤幼虫が形成されており，水中へ排出された虫卵から孵化した幼虫は中間宿主であるザリガニ（幼体）や淡水エビに泳ぎ着き，その体内に穿孔する．ザリガニに寄生したものだけが，カメへ感染可能なステージに発育する．幼虫は感染ザリガニを捕食したカメの食道や気管を突き抜けて，体腔に達し，ゆっくりと成虫に発育する．治療法に関する報告はない．

真（多節）条虫 Eucestoda

医学・獣医学的な教科書に載っている普通の条虫，いわゆるサナダムシである．頭節とそれに連なる複数の片節から構成される．体長数mmのものから数mに達するものもいる．

擬葉目 Pseudophyllidea

裂頭条虫科 Diphyllobothriidae

　多くの種は魚類に寄生するが，爬虫類からも報告されている．頭部に吸盤ではなく，吸溝を持つ．片節中央部に位置する生殖孔より生み出された虫卵からコラシジウムが遊出し，小型甲殻類（主に橈脚類）に捕食されるとその体内でプロセルコイドに発育する（第1中間宿主）．感染甲殻類を摂食した様々な脊椎動物はプレロセルコイドを宿すことになる（第2中間宿主あるいは待機宿主）．ヘビやトカゲ類は裂頭条虫の待機宿主になることが多い（**図5-80**）．ヘビやトカゲが終宿主として知られている *Bothridium* は中型の条虫で，プロセルコイドはケンミジンコ内で発育する．頭部に杯状の2つの吸溝を持ち，強固に腸壁に吸着するため，腸粘膜の出血が起こることもあると考えられている．プレロセルコイドはジャコウネコ科のパームシベットから報告されているが，生活環への関与は不明である．主にオオトカゲから報告のある *Duthiersia*（**図5-81**）など，特徴的な頭部構造を持つものが多い．幼虫はカエルの小腸にシストを形成する．

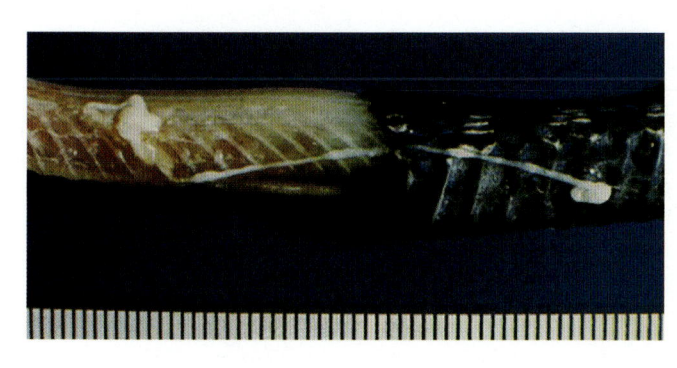

図5-80　ヘビ皮下に寄生するマンソン裂頭条虫のプレロセルコイド

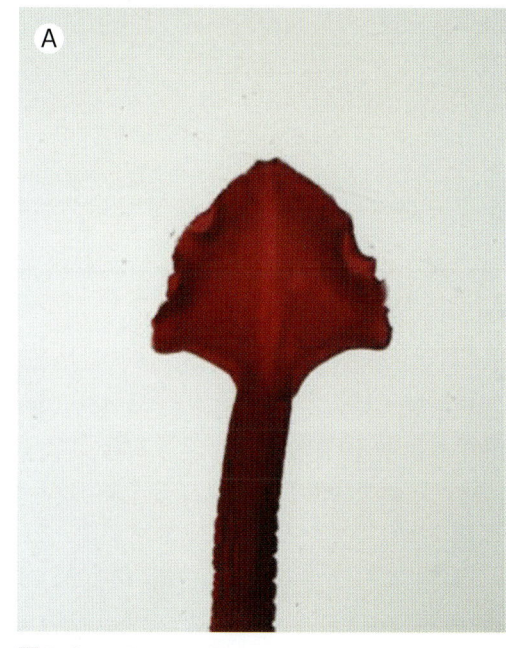

図5-81　*Duthiersia*
A：特徴的な扇状の頭部
B：中央に虫卵を容れた子宮が並ぶ成熟片節（カーミン染色）

盃（変）頭条虫科 Proteocephalidae

　魚類，両生類，爬虫類の小腸に寄生し，爬虫類では主にヘビ，オオトカゲを宿主とする．いずれも頭節に4つの吸盤を持ち，生殖孔は片節側面に開口する．生活環は遊出コラシジウムではなく，六

鉤幼虫を含む虫卵を甲殻類が摂食する他は，裂頭条虫科と同様である．幼虫を宿すケンミジンコの摂食や待機宿主である小魚，両生類の捕食によって感染すると考えられている．爬虫類から，*Acanthotaenia*（図5-82），*Crepidobothrium*，*Deblocktaenia*，*Macrobothriotaenia Proteocephalus*，*Ophiotaenia* などが報告されている．通常，無症状と考えられるが，重度の寄生では削痩や食欲不振などが起こる可能性がある．終宿主での寄生部位は腸管であるが，幼虫が胃を穿孔して肝臓で被囊する場合もある．これらは他の宿主に捕食されるか，あるいは同一宿主内でいずれ脱囊し，腸管内で成虫になると考えられる．腸管内の成虫はプラジカンテルなどで駆虫できるが，被囊幼虫に有効な薬剤は知られていない．

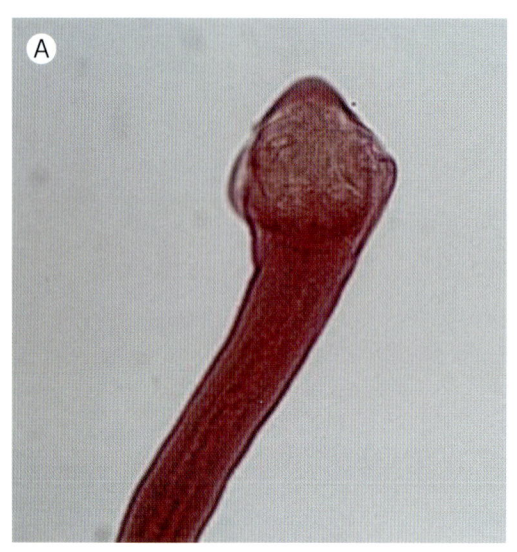
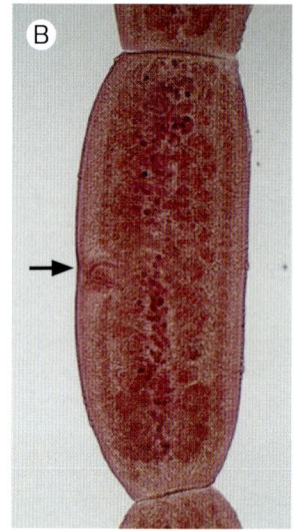

図5-82 *Acanthotaenia*
A：吸盤を備えた頭部
B：片側に生殖口（矢印）を持つ成熟片節

円葉目 Cyclophyllidea

Nematotaeniidae

小型で細長い条虫である．*Cylindrotaenia* では2個の副子宮が，*Nematotaenia* では5～150個の副子宮が一片節に観察される．頭節には4つの吸盤を持ち，鉤はない．

裸頭条虫科 Anoplocephalidae

Oochoristica は小型の条虫で，片節は幅よりも長さが大きい．生殖器は単一で，生殖孔は虫体のどちら側にも不規則に開口する．ゴミムシダマシ類やバッタ類が中間宿主であり，生活環に必須ではないが，自然条件下では齧歯類や小型のトカゲもその伝播に関わっていると考えられている．*Panceriella* の成熟片節では長さより幅が広い．*Oochoristica* とは異なり，1つの片節に一組の生殖器を持つ．

上記以外にトカゲ類は Mesocestoididae（中擬条虫科）の第2中間宿主になることが知られている．この中でも，カキネトカゲの腹腔から発見された *Mesocestoides corti* は，マウスの腹腔でも無性的に増殖し（図5-83），維持が容易であることから，実験モデルとして用いられている．第1中内間宿主は，ササラダニではないかと推察されているが，現状では不明のままである．

鉤頭虫 Acanthocephala

鉤頭動物門に属する寄生生物．鉤頭虫では虫卵内にアカントールと呼ばれる幼虫が形成され，これを中間宿主が摂食すると腸管内で孵化し，腸壁を破って体腔へ移動し，生殖原基の完成したアカンテ

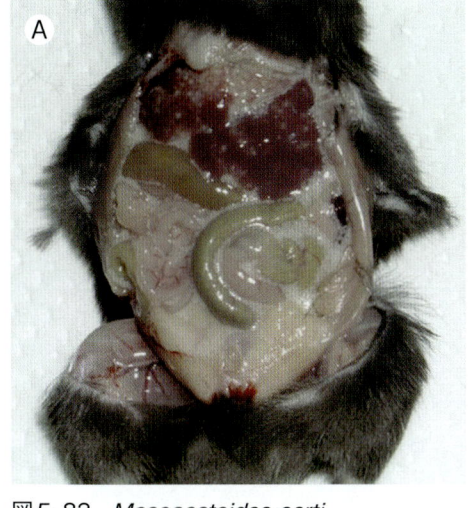
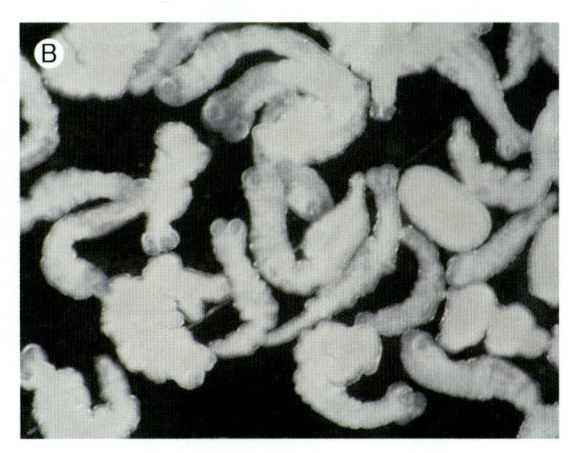

図5-83　*Mesocestoides corti*
A：マウス腹腔内で無性増殖する幼虫（テトラチリジウム）
B：出芽分裂するテトラチリジウム

ラ幼虫となり，さらに被囊して感染力のあるシスタカンス幼虫となる．これを終宿主が捕食すると腸管で成虫になる．重度の感染では腸炎や腸管の閉塞を起こす可能性がある．不適な宿主に摂食された場合，シスタカンスは新しい宿主内で再被囊し，待機宿主として捕食されるのを待つ．爬虫類が終宿主になることは稀であるが，幼虫は腸間膜や腸壁によくみられる．カメからは *Neoechinorhynchus* 属の鉤頭虫が数種報告されている．中間宿主はセンブリ，カゲロウなどの昆虫である．トカゲ類は *Centrorhyncus* などの中間宿主になるが，ニホンカナヘビやアノールでは *Acanthocephalus* 成虫の寄生が確認されている．寄生部位は小腸である．*Oligacanthorhynchus* や *Centrorhynchus* の幼虫がヘビから報告されており，主に鳥が終宿主となる．*Acanthocephalus* はカエルで普通にみられ，これらを捕食するヘビでも幼虫が報告されている．カエルはザザムシを摂食することで感染する．*Sphaerechinorhynchus* も節足動物や巻貝を中間宿主とし，その他の陸生脊椎動物を介して，ヘビに感染するのであろう．病原性は知られていないが，寄生数や寄生部位によって食欲不振などの原因となることはあると考えられる．多数寄生では影響があると思われるが，症状については知られておらず，有効な駆虫法も分かっていない．

舌虫 Pentastoma（図5-84）

　舌形動物門に属し，近年の遺伝子系統解析によって甲殻類と近縁とされている．Pentastoma（五口虫）という名称は，虫体先端にある口と頭胸部の左右2対，4個の鉤をすべて口と見誤ってつけられたものである．トカゲやヘビから，*Raillietiella*，*Kiricephalus*，*Armillifer*，*Sebekia* の寄生が報告されている．生活環が分かっているのは数種のみで，*Raillietiella* では昆虫が，*Armillifer* では霊長類，齧歯類，小型アンテロープなどが中間宿主となる．*Raillietiella* では，実験的にゴキブリに摂取された虫卵から孵化した第1期幼虫は腸管から血体腔へ侵入し，その後，脂肪体の中で第3期幼虫に成長することが確認されている．第3期幼虫は終宿主であるヤモリに摂食されると腸管壁を突き破り，体内移行を行った後，肺に辿り着く．肺で脱皮を繰り返し，第7期で性分化が起こり，第8期で成熟する．雌はさらにもう一度脱皮し，産卵する．虫卵は喀痰として飲み込まれ，便とともに外界に排出される．肺への成虫寄生では，炎症反応などの病理変化はあまりみられない．しかし，寄生部位の出血や炎症，肉芽形成などを引き起こす可能性があり，*Sebekia* が寄生したヘビでは肝臓や肺の出血性壊死が報告されている．イベルメクチンやプラジカンテル，メベンダゾールがある程度の効果を示したという報告はあるものの，根本的な治療法は不明で，ヒトへの感染も起こり得るため，注意が必要である．

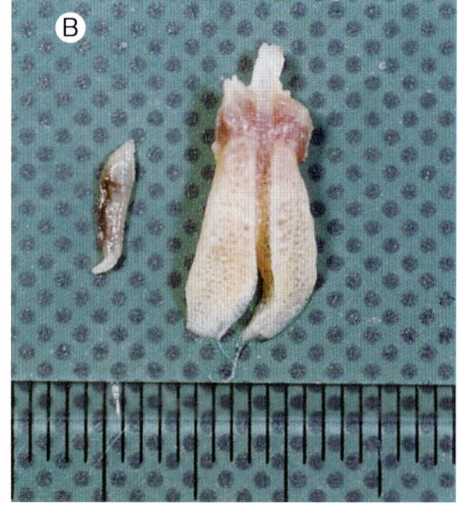
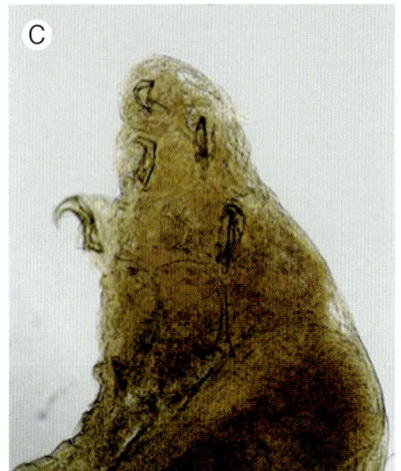

図5-84　舌虫
A：ヘビの肺から回収された *Armillifer*
B：ヤモリの肺と寄生する *Raillietiella*
C：*Raillietiella* 頭部

節足動物 Arthropod

昆虫 Insecta

　カやヌカカ，アブなど吸血を行うものでは，重度の寄生で貧血を引き起こす可能性があること，刺傷によって皮膚障害を起こす他，ウィルス，原虫，線虫などを媒介することが問題となる．ほとんどは爬虫類だけでなく，哺乳類や鳥類と区別なく吸血を行うため，人獣共通感染症の媒介者としても重要である．ハエ蛆症の原因となるクロバエ科は天然孔や傷口に卵を産み付け，孵化した蛆によって宿主組織が傷害される．ニクバエ科はすべて卵胎生であり，天然孔や傷口に蛆を産み付ける．また，爬虫類の卵に穿孔して，胎児を捕食するものもいる．蛆は時として体腔内からも見つかる．

ダニ Acari（図5-85）

　ダニもまた，吸血による失血，吸血部位の組織損傷の他，様々な病原体を媒介することが問題となる．哺乳類，鳥類から爬虫類，両生類と宿主を問わず吸血する種が多いが，爬虫類に特化したものもいる．ゴファーガメダニ（*Amblyomma tuberculatum*）は虫体が大きく，吸血の際の刺傷も大きいため，吸血による血液損失に加え，その傷口にハエが蛆を産み付け，ハエ蛆症を引き起こすことがある．カメキララマダニ（*A. geoemydae*）もまたカメに特化したダニであり，幼ダニ，若ダニはキノボリトカゲに寄生することもあるが，成ダニはセマルハコガメのみに寄生している．リクガメダニ（*Hyalomma aegyptium*）では，幼ダニ，若ダニ期は爬虫類，鳥，哺乳類に寄生して過ごすが，成ダニはリクガメに寄生する．このように宿主を換えることで原虫やウィルスのベクターになる．いずれも吸血量が多

図5-85　リクガメに寄生するダニ

いので，小さな宿主個体では重度な寄生は貧血や致死を起こす．アサヌママダニ *Ixodes asanumai* はオカダトカゲに寄生する爬虫類嗜好性のダニとして知られている．ワクモ科の *Ophionyssus* は爬虫類の代表的な外部寄生虫の一つとされており，脱皮不全や致死の原因となることがある．この他，トカゲからはツツガムシ亜目のダニも多く報告されている．ダニの生活環の一例を挙げると，多くのヘビで普通にみられる *Ophionyssus* では，彼らに最適な薄暗く暖かく湿った環境にあれば，1個体の雌は数回に分けて合計80個以上の卵を産む．卵は2〜5日で孵化し，受精卵からは雌が，不受精卵からは雄が生まれる（半数倍数性．多くのダニはこのタイプである）．幼ダニは宿主にたどり着き摂食できれば1〜5日で前若ダニへ成長し，食事にありつけない場合はそのまま4週間程度は機会を待つことができる．吸血できれば，前若ダニは数日で脱皮し，後若ダニへと発育する．そして，1〜2日の内には成虫へと発育し，1週間もすれば，次世代の虫卵を産み始める．ダニの多くは外部寄生性であるが，ヘビハイダニ科のダニはヘビを中心とした爬虫類の呼吸器系に寄生する．寄生率は2％程度という報告があり，国内ではマムシ，ハブから検出されている．病原性，治療法については知られていない．この他，ツツガムシ科の *Entrombicula*（syn. *Vatacarus*）もウミヘビの気管や肺から検出される[25]．

　ダニの駆虫として，カメでは禁忌であるが，ヘビではイベルメクチンが使用できる．フロントラインは個体によって死にいたる場合もあるので，慎重に使用すべきである．しかし，何よりもまず飼育環境の清浄化が重要であろう．

　マダニは吸血時，口器をセメント様物質で固定しているので，取り除く際に口器を皮膚に残さないよう注意が必要である．飽血すれば，自然落下するが，人為的に取り除く際は，クロロフォルム，エーテル，アルコールなどをダニに塗布し，数分から30分放置してから行う．最も非侵襲的な方法としてはワセリンの塗布も有効である．ピンセットなどを使ってダニの口器付近をしっかりと持ち，ダニを潰さないよう，口器を残さないよう，ひねらずゆっくりと一定の速さで引き抜く．傷口は消毒し，抗生剤などを塗布しておく．もし，口器が残っても，化膿したり，硬結が残ったりと治癒が遅れる可能性はあるが，切開してまで取り除く必要はない．

ヒル Hirudinida

　淡水ガメ，ウミガメに *Ozobranchus* と *Placobdella* 属が寄生する．吸血による傷害に加え，血液原虫を媒介すると言われている．また，ウミガメの線維乳頭腫に *Ozobranchus* が関与することが知られている．近年，国内の淡水産カメのヌマエラビル *Ozobranchus jantseanus* について，−90℃で凍結しても数カ月以上生存できる驚異的な低温耐性が報告されている[26]．除去する時は，アルコールなどをヒルに塗布して吸着を弱めてから取り除く．出血がなかなか止まらない場合は，吸血部位に注入されたヒルジンなどの抗凝固物質を搾り出すと良い．

駆虫薬

消化管内に寄生するものに関しては，寄生虫種さえ特定できれば，駆虫が容易なものが多い．消化管内に寄生し，糞便検査で確認できる寄生虫については，オーシストや虫卵数，宿主の状態を見て，駆虫の必要性を判断する．虫卵数が少なくても，臨床症状があれば，試験的に駆虫を試みても良いだろう．ただし，臓器や組織に寄生しているステージの駆虫は難しく，体内移行中の幼虫が死滅することで虫体崩壊物に対するアナフィラキシーショックが起こり得ることも事前に説明しておく方が良い．寄生虫は生きている時は，様々な宿主の免疫を回避する術を駆使しているが，死ぬとただの異物となるためである．回虫など大型虫体では，消化管内での死滅による虫体栓塞の危険もある．爬虫類に適応できる駆虫薬の種類や用量などは，様々な報告や成書に記載があるので，宿主の状態，ステージに合わせて選択されたい．カメへの使用で注意しなければならない駆虫薬としてイベルメクチンがある．イベルメクチンは，線虫やダニなどの無脊椎動物の神経，筋細胞に存在するグルタミン酸作動性塩素イオンチャネルに作用し，塩素イオンの透過性を上昇させることで麻痺させ，殺す作用を持つ．エキゾチックペット分野では比較的よく使われる便利な駆虫薬である．しかし，カメには麻痺や昏睡，死亡をもたらすため，絶対禁忌である．この根拠となる報告は，アメリカの動物園で5頭のアカアシガメに0.4 mg/kgのイベルメクチンを筋注したところ重度の完全麻痺や弛緩性麻痺を示し，1頭は7～10日後回復したが，残りは3日以内に死亡してしまったという症例から，アカアシガメ，ヒョウモンガメ，トウブハコガメ，アカミミガメを使って感受性を調べたものである[27]．結果，アカアシガメでは0.05 mg/kg，ヒョウモンガメでは0.025 mg/kgで麻痺が現れ，ハコガメとアカミミガメは0.3 mg/kgで死亡している．イヌでは犬種によりイベルメクチンの投与によって神経症状や死亡例が出ることが問題となっていたが，今日では感受性が*MDR1*遺伝子の変異によることが分かり，遺伝子診断による感受性検査が可能になっている．*MDR1*遺伝子は薬物を輸送するポンプとして働くP糖蛋白をコードしており，発現が抑制されると血液-脳関門における薬物のCNSへの流入制限がうまく働かず，神経症状が出ると考えられている．また，P糖蛋白は消化管，骨髄幹細胞などで細胞質内の薬剤を細胞外へ排泄する機能を担っているので，薬物の効果が持続してしまうのである．カメでのイベルメクチン高感受性が同じ機序かどうかは明らかではないが，イベルメクチンと同じマクロライド系であるミルベマイシン，モキシデクチン，セラメクチンなどもカメへの使用は避けた方が良いかも知れない．

新しいタイプの線虫駆虫薬エモデプシド（神経筋接合部のシナプス前部に作用し，線虫の咽頭ポンプ機能および運動を抑制する）と条虫駆虫薬プラジカンテルの混合滴下製剤は爬虫類でも有効性が報告されている．リクガメのような厚い皮膚の爬虫類でも体重100 gあたり4滴垂らすことで駆虫効果が得られる[28]．

体表の線虫に関しては，犬猫用のスポットオン製剤が有効なこともある[29]．水生爬虫類の難治性皮膚病変に寄生性あるいは自由生活性の線虫が関連することもあるので，病片部の掻爬と鏡検は必ず行いたい．

外部寄生虫については，ペルメトリンの0.5%スプレーがリクガメに直接噴霧しても安全かつ確実にダニを駆除できると報告されている[30]．残念ながらこの形状の製剤は日本にはない．ペルメトリンには忌避効果もあるので，ダニだけでなく蚊など他の吸血昆虫にも刺されにくくなるという利点はある．市販されている犬猫用のスポットオン製剤の中にはペルメトリンの入ったイミダクロプリドとの混合製剤もあるので，適応可能かも知れない．イミダクロプリドについては，モキシデクチンの混合製剤のヤマガメとチズガメでの治験では問題はなかったという報告がある[31]．ただし，すべてのカメに適応できるかは不明なので，試用する際は，低用量から始めることをお勧めする．

爬虫類の治療の際の駆虫薬使用や外科的摘出については，手探りなところが多々あるが，ヒト，家畜，家禽等々の先行報告を応用し，良い効果が得られた場合は，積極的に報告として残していくことが重要である．採取した虫体については，基本的にエタノール固定しておけば，将来的な遺伝子検索

が可能である．研究者の知らない未知の症例の最前線にいる臨床家の方々の創意工夫で，これからの爬虫類診療を発展させていただきたい．本稿は，引用した参考文献以外に多くの成書をもとに作成した．文献紹介として掲載しておくので，こちらも参考にされたい．

📖 参考文献

1. 浅川満彦（2013）：最近経験した爬虫類における寄生虫病事例．日本獣医師会雑誌66，665-670．

2. 岩尾一，篠田理恵，吉田宗則ほか（2012）：札幌市内等のペットショップで販売されていたトカゲ類の寄生虫保有状況．北海道獣医師会誌 56，5-7．

3. 木本有子，浅川満彦（1998）：北海道江別市内のペットショップで市販されていたカメ類の寄生線虫類．野生動物医学会誌，3，75-77．

4. 松尾加代子，ガンゾリグ・スミヤ，奥祐三郎ほか（2001）：大阪市天王寺動物園の両生類・爬虫類から得られた寄生蠕虫類．野生動物医学会誌 6，35-44．

5. 水尾愛，岩尾一，浅川満彦（2012）：国内のペットショップで市販されていたヘビ類の寄生虫保有状況の予備調査，獣医畜産新報，65，287-292．

6. 日本生態学会編（2002）：外来種ハンドブック．地人書院．

7. 鈴木由香，浅川満彦（2000）：札幌市内のペットショップで販売されていたヌマガメ科など5科のカメ類における寄生蠕虫類調査─特に Serpinema 属線虫の分布について．野生動物医学会誌5，163-170．

8. 高木佑基，浅川満彦（2016）：北日本の動物園で飼育された爬虫類から得られた Raillietiella 属舌虫類．衛生動物 67，35-36．

9. 吉田圭太，加藤英明，浅川満彦（2018）：石垣島に生息するグリーンイグアナ（Iguana iguana）から得られた蟯虫類 Ozolaimus megatyphlon の記録．獣畜新報71，758-759．

10. 高木佑基，渡邉岳大，加藤一世ほか（2018）：小動物分野における糞便中のクリプトスポリジウムの簡易的な検出法の検討．第39回動物臨床医学会．

11. Shahari, S., Tengku-Idris T.I., Fong M.Y.et al.（2016）：Molecular evidence of Sarcocystis nesbitti in water samples of Tioman Island, Malaysia. Parasites & Vectors 23, 598.

12. Dubey, J.P., 2010. Toxoplasmosis of Animals and Humans, 2nd edition. CRC Press.

13. van de Velde, N., Devleesschauwer, B., Leopold, M.（2016）：Toxoplasma gondii in stranded marine mammals from the North Sea and Eastern Atlantic Ocean：Findings and diagnostic difficulties. Veterinary Parasitology 30, 25-32.

14. Flegr, J.（2013）：How and why Toxoplasma makes us crazy. Trends in Parasitology 29,156-163.

15. Nasiri V., Teymurzadeh S., Karimi G., et al.（2016）：Molecular detection of Toxoplasma gondii in snakes. Experimental Parasitolology 169,102-106.

16. Lee S.H., Kwak D., Kim K.T.（2018）：The first clinical cases of Haemoproteus infection in a snowy owl（Bubo scandiacus）and a goshawk（Accipiter gentilis）at a zoo in the Republic of Korea. Journal of Veterinary Medical Science 8, 1255-1258.

17. 横浜市感染症情報センター HP：旋毛虫感染症（トリヒナ症）について http://www.city.yokohama.lg.jp/kenko/eiken/idsc/disease/trichinella1.html.

18. 松尾加代子（2000）：リクガメの内部寄生虫．獣医畜産新報 53，801-805．

19. Oliveira J.L., Santos S.B.（2018）：Distribution of cysts of Strongyluris sp.（Nematoda）in the pallial system of Achatina fulica Bowdich, 1822 from Vila Dois Rios and Vila do Abraão, Ilha Grande, Angra dos Reis, Rio de Janeiro. Brazirian Journal of Biology doi：10. 1590/1519-6984. 173449.

20. Klingenberg R.J.（2007）Understanding Reptile Parasites, Advanced Vivarium Systems.

21. 鳥羽通久，松尾加代子（2011）：日本産のヘビ類に寄生する吸虫類．爬虫両棲類学会報 1，26-31．

22. 巌城隆，長谷川英男，松尾加代子ほか（2017）：シマヘビの吸虫 Ochetosoma kansense について．第86回日本寄生虫学会大会抄録 83．

23. 新田理人のWeb Site：https://sites.google.com/site/nittalicht/home/monogeneans_from_japan

24. 白樫正（2017）：寄生虫症を宿主の視点から考える1. 単生類の生存戦略．日本水産学会誌 83，829．

25. 大橋赳実，大田和朋紀，浅川満彦（2018）：沖縄県産エラブウミヘビ（Laticauda semifasciata）の肺から得られた二種類の内部寄生虫の記録．酪農学園大学紀要 自然科学編 42，179-181．

26. Suzuki D., Miyamoto T., Kikawada T. et al.（2014）：A leech capable of surviving exposure to extremely low temperatures. PLOS ONE 9, 1-5.

27. Teare, J.A., Bush, M.（1983）：Toxicity and efficacy of ivermectin in chelonians. Journal of American Veterinary Medical Association. 183：1195-1197.

28. Schilliger, L., Betremieux, O., Rochet, J., Krebber, R. & Schaper, R.（2009）：Absorption and efficacy of a spot-on combination containing emodepside plus praziquantel in reptiles. Revue de Médecine Vétérinaire. 160：557-561.

29. 松尾加代子，小家山仁，長谷川英男（2013）：主に自由生活を営む線虫の関与が示唆されたニオイガメ属のカメ Sternotherus sp. の皮膚膿瘍とその治療法.動物園水族館雑誌 55，9-13．

30. Burridge, M.J.（2005）：Controlling and eradicating tick infestations on reptiles. Compendium 371-375.

31. Mehlhorn, H., Schmahl, G. & Mevissen, I.（2005）：Efficacy of a combination of imidacloprid and moxidectin against parasites of reptiles and rodents：case reports. Parasitology Research, 97：97-101.

文献紹介

- Anderson, R.C., Chabaud A. G., Willmott S. eds (1974–1983): CIH keys to the nematode parasites of vertebrates, No. 1-10. CAB International.
- Anderson R.C. (2000): Nematode Parasites of Vertebrates: Their Development and Transmission (2nd ed.). CABI Publishing.
- ベール, J. G . (1973): 動物の寄生虫 (竹脇潔訳). 平凡社.
- Baker, M.R. (1987): Synopsis of the nematode parasitic in amphibians and reptiles. Occasional Papers in Biology. No. 11. Memorial University of Newfoundland.
- Barnard, S.M., Durden, L.A. (1994): A veterinary guide to the parasites of reptiles. Vol. I Protozoa. Krieger Publishing Company.
- Barnard, S.M., Durden, L.A. (2000): A veterinary guide to the parasites of reptiles. Vol. II Arthropods. Krieger Publishing Company.
- Beynon, P.H., Lawton, M.P.C., Cooper, J. E. (1997): 爬虫類マニュアル (田邊興記・田邊和子訳). 学窓社.
- Bray, R.A., Gibson, D.I., Jones, A. (2008) : Keys to the trematoda Vol. 3. CABI.Cooper, J.E., Jackson, O.F. (1981): Diseases of the reptilia. Vol. I. Academic Press.
- 江原昭三編 (1990)：ダニのはなしⅡ生態から防除まで. 技報堂出版.
- Fowler, M.E. (1986): Zoo & wild animal medicine. W. B. Saunders Company.
- Frye, F.L. (1991): Reptile care. T. F. H. Publications.
- 深瀬徹 (1996): カメの獣医生物学 (7) 獣畜新報. 49, 629.
- Gibbons, L.M. (2010): Keys to the nematode parasites of vertebrates: Supplementary volume. CABI.
- Gibson, D. I., Jones, A., Bray, R. A. (2002) : Keys to the trematoda Vol. 1. CABI.
- Hasegawa, H., Asakawa, M. (2004): Parasitic Nematodes Recorded from Amphibians and Reptiles in Japan. Current Herpetology 23, 27-35.
- Hoff, G.L., Frye, F. L., Jacobson, E. R. eds. (1984): Diseases of amphibians and reptiles. Plenum Press.
- 岩槻邦男, 馬渡峻輔監修 (2000)：無脊椎動物の多様性と系統. 裳華房.
- Jacobson, E.R. (2007): Infectious diseases and pathology of reptiles: Color atlas and text. CRC Press.
- Jones, A., Bray, R. A., Gibson, D. I. (2005) : Keys to the trematoda Vol. 2. CABI.
- Khalil, L. F., Jones, A., Bray, R. A. (1994): Keys to the cestode parasites of vertebrates. CAB International.
- Klingenberg R.J. (2007) Understanding Reptile Parasites, Advanced Vivarium Systems.
- Köhler, G. (1996): Krankheiten der Amphibien und Reptilien. Verlag Eugen Ulmer.
- 小家山仁 (2004)：カメの家庭医学. アートヴィレッジ.
- 小家山仁・浅野隆司・浅野妃美・村杉栄治 (1996)：爬虫類・両生類の臨床指針. インターズー.
- Mader, D.R. (1996): Reptile medicine and surgery. W. B. Saunders Company.
- Marcus, L.C. (1981): Veterinary biology and medicine of captive amphibian and reptiles. Lea & Febiger.
- Mitchell, M., Tully, T. N. (2008): Manual of exotic pet practice. Saunders.
- 森靖・森暁生子：Tortoise land (http://www.st.rim.or.jp/~samacha/)
- Olsen, O.W. (1974): Animal parasites. Their life cycles and ecology. Dover Publication.
- Plumb, D.C. (2008): Plumb's veterinary drug handbook. Blackwell Publishing.
- Reichenbach-Klinke, H., Elkan, E. (1965): Diseases of reptiles: Principal diseases of lower vertebrates 3. Academic Press.
- Rohde, K.(2005): Marine Parasitology. CABI.
- Rosenthal, K.L., Forbes, N.A., Frye, F., Lewbart, G. A. (2008): Rapid review of small exotic animal medicine and husbandry. Manson Publishing.
- Schneller, P., Pantchev, N. (2008): Parasitologie bei Schangen, Echen und Shildkröten Ein Hadbuch für die Reptilenhaltung. Chimaira Buchhandelsgesellschaft mbH.
- 霍野晋吉, 中田友明 (2017)：カラーアトラスエキゾチックアニマル 爬虫類・両生類編. 緑書房.
- 宇根有美, 田向健一監修 (2017)：BSAVA 爬虫類マニュアル《第二版》, 学窓社.
- Yamaguti, S. (1958): Systema helminthum. Vol. I. The digenetic trematodes of vertebrates. Interscience Publishers.
- Yamaguti, S. (1959): Systema helminthum. Vol. II. The cestodes of vertebrates. Interscience Publishers.
- Yamaguti, S. (1961): Systema helminthum. Vol. III. The nematodes of vertebrates. Interscience Publishers.
- Yamaguti, S. (1963): Systema helminthum. Vol. IV. Monogenea and aspidoctylea. Interscience Publishers.
- Yamaguti, S. (1963): Systema helminthum. Vol. V. Acanthocephala. Interscience Publishers.

索引

エキゾチック臨床 ………… Vol.**18**

爬虫類の疾患と治療

定価（本体 15,000 円＋税）

2019 年 7 月 30 日 第 1 刷発行

監修　　三輪恭嗣
発行人　山口啓子
発行所　株式会社 学窓社
　　　　〒 113-0024
　　　　東京都文京区西片 2-16-28
　　　　TEL：03（3818）8701
　　　　FAX：03（3818）8704
　　　　e-mail：info@gakusosha.co.jp
　　　　http://www.gakusosha.com
印刷所　シナノパブリッシングプレス